《西部重点盆地新区新层系油气资源调查评价》（DD20230021）
《全国油气基础地质调查》（DD20241675）

塔里木盆地柯坪断隆油气地质特征与潜力

张远银　白忠凯　高永进　宋泽章　等编著

石油工业出版社

内容提要

本书基于柯坪断隆及其周缘野外露头、钻井、测井、试油、地震和非地震资料，特别是油气源对比和油气成藏要素研究成果，阐述柯坪断隆构造、沉积与成藏等特征，重点揭示温宿凸起新近系、沙井子构造带志留系、柯坪冲断带寒武系等重点地区与层系的石油地质条件与成藏规律，期望能为塔里木盆地西北盆山结合部，以及我国西部盆地复杂山前带的油气勘探工作提供有益参考。

本书适合地质行业从业者和高等院校相关专业师生阅读。

本书受《西部重点盆地新区新层系油气资源调查评价》（DD20230021）和《全国油气基础地质调查》（DD20241675）项目资助。

图书在版编目（CIP）数据

塔里木盆地柯坪断隆油气地质特征与潜力 / 张远银等编著. -- 北京：石油工业出版社，2024.12. -- ISBN 978-7-5183-7271-3

Ⅰ. P618.130.2

中国国家版本馆 CIP 数据核字第 2024JG0877 号

出版发行：石油工业出版社
　　　　　（北京安定门外安华里 2 区 1 号楼　100011）
　　　　　网　　址：www.petropub.com
　　　　　编辑部：（010）64523841　　图书营销中心：（010）64523633
经　　销：全国新华书店
印　　刷：北京中石油彩色印刷有限责任公司

2024 年 12 月第 1 版　2024 年 12 月第 1 次印刷
787 毫米 ×1092 毫米　开本：1/16　印张：14.75
字数：320 千字

定价：150.00 元
（如出现印装质量问题，我社图书营销中心负责调换）
版权所有，翻印必究

《塔里木盆地柯坪断隆油气地质特征与潜力》

编 写 组

张远银　　白忠凯　　高永进　　宋泽章

刘亚雷　　刘丽红　　田　亚　　苗苗青

李清瑶　　韩　淼　　杨有星　　尹成明

张子羽　　孙相灿　　文　磊　　陈　夷

武建伟　　刘旭锋　　辛云路　　朱德朋

序

塔里木盆地柯坪断隆下古生界地层普遍高陡出露，是地质家野外考察的理想地区，但对其油气勘探前景长期评价较低。2012年以来，中国地质调查局油气资源调查中心基于34条盆地级地震—地质大剖面构建及解析，首次提出柯坪断隆为盆地一级构造单元的新认识，并由北至南开展针对性的公益性油气调查探索，相继在温宿凸起新近系、沙井子构造带志留系和柯坪冲断带寒武系获得重大油气突破，支撑出让多个油气区块。随后，中曼、互盈等油气集团加大勘查投入，温宿区块已建成年产60万吨中型油田，柯坪北区块则有望建成年产5亿方天然气田。因此，非常有必要对该区的石油地质条件和油气富集规律进行总结，为塔里木盆地及我国西部类似地区的油气勘探提供借鉴。

柯坪断隆目前处于勘探初期，钻井和物探工作量较少。本书作者充分利用本区和邻区各种资料，阐述其地层、构造、沉积的静态特征和演化过程，剖析了控制油气成藏的关键地质问题，明确了主要圈闭类型，取得了多项创新性认识，为我国西部盆山结合部的油气勘探带来了几点重要启示。一是石油勘探本身就是一个自我反思、自我否定的过程。如果一味地因循守旧，地质学家也就失去了存在的价值；新型油气田的发现，常常得益于勘探思路的转换。二是塔里木盆地虽历经几十年的勘探，但因其面积大、未知领域多，仍有巨大的油气勘探潜力。盆缘带等烃源岩和构造类圈闭发育的地区，只要有高效的油气运移输导路径和保存条件，仍然可以形成规模油气藏，复杂构造演化史下的圈闭与成藏匹配是核心。三是公益性油气调查在保障我国油气资源安全中肩负着重要的作用和使命，应坚持不懈地在矿权空白区开展基础地质调查和战略选区，在"公益性调查引领示范，商业性油气勘探开发跟进"上继续探索。

我一直关注着塔里木盆地的油气勘探进展，非常高兴看到油气勘探新认识和新发现不断涌现。在此，我谨对本书研究团队取得的丰硕成果表示热烈祝贺！并期待取得更大成绩！

中国科学院院士、北京大学博雅讲席教授

2024年12月于北京大学燕园大厦

前言

尽管盆山结合部的油气盖层条件可能不及盆地腹部，但其通常具备好的储层条件。若拥有充足的烃源、良好的圈闭、通畅的运移通道等成藏要素，盆山结合部同样可以形成规模油气藏。塔里木盆地西北缘柯坪断隆地表条件和地下地质结构十分复杂，下古生界多个地层普遍高陡出露，业界普遍认为其东部不发育烃源岩和有效圈闭、中西部则遭受了强烈改造破坏，难以形成规模有效的油气富集，油公司部署实施多口探井均未获得发现，于2012—2013年间退出大部分矿权。前人着重分析了柯坪断隆的宏观构造格局与断裂特征，并结合其与生烃凹陷的接触关系探索了东北部深层碳酸盐岩类目标，对复杂构造下的成藏匹配问题没有引起足够重视，进而制约了油气藏勘探。

聚焦构造和成藏两大关键地质问题，中国地质调查局油气资源调查中心以塔里木盆地柯坪断隆温宿凸起、沙井子构造带和柯坪冲断带为突破口，历时近7年实施了二维地震采集316km、非震采集930km，油气钻井8口/19766m，调查井3口/3356m，形成区域地质—地球物理大剖面，分析了区域构造演化历史及油气成藏潜力，部署多个油气探井获得重要发现。2017年，柯坪断隆东段温宿凸起的新温地1井、新温地2井均获新近系高产工业油流，实现了该区勘探50多年来首次重大突破；2020—2021年，柯坪断隆中东段沙井子构造带的新苏地1井、新苏参1井首次获得塔里木盆地志留系工业气流；2019—2021年，柯坪断隆中西部冲断带的柯探1井、博源1井等探井相继获得寒武系盐下高产工业气流。截至2023年底，柯坪断隆及周缘已经出让油气区块8个，面积1.2万平方千米，其中，温宿区块已建成年产60万吨中型油田，柯坪北区块则有望建成年产5亿立方米天然气田。整体来看，柯坪断隆复杂构造运动下的圈闭演化和油气充注匹配是成藏的核心，其油气勘探的新发现与新认识对于我国西部地区广阔复杂山前带或盆山结合部油气勘探具有重要指导作用。柯坪断隆油气勘探的突破，直接证明了塔里木盆地盆缘带等烃源岩欠发育的地区同样可以形成规模油气区，也为其他类似地区或领域提供了勘探经验。

鉴于此，本书基于柯坪断隆及其周缘野外露头、钻井、测井、试油、地震和非地震资料，特别是构造—沉积演化、油气源对比和油气成藏要素研究成果，阐述柯坪断隆构造、沉积与成藏等特征，重点揭示温宿凸起新近系、沙井子构造带志留系、柯坪冲断带寒武系等重点地区与层系石油地质条件与成藏规律，期望能为塔里木盆地西北盆山结合部，以及我国西部盆地复杂山前带的油气勘探工作提供有益参考。

全书共分为四章。第一章——构造与地层，主要阐述柯坪断隆与塔里木盆地的关系及其区域构造背景、具体构造与演化、地层等特征；第二章——沉积相与展布，系统阐述柯坪断隆及其周缘重点层系沉积展布及演化规律；第三章——石油地质特征，详细阐述柯坪断隆及其周缘烃源岩、储层、盖层特征，有利储盖组合和圈闭类型及分布规律；第四章——油气成藏及潜力，全面阐述典型油气藏特征、油气来源、油气成藏模式，评价了有利勘探区域及层系资源量。第一章由刘亚雷、白忠凯、高永进、苗苗青等编写，第二章由刘丽红、苗苗青、白忠凯、张远银等编写，第三章由张远银、刘丽红、白忠凯、田亚等编写；第四章由张远银、宋泽章、白忠凯、李清瑶等编写。全书由张远银、白忠凯统一修改和定稿。

本书相关成果与认识，充分依托中国地质调查局油气资源调查中心近年来完成的油气基础调查和战略选区项目。中曼石油天然气集团股份有限公司、互盈石油天然气有限责任公司、新疆申能石油天然气有限公司提供了部分钻探资料。周新桂研究员、刘成鑫教授、李雪松高工等对成果总结给予了悉心指导，在此表示衷心感谢。

感谢中国石油大学（北京）吕修祥教授和李素梅研究员、中国地质大学（武汉）刘晓峰教授、东方地球物理公司库尔勒分院程明华、赵博、袁坤平和张弘强博士及中国地质大学（北京）姜正龙教授等提供的帮助。

感谢贾承造院士、康玉柱院士、金之钧院士、高瑞琪教授、乔德武教授、陈永武教授对本书相关研究的跟踪与指导。

本书内容不足之处，敬请广大同仁与读者指正。

作者

2024 年 6 月

目录

第一章 构造与地层 ... 1

   第一节 区域构造背景 ... 2

   第二节 柯坪断隆构造特征 ... 10

   第三节 柯坪断隆构造演化 ... 14

   第四节 地层发育特征 ... 23

第二章 沉积相与展布 ... 42

   第一节 沉积相类型及典型特征 ... 42

   第二节 新近系沉积相展布 ... 57

   第三节 中生界沉积相展布 ... 62

   第四节 元古宇—古生界沉积相展布 ... 65

第三章 石油地质特征 ... 77

   第一节 柯坪断隆及周缘烃源岩特征 ... 77

   第二节 柯坪断隆储层特征 ... 96

   第三节 柯坪断隆储盖组合特征 ... 122

   第四节 圈闭发育特征 ... 138

第四章 油气成藏及潜力 ... 147

   第一节 油气样品 ... 147

   第二节 油气源与成藏期 ... 151

   第三节 油气成藏模式 ... 200

   第四节 油气资源潜力 ... 212

参考文献 ... 222

第一章 构造与地层

柯坪断隆位于塔里木盆地西北缘，表现为一个呈 NEE 走向、具有多排断裂构造带的大型断隆，其北以阿合奇—乌恰断裂（F1）和古木别孜断裂（F2）为界与库车坳陷相邻，东北以喀拉玉尔滚断裂（F6）为界与塔北隆起相接，东南以沙井子断裂带（F3）和柯坪塔格断裂（F4）为界与北部坳陷阿瓦提凹陷和巴楚隆起分隔，西以盖孜—八盘断裂（F5）为界与西南坳陷、喀什北南天山冲断带相接（图1-1），面积约为 $2.53\times10^4 km^2$。柯坪断隆构造特征及构造演化历史对其地层发育、沉积特征、石油地质和油气成藏条件有重要控制作用。

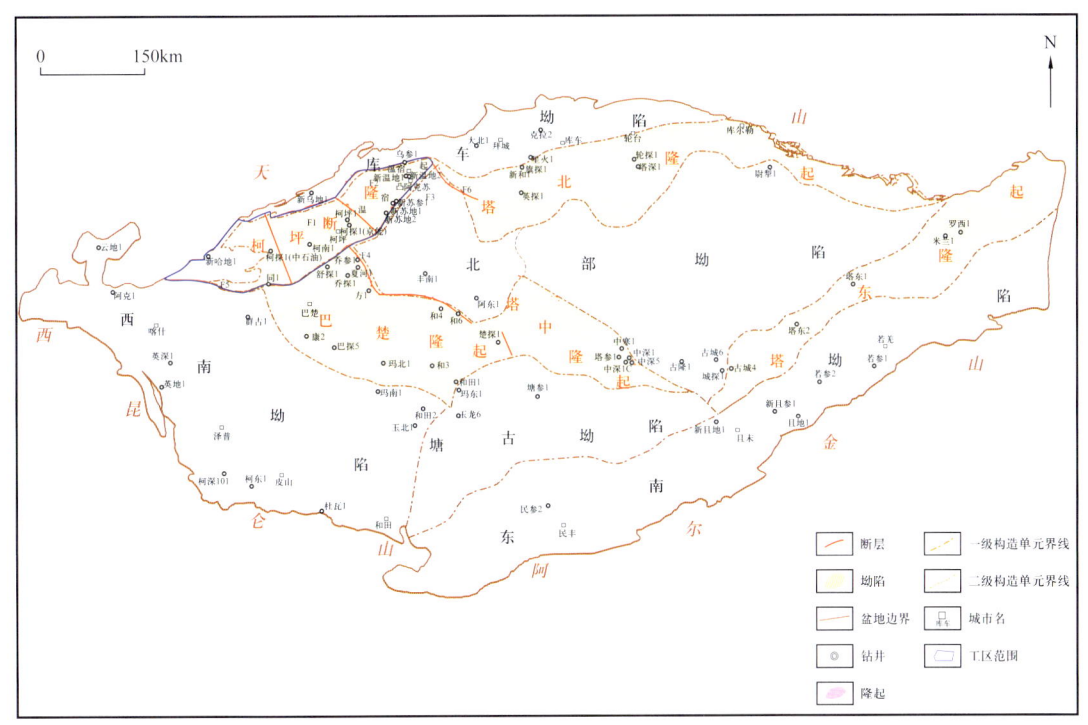

图 1-1 塔里木盆地"五隆五坳"构造单元划分图（蓝框示柯坪断隆位置）

依据塔里木盆地最新的"五隆五坳"构造单元划分方案（图1-1），柯坪断隆为盆地一级正向构造单元。本章基于柯坪断隆及周缘各构造单元构造特征分析，结合周缘控制其形成演化的断裂以及控制其内部构造单元的断裂体系分析开展综合构造研究，着重恢复了柯坪断隆的构造演化历史。基于前人的研究基础和野外调查成果，介绍了柯坪断隆及周缘地层发育特征。

第一节　区域构造背景

一、区域构造特征

柯坪断隆位于塔里木盆地西北缘，作为塔里木盆地一级构造单元，其构造演化特征受全盆地构造演化的制约。

现今的塔里木盆地被天山、昆仑山和阿尔金山三大山系所包围，是一个大型陆内山间盆地。在漫长的地质历史演化长河中，它在晚前寒武纪属于罗迪尼亚超大陆的一部分，古生代漂离于古特提斯洋之中，处于伸展的构造环境。早古生代晚期中昆仑岛弧与塔里木板块碰撞造山，是塔里木地质历史记录上一次重要的构造事件，这次碰撞改造了塔里木板块的构造格局和属性，使之由伸展状态的被动大陆边缘，转变为挤压造山环境；古生代末—中生代，南天山古洋盆的闭合，使塔里木盆地成为古亚洲大陆内部的一部分，并使盆地北部进入周缘前陆盆地演化阶段；新生代强烈的喜马拉雅造山作用过程中，塔里木盆地周缘的众多造山带复活，发生陆内造山作用，盆地进入陆内前陆盆地（或新前陆盆地）演化阶段（康玉柱等，1996，2001，2005）。所以现今的塔里木盆地是一个大型复合叠合型含油气盆地（贾承造等，2000；金之钧，2004，2007；杨海军等，2010）。

柯坪断隆经历了加里东期、海西期、印支期—燕山期、喜马拉雅期多期构造运动，其主体构造为新生代形成的逆冲推覆构造。推覆体从南天山向塔里木盆地逆冲，在构造变形样式上表现为以寒武系膏盐岩层为滑脱拆离面的薄皮构造和卷入前寒武系—元古宇结晶基底的逆冲推覆构造，此外还有NW向的走滑断层。逆冲岩席在地表呈单面山，总体具有背驮式向南逆冲推覆发展的特征（肖安成等，2002；杨庚等，2003；温声明等，2006；王国林等，2009；张君峰等，2023）。

二、柯坪断隆构造属性

关于塔里木盆地构造单元的划分，先后提出过多种划分方案，包括三隆四坳、三隆五坳、五隆四坳等（贾承造等，1997，2004），构造单元划分方案不同的主要原因是部分构造单元的归属及其界线依据具有多解性。在上述塔里木盆地一级构造单元划分方案中，均不包括柯坪断隆，换言之，前人一直将柯坪断隆排除在塔里木盆地构造单元之外。随着资料的丰富、研究的深入和近几年勘探成果的补充，笔者认为，塔里木盆地可划分为10个一级构造单元（张君峰等，2020；Bai et al.，2020），具体为5个隆起（塔北隆起、巴楚隆起、塔中隆起、塔东隆起、柯坪断隆），5个坳陷（库车坳陷、北部坳陷、西南坳陷、塘古坳陷、东南坳陷）。其中，本次研究认为柯坪断隆属于塔里木盆地的一部分，且为盆地一级构造单元，从而形成塔里木盆地"五隆五坳"的构造单元格局。柯坪断隆内部可分为3个二级构造单元：自东向西依次为阿克苏区（温宿凸起）、柯坪区（阿合奇凸起）和西克尔区（西克尔斜坡），如图1-2所示。

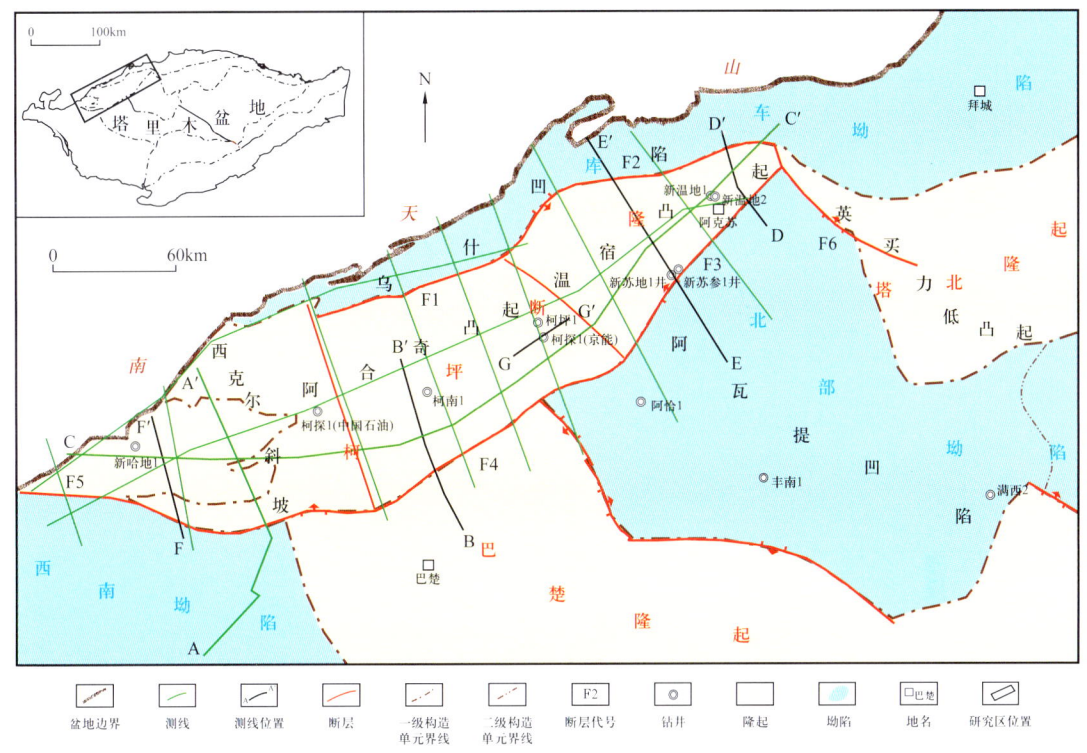

图 1-2 柯坪断隆构造单元划分

（一）柯坪断隆属于塔里木盆地的一部分

1. 柯坪断隆古生界与塔里木盆地台盆区一致

柯坪断隆古生界同塔里木盆地台盆区亦保持着很好的一致性，对塔里木盆地全盆地成图显示，柯坪断隆古生界与塔里木盆地台盆区一致（张君峰等，2020），说明柯坪断隆在古生代为塔里木盆地的一部分，其构造演化特征受塔里木盆地构造演化和南天山褶皱系活动共同控制。

2. 柯坪断隆和巴楚隆起—西南坳陷古生界为同沉积地层

在早古生代，柯坪—巴楚地区是连为一体的，柯坪褶皱冲断带逆冲推覆之前，柯坪断隆曾是巴楚隆起向西北的北延部分，后期被隐伏在柯坪逆冲推覆体之下，构成柯坪推覆体的隐伏构造层（吕修祥等，1996；张臣等，2001；肖安成等，2002）。塔里木盆地区域地震—地质大剖面成果揭示，柯坪断隆和巴楚隆起—西南坳陷古生界为同沉积地层（图1-3，剖面AA'，位置见图1-2）；广域电磁反演电阻率综合解释剖面表明，柯坪断隆与巴楚隆起具有相同的基底性质，柯坪断隆—巴楚隆起古生界的电性特征一致（张君峰等，2020）。

3. 多项证据表明柯坪断隆与巴楚隆起在古生代及以前为一体

对柯坪断隆与巴楚隆起的构造关系，前人做过诸多研究，多项证据表明柯坪断隆和巴楚隆起在古生代是一体的。主要证据包括：（1）二者没有古缝合带的分隔，（蛇绿）混杂

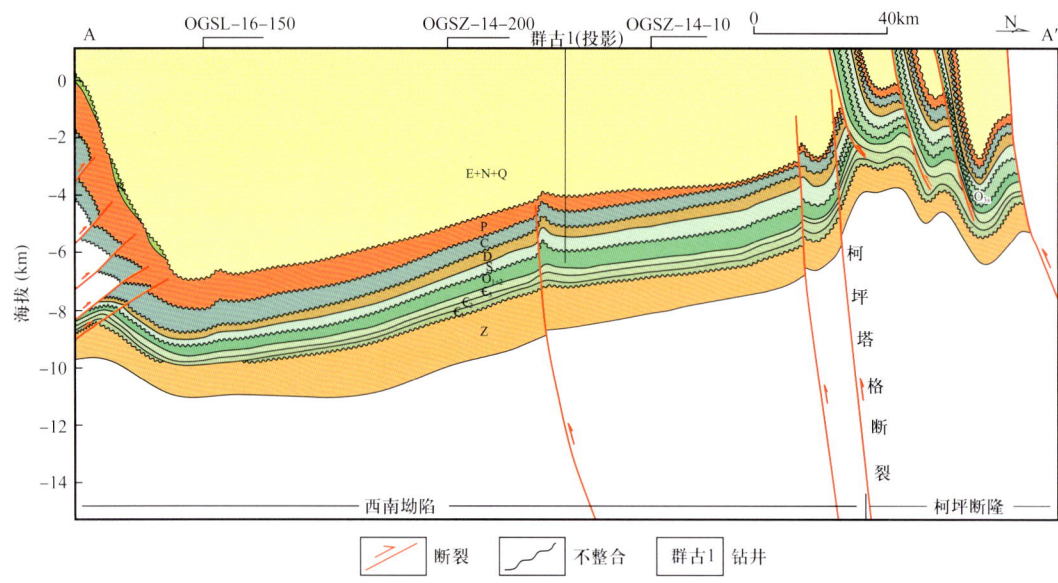

图 1-3 塔西南—柯坪断隆北西—南东向地震和地质结构剖面图

岩带、蛇绿岩及其古岩浆弧不存在（汪玉珍等，1997；李晓剑等，2018）；（2）二者古生代不存在生物古地理的明显区别。志留系依木干他乌组下段顶部均产出相似的牙形石组合（*Ozarkodina* cf.*edithae*）；志留系塔塔埃尔塔格组和依木干他乌组中同时发现无颌类和鱼类化石组合（张师本等，2003）；（3）二者古生代的板块构造背景相同或相似，两地区的古生代岩浆活动主要发生在二叠纪，而且地球化学特征相似，属于碱性玄武岩系列，反映相同的构造背景（杨树锋等，1996；孙林华等，2008）；（4）二者古地磁极位置相似，古地磁极位置没有明显的差别和相对位移（李燕平等，1988；李永安等，1991）。

（二）柯坪断隆为塔里木盆地一级正向构造单元

含油气盆地构造单元划分的主要依据包括：（1）基底的相对起伏状态；（2）构造属性、构造变形和演化过程；（3）地层和沉积建造；（4）岩浆作用。虽然勘探界对于构造单元划分的原则有不同的认识，但构造单元划分的命名系统（隆起/坳陷、凸起/凹陷、断隆/断陷）已基本明确："基底的相对起伏状态"是构造单元划分的首要依据。在含油气盆地构造单元划分中，根据盆地基底的相对起伏状态、构造属性、构造变形和演化过程、地层和沉积建造、岩浆作用等，从而进行一、二级构造单元（隆起/坳陷、凸起/凹陷）的划分。断裂是最具体、最直观的构造边界，当它与基底起伏状态一致或基本一致，能够反映地质构造特征的变化和差异时，断裂构造带是构造单元边界的首选。在盆地构造单元划分方案中，一般是将大型断裂作为一级构造单元的边界。塔里木盆地均衡重力异常图（图 1-4）清晰显示，柯坪断隆隆升特征明显，同周边构造单元界线清晰，为一受断裂控制的正向隆起。根据上述构造单元划分原则，将其划分为塔里木盆地一级正向构造单元。

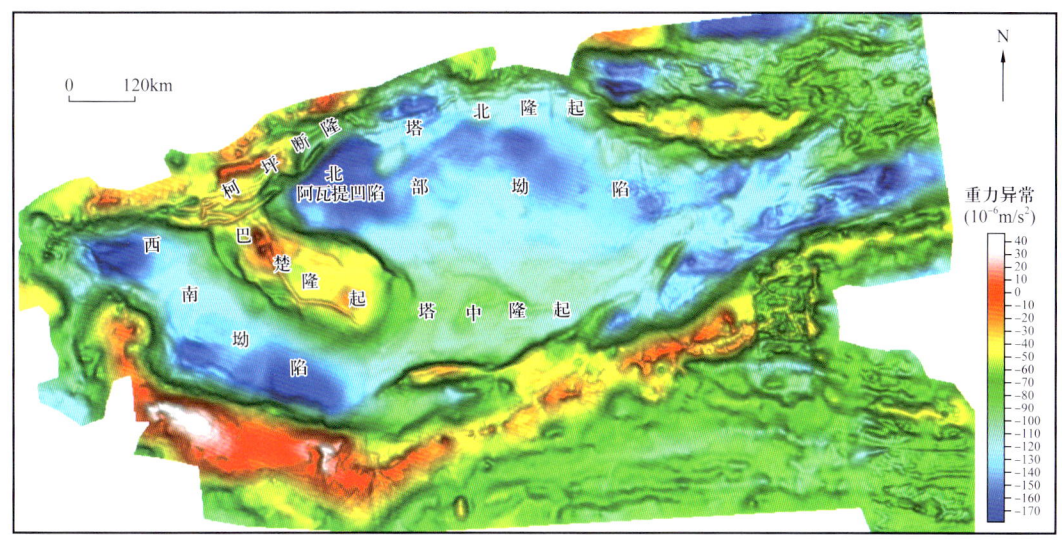

图 1-4　塔里木盆地均衡重力异常图

三、柯坪断隆及周缘构造单元划分

（一）含油气盆地构造单元划分原则

构造单元划分是含油气盆地基础石油地质研究的重要内容。一个合理的构造单元划分是正确认识油气成藏规律和油气勘探战略合理部署的重要基础。进行构造单元划分时，首先必须明确构造单元划分的原则（表 1-1；李曰俊等，2012）。

表 1-1　含油气盆地构造单元划分原则

构造单元		定义
一级	隆起（断隆）	是盆地中的区域性正向构造单元，其基底（结晶基底、板块基底或盆地基底）相对相邻地区明显隆升；属于同一隆起的地区，一般有相同或相似的地质构造演化过程，具有相同或相似的构造属性。隆起是相对于坳陷而言，往往起着分割或围限坳陷的作用。边界多为断裂，形成演化受断裂控制的隆起又称断隆
一级	坳陷	沉积盆地的区域性负向构造单元，其基底（结晶基底、板块基底或盆地基底）相对相邻地区明显沉降；属于同一坳陷的地区，一般有相同或相似的地质构造演化过程，具有相同或相似的构造属性。坳陷是相对于隆起而言，往往为隆起所分割或围限
二级	凸起	含油气盆地的次一级区域性正向构造单元，同一个凸起有相同或相似的地质构造演化过程，具有相同或相似的构造属性。凸起通常是由隆起进一步划分而来；有时坳陷内的相对高部位（坳中隆）也可以称为凸起
二级	凹陷	含油气盆地的次一级区域性负向构造单元，同一个凹陷应当有相同或相似的地质构造演化过程，具有相同或相似的构造属性。凹陷通常是由坳陷进一步划分而来，有时隆起上的相对低部位也可以成为凹陷

续表

构造单元		定义
三级	构造带	指某一级或二级构造单元内邻近区域构造部位上，由两个以上有成因联系的局部构造组成的呈带状展布的构造单元。同一构造带内的各局部构造往往具有相同或相似的构造特征和石油地质条件
	洼陷	指某一级或二级构造单元内的规模较小次级洼地。其规模明显小于同一盆地内的凹陷，两者甚至可以达到一个数量级以上的差别，以致不宜称为凹陷
褶皱冲断带		挤压型沉积盆地所特有的构造单元，位于盆地和山脉的过渡地带，一般为造山带的前陆褶皱冲断带。它可以与隆起、坳陷并列为一级构造单元

含油气盆地构造单元划分的主要依据包括以下几点。（1）基底的相对起伏状态；（2）构造属性；（3）形成演化过程；（4）地层和沉积建造；（5）构造变形特征；（6）岩浆作用。虽然勘探界对于构造单元划分的原则有不同的认识，但构造单元划分的命名系统（隆起/坳陷、凸起/凹陷、断隆/断陷）已基本明确："基底的相对起伏状态"是构造单元划分的首要依据。在含油气盆地构造单元划分中，以板块基底相对起伏状态为主，辅之以盆地基底的相对起伏状态、构造属性、地层、沉积建造、构造变形、岩浆作用和形成演化历史，从而进行一、二级构造单元（隆起/坳陷、凸起/凹陷）的划分；在划分出一、二级构造单元的基础上，根据地层、沉积建造、构造变形特征、岩浆作用等方面的因素，划分三、四级构造单元（构造区带、构造）。一、二级构造单元（隆起/坳陷、凸起/凹陷）是含油气盆地构造单元划分的基本单位，三、四级构造单元（构造区带、构造）是辅助单位。

构造单元的边界可以是较大规模的断裂构造带、重要的地层尖灭线或特定地层界面的某一埋深等值线。断裂是最具体、最直观的构造边界，当它与基底起伏状态一致或基本一致，能够反映地质构造特征的变化和差异时，断裂构造带可以说是构造单元边界的首选。但选定一个具体的构造单元边界线时，应尽可能反映出基底的起伏状态。也就是说，当断裂、地层尖灭线等界线与基底的起伏状态不可调和的时候，应该放弃此界线，服从基底的起伏状态。然后，在次一级构造单元划分时，考虑构造变形特征、地层发育特征（含沉积建造特征）和岩浆作用等因素。

（二）柯坪断隆及周缘构造单元划分

依据含油气盆地构造单元划分原则，前人对塔里木盆地的构造单元进行了划分，按构造性质可划分为隆起构造、坳陷构造、边缘断隆3类共12个一级构造单元，包括7个隆起，5个坳陷，简称"七隆五坳"；盆地内部则为"三隆五坳"，盆地内隆起构造分别为塔北隆起、中央隆起、塔南隆起；坳陷分别为库车坳陷、北部坳陷、西南坳陷、塘古孜巴斯坳陷和东南坳陷；盆地边缘4个断隆构造分别为柯坪断隆、库鲁克塔格断隆、铁克力克断隆和阿尔金断隆（贾承造等，2004）。随着新资料的不断补充和勘探程度的不断提高，对塔里木盆地构造单元划分有了更为准确的认识，构造单元划分方案也越来越贴近实际勘探生产。依据最新的盆地内部"五隆五坳"的划分方案，五个隆起构造分别为塔北隆起、柯坪断隆、巴楚隆起、塔中隆起和塔东隆起；五个坳陷分别为库车坳陷、北部坳陷、西南坳陷、塘古坳陷和东南坳陷（图1-1）。

柯坪断隆位于塔里木盆地西北缘，表现为呈北东东走向的多排断裂构造带形成的大型断隆。最新研究表明，塔里木盆地均衡重力异常图显示柯坪断隆为塔里木盆地一个正向构造单元（图1-5）；高精度二维连续介质反演剖面表明柯坪断隆与巴楚隆起具有相同的基底性质；柯坪断隆与巴楚隆起、塔西南坳陷具有相同的古生界沉积地层，柯坪—巴楚地区无论在地层系统、岩石组合、古生物特征及沉积地球化学特征等方面均存在可比性，两者是连为一体的，均是塔里木盆地的组成部分（张臣等，2001；吴根耀等，2013）。柯坪褶皱冲断带逆冲推覆之前，柯坪断隆曾是巴楚隆起向西北的延伸段（何文渊等，2002；王国林等，2009）。结合上述构造单元划分原则，柯坪断隆为盆地的一级构造单元。平面上，近北西走向皮羌断裂和印干断裂将柯坪断隆从西向东分为3段，自西向东依次为西克尔斜坡、阿合奇凸起和温宿凸起三个二级构造单元（图1-2）。

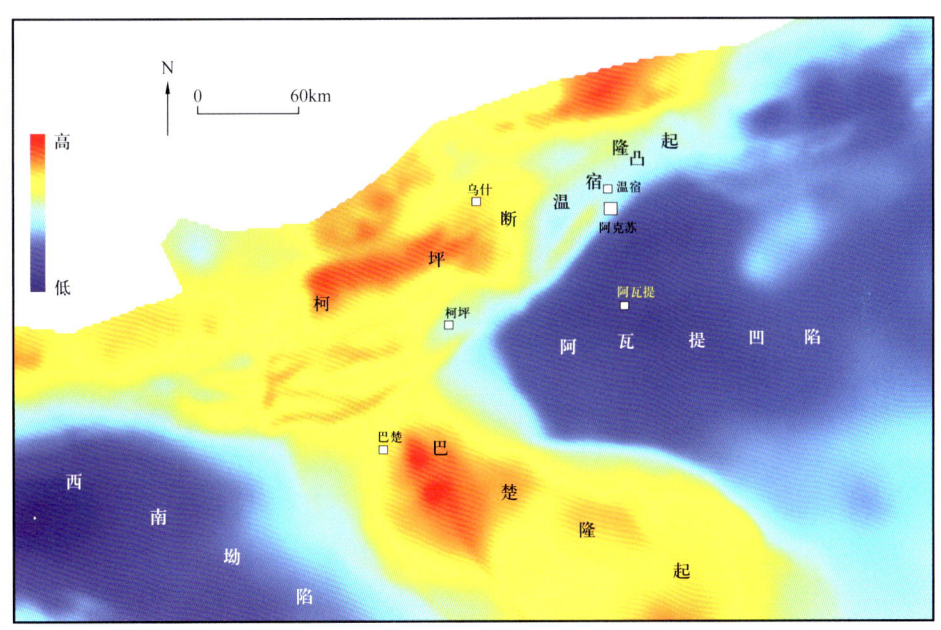

图1-5　柯坪断隆及周缘均衡重力异常图

柯坪断隆带经历了加里东期、海西期、印支—燕山期、喜马拉雅期等多期构造运动，才形成现今的断隆格局。

乌什凹陷位于库车坳陷西部，以阿合奇—乌恰断裂和古木别孜断裂为界与柯坪断隆相隔，是一个近北东向展布、发育于古生界基底之上的中—新生代沉积凹陷，凹陷沉积了厚度达6000余米的中—新生界，其地层组合和沉积特征同库车坳陷的拜城、阳霞凹陷同属中—新生代前陆盆地（何光玉等，2006）。地震资料解析以及断层组合研究表明：乌什凹陷经历了 5 期构造变形，控制了乌什地区的构造演化和乌什凹陷的形成（苗继军等，2005；郑民，2008）：（1）前中生代阶段，乌什凹陷南缘的古木别孜断裂带的深部断裂（乌什南断裂）控制着温宿凸起和乌什凹陷的形成。（2）晚二叠世—早三叠世，乌什凹陷的雏形出现并可能与库车坳陷相连，温宿凸起隆升，核部地层遭受剥蚀。（3）侏罗纪，乌什地区是隆起区，缺失沉积，与库车坳陷内有厚逾 2000m 的侏罗系明显不同。（4）乌什凹陷在早白垩世沉陷接受沉积，晚白垩世因燕山运动的影响而隆起。温宿凸起此时再次隆升成为剥蚀区，乌什南断裂复活，第二次向北强烈冲断。（5）古近纪，乌什凹陷与库车坳陷相连，沉积地层大致可以对比，只是因喀拉玉尔滚断裂的控制，两者的沉积环境有所不同，这直接影响了新近纪的变形样式。（6）新近纪，乌什凹陷与库车坳陷仍同属于南天山的山前磨拉石盆地。新近纪冲断构造可分为两期，第一期发生在库车组沉积之前，凹陷北缘的边界断裂开始形成；第二期发生在更新世，神木园南断裂及其以北的断层形成，构成乌什凹陷北缘冲断楔。乌什南断裂第三次强烈向北冲断，并在前锋形成反向的冲断层，形成古木别孜背斜。

阿瓦提凹陷位于塔里木盆地北部坳陷西侧，以沙井子断裂为界与柯坪断隆沙井子构造带和温宿凸起相隔，总体形态为一"平底锅"状凹陷，具有底平、边陡、向东敞开的特点。在凹陷的周缘，逆冲断裂较为发育，控制了凹陷的边界。阿瓦提凹陷构造演化共经历了六个演化过程：（1）震旦纪—早奥陶世克拉通内伸展坳陷阶段。阿瓦提凹陷与巴楚、柯坪等地区统一发展，总体构造格局呈北倾斜坡，同时西高东低。（2）中晚奥陶世—志留纪—泥盆纪周缘前陆盆地阶段。奥陶纪末，由于中昆仑地块与塔里木的碰撞造山作用，塔里木盆地由区域性拉张转变为区域性挤压。该挤压构造环境一直持续到中泥盆世，这一阶段，沙井子断裂带深部构造楔发育，使古生代地层自阿瓦提凹陷向温宿凸起迅速抬升，并遭受剥蚀，直至尖灭。（3）石炭纪—二叠纪克拉通内伸展坳陷阶段。阿瓦提凹陷与巴楚、柯坪地区统一发展，呈向南变深的斜坡。西侧柯坪隆起显著抬升，巴楚隆起则表现为向东南倾没的鼻隆。（4）二叠纪末—三叠纪周缘前陆盆地阶段。发生于二叠纪末—三叠纪初的南天山碰撞造山作用，在阿瓦提凹陷和温宿凸起之间，狭义的沙井子断裂及其伴生的沙南断裂形成于这一构造演化阶段。在此过程中，巴楚隆起的西部、柯坪褶皱冲断带、塔北隆起都大幅度隆升，连为一片，构成具有前隆性质的大型古隆起。（5）白垩纪—古近纪陆内坳陷阶段。到侏罗纪末—白垩纪早期，发生于羌塘南部的碰撞造山事件（拉萨地块与亚洲大陆的碰撞造山作用）再次改造了塔里木，温宿凸起此时再次隆升成为剥蚀区。（6）新近纪—第四纪陆内前陆盆地阶段。新生代，阿瓦提凹陷南部的阿恰、吐木休克断裂的剧烈运动，巴楚隆起强烈抬升，阿瓦提凹陷则强烈快速沉降和充填，沉降中心即位于该断裂带下降盘，沉积了厚厚的新生代地层，沉积厚度可达 6000~7000m，为塔西南前陆盆地的隆后凹陷（金之钧等，2000，2007；刘亚雷，2013）。

塔北隆起英买力低凸起位于塔北隆起西侧，西与柯坪断隆温宿凸起以喀拉玉尔滚断裂为界，北以英买 1—英买 8 断裂构造带与轮台凸起相邻，东隔轮台—沙雅断裂与轮南低凸起相接，它在几乎整个古生代没有确凿的证据证明曾经有过大规模隆升过程。塔北加里东—海西古隆起形成演化的过程中，该地区处于古隆起的外围，可能没有发生明显的构造抬升，没有明显的地层风化剥蚀的过程。现今地层剖面上，古生界中上部地层的大量缺失是印支期风化剥蚀作用的结果。英买力低凸起作为一个古隆起（或者说古隆起的一部分），形成于古生代末—中生代初，是一个印支期的古隆起，为库车前陆盆地前缘隆起的一部分。在该地质历史时期，英买力低凸起属于轮台凸起的西南倾没端，隆升幅度低于轮台凸起，因英买1—英买8断裂构造带的基底卷入型（楔状）冲断作用，使构造带北侧的轮台凸起相对于英买力低凸起陡然抬升，从而将两者分割为一个"凸起"和一个"低凸起"。英买力低凸起向南、西南以喀拉玉尔滚断裂为界与阿瓦提凹陷和温宿凸起相接。

巴楚隆起以柯坪塔格断裂为界与柯坪断隆相隔，它是震旦纪就已存在一个宽缓的隆起，寒武—奥陶纪继承了震旦纪时的面貌，雏形巴楚凸起的范围进一步扩大，可能包括现今的巴楚凸起和西南坳陷的大部，成为一个十分宽缓的隆起，并一直持续到泥盆纪。石炭—二叠纪，巴楚地区隆起幅度加大，与西南坳陷之间仍呈斜坡过渡关系。海西晚期，基性岩浆活动强烈，表明这一阶段主要表现为张性断裂活动。印支运动在该区表现为较强烈的差异升降，巴楚、柯坪和西南坳陷大部上升成为剥蚀区，这种状态一直持续到早白垩世末。燕山晚期运动使西南部前陆盆地的范围扩大，上白垩统—古近系往巴楚隆起方向上超，呈北西方向展布的巴楚凸起的概貌开始显现出来。喜马拉雅运动使皮恰克逊—吐木休克断裂带和牙桑地—玛扎塔格断裂带强烈活动，呈断隆性质的巴楚凸起最终定型。显而易见，在燕山晚期运动前，巴楚地区与塔西南有着密切的亲缘关系，在很长的地史时期中作为一个大型而宽缓的隆起存在。现今的巴楚凸起是燕山晚期运动，特别是喜马拉雅运动以来的产物。

西南坳陷位于塔里木盆地西南部，以盖孜—八盘断裂为界与柯坪断隆相隔，北东与中央隆起相接，西南为铁克里克隆起和西昆仑褶皱山系，北为柯坪隆起和天山褶皱山系，东南与塔南隆起相邻，呈北西向延伸550km，宽200～250km，面积大于 $12 \times 10^4 km^2$，可分为4个二级构造单元：（1）麦盖提斜坡，为巴楚断隆往西南方向延伸的一个斜坡，震旦—泥盆纪该区与巴楚断隆可能是一个统一的平缓隆起，到石炭—二叠纪才呈现斜坡特征。印支运动使该区上升成为剥蚀隆起区，并一直持续到早白垩世末。燕山晚期运动之后，斜坡特征清楚地显现出来。（2）喀什凹陷—叶城凹陷—和田凹陷，这3个二级构造单元在相当长的地史时期中，有着相似的发展演化历程。震旦—泥盆纪时，该区没有明显的坳陷形态。石炭—二叠纪时，该区成为沉降和沉积中心。三叠系—下白垩统展布范围主要局限在山前地带。喜马拉雅期该区岩石圈强烈挠曲沉陷。这是一个石炭纪—二叠纪和中—新生代沉陷构造带，尤以中新世以来沉陷强烈。该区构造变形复杂，以发育前陆薄皮褶皱—冲断带为特征，呈雁行状成排成带展布。（3）塘古孜巴斯凹陷/坳陷，塘古孜巴斯凹陷的形成也受基底构造控制，塔里木运动使基底下沉，震旦—志留纪继承性沉降，凹陷形态十分明显，其中充填了巨厚的震旦—志留系。海西早期运动使该区上升遭受剥蚀，石炭纪再度沉降接受沉积。此后，凹陷性质发生转化，中—新生代演化历程与卡塔克隆起接近。许多地质学家建议将塘古孜巴斯凹陷从西南坳陷中独立出来，升级为一个一级构造单元（塘古孜巴斯坳陷）。

综上所述，柯坪断隆周缘均以断裂为边界与塔里木盆地其他构造单元为界，其构造特征和构造演化历史受周缘断裂构造演化历史控制。

第二节　柯坪断隆构造特征

柯坪断隆北以阿合奇—乌恰断裂和古木别孜断裂为界与库车坳陷相邻，东北以喀拉玉尔滚断裂为界与塔北隆起相接，东南以沙井子断裂带和柯坪塔格断裂为界与北部坳陷阿瓦提凹陷和巴楚隆起分隔，西以盖孜—八盘断裂为界与西南坳陷、喀什北南天山冲断带相接。可以看出，柯坪断隆是一个周边受断裂构造控制的正向一级构造单元。换言之，柯坪断隆构造特征和构造演化历史受周缘断裂构造演化历史控制。现分别对其周边断裂特征进行简要介绍。

一、断裂分布及构造特征

充分利用区内骨干非地震和地震剖面，在精细构造解释基础上，结合区域构造认识，系统剖析了柯坪断隆断裂体系特征，将断裂细分为三个级别。其中一级断裂控制盆地一级构造单元的边界，影响构造单元的展布形态，构造发育与演化，纵向上表现为区域性的切穿基底的深大断裂。区内一级断裂共有 5 条（图 1-6），分别为阿合奇—乌恰断裂（F1）、古木别孜断裂（F2）、沙井子断裂（F3）、柯坪塔格断裂（F4）和喀拉玉尔滚断

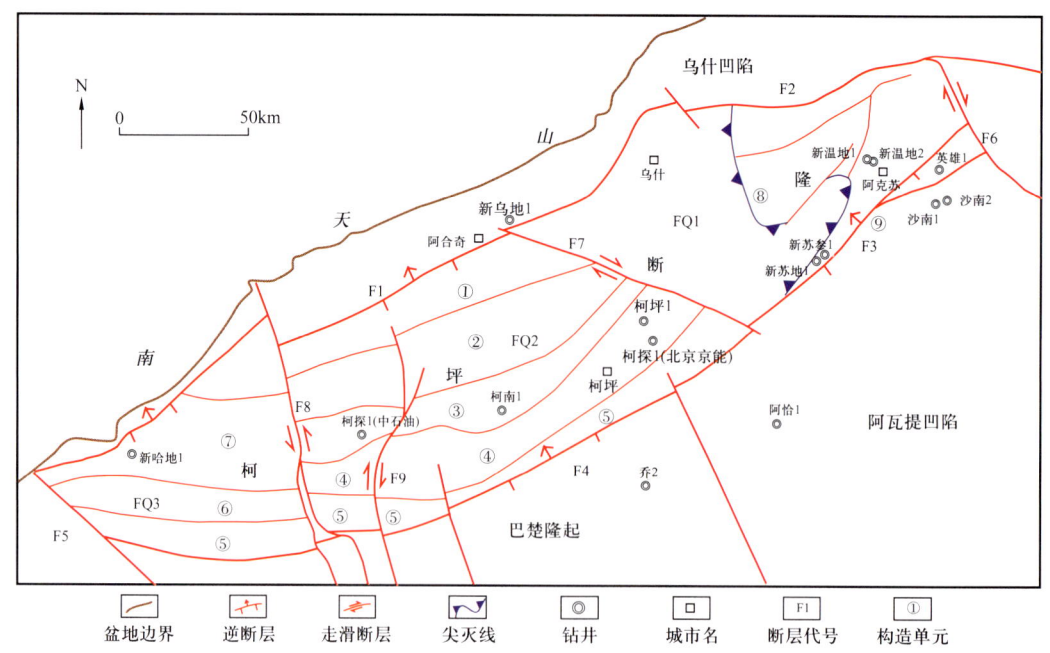

图 1-6　柯坪断隆断裂分布及内部构造单元划分图

裂（F6）；二级断裂控制二级构造单元凸起、凹陷的边界，并对不同凹陷和凸起的延伸起到改造作用。区内二级断裂共有3条，分别为盖孜断裂（F5）、印干断裂（F7）和皮羌断裂（F8）；三级断裂位于二级构造单元内部，延伸较短，控制局部构造的展布、形态和规模。

柯坪断隆东西方向受盖孜—八盘断裂、皮羌断裂、印干断裂及喀拉玉尔滚断裂控制，分段特征明显，呈三段式展布，自东向西依次为阿克苏区（温宿凸起）、柯坪区（阿合奇凸起）和西克尔区（西克尔斜坡）（图1-7，剖面CC'，位置见图1-2）。西克尔斜坡位于柯坪断隆西部，西以盖孜—八盘断裂为界，东部以皮羌断裂为界与阿合奇凸起相邻；阿合奇凸起位于柯坪断隆中段，向西至皮羌断裂，中部又被萨尔干断裂细分，向东以印干断裂为界与温宿凸起相隔；温宿凸起位于柯坪断隆东部，西部以印干断裂与阿合奇凸起为界，向东以喀拉玉尔滚断裂为界与塔北隆起相接。物探资料和地表地质构造是划分二级构造单元的主要依据，依据重力、电磁和地震资料结合地面地质构造，将柯坪断隆划分9个二级构造单元（图1-6）。柯坪断隆二级构造单元主要呈近东西向展布，在地表呈单斜或逆掩推覆构造的变形特征。

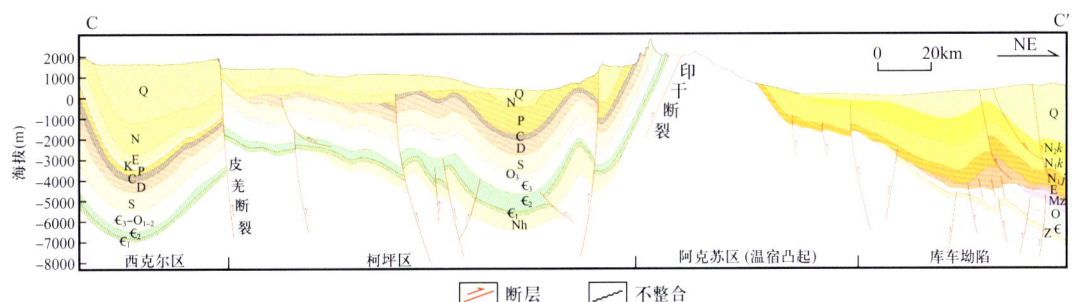

图1-7 柯坪断隆EW向地质结构剖面

柯坪冲断带发育一系列冲断层和由冲断层控制的推覆体，这些推覆体在地貌上构成了现今的山系。断层可以分为三种类型：第一种是控制每一排推覆体活动的冲断层，如柯坪塔格断裂、沙井子断裂等；第二种是早期的断裂系统在后期转化为走滑断裂，如皮羌断裂、印干断裂等；第三种则是隶属于主冲断层的次级调节断裂，如萨尔干断裂等（图1-6）。区内主要断裂特征见表1-2。

表1-2 柯坪冲断带主要断裂要素简要描述

断裂名称	位置	断裂要素简要描述
阿合奇—乌恰断裂	位于南天山山前，区内北部边界大断裂	走向NNE，倾向NNW，倾角约50°～70°。东西两端延出，向西延伸，全长约300km，在工区内延伸长度约80km以上
古木别孜断裂	库车坳陷（乌什凹陷）和柯坪断隆（温宿凸起）的分界断裂	分为浅层古木别孜断裂和深层乌什南断裂，走向NEE，浅层断裂北倾，深层断裂南倾，倾角45°～70°，长度约140km

续表

断裂名称	位置	断裂要素简要描述
柯坪塔格断裂	柯坪塔格山南坡,为柯坪断隆与巴楚断隆及麦盖提斜坡的分界断裂	走向EW至NE,倾向NNW,倾角30°～80°,延伸长度约120km
沙井子断裂	温宿凸起东南缘断裂,为柯坪断隆与北部坳陷阿瓦提凹陷的分界断裂	走向NE,倾向NW,倾角45°～70°,长度约163km。发育3套断裂体系:深部楔状冲断构造、狭义沙井子断裂和浅部的伸展断裂
喀拉玉尔滚断裂	温宿凸起东侧断裂,为柯坪断隆和塔北隆起的分界断裂	走向NW,倾向NE,倾角65°～80°,长度约70km。发育2套断裂体系:深部基底卷入型断裂和浅部右旋走滑断裂
皮羌断裂	南起五道班,北经皮羌村至奥依布拉克山南侧	走向NNW,倾向NEE,倾角约80°,全长约125km
印干断裂	柯坪县印干村一带,阿合奇凸起和温宿凸起的分界断裂	走向NNW,倾向SEE,倾角40°～50°,全长约30km
萨尔干断裂	南起塔塔埃尔塔格山南坡,北经萨尔干塔格西端至依木干他乌山北坡后被覆盖	走向NNW,倾向NWW,断面近直立,倾角80°～90°,全长约10km
盖孜—八盘断裂带	位于盖孜东、八盘水磨一线,为柯坪断隆西侧断裂	走向NNW,倾向NNE,长度约60km

二、主要构造单元及特征

柯坪断隆是天山和塔里木盆地在新生代盆山耦合作用下形成的构造变形区,为印度板块和欧亚板块碰撞所影响的最明显地区之一,是由南天山向塔里木盆地内逆冲形成的褶皱冲断带。构造变形样式是以寒武系膏盐岩层为滑动拆离面的薄皮构造为主,也有卷入前寒武系—元古宇结晶基底的逆冲推覆构造,以及北西向走滑断层。柯坪断隆东西向受印干断裂、皮羌断裂和盖孜—八盘断裂控制,在东西向上呈三种不同的构造变形特征,各区特征分述如下。

(一)阿克苏区

阿克苏区位于柯坪断隆东段,受基底抬升的影响,形成复杂褶皱及走滑断层,推覆构造难于识别,主体构造为呈北东—南西向展布的温宿凸起。温宿凸起核部面积自南西向北东逐渐减小,并以喀拉玉尔滚断裂带为界逐渐过渡到塔北隆起。温宿凸起平面上为一个由两条边界断层控制的大型鼻状构造,剖面结构表现为夹持在乌什凹陷和阿瓦提凹陷中间的一个古隆起(图1-8,剖面DD′,位置见图1-2),北缘为南倾的古木别孜断裂带,南部以北倾的沙井子断裂为界与阿瓦提凹陷相隔。

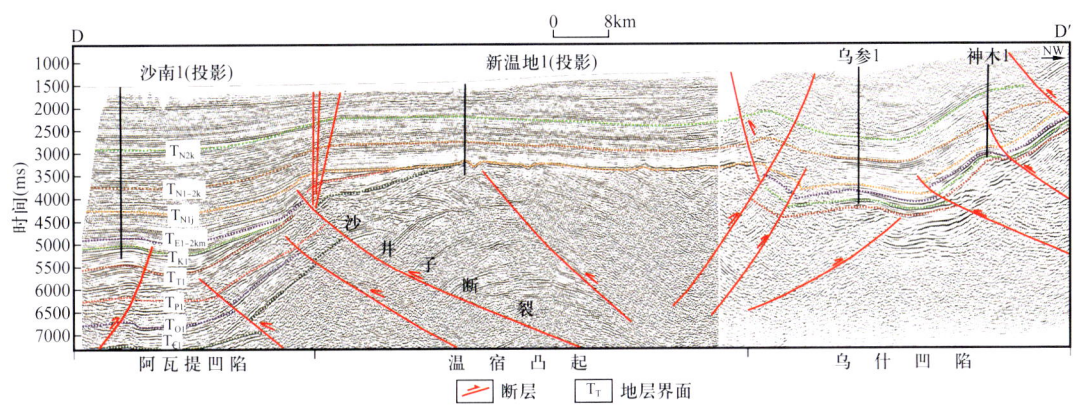

图 1-8 过阿克苏区 NW—SE 向地震剖面构造解释方案

温宿凸起北部、东北部、东南部被凹陷所环绕，构造主体形成于早古生代，经历了中、新生代的构造改造（抬升），是一个继承性古隆起。隆起主要受断裂作用控制，沙井子断裂带和古木别孜断裂带均发育多期断裂。两者主要发育复合楔状构造、断层传播褶皱、堑垒构造、反冲构造等构造样式。在隆起形成过程中，形成多期规模不等的地层剥蚀和超覆，在断裂带斜坡部位、凸起主体部位容易形成一系列岩性、构造—岩性圈闭。

（二）柯坪区

柯坪区为柯坪断隆的主体，由5排推覆体及其前缘逆冲断裂组成，自北向南，依次为科克布克兰构造带、阿布拉衣布拉克构造带（皮羌东构造带）、依木干他乌构造带、塔塔埃尔塔格构造带和柯坪塔格构造带。各推覆体沿寒武系膏盐层由北向南滑脱，为基底滑脱型逆冲推覆构造，推覆体由寒武系—第四系组成的复式背斜构成，在剖面上总体形成由北向南逆冲的推覆构造系，平面上构成向南凸出的弧形推覆构造。在推覆体向盆地过渡部位，断层切穿基底，演变为基底卷入型逆冲推覆构造。柯坪区基底构造线为NW向（即巴楚隆起向西北的延伸），老地层埋深浅，这些老地层对柯坪推覆体顶端的阻挡作用大，故以形成叠瓦冲断带为特征。各推覆体前缘断裂在深部均归并于统一的滑脱面，该滑脱面发育于中寒武统膏盐层内，出露的最老地层为中上寒武统，下寒武统—前寒武系基底岩系未卷入变形，说明它由一个统一的主滑脱断层（断坪）及其上盘的冲断构造（断坡）组成，地震剖面解释可清楚的显示这一主滑脱层的存在（图1-9，剖面EE′，位置见图1-2）。在主滑脱面以下，发育多个早期隐伏构造，该类构造未卷入后期构造变形中，未被破坏，且上覆有厚层膏盐层和新生界覆盖，盖层条件好，有望形成规模性油气藏。

（三）西克尔区

西克尔段发育3排推覆体及其前缘逆冲断裂（图1-10，剖面FF′，位置见图1-2），断裂呈上陡下缓的形态，由北向南依次发育：托克散阿塔能拜勒断裂（哈拉峻构造带）、

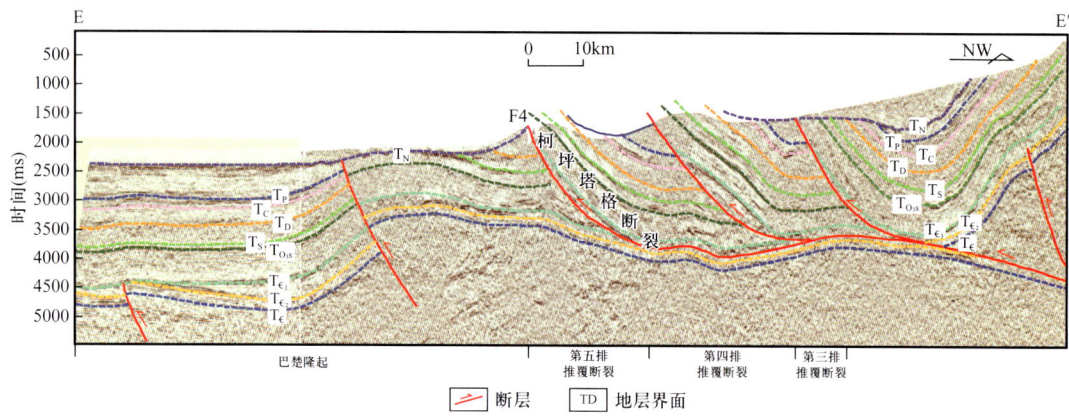

图 1-9 过柯坪区 NW—SE 向地震剖面构造解释方案

奥兹格尔他乌断裂和柯坪塔格断裂，断裂倾角逐渐变缓，北部构造作用强烈，断裂断穿前寒武系基底和新生界，为基底卷入型逆冲推覆构造，断层上盘发育断层相关褶皱。向南逆冲作用逐渐减弱，断层沿寒武系膏盐层向南逆冲，为盖层滑脱型逆冲推覆构造。断层上盘为单斜形态，下盘古生界发生褶皱变形，形成隐伏背斜、断背斜构造等。

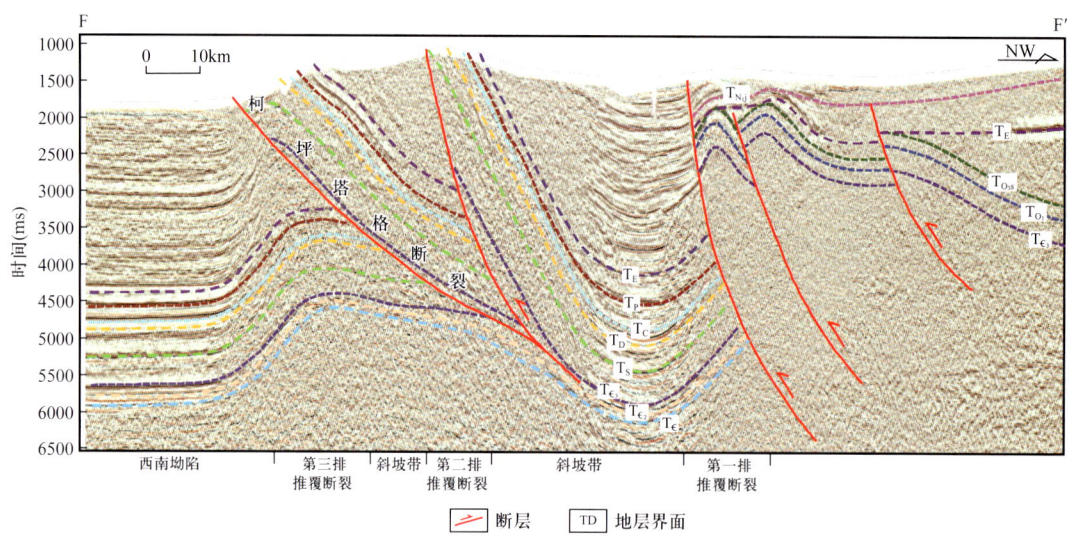

图 1-10 过西克尔区 NW—SE 向地震剖面构造解释方案

第三节 柯坪断隆构造演化

一、整体演化特征

柯坪断隆带的构造演化历史主要包括中—晚奥陶世之前、晚奥陶世—早石炭世、晚石炭世—早二叠世、中二叠世—古近纪、新近纪 5 个阶段（图 1-11）。

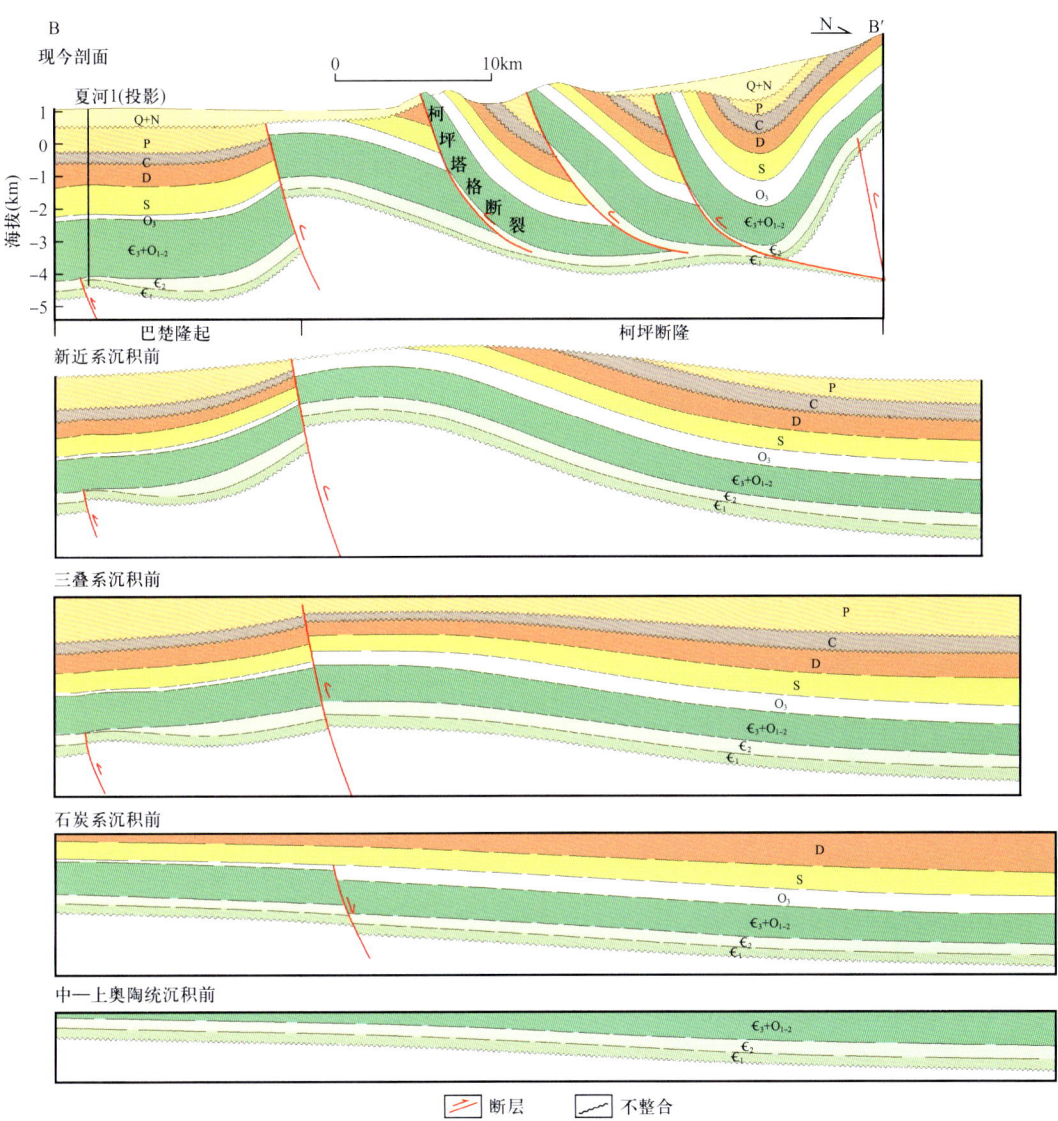

图 1-11 柯坪断隆柯坪区的构造演化模式

（一）中—晚奥陶世之前

南华纪—震旦纪，塔里木盆地处于陆内裂谷拉张阶段，柯坪地区在该时期沉积了一套巨厚裂陷—坳陷沉积，是塔里木克拉通内裂陷—坳陷体系的一部分。寒武纪至早—中奥陶世，柯坪地区为塔里木克拉通内塔西台地的一部分。由于该时期的古地貌呈南高北低，柯坪地区低于巴楚地区，从巴楚隆起向柯坪断隆，地层厚度有增厚的趋势。

（二）晚奥陶世—早石炭世

晚奥陶世，柯坪地区出现东西分异：其西南部与巴楚—塔中地区一样，仍为碳酸盐台地；而东北部则与北部坳陷的阿瓦提凹陷一样，发育斜坡—盆地相沉积。在志留系沉积前，受昆仑山—塔里木盆地边缘造山作用影响，塔西南古隆起形成，其中，柯坪断隆和巴楚隆起处于 NW 向塔西南古隆起的北斜坡部位，古地貌呈西高东低、南高北低。志留纪—早石炭世，柯坪断隆处于挤压后的构造伸展阶段，其中，志留纪—泥盆纪的沉积体系与北部坳陷一致，属于北部坳陷体系，但在早石炭世，柯坪断隆的主体部位随塔北隆起北部一起抬起，并在随后沉积过程中逐渐形成自南向北的超覆沉积。因此，柯坪断隆古隆起的主体部位在海西早期就开始形成（段云江等，2019）。

（三）晚石炭世—早二叠世

该时期柯坪断隆随塔北隆起一起抬升，形成了区域不整合，柯坪断隆与塔西南古隆起分离。在柯坪断隆主体区，上石炭统康克林组覆盖在中—下泥盆统克兹尔塔格组之上；在断隆的西北和东北区域，上石炭统康克林组覆盖在上志留统依木干他乌组之上。

（四）中二叠世—古近纪

该时期受南天山造山作用产生的 NW—SE 向挤压应力影响，柯坪地区古隆起进一步发育，持续隆升，普遍缺失中生界。柯坪断隆在中生代长期处于古隆起状态，且大部分地区缺失古近系。

（五）新近纪

中新世晚期，由于印度板块在与欧亚板块碰撞后继续不断地向北推挤，柯坪断隆和巴楚隆起周边的断裂强烈活动，形成了 NW 向的大型基底卷入型冲断带。喜马拉雅晚期，受南天山冲断和西昆仑山冲断双重作用，柯坪断隆发生东西分异、南北翘倾，早期造山作用形成的冲断带再次活动。西昆仑山前的冲断导致柯坪断隆东西分异，西部西克尔段处于西昆仑山冲断体系的前渊凹陷部位，东部皮羌段处于前缘隆起部位。同时，受南天山冲断影响，古冲断体系从 NW 向 SE 再次活动，其中，柯坪冲断带沿柯坪塔格—沙井子断裂以薄皮冲断—推覆构造的形式掩覆到巴楚隆起带上，形成多排近于平行的冲断推覆山体。

综上所述，柯坪断隆在海西期受南、北不同级别的古逆冲断裂控制，形成了整体构造抬升并遭受剥蚀的古隆起。喜马拉雅晚期，古冲断带活化，柯坪断隆在 NW—SE 向上进一步收缩，同时，由于受西昆仑山前前陆盆地构造的影响而发生东西分异，形成现今的构造形态。

二、分段演化特征

（一）东段（阿克苏区）

受沙井子断裂带和古木别孜断裂带的影响，温宿凸起南、北两侧地层厚度相差较大，阿瓦提凹陷内部沉积序列比较完整，而在古木别孜断裂带附近发育多个不整合面。温宿凸起隶属于柯坪断隆,是一个长期发育的残余古隆起,其形成和演化受控于沙井子断裂带、古木别孜断裂带和柯坪断隆的控制,过温宿凸起南北方向和东西方向两条构造演化剖面(图1-12、图1-13)表明,温宿凸起的演化史可划分为以下几个阶段。

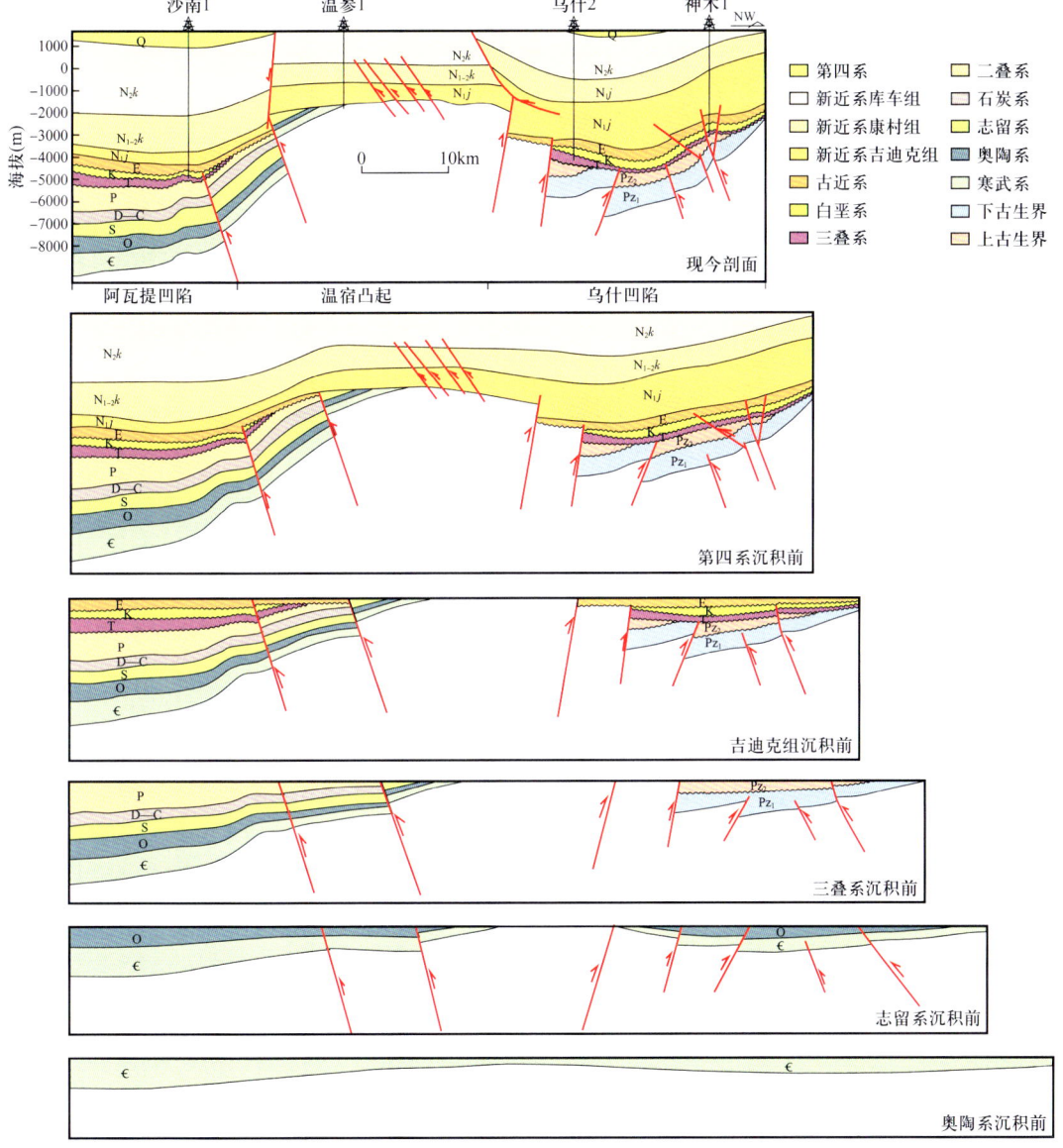

图1-12 过阿瓦提凹陷—温宿凸起—乌什凹陷南北向构造演化剖面

1. 奥陶系沉积前,稳定沉积,基底形成阶段

残留的震旦系、寒武系—下奥陶统等古生界层序在温宿凸起两侧的厚度基本一致,其亚层序的产状与结构也相似,说明边界断裂在早奥陶世之前尚未形成,该区域基本处于稳定沉积阶段。

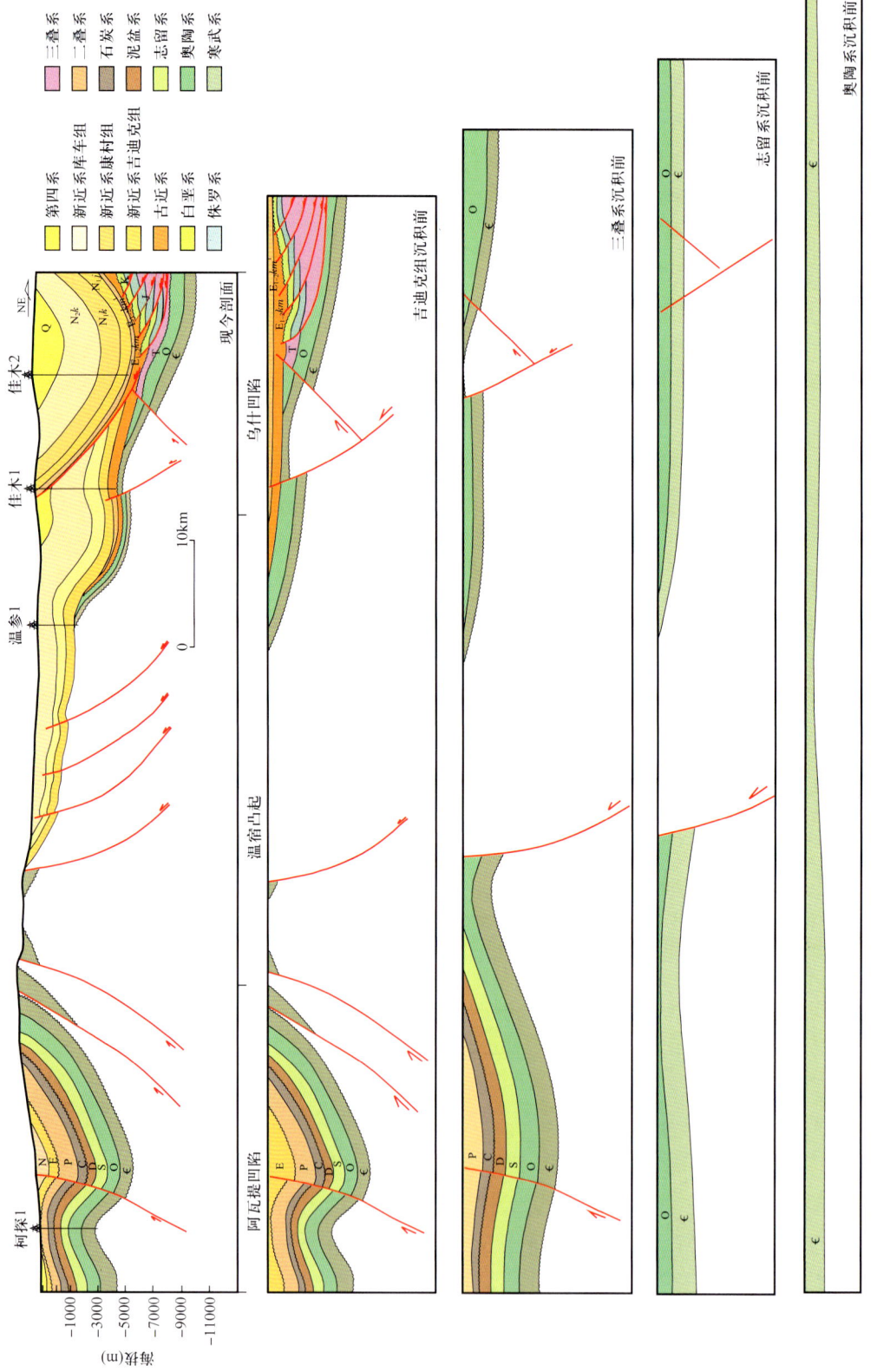

图1-13 过柯坪断隆—温宿凸起—乌什凹陷东西向构造演化剖面

2. 志留系沉积前，古凸起开始形成阶段

中—晚奥陶世，由于塔里木南缘的挤压，北昆仑洋、阿尔金洋的俯冲消减与关闭，中昆仑地体与塔里木地体相碰撞导致位移向北传递。在整个塔北地区的基底形成滑脱面，沿滑脱面形成一系列由南向北逆冲的断层及相关褶皱，古木别孜断裂带最初沿滑脱层向上传播，形成断层传播褶皱，且持续的挤压导致褶皱前翼发生突破，该断裂控制了温宿凸起北边界。沙井子深部冲断楔开始形成，控制着温宿凸起的南边界。该阶段，温宿凸起锥形开始形成，高部位开始遭受剥蚀。

3. 三叠系沉积前，强烈冲断剥蚀阶段

志留纪—泥盆纪，沙井子断裂带深部隐伏楔状冲断构造形成演化阶段。此阶段，乌什凹陷石炭系与下伏层序的不整合指示了乌什凹陷在志留纪—泥盆纪发生了区域隆升，造成了志留系—泥盆系的缺失，表明温宿凸起的基底继续隆升，该期隆升主要受沙井子断裂带深部冲断楔的影响，将温宿凸起与乌什凹陷的地层抬高。

二叠纪末—三叠纪初，南天山碰撞造山作用为塔里木盆地北部提供了强烈的南北向挤压构造应力，狭义沙井子断裂和沙南断裂形成，并且沙井子断裂向阿瓦提凹陷发生强烈冲断；同时，乌什凹陷内三叠系与下伏层序的不整合指示北界乌什南断裂也发生二次向北逆冲。该时期的构造活动较强，导致了温宿凸起核部大量地层剥蚀。此时温宿凸起的基本形态已经形成。

4. 新近系吉迪克组沉积前，持续冲断剥蚀阶段

三叠纪—白垩纪，古木别孜断裂一直处于活动期，乌参1井所揭示的侏罗系缺失便是乌什凹陷在中生代也具有构造隆升的很好的证明。该阶段，狭义沙井子断裂和沙南断裂强烈冲断，造成温宿凸起中生代的缺失，局部区域形成白垩系与下伏地层之间的不整合。随后，沙南断裂定型。这期冲断作用的动力来源来自拉萨地块与古亚洲大陆的碰撞造山作用。

古近纪，沙井子断裂仍在活动，导致了温宿凸起核部古近系的抬升与剥蚀，并且在凸起北翼形成小型膝褶带。温宿凸起持续隆升过程中，古生界—中生界遭受剥蚀，向南逐层剥蚀尖灭，向北断超剥蚀尖灭。

5. 新近纪中晚期—第四纪，沉积—冲断—整体沉降发展阶段

新近系康村组沉积前，温宿凸起停止隆升活动，东部开始接受吉迪克组沉积，受地势高低影响，西部高部位继续遭受剥蚀，未接受沉积。

吉迪克组一段沉积前，温宿凸起内部次级断层发育，断层形成后持续活动。喜马拉雅造山作用的远程效应，造成了中亚地区长期处于强烈的挤压构造背景下，形成了一系列的挤压冲断构造。吉迪克组沉积期间，狭义沙井子断裂发生第三次较大规模的冲断作用，并基本定型。北部古木别孜断裂发生第三次冲断，并在温宿凸起—乌什凹陷的分界地段形成反冲断层及其相关的断层传播褶皱—古木别孜背斜。南北强烈冲断作用造成温宿凸起持续性抬升，地层遭受到了不同程度的剥蚀，在凸起内部发育一系列次级断层。

库车组沉积前，温宿凸起继承性沉积，内部次级断层持续性活动，东部接受康村组沉积，西部高部位未接受沉积，自东向西地层逐渐减薄。

库车组沉积中晚期，温宿凸起不再隆升，内部次级断层停止活动，基本定型，接受了库车组中晚期—第四系稳定沉积，凸起西部高部位依然未接受沉积。经历新生代晚期的构造变形之后，温宿凸起及其北缘的古木别孜构造带最终定型。沙井子断裂带在第四纪早—中期发育浅部伸展构造，但该正断层对温宿凸起影响不大。至此，温宿凸起最终定型，形成了现今的构造面貌。

（二）中段（柯坪区）

图 1-14 剖面位于皮羌断裂中部偏西，自南向北切过柯坪塔格、塔塔埃尔塔格、萨尔干塔格、依木干他乌塔格等近东西向山体。剖面显示，冲断变形可明显存在深部基岩内幕

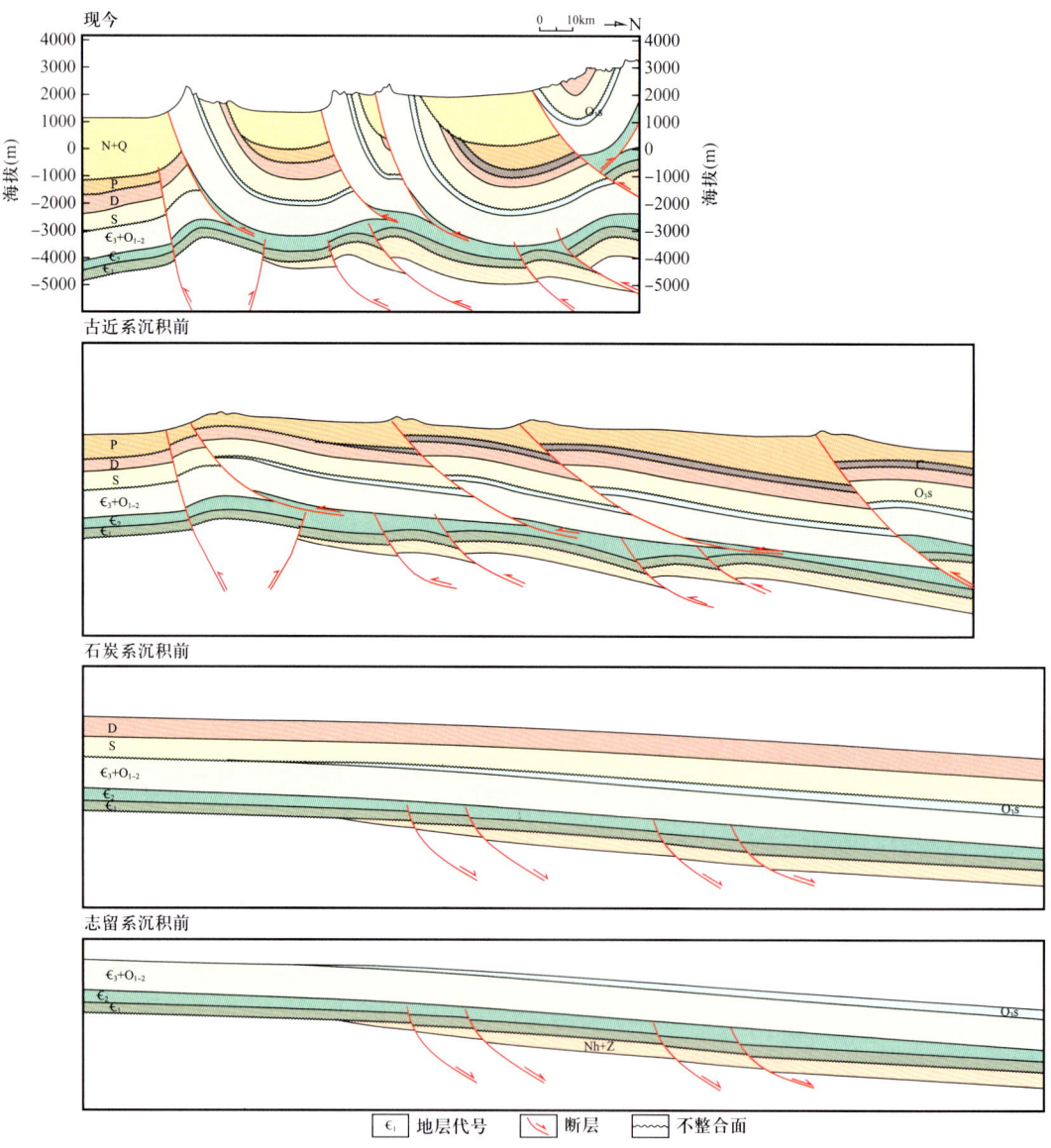

图 1-14 柯坪断隆中段构造演化剖面

变形系统和盖层变形系统，上下两个冲断变形系统同样具有相互影响与叠加、叠置的特性。由平衡复原剖面显示，构造变形大体可划分三个时期：第一期逆冲活动发生在上二叠统沉积末的晚海西运动期，发生冲断活动，主干断裂发育，形成柯坪冲断带早期形态，并伴随早期的剥蚀活动，该期所造成的构造缩短量约13.6km；第二期发生于二叠纪末（海西末期），构造活动持续挤压，该期所造成的构造缩短量约23.5km；第三期发育于新近纪晚期—第四纪，基底构造和浅层构造共同作用形成了现今的冲断形态，这个时期构造缩短量为10.0km。该剖面总体构造缩短量为47.1km，现今剖面度长67.0km，原始剖面长度为114.1km，在剖面显示的区段内冲断与褶皱所造成地壳的缩短率为41.3%。

（三）西段（西克尔区）

图1-15剖面近北北西向，横穿皮羌转换断裂带西侧奥依布拉克断裂组、依木干他乌断裂、奥兹尔塔格断裂和柯坪塔格断裂。奥依布拉克断裂、科克布克断裂、喀拉甘塔什塔

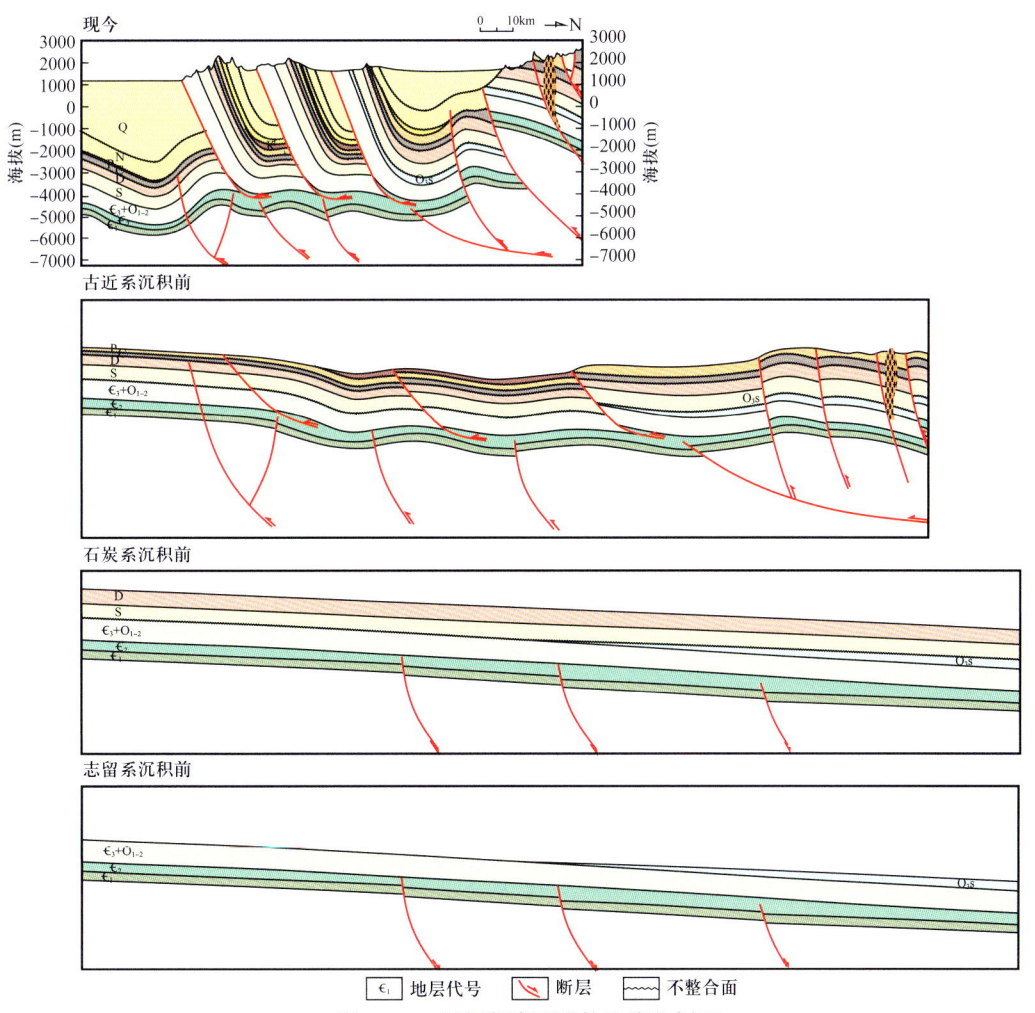

图1-15 柯坪断隆西段构造演化剖面

格断裂组合是后缘三个规模较小的断层转折褶皱叠置构成的，断裂显示基底卷入的特性；其前部发育一受基底叠瓦垛堆构造影响的双重褶皱背斜，背斜前翼新生界层序内底部古近系、新近系向北收敛减薄，向南呈发散加厚，并因后期褶皱抬升被剥蚀，第四系内存在三期较大的不整合，并发育生长三角楔，依据生长地层判断，哈拉峻背驮盆地及科克布克、奥依布拉克等断裂及褶皱背斜在古近系沉积前已经发育，最终的定型时间为更新世晚期—全新世。由平衡复原剖面显示，早二叠世沉积时，柯坪地区整体为一向北西沉积厚度变深的斜坡区，早二叠世末期由于南天山残余洋的闭合，产生自北向南的挤压作用，导致柯坪地区整体南移并发育大型冲断活动，主干断裂产生，北部挤压作用强于南部，该期的构造缩短量约12.80km；二叠纪晚期，挤压构造持续，断裂活动持续，构造缩短量约16.20km；新近纪晚期—第四纪，由于印欧板块碰撞，产生自北向南的构造挤压，柯坪冲断系统再次活跃，同时，基底构造活动发育，对上覆构造产生变形改造作用，形成现今的构造形态，构造缩短量为18.0km。总的来说，该剖面总体构造缩短量为47.0km，现今剖面度长99.0km，原始剖面长度146.0km，在剖面显示的区段内冲断与褶皱所造成地壳的缩短率为32.20%。

归结柯坪冲断带构造演化过程为以下四个时期。

1. 构造变形前期—加里东晚期—海西早期南天山残余洋

经研究认为古南天山洋存在于伊军板块和塔里木板块之间，到晚奥陶世—早中志留世已经具相当规模，柯坪地区为被动大陆边缘，晚奥陶世地区普遍抬升，导致上奥陶统局部剥蚀缺失，晚志留世塔里木陆块向南天山洋下俯冲，其自东向西"剪刀式"闭合方式，柯坪地区转由被动大陆边缘变为活动大陆边缘。到中泥盆世伊犁地块与塔里木地块拼贴在一起，晚泥盆世末期—早石炭世演变为残余洋盆。

2. 构造变形初期—海西晚期陆陆碰撞造山期

早二叠世末期，南天山残余海盆关闭，伴随南天山碰撞造山带自北向南的逆冲作用，南天山变形区不断向南移，驱使南天山南缘古生界层序沿寒武系膏岩滑脱层向南逆冲，构成前展式叠瓦逆冲构造—柯坪冲断带初期，该挤压构造活动持续到二叠纪末期。

3. 构造稳定剥蚀期—印支期—燕山期

三叠纪末印支运动使古特提斯洋封闭和西昆仑造山，塔里木板块与羌塘地块的陆岛碰撞事件发生，致使柯坪冲断构造隆起，并在侏罗纪和白垩纪持续上升，发生削顶夷平，构成喀什、库孜贡苏断陷、乌什等沉陷区的主要物源区。

4. 构造变形定型期—喜马拉雅中晚期陆内挤压逆冲期

中新世晚期，由于印度板块在和欧亚板块碰撞产生继续不断的向北推挤作用，特别是帕米尔微地体的南西向楔入已影响中亚及柯坪地区，南天山造山作用再度活跃，自北而南的大规模推挤与由西向东的斜向旋转等应力的相互作用，柯坪冲断系再次向南、向东掩冲，致使古生代地层由西向东、自北而南掩覆于下更新统西域组之上，同时基底构造作用活动，产生向南的叠瓦构造楔，对浅表构造变形进行改造，柯坪大型弧形带状逆冲推覆构造系统亦基本趋于形成。

第四节 地层发育特征

塔里木盆地是我国面积最大的叠合复合型含油气沉积盆地，地层发育齐全，主要包括海相、海陆交互相和陆相岩系，对地层的研究和认识是石油地质研究和油气勘探工作的重要基础。塔里木盆地的地层研究经广大地质工作者的不懈努力，特别是经过"七五"至"九五"三个五年规划的国家科技攻关及之后的地质工作，初步建立了震旦纪至显生宙地层层序，划分了近500个化石带或化石组合，沿用国际最新年代地层划分标准对露头区及覆盖区地层进行了统一划分对比，取得了系列进展和成果（赵治信，1987，1990，1996；贾承造等，1992；方宗杰等，1996；耿良玉等，1996；李罗照等，1996；周志毅，2000；张师本等，2003）。随着塔里木盆地油气勘探的深入，新区地层和沉积的研究也取得了一系列的新进展（张君峰等，2019；杨有星等，2019）。2013年以来，中国地质调查局油气资源调查中心对塔里木盆地柯坪断隆开展了一系列基础地质调查和整体评价，基于野外地质剖面观察以及对物探资料和地质资料的分析，特别是结合2017—2023年新的钻井资料，深化了柯坪断隆地层发育、展布特征的研究和认识，基本明确了柯坪断隆地层发育与展布特征。

柯坪断隆古生界发育齐全，中生界和新生界等主要地层均发育（图1-16、图1-17）。地表地质和区域地层对比等表明，柯坪地区震旦系、古生界等发育较为齐全，中生界缺失，新生界不整合于古生界二叠系之上。柯坪断隆东段的温宿凸起主要发育元古宇、新生界等地层，最近的钻井揭示了南华系；库车坳陷的中生界发育较为齐全（图1-16、图1-17，表1-3）。

一、新生界

新生界古近系、新近系和第四系在柯坪断隆均有出露，尤其是温宿凸起北缘乌什凹陷和南缘阿瓦提凹陷新生界发育齐全。柯坪断隆新生界自上而下依次为第四系（Q），新近系上新统库车组（N_2k）、中—上新统康村组（$N_{1-2}k$）和中新统吉迪克组（N_1j）和古近系苏维依组（$E_{2-3}s$）。为了更全面、系统地认识柯坪断隆新生界特征，通过钻井、地表露头相结合分析新生界特征如下。

（一）古近系（E）

目前，柯坪断隆暂无确切钻遇古近系苏维依组（$E_{2-3}s$）的井位，在东段沙井子构造带可能有相关地层发育。古近系苏维依组典型剖面（图1-18）发育在库车坳陷巴什基奇克背斜南翼克孜勒努尔沟附近苏维依村，主要为褐红色砂岩与泥岩互层，夹砾岩。一般厚200~400m，与吉迪克组和库姆格列木群均为渐变关系。

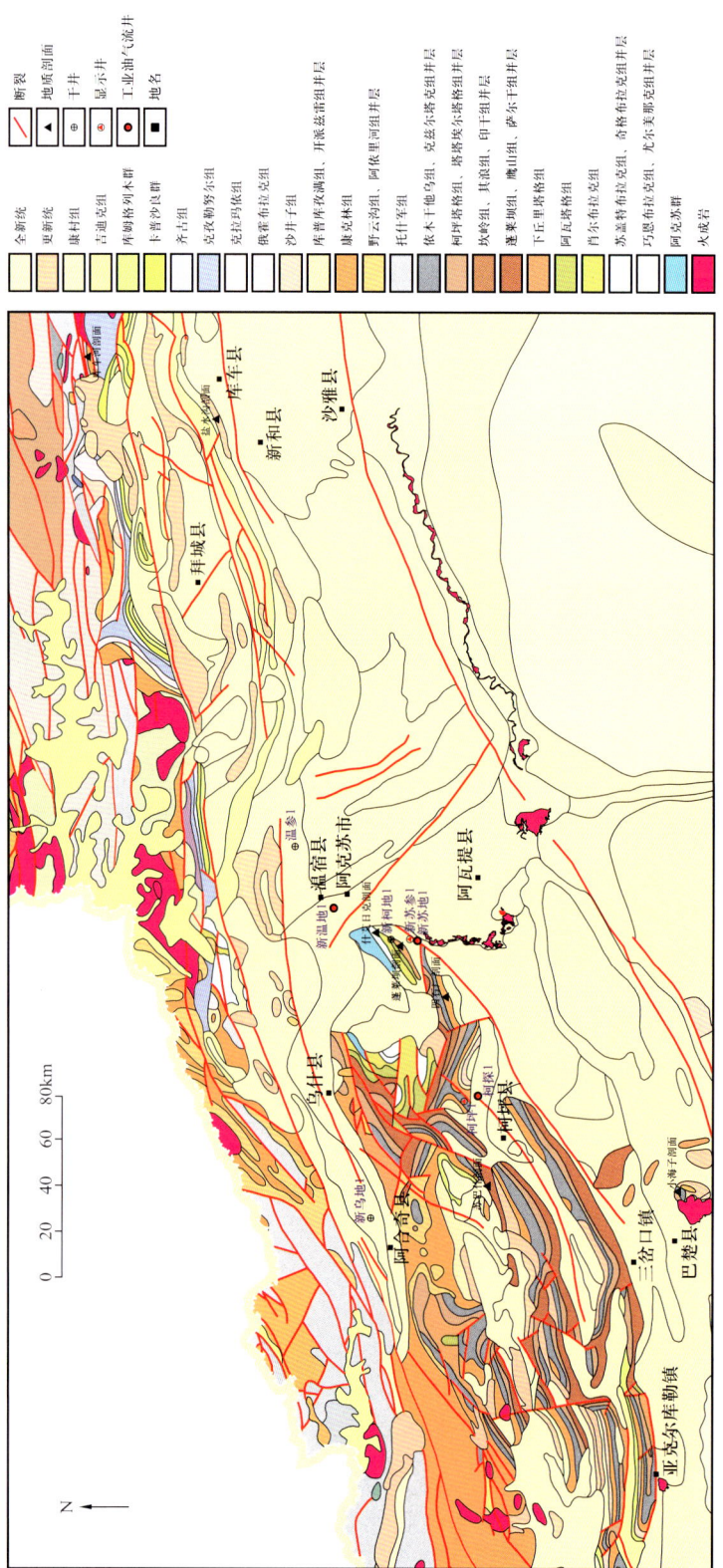

图 1-16 柯坪断隆地质图

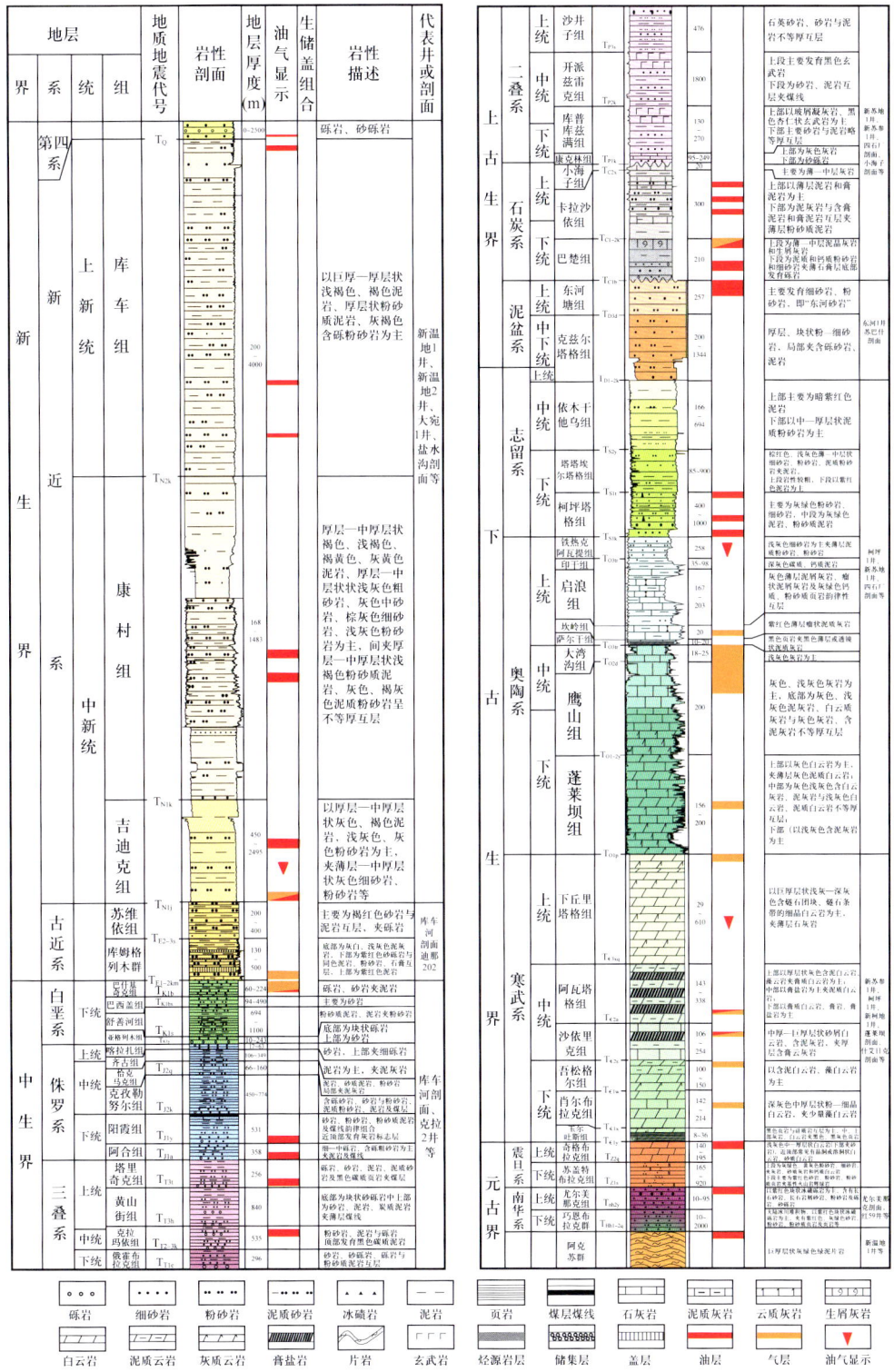

图1-17 柯坪断隆地层柱状图

表 1-3 柯坪—温宿—库车等地区地层发育对比表

界	系	统	柯坪	温宿凸起主体区	库车	塔东北
			组（群）			
新生界	第四系（Q）	全—更新统（Q_{1-2}）	西域组（Q_1x）			
	新近系（N）	更—上新统（N_2）	库车组（N_2k）	库车组（N_2k）	库车组（N_2k）	库车组（N_2k）
		中新统（N_1）	康村组（N_1k）	康村组（N_1k）	康村组（N_1k）	康村组（N_1k）
			吉迪克组（N_1j）	吉迪克组（N_1j）	吉迪克组（N_1j）	吉迪克组（N_1j）
	古近系（E）	渐—始新统（E_{2-3}）	苏维依组（$E_{2-3}s$）		苏维依组（$E_{2-3}s$）	苏维依组（$E_{2-3}s$）
		始—古新统（E_{1-2}）			库姆格列木群（$E_{1-2}km$）	库姆格列木群（$E_{1-2}km$）
中生界	白垩系（K）	上统（K_2）				古城组（K_2g）
					巴什基奇克组（K_1b）	巴什基奇克组（K_1b）
		下统（K_1）			巴西盖组（K_1bx）	巴西盖组（K_1bx）
					舒善河组（K_1s）	舒善河组（K_1s）
					亚格列木组（K_1y）	亚格列木组（K_1y）
	侏罗系（J）	上统（J_3）			喀拉扎组（J_3k）	喀拉扎组（J_3k）
					齐古组（J_3q）	齐古组（J_3q）
		中统（J_2）			恰克马克组（J_2q）	恰克马克组（J_2q）
					克孜勒努尔组（J_2k）	克孜勒努尔组（J_2k）
		下统（J_1）			阳霞组（J_1y）	阳霞组（J_1y）
					阿合组（J_1a）	阿合组（J_1a）
	三叠系（T）	上统（T_3）			塔里奇克组（T_3t）	塔里奇克组（T_3t）
					黄山街组（T_3h）	黄山街组（T_3h）
		中统（T_2）			克拉玛依组（$T_{2-3}k$）	克拉玛依组（$T_{2-3}k$）
		下统（T_1)			俄霍布拉克组（T_1e）	俄霍布拉克组（T_1e）
古生界	二叠系（P）	上统（P_3）	沙井子组（P_3s）			
		中统（P_2）	开派兹雷克组（P_2k）			
		下统（P_1）	库普库兹满组（$P_{1-2}k$）			
	石炭系（C）	上统（C_2）	康克林组（C_2x）		小海子组（C_2x）	
		下统（C_1）			卡拉沙依组（C_1k）	
	泥盆系（D）	上统（D_3）			巴楚组（D_3b）（角砾岩段）	
		中下统（D_{1-2}）	克兹尔塔格组（S_3-D）k		东河塘组（D_3d）	
	志留系（S）	上统（S_3）			克兹尔塔格组（S_3k）	
		中统（S_2）	依木干他乌组（S_2y）		依木干他乌组（S_2y）	
		下统（S_1）	塔塔埃尔塔格组（S_1t）		塔塔埃尔塔格组（S_1t）	
			柯坪塔格组（S_1k）		柯坪塔格组（S_1k）	
	奥陶系（O）	上统（O_3）	铁热克阿瓦提组（O_3t）		却尔却克组（O_3q）	
			印干组（O_3y）			
			其浪组（O_3q）			
			坎岭组（O_3k）			
			萨尔干组（$O_{2-3}s$）		黑土凹组（$O_{2-3}h$）	
		中统（O_2）	大湾沟组（O_2d）			
			鹰山组（$O_{1-2}y$）			
		下统（O_1）	蓬莱坝组（O_1p）		突尔沙克塔格组（$O_{1-2}t$）	
	寒武系（Є）	上统（$Є_3$）	下丘里塔格组（$Є_3xq$）			
		中统（$Є_2$）	阿瓦塔格组（$Є_2a$）		莫合尔山组（$Є_2m$）	
			沙依里克组（$Є_2s$）			
		下统（$Є_1$）	吾松格尔组（$Є_1w$）		西大山组（$Є_1x$）	
			肖尔布拉克组（$Є_1x$）		西山布拉克组（$Є_1xs$）	
			玉尔吐斯组（$Є_1y$）			
元古界	震旦系（Z）	上统（Z_2）	奇格布拉克组（Z_2q）			汉尔乔克组
						水泉组
		下统（Z_1）	苏盖特布拉克组（Z_1s）			育肯沟组
						扎摩克提组
	南华系（Nh）	中统（Nh_2）	尤尔美那克组（Nh_2y）			特瑞艾肯组
		下统（Nh_1）	巧恩布拉克群（$Nh_{1-2}q$）			照壁山—贝义西
	青白口系					帕尔岗塔格群
	长城—蓟县		阿克苏群（Pt_2ak）			爱尔基干群

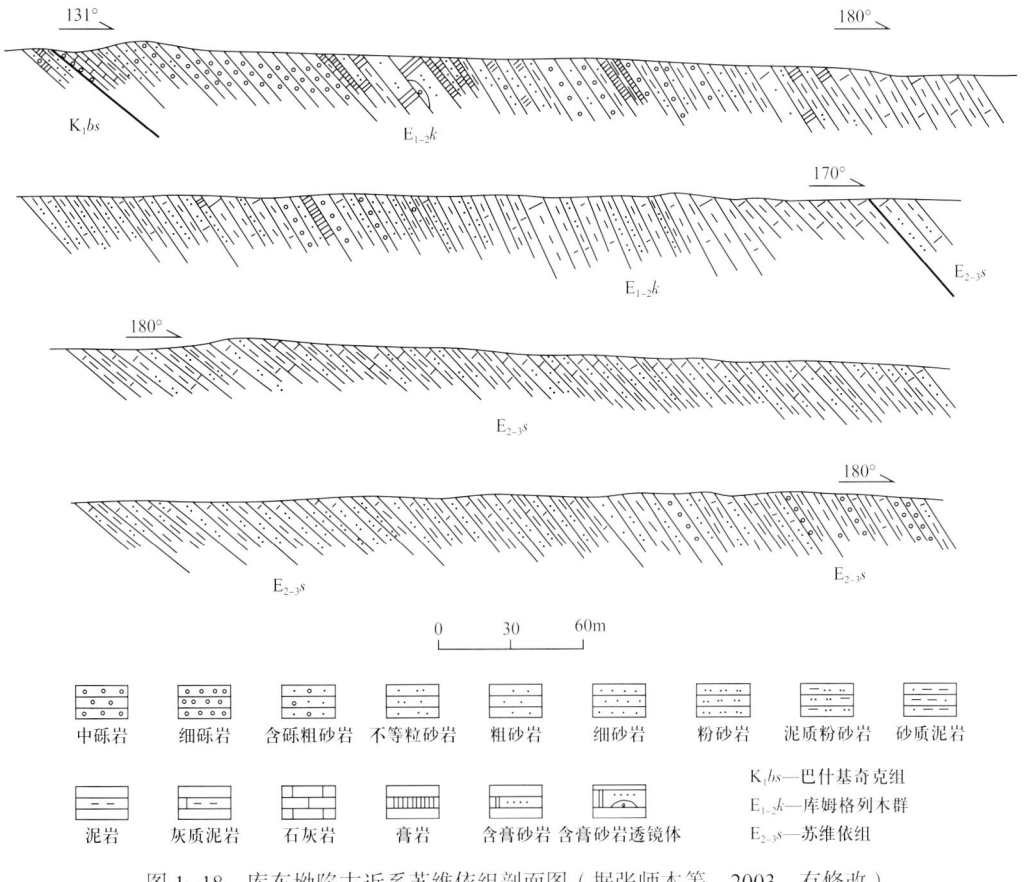

图 1-18 库车坳陷古近系苏维依组剖面图（据张师本等，2003，有修改）

（二）新近系（N）

新近系吉迪克组、康村组和库车组在柯坪断隆分布范围广泛，新近系岩性以泥岩、粉砂质泥岩和粉砂岩为主，夹薄层—中厚层细砂岩。柯坪断隆东段新苏地 2 井新近系不整合于元古宇之上，两套地层的电性曲线、地震剖面和岩性组合等变化特征非常明显（图 1-19），容易识别。新近系典型剖面发育在柯坪断隆周缘库车坳陷，下面以库车坳陷经典剖面为例介绍该组发育特征。

1. 吉迪克组（N_1j）

吉迪克组在柯坪断隆分布范围相当广泛，岩性以厚层—中厚层状灰色、褐色泥岩、粉砂质泥岩，浅灰色、灰色粉砂岩为主，夹薄层—中厚层状灰色细砂岩以及中厚—巨厚层状浅灰色、灰色泥质粉砂岩及厚层状灰色粉砂质泥岩不等厚互层（图 1-20）。宏观上具明显的红、绿条带相间的特点，是地层对比的一个明显标志。本组在剖面上可见厚度一般为 600~800m，吐格尔明剖面为 1399.6m。柯坪断隆东段新苏地 1 井钻遇厚度 167m，新苏地 2 井钻遇厚度 53.5m。

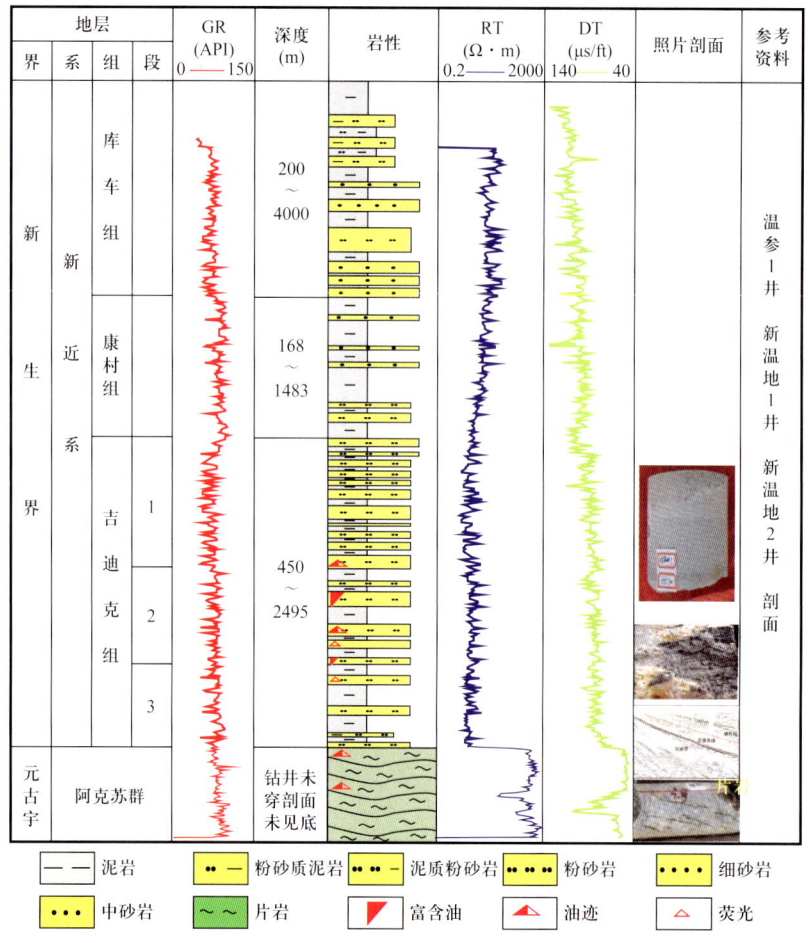

图 1-19 柯坪断隆新近系—元古宇综合柱状图

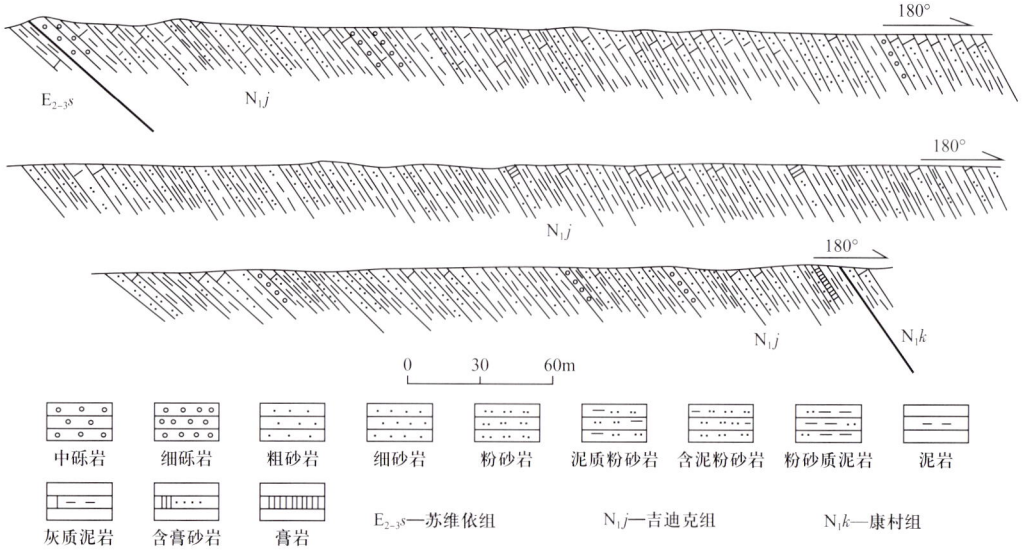

图 1-20 库车坳陷新近系吉迪克组剖面图（据张师本等，2003，修编）

2. 康村组（$N_{1-2}k$）

康村组在柯坪断隆分布较广泛，岩性变化较大，以厚层—中厚层状褐色、浅褐色、褐黄色、灰黄色泥岩，厚层—中层状浅灰色粗砂岩、灰色中砂岩、棕灰色细砂岩和浅灰色粉砂岩为主（图 1-21），间夹厚层—中厚层状浅褐色粉砂质泥岩、灰色或褐灰色泥质粉砂岩呈不等厚互层。本组在库车坳陷北部单斜带主要为红色砂砾岩。在秋里塔格山区，康村组发育良好，上段以暗棕褐色砂质泥岩为主，夹砂岩，下段为暗棕色砂质泥岩夹灰绿色泥岩及粉砂岩，砂岩中往往含铜。在露头上可见厚 300~1483m。该组含轮藻、介形类及孢粉化石，多为由吉迪克组延续上来的，时限为中新世。新苏地 1 井钻遇康村组厚 205m，新苏地 2 井钻遇康村组厚 223m。

图 1-21 柯克亚剖面库车组—康村组岩性特征

3. 库车组（N_2k）

库车组在柯坪断隆分布广泛，为巨厚—厚层状浅褐色、褐色泥岩夹同色厚层状粉砂质泥岩、灰褐色含砾粉砂岩、同色含砾细砂岩、浅灰色粗砂岩、间夹巨厚—中厚层状红白色小砾岩、细砾岩呈不等厚互层（图 1-22）。本组在库车坳陷北部单斜带岩性较粗，以灰色砾岩和砂岩为主。在秋里塔格山区岩性变细，大致可分为上、下两段。上段主要为褐黄色粉砂岩夹灰褐色砾岩、砂岩；下段为青灰色细—中粒块状砂岩，夹褐黄色带灰色色调之粉砂岩，厚度 300~2892m。含轮藻、孢粉和介形类化石。新苏地 1 井钻遇库车组，厚度 356m。

（三）第四系（Q_1x）

新苏地 1 井和新苏地 2 井均钻遇第四系西域组，厚度 10~16m。岩性为巨厚层杂色砾岩、砂砾岩。砾岩成分为石英砾、长石砾、火成岩岩块和少量泥质岩块，颜色为杂色，有白色、灰色、灰黑色、棕红色，砾径最大 10mm，一般 5~6mm，磨圆为棱角状—次棱角状，分选差，岩屑呈散粒状。在区域上，该组最大厚度可达 2500m。

图 1-22　柯克亚剖面新近系库车组，背斜转折端

二、中生界

中生界在柯坪地区缺失，但在柯坪断隆周缘库车坳陷和阿瓦提凹陷发育较为齐全，出露良好，分布广泛，自下而上为三叠系、侏罗系、下白垩统（图 1-23），全部为陆相地层，化石丰富，沉积类型多样。

下面以库车坳陷为例介绍中生界发育特征。

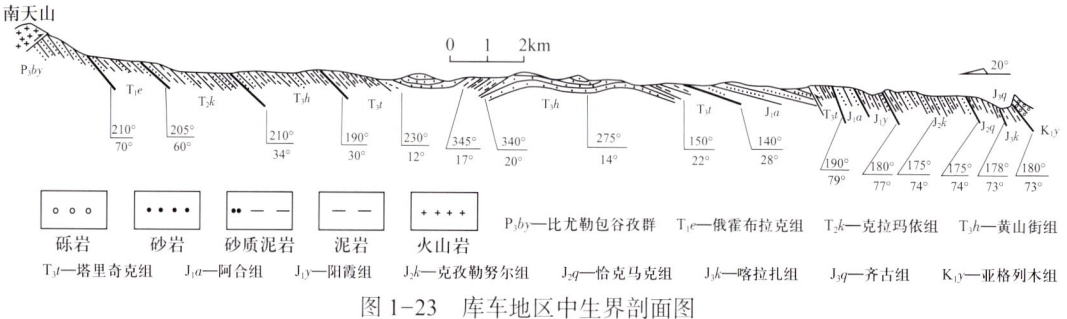

图 1-23　库车地区中生界剖面图

（一）三叠系（T）

库车坳陷三叠系主要出露于拜城至库车一带，为一套陆相碎屑沉积。其底多与二叠系比尤勒包谷孜群假整合接触或上覆于早二叠世喷发岩之上，厚度 165~1500m 之间，包括俄霍布拉克组、克拉玛依组、黄山街组和塔里奇克组。

1. 俄霍布拉克组（T_1e）

俄霍布拉克组岩性为棕灰色块状砂岩、砂砾岩、砾岩与粉砂质泥岩互层，含介形类、轮藻、孢粉、叶肢介、植物等化石。底部为褐灰夹紫红色泥岩、细—粉砂岩段，向上分别为绿色砂岩层段、红色砂质泥岩层段、绿色砂岩层段及红色砂岩、含砾砂岩互层段，共发育5个岩性段，总厚约296m。

2. 克拉玛依组（$T_{2-3}k$）

克拉玛依组为一套灰绿色粗碎屑沉积，含植物、孢粉、大孢子、轮藻等。从下到上分二个岩性段：下段为红、绿相间粉砂岩、泥岩与砾岩不等厚互层；上段底部为具冲刷痕迹的砾岩，与下段的砂、泥岩呈突变关系，顶部具叠锥构造的黑色碳质泥岩，厚度32m，是区域性标志层，又是良好的烃源岩。纵向上具有下粗上细、下红上绿特点，厚度约535m，顶部与黄山街组整合接触。

3. 黄山街组（T_3h）

黄山街组主要见于库车坳陷中、西部的单斜带，由两套由粗变细的沉积旋回组成，每个旋回底部为块状砂砾岩，中上部为灰绿、灰黑色泥岩、碳质泥岩夹砂岩、薄层煤线。黄山街组产较丰富的哈萨克虫、植物、孢粉及昆虫类、双壳类化石。厚度约840m，顶部与塔里奇克组整合接触，底部与克拉玛依组整合接触。

4. 塔里奇克组（T_3t）

塔里奇克组主要分布于库车坳陷中西部，由三个由粗到细的沉积旋回组成，主要由灰白色砾岩、中至粗粒岩屑砂岩、灰色砂质泥岩、泥质砂岩及黑色碳质页岩夹煤层。厚度256m。顶部与阿合组整合或假整合接触，底部与黄山街组整合接触。

（二）侏罗系（J）

库车坳陷区侏罗系发育良好，为一套陆相含煤沉积，可分为中、下部煤系地层和上部杂色碎屑沉积两部分，与下伏三叠系整合接触。侏罗系包括阿合组、阳霞组、克孜勒努尔组、恰克马克组、齐古组和喀拉扎组。

1. 阿合组（J_1a）

阿合组主要分布于库车坳陷中西部的北部单斜带，岩性以浅灰色细—中砾岩、含砾粗砂岩为主，夹灰—绿色中—细砂岩、灰黑色泥岩及煤线，厚度358m。

2. 阳霞组（J_1y）

阳霞组以吐格尔明东高点南翼剖面出露最好，主要为灰、灰白色砂、砾岩，灰色泥质粉砂岩，深灰、灰黑色粉砂质泥岩及煤线组成的多个正旋回。厚度531m，顶部有一厚度38m的黑色碳质页岩标志层。顶部与克孜勒努尔组整合接触。

3. 克孜勒努尔组（J_2k）

命名剖面为克孜勒努尔沟剖面，岩性为灰白、绿灰色细砾岩、含砾砂岩、砂岩与绿灰、灰黑色粉砂岩、泥质粉砂岩、泥岩及煤层组成多个正向韵律层，下部一般发育含煤层，是良好的烃源岩，上部无煤层。厚450～774m。该组产较丰富的植物、孢粉以及介形类、叶肢介、双壳类、轮藻、腹足类化石。

4. 恰克马克组（J_2q）

恰克马克组分布于库车坳陷中、西部的北部单斜带及吐格尔明单斜北翼，以拜城县捷列维切克河剖面为其代表，岩性为灰绿色泥岩、砂质泥岩、粉砂岩夹砂岩，局部有灰黑色油页岩，底部为灰色中薄层或透镜体泥灰岩，厚66～160m。顶部与齐古组整合接触（图1-24）。

图1-24 侏罗系上部地层发育特征

5. 齐古组（J_3q）

齐古组分布于库车坳陷阿瓦特河至克孜勒努尔沟之间的北部单斜带和直线褶皱带的吐格尔明背斜、巴什基奇克背斜、依奇克里克背斜的阿依库木沟一带，为一套灰紫、棕红色泥岩沉积，下部夹灰绿、灰白色粉砂岩和泥灰岩条带，厚约106～349m。顶部与喀拉扎组整合接触。

6. 喀拉扎组（J_3k）

喀拉扎组主要分布于卡普沙良河至克孜勒努尔沟之间的北部单斜带及吐格尔明背斜带，岩性为褐红色薄至厚层状含钙质岩屑长石石英砂岩与黄红、紫红色中、厚层状泥质粉砂岩、粉砂质泥岩互层，其上部夹同色细砾岩及含砾粗砂岩。顶部与亚格列木组假整合接触。剖面上可见厚度为17～63m。

（三）白垩系（K）

库车坳陷白垩系仅出露下白垩统卡普沙良群和巴什基奇克组，主要为陆相碎屑岩系，在拜城、库车一带呈东西条带延伸，底部大多为中、粗粒碎屑岩，与下伏侏罗系喀拉扎组呈假整合接触。

1. 卡普沙良群（K_1k）

卡普沙良群主要分布在库车坳陷拜城西的卡普沙良河北部单斜带及直线皱褶带的库姆格列木、巴什基奇克、依奇克里克及吐格尔明背斜，主要为一套紫红色陆相碎屑沉积。卡普沙良群自下而上包括亚格列木组、舒善河组和巴西盖组。

（1）亚格列木组：典型剖面出露在卡普沙良河一带，岩性较稳定，其下部为紫灰色块状砾岩，砾石坚硬，地貌陡峭似城墙状，称"城墙砾岩"，上部为灰紫色含钙细砂岩、砾状砂岩、粉砂岩、泥岩，厚10～243m。

（2）舒善河组：为厚层紫红色、灰紫色粉砂质泥岩、泥岩夹灰色粉砂岩，颜色下部红色为主，上部杂色为主，厚度694～1100m，与下伏亚格列木组整合接触。

（3）巴西盖组：以黄褐色厚层砂岩为主，黄灰色、黄红色粉至细砂岩、泥岩互层，剖面上可见厚度94～490m，与下伏舒善河组整合接触。该组介形类、轮藻较少。

2. 巴什基奇克组（K_1b）

巴什基奇克组分布较局限，仅见于卡普沙良河至克孜勒努尔沟之间，岩性上部为紫灰色、紫红色厚层状中—细粒含膏质砂岩、泥质粉砂岩夹含钙质泥岩，下部为紫灰色厚层块状砾岩，厚60～224m。与下伏卡普沙良群整合接触，顶部与库姆格列木群底部灰色泥岩假整合接触。巴什基奇克组砂岩和砾岩为性能良好的储层。

三、古生界

柯坪断隆古生界发育较为齐全，其中寒武系和奥陶系以碳酸盐岩沉积为主；志留系和泥盆系主要为碎屑岩沉积；石炭系和二叠系碳酸盐岩沉积居多，但下石炭统和中二叠统上部均以碎屑岩沉积为主。柯坪断隆野外地质剖面、柯坪1井、新苏地1井及新苏参1井等资料揭示，古生界自上而下依次为二叠系（P）、石炭系（C）、泥盆系（D）、志留系（S）、奥陶系（O）和寒武系（∈）。

（一）寒武系（∈）

自下而上可分为玉尔吐斯组、肖尔布拉克组、吾松格尔组、沙依里克组、阿瓦塔格组、下丘里塔格组。

1. 玉尔吐斯组（ϵ_1y）

将野外剖面实测数据与实钻结果对比可发现，柯坪断隆玉尔吐斯组厚度和岩性组合差异性大。剖面上玉尔吐斯组下部为浅紫红色中薄层状泥岩与灰黑色中薄层状磷质硅质岩互层，中、上部为深灰、灰色中厚层状粉晶灰岩、白云岩夹黑色、黑灰色页岩（图1-25），产丰富的小壳化石及疑源类化石，厚度8～36m。而柯坪断隆中段的柯坪南1井钻揭玉尔吐斯组厚5m，岩性以褐色泥岩为主。柯坪断隆东段的新苏参1井钻揭玉尔吐斯组厚26m，底部发育灰白色硅质灰岩、灰黑色泥岩，向上为浅灰—深灰色泥质灰岩。

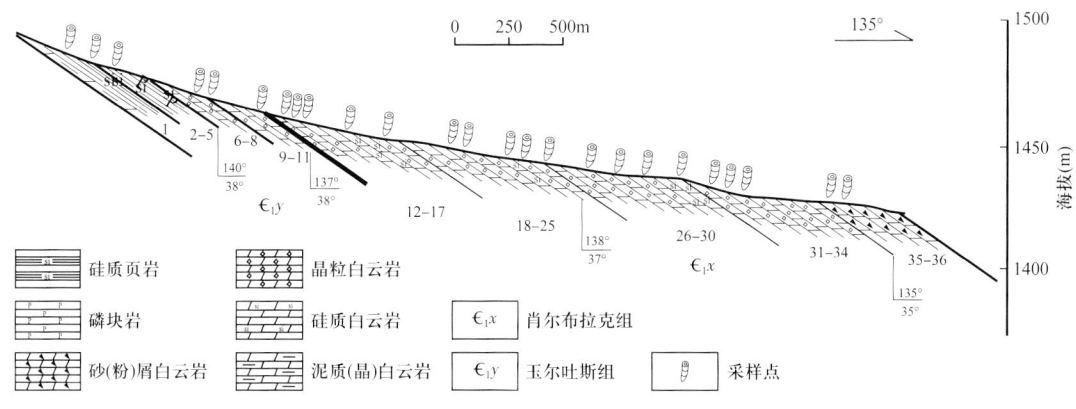

图1-25 蓬莱坝剖面寒武系玉尔吐斯组—肖尔布拉克组剖面图

2. 肖尔布拉克组（$\epsilon_1 x$）

肖尔布拉克组岩性主要为深灰色中厚层状粉—细晶白云岩，夹少量藻白云岩。肖尔布拉克组一名及其含义经过几次厘定以后，现称的肖尔布拉克组代表下寒武统底部含磷层位的玉尔吐斯组之上，三叶虫开始出现及其以上的一套碳酸盐岩沉积。其岩性特征为：底部为深灰色夹灰褐色薄层状灰岩及含硅质条带灰岩（图2-12），含三叶虫、金臂虫及软舌螺等；下部为深灰色中厚层状含硅质结核白云岩，具臭味；中部为黑灰色、灰色薄层状或瘤状灰岩、白云岩夹生物灰岩，含三叶虫、腕足类、小壳化石；上部为灰白色、深灰色厚层状白云岩。厚度142~214m。

柯坪南1井钻遇肖尔布拉克组厚125m，岩性为浅灰色含泥灰质白云岩、灰质白云岩，灰色、深灰色、灰黑色灰质白云岩，灰黑色粉晶白云岩、含泥灰质白云岩。新苏参1井钻遇肖尔布拉克组厚322m，岩性为浅灰色、灰色、深灰色泥灰岩，泥质、含泥灰岩，白云质灰岩。

3. 吾松格尔组（$\epsilon_1 w$）

吾松格尔组岩性以含泥白云岩、藻白云岩为主；夹少量含膏白云岩。代表剖面在柯坪县东北约50km或苏盖特布拉克西南约11km。其岩性特征为：底部为深灰色角砾状灰岩、薄层状灰岩，含三叶虫化石；下部为浅灰、深灰色薄层状粉晶白云岩、薄—中厚层状灰岩；中部为浅灰色瘤状粉晶白云岩夹深灰色竹叶状灰岩；上部为灰色、浅灰色薄层灰岩、白云岩。厚约100~150m。

柯坪南1井钻遇吾松格尔组厚53m，岩性为灰色泥质白云岩、灰质白云岩、含灰岩，深灰色灰质白云岩，灰色、褐色含灰白云质泥岩，浅灰色、灰色含泥灰质白云岩，灰色含灰泥质白云岩。新苏参1井钻遇吾松格尔组厚192m，岩性为浅黄灰色泥质白云岩、白云质灰岩，深灰色泥质灰岩，灰色白云质灰岩，浅灰色、灰白色白云质灰岩、泥质白云岩、石膏质白云岩、泥质石膏岩、白云质石膏岩夹灰色白云质泥岩、白色盐岩。

4. 沙依里克组（$\epsilon_2 s$）

沙依里克组岩性主要为中厚—巨厚层状砂屑白云岩、含泥灰岩，夹厚层含膏云灰岩。厚约106~254m。局部地区沙依里克组与古近系不整合接触（图1-26）。

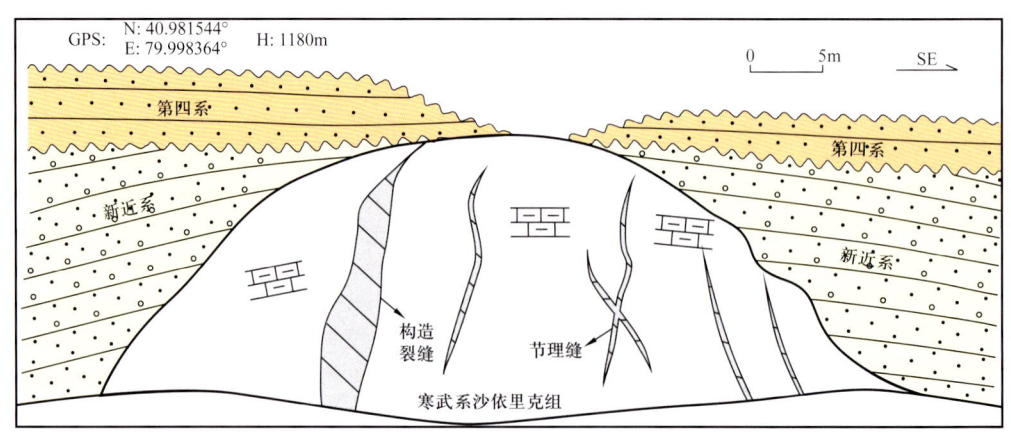

图1-26 什艾日克剖面寒武系沙依里克组与古近系不整合接触示意图

新苏参 1 井钻遇吾松格尔组厚 475.5m，岩性上部为浅灰色、灰色灰岩，白云质灰岩，泥质灰岩，灰质白云岩夹灰色灰质泥岩，中部为灰白色、浅灰色白云质石膏岩，石膏岩夹灰色、深灰色白云岩，中、下部为浅灰色、灰白色、棕色石膏岩、泥膏岩、白云质石膏岩与白色盐岩略等厚—不等厚互层。

5. 阿瓦塔格组（$\epsilon_2 a$）

剖面上阿瓦塔格组岩性上部以厚层状灰色含泥白云岩、藻云岩夹膏质白云岩为主；中部以膏盐岩为主夹泥质白云岩；下部以膏质白云岩、膏岩、膏盐岩为主。厚度 143～338m。

新苏参 1 井钻遇阿瓦塔格组厚 161.5m，岩性为灰色、棕褐色、棕色泥质、石膏质白云岩与灰色、棕褐色、棕色石膏质、白云质泥岩等厚—不等厚互层。

6. 下丘里塔格组（$\epsilon_3 xq$）

剖面上岩性以巨厚层状浅灰—深灰色含燧石团块、燧石条带的细晶白云岩为主，夹薄层石灰岩。主要出露于柯坪县周缘及巴楚县大坂塔格等地。其岩性为灰白色至深灰色层纹状微—细晶白云岩，常含燧石条带及团块，夹叠层石藻白云岩和残余鲕粒、砂屑、藻屑白云岩及竹叶状砾屑白云岩。其白云岩以早期成岩准同生白云岩为主。厚 29～610m。

新苏参 1 井钻遇下丘里塔格组厚 43m，岩性为灰、浅灰色含泥、泥质白云岩，含灰、灰质白云岩。柯坪 1 井钻遇为浅灰色白云质灰岩，中下部以灰色、浅灰色灰岩为主，夹深灰色硅质白云岩、浅灰色含白云灰岩、灰质白云岩薄层。柯坪南 1 井钻遇岩性为深灰色、灰色粉晶白云岩，深灰色、灰色含灰粉晶白云岩，灰色含硅粉晶白云岩、含灰白云岩、深灰色、灰色灰质白云岩，灰色泥晶灰岩、白云质灰岩。

（二）奥陶系（O）

根据四石厂典型露头剖面（图 1-27）和柯坪 1 井、新苏地 1 井及新苏参 1 井实钻结果，奥陶系自下而上可分为蓬莱坝组、鹰山组、大湾沟组、萨尔干组、坎岭组、其浪组、印干组、铁热克阿瓦提组。

1. 蓬莱坝组（$O_1 p$）

剖面上蓬莱坝组岩性上部以灰色白云岩为主，夹薄层灰色泥质白云岩；中部为灰色浅灰色含白云灰岩、泥灰岩与浅灰色白云岩、泥质白云岩不等厚互层；下部以浅灰色含泥灰岩为主。厚度 156～200m。

柯坪南 1 井钻揭岩性为灰色含泥灰岩、含白云灰岩、白云质灰岩、含砂白云质灰岩、含白云硅质灰岩、灰色粉晶白云岩、泥质粉晶白云岩。

2. 鹰山组（$O_{1-2} y$）

剖面上岩性整体以灰色、浅灰色灰岩为主，底部为灰色、浅灰色泥灰岩，白云质灰岩与灰色灰岩，含泥灰岩不等厚互层。厚度约 200m。

柯坪南 1 井钻揭岩性为灰色含泥灰岩、泥质泥晶生物灰岩，灰色、深灰色、浅灰色泥晶灰岩夹灰黑色白云质灰岩。

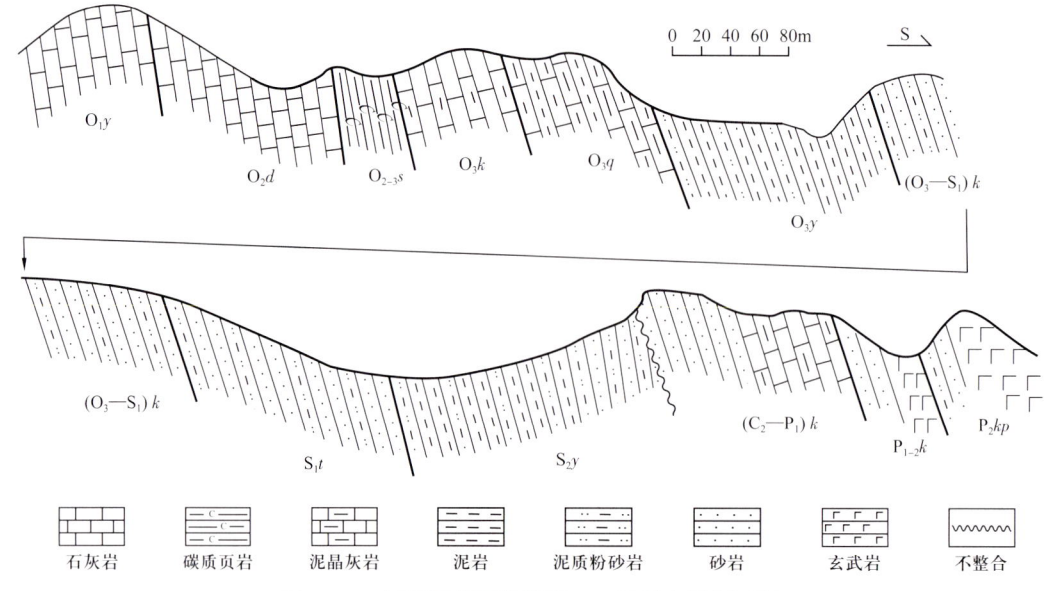

图 1-27 四石厂剖面奥陶系—二叠系实测剖面图

$O_{1-2}y$—鹰山组;O_2d—大湾沟组;$O_{2-3}s$—萨尔干组;O_3k—坎岭组;O_3q—其浪组;O_3y—印干组;$(O_3-S_1)k$—柯坪塔格组;$(O_3-S_1)k$;S_1t—塔塔埃尔塔格组;S_2y—依木干他乌组;$(C_2-P_1)k$—康克林组;$P_{1-2}k$—库普库孜满组;P_2kp—开派兹雷克组

3. 大湾沟组(O_2d)

在剖面上大湾沟组岩性以中—薄层瘤状碎屑灰岩,含燧石团块及条带为特征。厚25.1m。柯坪1井钻遇该组厚18.5m,以浅灰色灰岩为主(图1-28),夹灰色泥灰岩薄层。

图 1-28 四石厂剖面奥陶系大湾沟组—萨尔干组—坎岭组特征

4. 萨尔干组($O_{2-3}s$)

剖面上岩性主要为黑色页岩夹黑色薄层或透镜状泥质灰岩,局部层段有少量硅质条带。厚度10~20m左右。

新苏地 1 井钻遇厚度 4m，岩性为灰黑色碳质页岩。

5. 坎岭组（O_3k）

剖面上坎岭组下部为中、薄层状泥质灰岩，上部为紫红色薄层瘤状泥质灰岩，厚度 20m 左右。

新苏地 1 井钻遇厚度 17m，上部为棕红色泥灰岩，下部为浅灰色灰岩，石灰岩单层厚度 4～13m。

6. 其浪组（O_3q）

剖面上其浪组主要为灰色薄层泥屑灰岩、瘤状泥屑灰岩及灰绿色钙质、粉砂质页岩韵律性互层，在大湾沟剖面厚 167.3m。

柯坪 1 井钻遇厚 203m，中上部以灰色泥灰岩为主，夹灰色灰岩、灰质泥岩和含灰泥岩；下部为灰色含灰泥岩、灰质泥岩夹薄层灰色泥灰岩。新苏地 1 井钻遇厚 88m，岩性为浅灰色灰岩、泥质灰岩、灰色泥灰岩与灰色泥岩、灰质泥岩、灰色页岩等厚—略等厚互层。

7. 印干组（O_3y）

剖面上岩性主要为黑色及深灰色碳质、钙质和粉砂质页岩、泥岩和泥屑灰岩，含丰富的笔石和几丁石，并伴有少量三叶虫和无铰纲腕足类，厚度 35～98m。

柯坪 1 井钻遇厚 39m，上部为深灰色灰质泥岩；下部为深灰色、浅灰色泥灰岩，灰色灰岩，与深灰色含泥灰岩不等厚互层。新苏地 1 井钻遇厚 59m，上部为浅灰色、灰色泥质灰岩、浅灰色灰岩夹灰色灰质泥岩，下部为灰色、深灰色页岩、灰色灰质泥岩夹灰色粉砂岩、灰色砂屑灰岩。

8. 铁热克阿瓦提组（O_3tr）

剖面上岩性特征以浅灰色细砂岩为主，夹薄层浅灰色粉砂质泥岩；中部为灰色泥岩、粉砂质泥岩、泥质粉砂岩、粉砂岩不等厚互层；下部以灰色含沥青细砂岩与浅灰色细砂岩为主，夹浅灰色泥岩、粉砂质泥岩。柯坪 1 井钻遇该组厚度 258m。

（三）志留系和泥盆系（S—D）

志留至泥盆系岩石地层单元自下而上为柯坪塔格组、塔塔埃尔塔格组、依木干他乌组（图 1-29）和克兹尔塔格组。

1. 柯坪塔格组（$O_3—S_1)k$

剖面上柯坪塔格组岩性为灰绿、紫红色砂岩、泥岩及页岩，底部常见几十厘米厚的不稳定底砾岩。产笔石、腕足类、三叶虫、双壳类、珊瑚、腹足类等化石。厚 400～1000m，标准地点厚 455m。在区内其底部与印干组呈假整合接触。

新苏地 1 井钻遇厚 361m，岩性上部为灰色、灰黑色沥青质细砂岩、粉砂岩、泥质砂岩与绿灰色、灰色、棕褐色泥岩、粉砂质泥岩等厚互，中部为灰绿色、灰色泥岩、灰色粉砂质泥岩夹灰色泥质粉砂岩，下部为灰色、浅灰色细砂岩、粉砂岩、泥质粉砂岩与灰色、绿灰色泥岩略等厚互层。柯坪南 1 井钻遇厚 314m。

图 1-29 四石厂剖面志留系全貌

2. 塔塔埃尔塔格组（S_1t）

塔塔埃尔塔格组主要分布于依木干他乌、萨尔干塔格、奥兹格尔塔格、柯坪塔格等地。剖面上岩性为暗紫红色、紫红色薄层至中层状细砂岩、粉砂岩、泥质粉砂岩夹泥质岩，上部灰绿色层增加。区内往西演变为下红上绿两段。含少量腹足类，前人在柯坪县城以东发现鱼化石。该组岩性变化不大，但厚度变化较大，一般 95～900m。

新苏地 1 井钻遇厚 268m，岩性上部为棕色泥岩、粉砂质泥岩夹灰色、棕色粉砂岩，中部为浅灰色含砾粗砂岩、粗砂岩、细砂岩、粉砂岩、棕色泥质粉砂岩夹棕色、棕褐色、灰色泥岩，下部为棕褐色、灰绿色泥岩、粉砂质泥岩夹棕色、浅灰色泥质粉砂岩。柯坪南 1 井钻遇厚 127m。

3. 依木干他乌组（S_2y）

依木干他乌组的分布与塔塔埃尔塔格组相同。其岩性为紫红色泥岩、粉砂岩、粉砂质泥岩、泥质粉砂岩夹灰绿色薄层粉砂岩。含腹足类和双壳类化石。前人在柯坪以东发现有牙形石、介形类及鱼类化石。该组在研究区的依木干他乌、柯坪塔格出露完整，岩性稳定，地貌上常呈山凹。厚度 166～694m。

新苏地 1 井钻遇厚 289m，岩性为棕色泥岩，局部夹浅灰色、灰绿色泥岩。柯坪南 1 井钻遇厚 43m，岩性为褐色、灰色粉砂质泥岩夹褐色泥质粉砂岩。

4. 克兹尔塔格组（$S_3—D_1)k$）

克兹尔塔格组岩性为紫红色、棕红色厚层、块状粉—细砂岩，局部夹含砾砂岩、砾岩及泥岩。横向上岩性变化不大，但厚度由于遭受不同程度的剥蚀而变化较大，一般厚200～1344m。该组与下伏依木干他乌组整合接触，部分地区与上覆康克林组为平行不整合或角度不整合接触，局部地区直接被新近系或第四系不整合覆盖。

（四）石炭系和二叠系（C—P）

研究区内石炭系、二叠系主要分布于黑尔塔格、科克布克三山、皮羌山、柯坪塔格、依木干他乌和小海子以及塔东北等地。根据剖面和钻井资料，石炭系和二叠系自下而上可分巴楚组、卡拉沙依组、小海子组、康克林组、库普库兹满组、开派兹雷克组和沙井子组。

1. 巴楚组（D_3—C_1）b

在剖面上可分为两段：下段为紫红色、灰绿色薄—中层泥质和钙质粉砂岩和细砂岩夹薄石膏层，中部夹泥晶灰岩，底部有一层不稳定的砾岩，砾石为石英岩，磨圆或呈圆角状，分选性差；上段为灰色薄—中层泥晶灰岩和生屑灰岩；石灰岩中主要含牙形类、腕足类和遗迹化石，偶见双壳类、鹦鹉螺类等，全组厚约210m。

2. 卡拉沙依组（$C_{1-2}$$k$）

在剖面上厚约300m，下部为泥灰岩与含膏泥岩和膏泥岩互层夹薄层粉砂质泥岩，上部以薄层泥岩和膏泥岩为主与泥晶灰岩互层，夹粉砂岩和砂质泥岩。

3. 小海子组（C_2x）

在典型剖面上厚约20m，主要为薄—中层灰岩夹细砂岩和粉砂质泥岩，下部尚夹薄层石膏，上部夹薄层石英砂岩。

4. 康克林组（C_2—P_1）k

康克林组分布于柯坪塔格小区的依木干他乌和奥兹格尔他乌、皮羌山和柯坪塔格山。剖面上岩性主要为碳酸盐岩，下部不同程度的夹有碎屑岩，在研究区为浅灰、灰白色、灰色和褐灰色薄—中层状灰岩、生物屑灰岩，夹钙质粉砂岩、泥岩。含䗴、腕足类、苔藓虫、海百合茎等化石。厚95～249m。

新苏地2井钻遇厚80.5m，上部为灰白色灰岩、灰色泥质灰岩夹灰色、绿灰色、深灰色泥岩，下部为棕色、灰色、深灰色泥岩、棕色灰质泥岩与浅灰色（含砾）细砂岩、浅灰色、灰色粉砂岩等厚互层，夹灰色泥质灰岩。

5. 库普库兹满组（$P_{1-2}kp$）

库普库兹曼组的典型剖面在柯坪印干山至四石厂一带，其岩性特征为：下部为碎屑段，主要为灰色长石岩屑细砂岩与暗紫、深灰色粉砂质泥岩略等厚互层。上部为基性喷发及凝灰岩段，以灰绿色玻屑凝灰岩、黑色杏仁状玄武岩及褐灰、绿灰色岩屑细、粉砂岩、泥岩为主。厚度大于130～270m。

新苏地2井钻遇厚390m，顶部为灰黑色、灰色玄武岩夹绿灰色凝灰质泥岩，上部为灰色、深灰色泥岩夹灰色、浅灰色泥质粉砂岩，中部为灰黑色玄武岩，下部为棕色、棕红色、灰色泥岩、粉砂质泥岩、灰质泥岩与浅灰色、灰色细砂岩、灰色粉砂岩、泥质粉砂岩

等厚—略等厚互层，夹黄灰色泥质灰岩。

6. 开派兹雷克组（P_3kl）

开派兹雷克组下段为浅灰、灰黄色、暗紫、深灰色粉砂质泥岩、砂岩等厚互层夹煤线含植物和双壳类，印干山剖面厚度达为986m，沙井子四石厂实测剖面视厚度560m。上段为黑色玄武岩夹碎屑岩，在柯坪印干山，有五层玄武岩，顶部一层最厚，视厚度大于200m。

新苏地1井钻遇厚366.5m，上部为灰黑色火山角砾岩、玄武岩夹绿色凝灰质泥岩，中下部为灰色、棕色、棕褐色、棕红色泥岩，粉砂质泥岩，灰质泥岩与浅灰色、灰色、棕褐色细砂岩、粉砂岩、泥质粉砂岩等厚互层。新苏地2井钻遇厚688m。

7. 沙井子组（P_2s）

柯坪印干山沙井子一带为本组的典型剖面，在印干村一带可见厚度为476m，岩性为灰紫、灰绿、灰褐色等杂色厚层石英砂岩、砂岩与泥岩不等厚互层，产植物和孢粉化石。与开派雷兹克组连续沉积。

新苏地1井钻遇厚566m，岩性为灰色灰质泥岩与浅棕色、灰绿色含砾砂岩等厚—略等厚互层，夹灰白色灰岩、灰色泥质灰岩、黄灰色泥灰岩。

四、元古宇

（一）阿克苏群（Pt_2ak）

阿克苏群在阿克苏—乌什县南山地区一带均有出露。温宿凸起区新温地1井钻遇中元古宇阿克苏群，井段997~1058m（未穿），钻厚61m。岩性特征以巨厚层状灰绿色绿泥片岩为主。成分主要为绿泥石、石英，片状构造，灰质含量微—较弱碳酸钙含量3%~7%，性硬，致密，岩屑呈散砂状。局部地区阿克苏群与震旦系不整合接触（图1-30）。

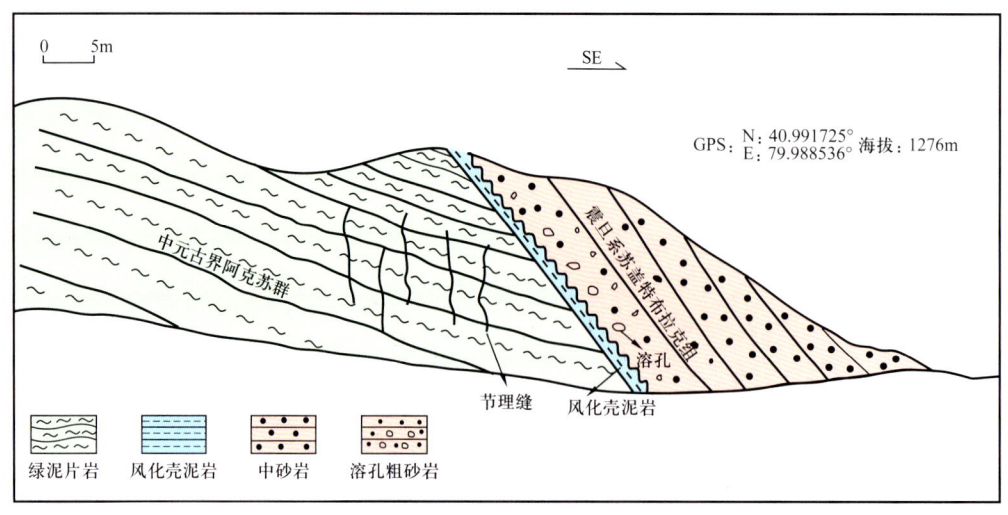

图1-30 什艾日克沟剖面阿克苏群与震旦系不整合接触示意图

（二）南华系（Nh）

基于地震证据的柯坪断隆南华系分布已被多次报道（冯许魁等，2015；李勇等，2016；吴林等，2016，2017；任荣等，2017；管树巍等，2017；崔海峰等，2018；陈永权等，2019）。目前柯坪断隆东部温宿凸起部分钻井钻揭南华系，剖面上南华系自下而上为巧恩布拉克群、尤尔美那克组构成。

1. 巧恩布拉克群（$Nh_{1-2}q$）

巧恩布拉克群参考剖面位于尤尔美那克以南一带。岩性为一套浊积扇沉积或滨浅湖沉积，厚达2000m。主要由灰绿色长石砂岩、长石岩屑砂岩、粉砂岩及砾岩、砂砾岩组成，其成熟度低、分选差，粒序层理发育，部分具不完整的鲍马序列。

2. 尤尔美那克组（Nh_2y）

尤尔美那克组参考剖面位于苏盖特布拉克附近。主体为一套较典型的大陆冰川堆积物（冰碛岩），以紫红色块状杂砾岩（冰碛砾岩）为主，夹有紫红色、灰绿色砂岩、粉砂岩、粉砂质页岩及页岩等薄夹层，夹层中常见有坠石；底部常为一层巨砾岩，冰碛砾岩之砾石具擦痕、压坑、压裂，有的形态呈马鞍形、灯盏形等，胶结物为泥质；在剖面下部常有不稳定的灰绿色粉砂岩及砂岩。尤尔美那克组分布范围以乌什南山及以南的尤尔美那克至苏盖特布拉克、巧恩布拉克等地最为发育，向西逐渐变薄或尖灭，厚度一般为10~95m。与下伏巧布拉克群为明显的角度不整合，和上覆震旦系苏盖特布拉克组也呈角度不整合接触关系。

（三）震旦系（Z）

1. 苏盖特布拉克组（Z_1s）

震旦系苏盖特布拉克组在阿克苏—乌什县南山地区一带露头发育。岩性主要为杂色碎屑岩，富含海绿石，夹基性火山岩，分上、下两个段：下段主要为强氧化环境的紫红色砂岩、粉砂岩、粉砂质页岩夹基性火山岩辉绿岩，底部为暗紫红色块状砾岩，富含微古植物化石。厚度105~760m；上段为灰绿色、黄灰色页岩、粉砂岩、细砂岩，夹石灰岩、砂质灰岩和钙质白云岩，下部夹细砾岩，富含微古植物化石及少量叠层石等，厚度60~160m。

新柯地1井钻遇厚411.7m，岩性为灰绿色砂岩、泥岩、砂岩泥岩互层、紫红色砂岩、泥岩、泥质砂岩和砂质泥岩互层、底部含砾砂岩、砾岩。柯坪南1井钻遇岩性为绿灰色辉绿岩。

2. 奇格布拉克组（Z_2q）

震旦系奇格布拉克组在露头的分布范围与苏盖特布拉克组基本上一致。其岩性主要为一套浅灰色中—厚层状白云岩（下部夹砂岩），近顶部常见有晶洞或溶洞状白云岩、砂质白云岩，富含叠层石、核形石和微古植物化石，厚度140~195m。

柯坪南1井钻遇厚106m，岩性为深灰色、灰色含泥灰质白云岩、含灰泥质白云岩、含膏灰质白云岩、含硅泥质白云岩、浅灰色、灰色灰质白云岩、灰白色石膏岩、灰黑色、深灰色白云质泥岩，浅褐色泥岩。新柯地1井钻遇厚145m，岩性为灰、浅灰色白云岩。

第二章 沉积相与展布

柯坪断隆及周缘地区主要发育以海相为主的新元古界—古生界沉积体系和以陆相为主的中—新生界沉积体系。基于柯坪断隆区及周缘地层划分对比，通过钻井岩心、露头的观察比对以及测井资料相标志识别，结合典型井单井相分析和连井剖面对比，重点分析了柯坪断隆区新生界沉积相类型与演化分布特征，梳理了柯坪断隆及周缘元古宇—古生界和中生界关键地质时期沉积体系和平面展布特征。

第一节 沉积相类型及典型特征

一、元古宇—新生界沉积相类型

沉积相带是控制储层、烃源岩分布的首要因素。通过对柯坪断隆区及周缘钻井岩心的岩性、粒度、沉积结构、沉积构造、沉积序列、古生物、测井曲线等指相标志的综合分析，结合野外剖面实测结果，柯坪断隆及周缘地区自元古宇至新生界发育多种沉积相类型（表2-1）。

表2-1 柯坪断隆及周缘元古宇—新生界主要层系沉积相类型

地层			沉积相类型	亚相类型	分布地区	典型井/露头
新生界	第四系	西域组	冲积扇	扇根	温宿凸起区	
	新近系	库车组	冲积扇	扇根、扇中、扇端	库车坳陷	新温地1井/托木尔峡谷剖面
		康村组	辫状河三角洲	辫状河三角洲平原、前缘		
		吉迪克组	浅水三角洲、湖泊	浅水三角洲前缘、滨湖、滩坝	阿瓦提凹陷	
中生界	侏罗系	齐古组	湖泊	浅湖	拜城凹陷 乌什凹陷	依南2井/卡普沙良河剖面
		克孜勒努尔—恰克马克组	湖泊	浅湖—半深湖		
		阿合—阳霞组	湖泊、河流	滨湖沼泽、辫状河道		

续表

地层		沉积相类型	亚相类型	分布地区	典型井/露头
中生界	三叠系	塔里奇克组	湖泊	滨浅湖、沼泽化浅湖、湖沼	拜城凹陷 乌什凹陷	依拉2井/乌参1井/依拉101井/库尔干剖面
		黄山街组	湖泊	半深湖—深湖		
		克拉玛依组	扇三角洲、湖泊	扇三角洲前缘、滨湖、浅湖		
		俄霍布拉克组	湖泊、扇三角洲	滨浅湖、扇三角洲前缘		
古生界	二叠系	开派兹雷克—沙井子组	滨海—障壁岛、潟湖、潮坪	潮间带	阿瓦提凹陷 阿克苏—柯坪地区	和4井
	石炭系	东河塘组—巴楚组		前滨—临滨		
	志留系	柯坪塔格—塔塔埃尔塔格组	潮控三角洲	三角洲平原、前缘		新苏地1井/大湾沟剖面
		依木干他乌组	滨岸	潮上、潮间、潮下带		
			潮控海湾	海湾泥		
	奥陶系	萨尔干—印干组	斜坡、深水盆地	斜坡边缘、海底平原		
		蓬莱坝—鹰山组	开阔台地、局限台地	台内滩		
	寒武系	肖尔布拉克—沙依里克组	局限台地、开阔台地	台内滩		肖尔布拉克剖面
		玉尔吐斯组	斜坡	盆地边缘		
元古宇	震旦系	奇格布拉克组	开阔台地、局限台地	潟湖、潮坪、台内滩	温宿凸起区 阿克苏—柯坪地区	温参1井/什艾日克剖面/苏盖特布拉克剖面/乌什剖面
		苏盖特布拉克组	滨海、滨岸	潮坪、潮道		

其中，柯坪断隆区主要发育新生界陆相系统和元古宇部分海相沉积，为凸起储盖组合和圈闭的形成提供了物质基础。目前新生界、古生界各类资料相对丰富，且发现有效储盖组合最多，研究相对深入，为本节介绍重点。

二、典型沉积相特征

柯坪断隆周缘地区新近系沉积主要发育在东部，为一套陆相冲积扇—三角洲—滨浅湖相的陆相碎屑岩地层，吉迪克组为红绿色条带状的细粒沉积物，康村组为红褐色中粗粒沉积，而库车组为杂色的粗碎屑沉积，整体呈现向上水体逐渐变浅、物源供应逐渐充足的环境演变。温宿地区及其周缘的钻井、野外露头资料综合对比认为该区新近系主要发育湖泊相、浅水三角洲相、辫状河三角洲相和冲积扇相等类型。

（一）湖泊相

新生界沉积时期，本区凹陷区域沉降，恢复湖泊沉积，其湖盆同时受到新特提斯海泛的影响，表现为内陆咸化潟湖的沉积特征。根据湖相沉积的岩相类型、组合特点、沉积构造以及现代湖泊沉积模式的水动力特征，将湖泊沉积划分为滨湖、浅湖、半深湖、深湖及滩坝亚相。

1. 滨湖亚相

滨湖带位于洪水期湖平面高水位和枯水期低水位之间，由辫状河、冲积扇、扇三角洲等粗碎屑物沉积和滨湖沙、滨湖泥、滨湖滩坝、沼泽泥炭沉积组合而成（朱筱敏，2013）。滨湖亚相以粉砂和泥沉积为主，具水上暴露标志、根土岩、生物钻孔及潜穴遗迹和干裂、雨痕、冰雹迹等。在温宿北部的乌什凹陷，沉积盆地形成及发育、演化不同阶段的滨湖带的泥质岩颜色有较大差异。新近系吉迪克组滨湖相为紫红、灰紫色泥岩、粉砂质泥岩或泥质粉砂岩（图2-1），偶见干裂构造、钙质结核等，常具有沼泽、膏盐岩沉积。

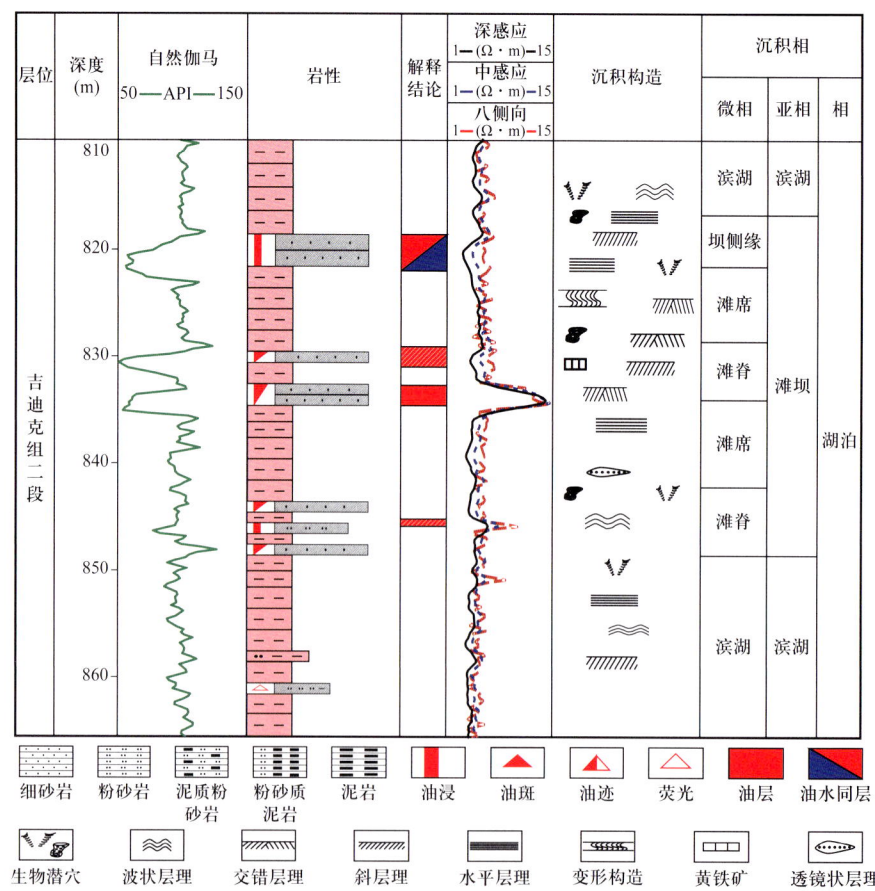

图2-1 新温地1井滨湖—滩坝沉积体系单井相剖面

2. 浅湖亚相

浅湖区指枯水位之下，湖浪浪底之上的浅水沉积地带。岩相以中—厚层状泥岩、粉砂质泥岩夹中—薄层状粉—细砂岩为组合。泥岩与砂岩在剖面上组合成向上变粗结构，发育小型沙纹层理、小型交错层理或波痕构造。

3. 滩坝亚相

滨浅湖滩坝主要是受波浪及沿岸流影响在滨岸地区形成的砂体类型，是较薄层滩砂和较厚层坝砂的总称，一般成条带状平行于岸线或与岸线斜交分布。滩砂为互层粉砂岩与泥岩，规模较大，砂层厚度一般小于2m（图2-2），沉积物累计粒度概率曲线表现为一跳一悬夹过渡式（图2-3），这种跳跃组分的双段式表现为滩砂在冲刷—回流的水流环境留下

图2-2 吉迪克组滩坝环境沉积图版

（a）紫红色块状泥岩发育水平层理，新温地1，滨湖亚相；（b）灰色粉砂岩发育砂纹交错层理，托木尔峡谷，滨湖滩坝滩席微相；（c）透镜状层理（滩席），新温地1，滨湖滩坝滩席微相；（d）滨湖泥生物潜穴，新温地1，滨湖滩坝滩席微相；（e）粉砂质泥岩夹薄层石膏，托木尔峡谷，干旱环境；（f）砂纹交错层理，托木尔峡谷，滩坝滩席微相

的水动力证据，受湖体水流改造作用较强，发育典型的浪成砂纹交错层理及浪成波痕，且沉积物的结构与成分成熟度均较高，其自然伽马值低，自然电位曲线负异常幅度低。坝砂为粉—细砂岩，规模较小，单层厚度一般大于2m，发育多种波浪成因构造，主要层面构造有浪成波痕、剥离线理等。坝砂可细分为坝主体和坝侧缘两种微相；其中坝砂自然电位和自然伽马曲线表现为齿化漏斗形、宽幅较厚指型或齿化箱形；坝侧缘自然电位和自然伽马曲线表现为低值。新温地1井吉迪克组二段、三段发育多套滩砂沉积，发育冲洗交错层理、透镜状层理、波状复合层理等（图2-2c），植物碎片发育，碳屑可成层分布，并常见垂直、水平、倾斜生物潜穴（图2-2d）。测井曲线上显示弱反旋回或指状特征，其自然伽马值低，自然电位曲线负异常幅度低，反映了该井砂体以滩砂的相环境为主。

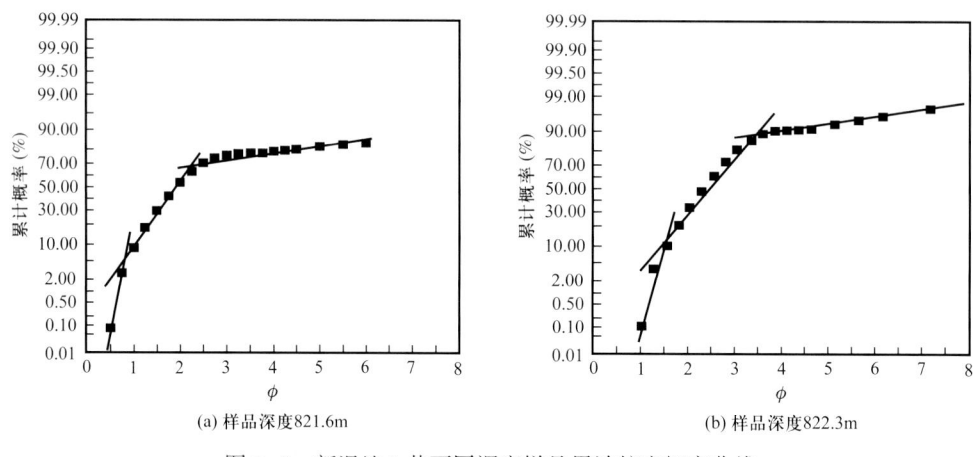

图2-3 新温地1井不同深度样品累计粒度概率曲线

（二）浅水三角洲相

浅水三角洲（Fisk，1954）是指在水体浅、地形平缓部位形成的以分流河道砂体为主体的三角洲类型，通常在水体较浅、构造稳定的台地、陆表海或地形平缓、整体缓慢沉降的凹陷盆地条件下形成（张昌民等，2010；朱筱敏等，2013）。柯坪断隆及周缘基底平缓，吉迪克组沉积时期气候炎热干旱，天山山脉碎屑物源供给充足，碎屑沉积物在库车坳陷形成浅水三角洲沉积，主要有如下特点：

（1）具有"坡缓水浅"的建设性三角洲沉积特征。三角洲的沉积特征是河流和水盆能量相互作用的结果。温宿凸起吉迪克组沉积早期，地形坡度十分平缓，陆上和水下坡度无明显变化，湖底地形极为平坦，湖面开阔，波浪能量弱，波及范围宽阔。浅水三角洲大多为建设性的河控三角洲。

（2）发育牵引流为主的粗粒沉积。以新温地1井为例，吉迪克组一段以灰绿色中—细砂岩与泥岩互层为主，剖面上呈弱反旋回和正旋回交替出现的特征，沉积构造上以平行层理、斜层理为主（图2-4），砂质较纯，物性较好，为典型浅水三角洲前缘沉积。其累计粒度概率曲线整体表现为双段式特征，反映牵引流为主的双段式曲线跳跃次总体斜率较高，分选较好，为主要搬运方式，悬浮次总体发育局限（30%），悬浮总体与跳跃总体的细切点 ϕ 值较大（3ϕ 左右），指示较强水动力环境，同时块状中—细砂岩中常含有泥砾，反映了较粗粒的浅水三角洲水下河道沉积（图 2-5，图 2-6）。

图 2-4 灰绿色岩屑中砂岩发育斜层理，吉迪克组

图 2-5 块状粉砂岩发育大块泥砾，吉迪克组

（3）砂体一般顺物源分布，具有明显的方向性。由于温宿凸起区浅水三角洲主要受河流作用控制，波浪改造作用影响较小，因此河道砂体及水下分流河道砂体的展布均具有明显的方向性，一般往往顺流向分叉展布，不同砂体的宽度相差较大，但纵向延伸都很远。

（4）三角洲相带分异明显，各亚相带发育齐全，且三角洲前缘亚相相带十分宽广。温宿凸起浅水三角洲的物源供给主要来自北部的天山山脉，在干热的气候环境下，天山山脉遭受风化剥蚀产生大量的碎屑沉积物，具有充分的

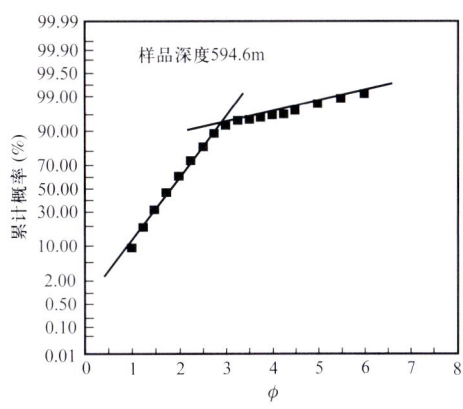

图 2-6 新温地 1 井样品累计粒度概率曲线

物源供给、平缓的沉积地形和广阔的可容纳空间，故从三角洲平原→三角洲内前缘→三角洲外前缘各个亚相发育齐全。前三角洲与滨浅湖泥不易区分。

（5）结合区域地质背景，基于录井（颜色、成分、结构、层理构造等）、测井（曲线形态、幅值等）、古生物等资料，温宿凸起区共可识别出浅水三角洲的 3 个亚相 11 种微相类型，分别为浅水三角洲平原（分流河道、天然堤、道间砂、道间泥微相）、浅水三角洲前缘（水下分流河道、水下天然堤、水下道间砂、水下道间泥、河口坝微相）、浅水三角

洲外前缘（席状砂、席状泥微相）。由于温宿及周缘地区远离天山主物源区，主要沉积物偏细，属于浅水三角洲前缘水下分流河道或水下道间泥的沉积物。

（三）辫状河三角洲相

辫状河三角洲是由辫状河携带大量的陆源碎屑物质，进积到湖泊水体所形成的放射状扇形分布的沉积体，其沉积作用以前积或顺流加积为主，主要发育于温宿凸起周缘新近系康村组，在古木别孜背斜、阿瓦特河、托木尔峡谷等剖面随处可见。根据辫状河三角洲相的沉积特点和平面分布，可划分为辫状河三角洲平原、辫状河三角洲前缘及前三角洲亚相。

1. 辫状河三角洲平原亚相

辫状河三角洲平原亚相位于湖岸区，是三角洲相的水上沉积部分，由辫状河道、河道沙坝、河道间漫流及沼泽等沉积微相组成。温宿凸起区的辫状河三角洲平原亚相的岩相组合以厚层状或条带状、透镜状细—小砾岩、砂质砾岩、含砾粗—中砂岩、细砂岩为主，向上变细结构，发育斜层理、槽状层理以及冲刷、侵蚀构造。以托木尔峡谷剖面为例，康村组岩性以棕褐色红色含砾砂岩、细砂岩为主，具有定向排列，砾石大小约为1cm～1m，分选一般—差，成分主要为长石、石膏、石英砾石等（图2-7），磨圆度为次棱角状—棱角状，发育大量粒序层理、冲刷面等，具有明显的分流河道二元结构特征（图2-8），反映了辫状河三角洲平原分流河道环境（图2-9）。

图2-7 分流河道河床滞留沉积辫状河三角洲平原，托木尔峡谷剖面

图2-8 河流二元结构沉积辫状河三角洲平原，托木尔峡谷剖面

2. 辫状河三角洲前缘亚相

辫状河三角洲前缘亚相分布于滨湖地区，是辫状河入湖沉积，由水下分流河道砂体、水下分流河道间漫流沉积、朵叶状河口沙坝以及席状沙坝沉积组成。

（1）水下分流河道为发育于三角洲平原的辫状分流河道入湖后的水下延伸，主要分布于辫状河三角洲内缘，其沉积物的碎屑粒度随分流河道的水下延伸而变细、层状增厚。岩相上以厚层、块状含砾粗砂岩或砂质砾岩、中—细砂岩为主，夹条带状或透镜状细—小砾岩，并组成向上变细的正向沉积韵律多层叠置。砂岩发育斜层理、槽状层理、沙纹层理

（图2-9）。由于水下分流河道冲刷、侵蚀下伏滨湖砂泥，其间常发育冲刷侵蚀面。辫状河道的游荡性，常造成水下分流河道沉积砂体的横向迁移、叠置（图2-10），形成辫状河三角洲前缘相厚层、块状砂体。

图2-9　透镜状河道滞留沉积辫状河三角洲前缘，古木别孜背斜剖面　　图2-10　辫状河河道叠加摆动辫状河三角洲前缘，古木别孜背斜剖面

（2）水下分流河道间沉积为水下辫状河道间的漫流沉积，由薄—中层状或条带状、透镜状粉砂岩、泥质粉砂岩和粉砂质泥岩为沉积特征，发育小型沙纹层理、水平层理。河道间漫流沉积的粉砂和泥质物，常与水下分流河道砂体组合，形成向上变细结构的正向韵律层，或为河道砂体的泥质顶盖，或被侵蚀残缺。

（3）河口沙坝沉积于水下分流河道之末端，前积于滨—浅湖水下，砂体形态呈朵叶状叠置，分布于辫状河三角洲相的外缘。由于水下河道横向频繁迁移，朵叶状河口沙坝沉积常与滨—浅湖泥或粉砂质泥沉积在垂向上交替互层产生。因此，河口沙坝单个砂岩层为向上变粗结构，即下部常为湖相中—薄层状泥岩或粉砂质泥岩，发育波状沙纹层理、水平层理，中上部为厚层、块状粉—细砂岩或细—中粒砂岩，发育斜层理、交错层理。

（4）席状沙沉积分布于辫状河三角洲前缘相的末端。席状沙坝砂体向上变粗结构，由薄—中层状细砂岩、中—厚层状粉—细砂岩、泥质粉砂岩为沉积特点，与浅湖泥岩、粉砂质泥岩不等厚互层，在剖面上表现为反韵律频繁叠置，泥岩具水平层理，砂岩发育小型沙纹层理或上攀爬升小型交错层理。席状沙单层厚度一般大于0.5m，横向上增厚或变薄，但延伸相对较为稳定。

3. 辫状河前三角洲亚相

辫状河三角洲之底积层，以浅湖泥和粉砂质泥岩沉积为主，夹薄层状泥质粉砂岩及条带状或透镜状细—粉砂岩。泥岩具水平层理，中—薄层状粉砂岩或泥质粉砂岩发育波状水平层理、小型沙纹层理；粉砂岩结构均质，层面平整，横向分布稳定。

（四）冲积扇相

冲（洪）积扇的形成需要有充足的陆源碎屑来源和高差悬殊的突变地形，因此主要发育于断陷盆地形成的早期阶段，靠造山带山麓的前缘或坡脚分布，受控于沉积盆地边界主断裂活动,沿下降盘发育。洪暴期间或间歇性突发水流,由山洪或辫状河携带大量砾、砂质岩块、岩屑组成的碎屑物,形成向山口呈辐射状分布的扇形沉积体,其沉积物厚度、粒度向扇体边缘变薄、变细;在横向上,多个冲积扇组成冲积扇群,沿山麓走向连接成分布广阔的冲积扇平原,其沉积模式如现今南天山前缘广泛分布的第四系戈壁滩。冲积扇沉积主要发育于温宿凸起新近系库车组,北部的乌兹别克剖面和托木尔峡谷剖面可见其典型特征。

托木尔峡谷库车组冲积扇砾岩沉积厚度大于800m,砾石成分以花岗岩为主,其含量约占85%,另有少量石英及燧石,局部偶见砂岩及粉砂质泥岩砾石,分选中等,一般粒径越大磨圆越好,反之则差,球度中等,灰质胶结,中间局部所夹细—粉砂岩常表现为正粒序特征,表现为重力流沉积,块体搬运特征。据岩石相组合特点、砾岩的砾级大小及层状厚度,将冲积扇划分为扇根、扇中和扇端三个亚相,三者并无明显沉积边界。

1. 扇根亚相

扇根位于冲积扇的近顶部,在地形地貌上多位于山口外侧或断崖的坡脚地带,扇根相以发育于山区辫状河主槽或主河道沉积为重要特征,其沉积以分选性很差的粗碎屑砾石为主,沉积物和水流混合,多形成一种高黏度或高密度的泥石流沉积;岩石相为无结构、砾石大小混杂堆积的厚层、块状砾岩(图2-11)。

2. 扇中亚相

扇中亚相是冲积扇的主要沉积部分。冲积扇出山口后,在扇中区坡降迅速降低,主河道转变为放射状水流将沉积物向下游搬运沉积。因此,扇中亚相以发育辫状河道为主要沉积特征,剖面样式上以正粒序为主(图2-12),其次为辫状河道间及片流沉积。扇中以砾岩或砂质砾岩、含砾砂岩沉积为主(图2-13);与扇根相比,扇中沉积物的砾径减小、层状减薄,泥石流沉积砾岩仅在扇中的上部时有分布;砾、砂岩具牵引流沉积特点,砾岩可见部分砾石具叠瓦状排列或长轴顺层分布(图2-14),含砾粗砂岩及砂质砾岩发育斜层理、槽状斜层理(图2-15,图2-16),层间冲刷、侵蚀强烈,砂体多呈大小不等,相差悬殊的透镜状、条带状分布、叠置。

图2-11 冲积扇扇根多期冲刷面托木尔峡谷剖面,库车组　　图2-12 冲积扇扇中正粒序结构托木尔峡谷剖面,库车组

图 2-13 冲积扇扇中槽状层理托木尔峡谷剖面，库车组

图 2-14 冲积扇扇中多期次叠瓦状排列古木别孜剖面，库车组

图 2-15 含砾砂岩发育槽状层理托木尔峡谷剖面

图 2-16 冲积扇水道底冲刷托木尔峡谷剖面

3. 扇端亚相

冲积扇扇端具有低坡降，地形较为平缓、开阔；随着洪水的减弱、衰退，大量含有细—小砾石的沙泥质碎屑物迅速沉积下来。因此，扇端沉积通常由厚—中层状及薄层状含砾粗—中砂岩、透镜状细—小砾岩、砂质小砾岩、不等粒砂岩组成，层间夹薄层状或条带状砂质泥岩或泥质粉砂岩；砾岩和砂岩向上变细结构，发育斜层理、槽状层理以及冲刷侵蚀构造，例如新温地1井库车组中下部以棕红色细砂岩与褐黄色、棕黄色泥岩互层，自然伽马曲线上以多套正旋回钟形为主（图 2-17），表明冲积扇前方沉积物粒度变细的岩相特征，反映了冲积扇前方扇端的亚相环境。

（五）潮控三角洲

河流流入三角港，由于潮汐作用远大于河流作用，在港湾中堆积的泥沙受潮汐作用的强烈破坏和改造，形成小型潮控三角洲。一般可划分为三角洲平原、三角洲前缘和前三角洲亚相，其中三角洲前缘亚相可进一步分为潮汐水道、潮汐沙坝等沉积微相。

1. 潮汐水道

新苏参1井第2回次和第3回次为连续取心（图 2-18a），属于柯上段上部。取心段下部为紫红色和灰绿色互层的粉砂质泥岩，之上为冲刷面，为灰白色细砂岩，属于小型潮

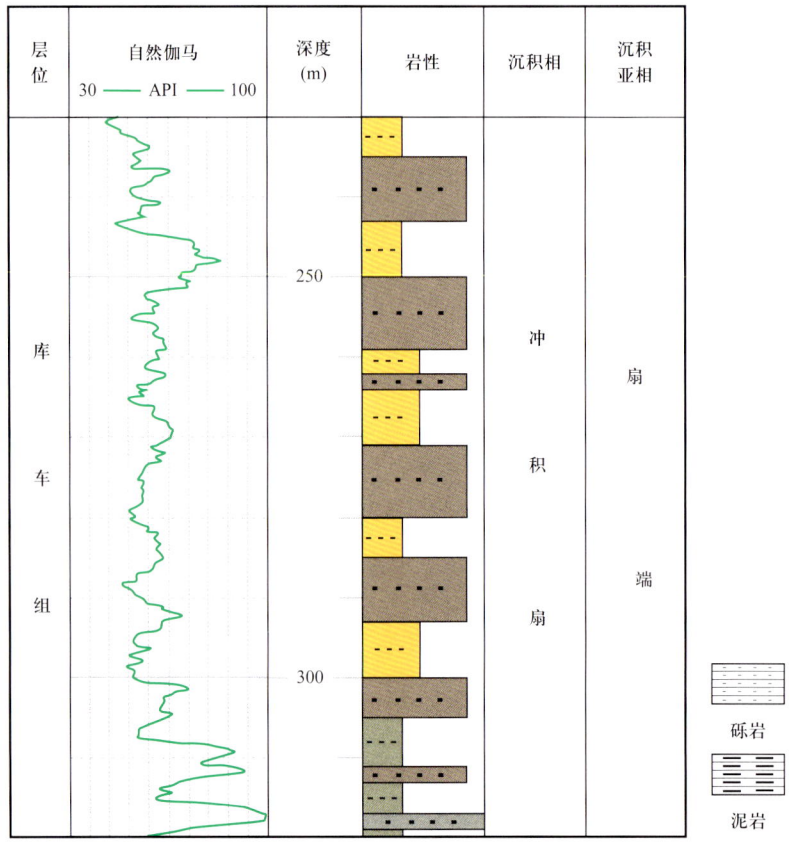

图 2-17　温宿托木尔剖面新近系沉积相分析图

道，厚度近 3m，之上又为泥岩段。第 3 回次取心遇到潮道砂体，岩心可见大型槽状交错层理、冲刷面以及之上的滞留泥砾。

新苏参 1 井第 6、第 7 回次取心于柯下段顶部厚砂岩，岩心观察发现，该段多发育双向交错层理、槽状交错层理等（图 2-18b），测井曲线上为略向上收敛的钟形—箱形。

在四石厂剖面（位置见图 1-16），柯下段可见小型三角洲前缘潮汐水道（图 2-18c）。砂体呈透镜状，向下冲刷，含滞留沉积的泥砾，发育大型槽状交错层理，属于小型潮控三角洲前缘远端潮汐水道，与邻近的新苏地 1 井对比，自然伽马测井曲线呈小型的箱形或底截变的钟形。

在大湾沟剖面，柯下段底部见一层 10~30cm 的砾岩透镜体，砾石成分主要为碳酸盐岩和燧石、泥砾，填隙物可见石英和长石砂粒，以铁质胶结为主。砾石分选较好，磨圆较好，见正粒序层理，属于辫状河道的沉积，常见小型潮汐水道，切割潮汐沙坝，发育大型槽状交错层理，底部滞留泥砾。潮汐沙坝上部可见双黏土层结构，反映其受潮汐改造。在大湾沟露头可见柯下段厚层的河口坝砂体发生显著的滑塌变形构造，是大型三角洲前缘常见的现象（图 2-18d）。

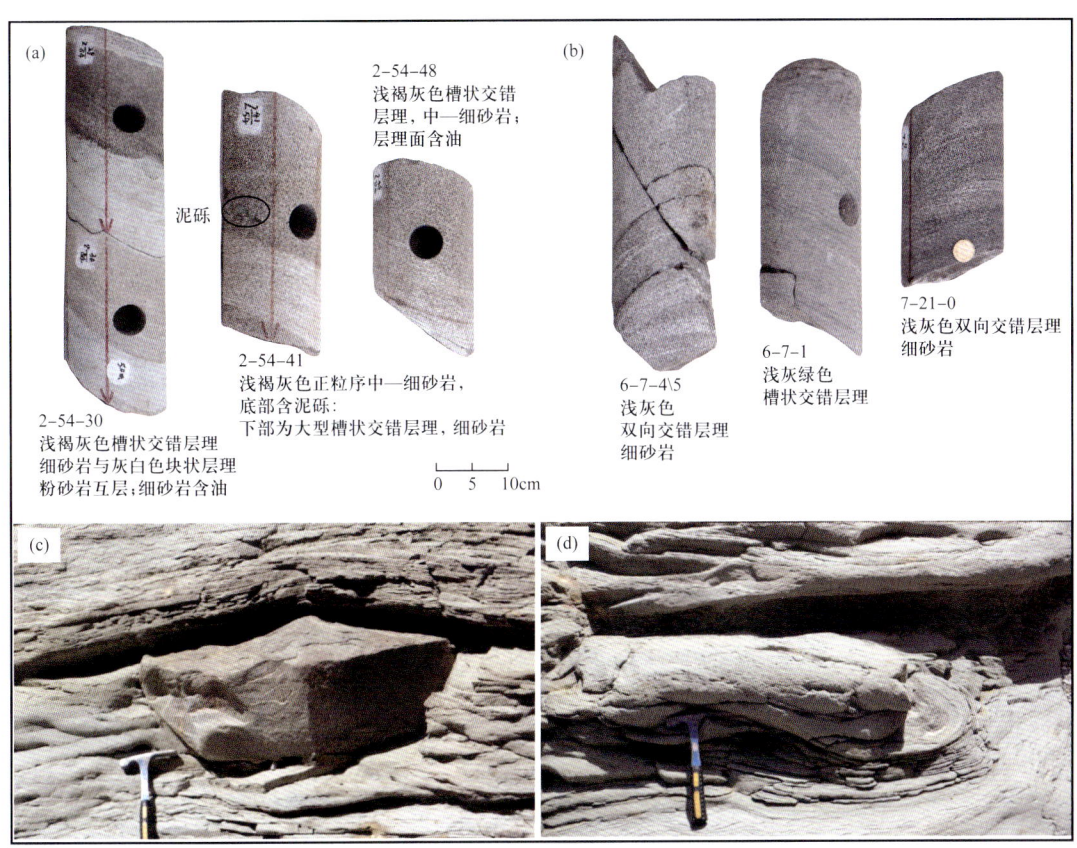

图 2-18 大湾沟露头柯下段野外地质特征
(a) 新苏参1井第3回次取心照片；(b) 新苏参1井第6、第7回次取心照片；(c) 潮汐沙坝中小型潮汐水道；
(d) 潮汐沙坝砂体的滑塌变形层理

新苏参1井第2回次和第3回次为连续取心，属于柯上段上部。取心段下部为紫红色和灰绿色互层的粉砂质泥岩，之上为冲刷面，为灰白色细砂岩，属于小型潮道，厚度近3m，之上又为泥岩段。第3回次取心遇到潮道砂体，岩心可见大型槽状交错层理、冲刷面以及之上的滞留泥砾。

四石厂剖面露头柯上段发育三角洲前缘潮汐水道。潮汐水道砂体呈下凸的透镜状，底为冲刷面，大型槽状交错层理，潮汐束状体发育，整个砂体由再作用面分割成若干流动单元，砂体横向减薄快。

2. 潮汐沙坝

位于潮下带到陆架浅海，相当于潮控三角洲前缘远端。主体具有双向交错层理的细—粉砂岩构成，顶部为波浪改造的波纹交错层理。对应新苏地1井测井曲线为向上变粗的小型"漏斗形"。这些沙坝多发于双向交错层理、再作用面等沉积构造，反映其受潮汐控制，砂席层里面上常见各种遗迹化石。在大湾沟露头可见厚层沙坝发生显著的滑动变形构造，或液化变形，或塑性变形（图2-18d）。

（六）潮控滨岸

潮控滨岸主要发育在塔塔埃尔塔格组上段，常见潮汐水道、潮砂席、潮砂脊等潮下砂体。

在四石厂剖面，塔上段主要为砂岩夹紫红色泥岩。底部为大型透镜状潮道砂体，见有双向交错层理、冲刷面、泥砾和潮汐束状体等典型潮道的标志（图 2-19）。向上发育中厚层砂岩夹泥岩，主要为潮下带的潮汐砂席夹泥岩，向上过渡为砂泥互层的潮下砂席远端，最后为浅水海湾泥岩覆盖。与新苏地1井对照，自然伽马测井曲线为"钟形"，反映了潮控滨岸潮下砂体潮道微相的沉积特征。

图 2-19　典型潮道标志
（a）大型潮道砂体；（b）潮汐束状体；（c）双向交错层理；（d）冲刷面和泥砾

（七）潮控海湾

潮控海湾相主要发育在依木干他乌组和柯坪塔格组中段，常见海湾泥、潮汐陆架砂脊等沉积微相。

新苏参1井第4、第5回次遇到柯坪塔格组中段泥岩。泥岩呈灰绿色，泥岩质地不纯，混杂粉砂质；水平层理，但是页理不发育；可见较丰富的笔石和腕足类化石等，除了腕足类化石比较完整外，其他化石均为大小不等的碎屑，说明其并非静水沉积的产物，属于内陆架或内浅海泥沉积（图 2-20）。测井曲线中电阻率曲线为基值，比较平直；自然伽马曲线为高值，具有微齿状波动，自然电位测井曲线平直。

在大湾沟剖面，可见依木干他乌组大量遗迹化石，化石沿层面分布，发育波痕、泥裂等沉积构造，反映了低能的水体环境。在四石厂剖面，依木干他乌组底部可见中—厚层状砂岩夹紫红色泥岩，向上变细的序列，具有潮下带沉积的特征。该组整体均以紫红色泥岩为主，夹薄层—极薄层砂岩，偶夹薄层鲕粒灰岩。薄层粉砂岩波痕较常见，反映其水体较浅。该套巨厚泥岩不具有潮上带泥坪沉积的特点，属于浅水潮控海湾泥沉积。

4-48-08
灰绿色块状泥岩，见笔石碎屑
内陆架浅海

4-48-47
灰绿色块状泥岩，见完整的双壳化石
内陆架浅海

5-49-47
灰绿色块状泥岩，见大量的双壳化石
内陆架浅海

图 2-20　依木干他乌组典型岩心照片

（八）海相碳酸盐岩相

1. 台地边缘微生物礁

微生物白云岩主要发育于野外露头剖面上，共识别出四种微生物白云岩，包括叠层石白云岩（图 2-21a）、泡沫绵石白云岩（图 2-21b）、凝块石白云岩（图 2-21c）和与蓝细菌有关的颗粒白云岩（图 2-21d）（刘丽红等，2021）。微生物白云岩的出现说明存在微生物礁建造，然而，柯坪地区的微生物礁缺乏生物骨架结构，抗浪性弱，野外宏观上表现为大型的丘状和透镜状建造（李保华等，2015）。

2. 台内颗粒滩

颗粒滩沉积除在巴楚—塔中地区大范围分布外，在塔西北地区主要出现在柯坪南 1 井和舒探 1 井中，柯坪南 1 井颗粒滩主要出现于肖二段（刘丽红等，2023），颗粒内部已被溶蚀，后期被白云石胶结充填（图 2-21e），测井曲线具有低伽马、高电阻、中—高孔渗特征，而舒探 1 井颗粒滩发育范围则相对广泛，整个肖尔布拉克组都有发育，说明塔西北地区颗粒滩呈连片分布。

3. 台内洼地泥灰坪

塔西北地区 B1 井井下岩心观察发现，其肖尔布拉克组发育大段的泥晶灰岩，可能代表台内洼地沉积。而距离 B1 井仅 20km 的 KTJ1 井肖尔布拉克组也以泥晶灰岩和灰质泥岩为主，因此，在塔西北地区发育局部的台内洼地沉积。

4. 火山岩相

KTP1 寒武系肖尔布拉克组 4802～4821m 出现绿灰色辉绿岩，ST1 井 1863m 和 2076m 处同样出现绿灰色辉绿岩，B1 井寒武系阿瓦塔格组 3148～3166m 和 3366～3386m 同样发育辉绿岩，说明塔西北地区广泛发育侵入岩，由于火山岩相属于外生来源，因此，在沉积微相对比及平面展布中未考虑在内。

5. 滩间海云灰坪

KTP1 寒武系肖尔布拉克组岩性以含云灰岩沉积为主，代表局限台地滩间海沉积。

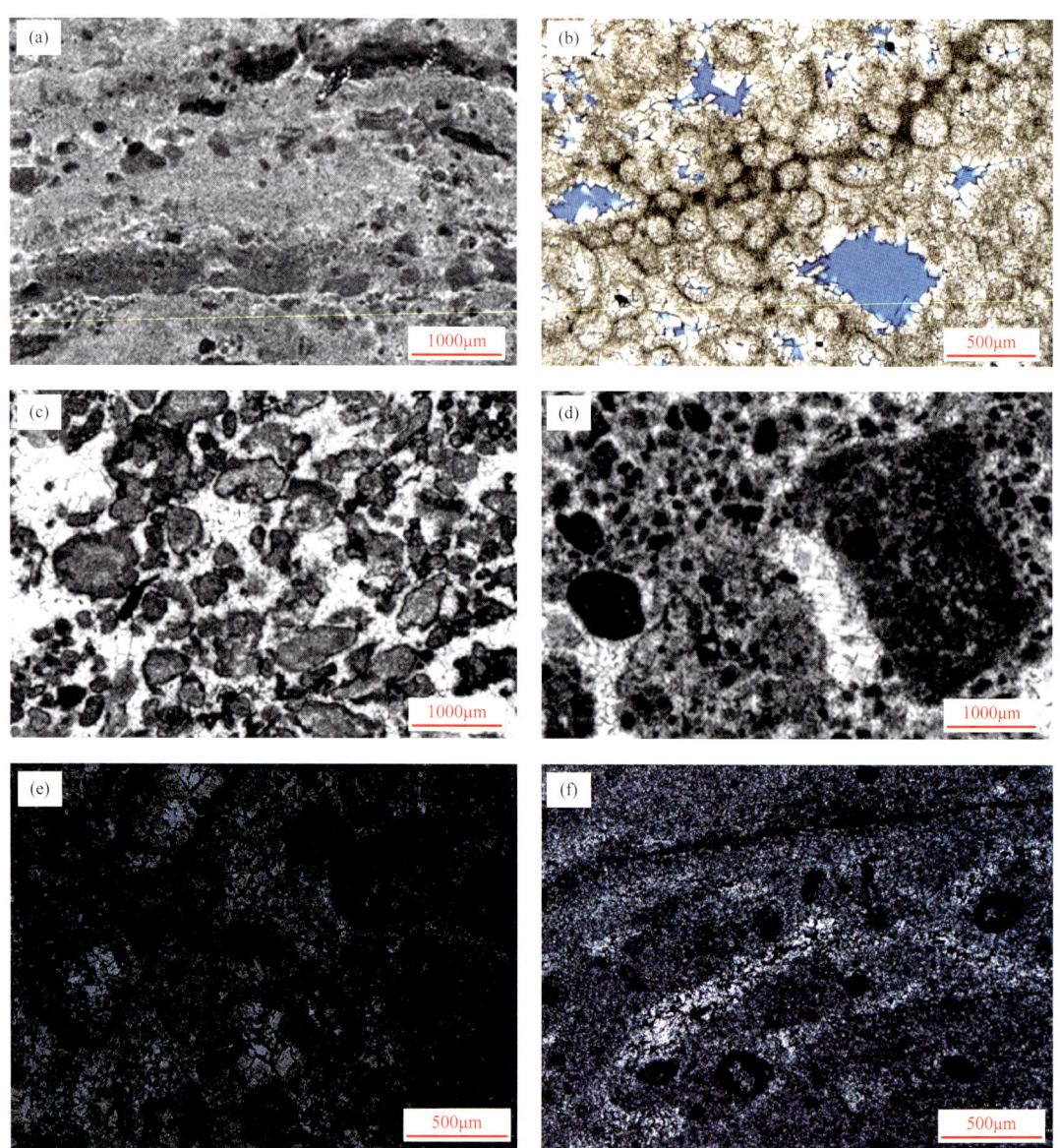

图 2-21 柯坪隆起周缘钻井及露头寒武系肖尔布拉克组岩石学特征

(a) 叠层石白云岩，什艾日克剖面，(-)；(b) 泡沫绵层石白云岩，什艾日克剖面，(-)；(c) 凝块石白云岩，昆盖阔坦剖面，(-)；(d) 蓝细菌相关颗粒白云岩，昆盖阔坦剖面，(-)；(e) 颗粒白云岩，可见颗粒内重结晶，KPN1 井，肖二段，5207m，(+)；(f) 藻砂屑白云岩，KPN1 井，肖四段，5156m，(+)

6. 藻云坪

藻云坪沉积主要由藻白云岩（图 2-21f）和细—中晶白云岩组成，玉尔吐斯组沉积时期，巴楚—塔中地区以藻云坪沉积为主，同时，在 KPN1 井和 ST1 井肖三—肖四段同样发育藻云坪。野外露头剖面的肖二段同样发育藻云坪沉积。

7. 泥云坪或泥灰坪

玉尔吐斯组沉积时期，塔西北地区主要发育泥质云岩，包括 KTP1、KTJ1、KPN1 井和 B1 井泥质云岩厚度仅 4～5m，而到了柯坪露头区泥质云岩厚度可达 20 余米，XH1 井和 XHe1 井玉尔吐斯组和肖尔布拉克组则主要由泥质云岩和泥质灰岩组成，代表了斜坡—陆棚环境沉积。

第二节 新近系沉积相展布

一、沉积演化特征

吉迪克组沉积早期，库车坳陷进入再生前陆盆地阶段，受到区域挤压应力的作用，古近纪形成的湖泊开始向南部萎缩（赵华等，2011）。温宿地区为继承性古隆起，水体较浅，三面环坡，湖岸线随气候和构造活动而频繁变化，具有较强的水动力环境。吉迪克组沉积中晚期，温宿地区普遍为盆广水浅的沉积环境，北部物源区由于洪水区的间歇型浅水三角洲往南推进。吉迪克组沉积期末，区内发生大规模水进，发育三角洲前缘沉积。整体上，吉迪克组沉积期水体具有由极浅水—浅水—半深水的变化特点。

吉迪克组纵向自上而下可分为三段，二三段整体为浅灰红色和浅灰绿色泥岩、粉砂质泥岩夹薄层粉砂岩为主，粉砂岩厚约 30～50cm，均厚 1.9m，发育各种浪成沉积构造，如砂纹交错层理、冲洗交错层理、平行层理、波状层理等，普遍发育生物潜穴，整体反映氧化条件为主的滨湖—滩坝沉积环境。与之相对，吉迪克组一段沉积建造则以浅灰色、浅灰红色的粉细砂岩与泥岩互层为主，发育小型交错层理、波状层理及少量生物潜穴，局部发育包卷层理等同沉积变形构造，反映牵引流和重力流兼有的浅水三角洲前缘沉积环境。吉迪克组一段顶部发育大套灰色厚层中—粗砂岩与灰绿色泥岩互层沉积，砂岩整体粒度相对较粗，砂质纯、分选好，发育大量平行层理、流水成因斜层理等，灰绿色泥岩中则局部富集黄铁矿，反映了较为还原的正常三角洲前缘沉积环境（图 2-22）。

康村组整体以红色碎屑岩为主，主要发育红褐色含砾砂岩、中细砂岩与灰绿色泥岩的交互沉积物，粒度整体比下伏吉迪克组粗，以薄层砾岩、大段中细砂岩为主。土木别孜背斜附近野外剖面显示康村组大量发育槽状透镜状河道底冲刷、槽状斜层理、平行层理等，反映辫状河三角洲为主的浅水—陆上沉积环境。

库车组整体以红色粗碎屑为主，以砾岩、中粗砂岩为主，发育大量底冲刷、高角度斜层理，砾石大部分具定向排列，砾石分选一般—差，磨圆以次圆状为主，杂基支撑，岩石序列上表现为多套正旋回的冲积河道为主的沉积特征，反映了冲积扇扇中沉积。

通过近南北向的连井沉积相纵横向对比（图 2-23），可以直观看出新近系厚度分异明显，总体为南薄北厚的特点，厚度差达 3000m，沉积相在南北上分布稳定，湖泊、浅水三角洲、辫状河三角洲和冲积扇四种相带均可追踪对比。沉积相南北分异明显，北部以浅水三角洲、辫状河三角洲和冲积扇为主，南部为湖泊相。吉迪克组沉积期水体浅，在阿苏 2 井附近地区发育滨浅湖亚相。向北至新温地 1 井、温参 1 井地区早期发育滨浅湖亚相，晚期发育浅水三角洲前缘亚相。温参 1 井该时期只短暂发育滨浅湖亚相，大部分时期接受北

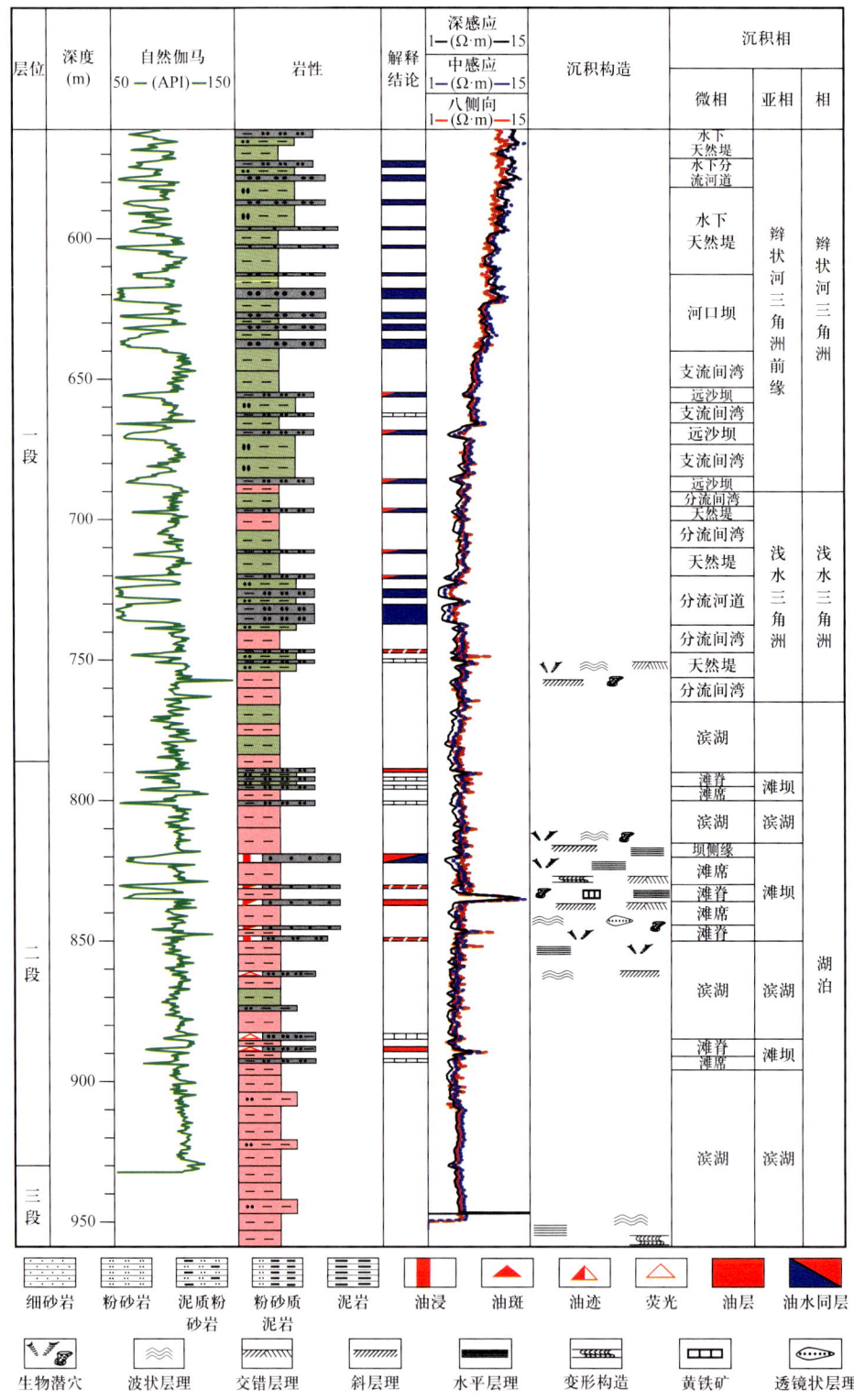

图 2-22 新温地 1 井吉迪克组单井相图

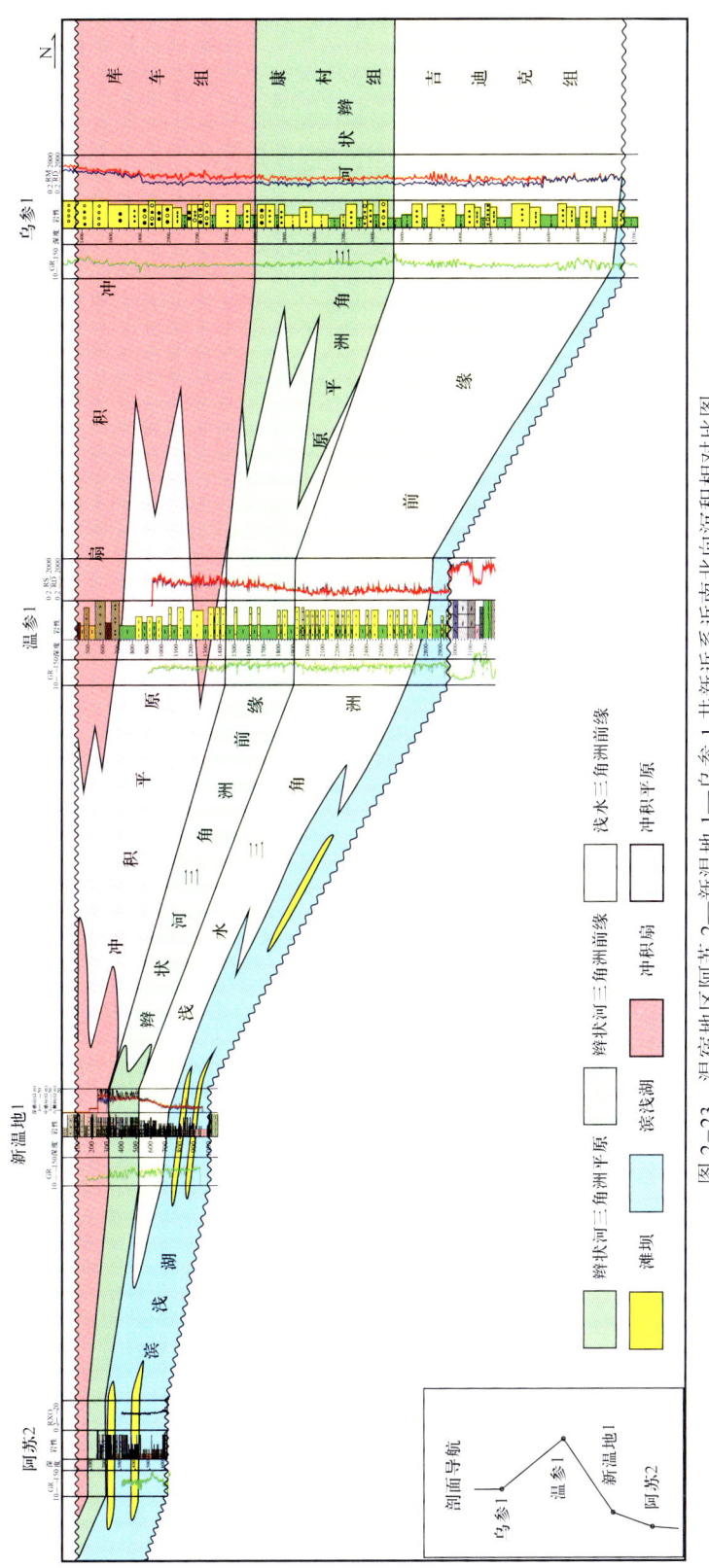

图 2-23 温宿地区阿苏 2—新温地 1—温参 1—乌参 1 井新近系近南北向沉积相对比图

天山物源体系，发育浅水三角洲前缘浅水环境。康村组沉积期水体变浅，广泛发育辫状河三角洲相。阿苏 2 井发育辫状河三角洲平原亚相，新温地 1 井—温参 1 井发育辫状河三角洲前缘亚相，乌参 1 井发育辫状河三角洲平原亚相。库车组沉积期为陆上环境，广泛接受来自北部南天山、乌什凹陷、柯坪断隆的物源，发育冲积扇及冲积平原环境。

二、沉积相平面分布特征

在单井和连井新近系沉积相分析的基础上，建立了温宿凸起及周缘新近系沉积模式，分析了新近系各组段的沉积相展布特征。

（一）吉迪克组

新近纪以来，印度板块与欧亚板块之间的碰撞作用的远程效应传递到柯坪隆起及周缘地区，北部的南天山造山带发生再生造山作用（李鑫等，2013）。受到区域挤压应力的作用，古近纪形成的湖泊开始向南部萎缩。温宿凸起区为继承性古隆起，与阿瓦提凹陷、乌什凹陷整体下降接受来自北部山前物源。柯坪断隆为剥蚀区，未接受沉积。扇三角洲主要分布在北部山前地区（图 2-24），神木井区—阿瓦 3 井—博孜 1 井—克深 1 井—克拉 2 井为扇三角洲平原亚相。扇三角洲向盆地入湖后，由滨浅湖向浅湖—半深湖过渡，佳木 1 井—秋参 1 井—玉中 1 井—玉东 2 井及阿瓦提凹陷广泛发育滨浅湖相，英买力井区发育浅湖—半深湖相。温宿地区水体较浅，三面环坡，温参 1 井—温 17 井区为浅水三角洲前缘亚相，乌什 3 井—新温地 1 井—新温地 2 井—沙南 2 井沉积环境为滩坝砂亚相。

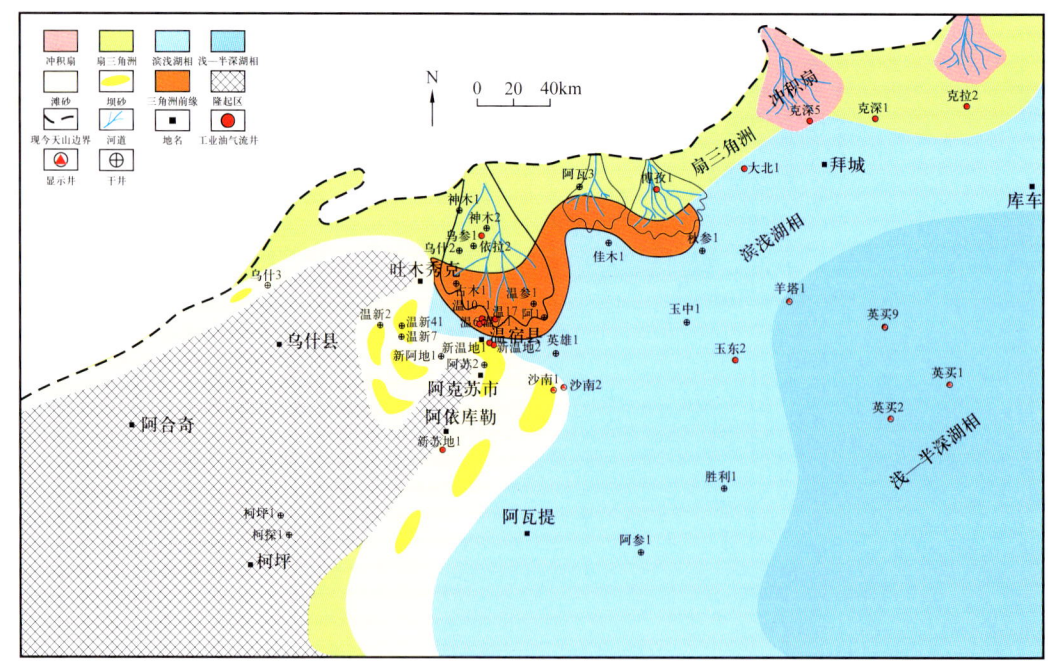

图 2-24　温宿凸起及周缘新近系吉迪克组沉积相平面图

（二）康村组

从山前沿南东方向，依次发育冲积扇—扇三角洲—滨浅湖—半深湖相（图2-25）。该时期受到的构造挤压应力加强，北部南天山持续隆起，湖泊进一步向东南萎缩，北部山前物源区扇三角洲面积向南扩张至库车—阿瓦提县一带。神木井区、阿瓦3井、博孜1井、克深5井、克深2井发育冲积扇。温宿地区同时接受来自南天山、柯坪、乌什多方向物源，水体变浅，广泛发育冲积扇，新温地1井、新温地2井、新苏地1井发育辫状河三角洲平原分流河道微相。

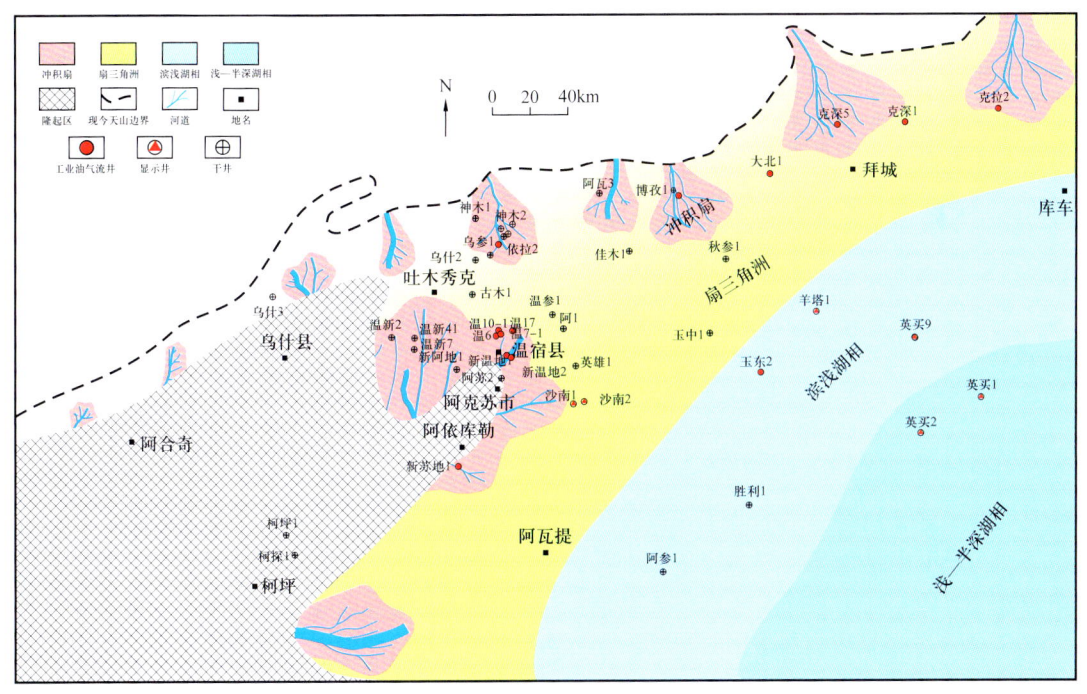

图2-25　温宿凸起及周缘新近系康村组沉积相平面图

（三）库车组

库车组沉积期，南天山迅速隆升并向南强烈逆冲，库车坳陷挤压量增大，断层活动和盐底辟作用加强（邬光辉等，2004），同时气候干旱，风化作用强烈，为冲积扇提供了大量的物源，冲积扇极为发育，湖泊继续向东南萎缩。扇三角洲发育范围向南扩大至玉东2井—羊塔1井南部，英买力井区水体变浅为滨浅湖相（图2-26）。温宿凸起大面积处于水上干旱环境，接受来自北部天山山脉、西南部柯坪断隆及西部乌什地区的几支物源体系，发育灰褐色、褐红色砂砾岩扇体，扇体冲刷面及正粒序特征较为明显，反映了物源较为充足、扇体强烈改动的沉积特征。

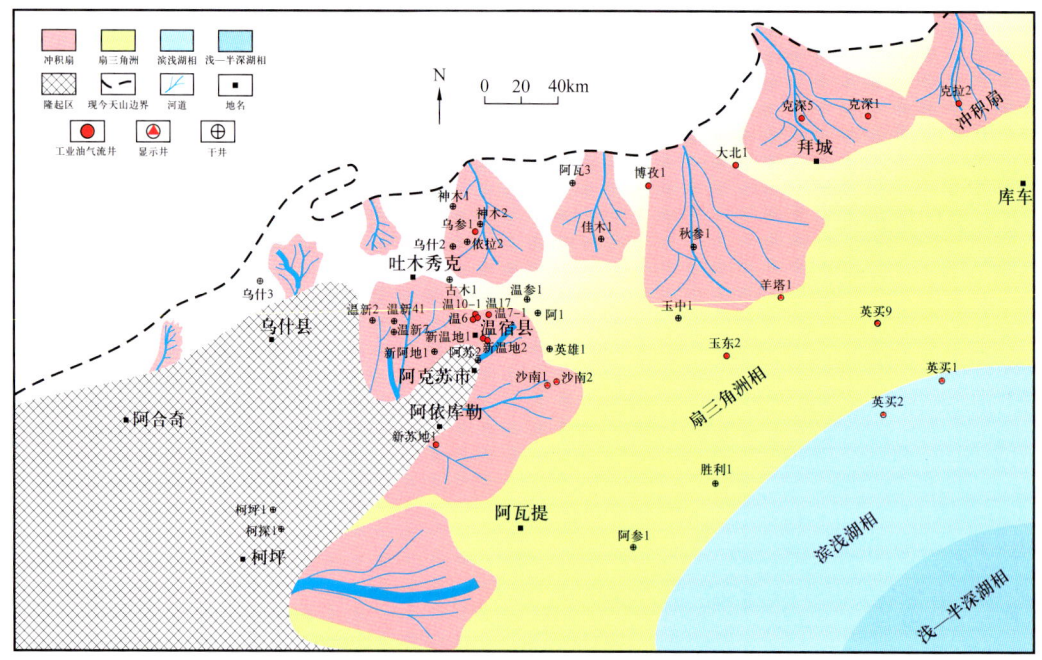

图 2-26 柯坪隆起及周缘地区新近系库车组沉积相平面图

第三节 中生界沉积相展布

二叠纪末三叠纪初南天山洋关闭、消失，南天山造山带崛起形成，石炭—二叠纪以来的大规模海进全面退出温宿凸起及周缘等地区。受此影响，温宿凸起及周缘大面积隆升为陆，并在整个中生代长期处于隆起剥蚀状态而未接受沉积。而在温宿凸起邻近的库车坳陷和拜城凹陷均发育中生界沉积，可为温宿凸起的油气成藏提供油气源。

本节着重分析库车坳陷中生界三叠系和侏罗系等发育优质烃源岩层系的沉积特征。

一、沉积演化特征

在库车坳陷拜城凹陷，由于晚三叠世—中侏罗世早期（克孜勒努尔组沉积期）的总体古气候背景均为温暖湿润。库车坳陷三叠—侏罗纪烃源岩的发育环境可概括为"三个泛湖期、三个泛沼期、一个碱性湖泊发育期"（图 2-27）。

三叠—侏罗系烃源岩的岩石类型包括泥岩、页岩、油页岩、碳质泥岩和煤。在下—中三叠统俄霍布拉克组、克拉玛依组下段发育滨浅湖相泥、页岩烃源岩，纵向上层段很薄，平面上分布零星，未构成主力烃源岩层；中—上三叠统克拉玛依组上段和黄山街组，发育以浅湖—半深湖—深湖相泥岩、纸片状页岩为特征的烃源岩，具有厚度大、分布广的特征（仅部分地区，如库车河剖面在黄山街组顶部发育有湖沼相的碳质泥岩和煤），从而构成三叠系的主力烃源层段；上三叠统塔里奇克组，广泛发育沼泽化浅湖、湖沼、河沼相碳质泥岩和煤，可作为煤系烃源岩；下侏罗统阳霞组与中侏罗统克孜勒努尔组呈现出沼泽化浅湖、湖沼相碳质泥岩、煤与浅湖—半深湖相泥、页岩烃源岩间互层的特点；中侏罗统恰克马克组，以发育厚度较均一、分布较广泛的浅湖—半深湖相泥、页岩和油页岩烃源岩为特征。

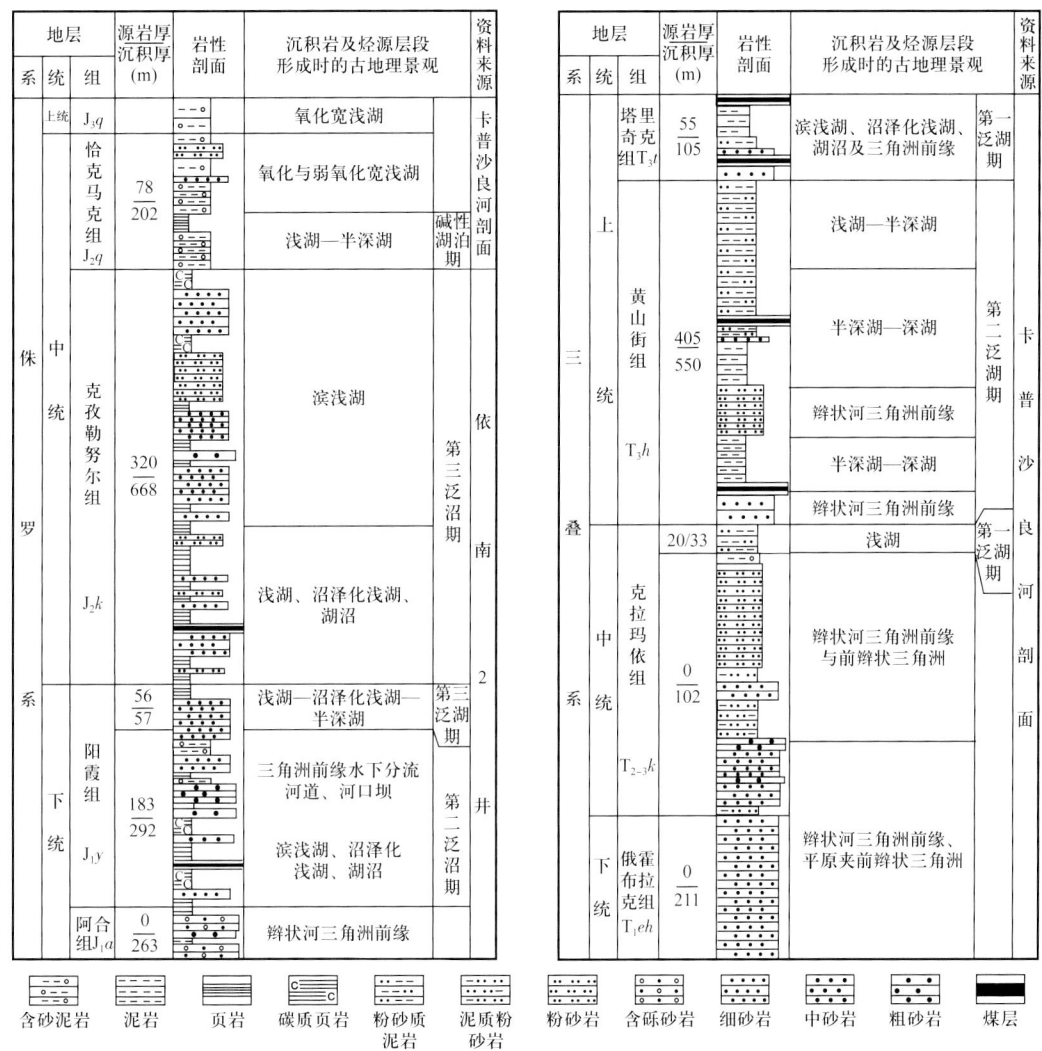

图2-27 库车坳陷三叠纪—侏罗纪湖泊发育与沉积特征图

晚三叠世至中侏罗世，发育了最厚逾千米的湖相与湖—沼间互相烃源岩。其构造—地貌—沉积演化基本上经历了三大旋回：克拉玛依组标志层段、黄山街组—塔里奇克组为第一个烃源岩沉积旋回，盆地构造—地貌由北断南超、北深南浅、北陡南缓演变为构造相对平静、地势近于准平原化，沉积则由浅湖—半深湖—深湖演变为湖—沼间互相；阳霞组—克孜勒努尔组为第二个烃源岩沉积旋回，其构造—地势分异演化基本上是强、弱交替，沉积环境则是湖、沼交替，其中最大的湖泊沉积期是阳霞组标志层段；恰克马克组为第三个烃源岩沉积旋回，处于区域构造由断陷向坳陷转化，气候由温暖湿润向干热转化，因而烃源岩厚度变薄、分布范围变小。在克拉玛依组标志层段—恰克马克组烃源岩的沉积过程中，拜城凹陷北部一直都是主物源区。

二、三叠系沉积相平面分布

三叠纪，塔里木盆地结束了海相沉积历史，进入克拉通坳陷盆地沉积演化阶段，塔北—塔中地区为一与外海连通的湖泊，温宿凸起为分隔库车、塔北两个南北湖盆的山脊（季丽丹，2007）。南天山和温宿古隆起为北部湖盆提供重要物源，由物源区向湖盆中心方向依次发育冲积扇、辫状河和滨浅湖相（图2-28；田军，2005）。北部山前发育辫状河流相，其与滨浅湖相边界由依拉2井、乌参1井和乌什2井控制。温宿古隆起上为剥蚀区，未沉积三叠系，神木井区—乌什凹陷三叠系向西逐渐减薄并尖灭在温宿古隆起上。柯坪断隆和温宿古隆起为南部湖盆提供物源，英买1井、英买2井、胜利1井、阿参1井、沙南1井、沙南2井广泛发育辫状河流相，由物源区向湖盆中心方向，相变为滨浅湖相。

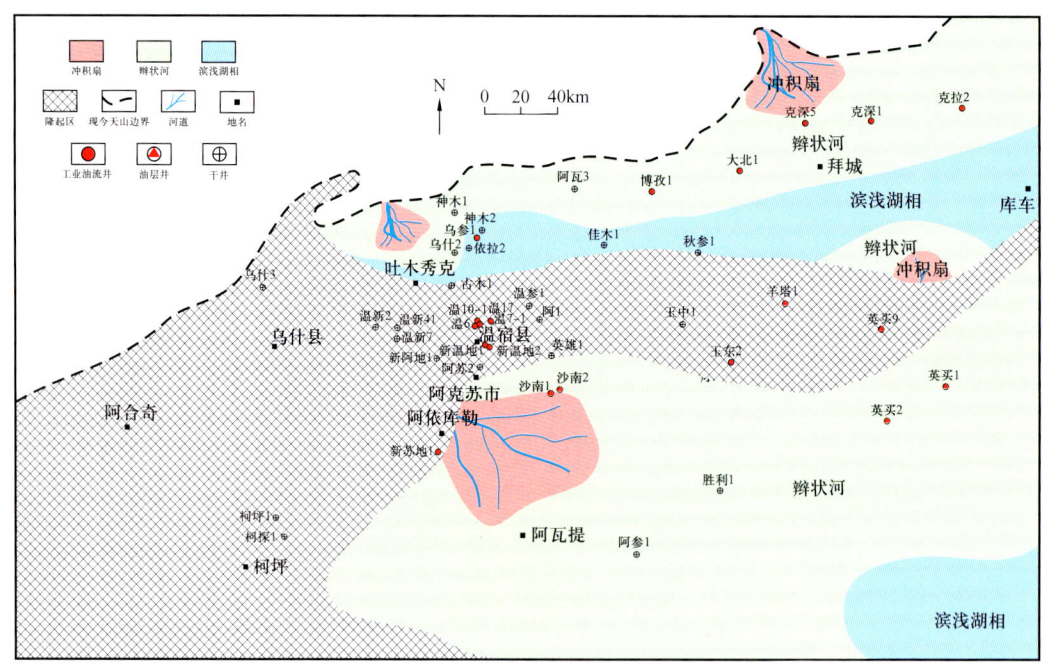

图 2-28 温宿凸起及周缘三叠系沉积相平面图

三、侏罗系沉积相平面分布

侏罗纪基本继承了晚三叠世的沉积格局。随着温宿凸起范围不断扩大，乌什凹陷内部和阿瓦提凹陷大范围缺失上三叠统—侏罗系，沉积物主要分布在乌什凹陷东北部和英买力井区局部。北部湖盆继承性发育，沉积中心向北迁移，辫状河流相面积缩小至大北1井—克拉2井一带。南部湖盆受温宿凸起影响向东迁移，接受来自南西向物源沉积，英买力井区南部广泛发育冲积扇相，辫状河流相缩减至英买1井、英买2井以东（图2-29），辫状河三角洲相与北部滨浅湖相边界由佳木1井和秋参1井控制。

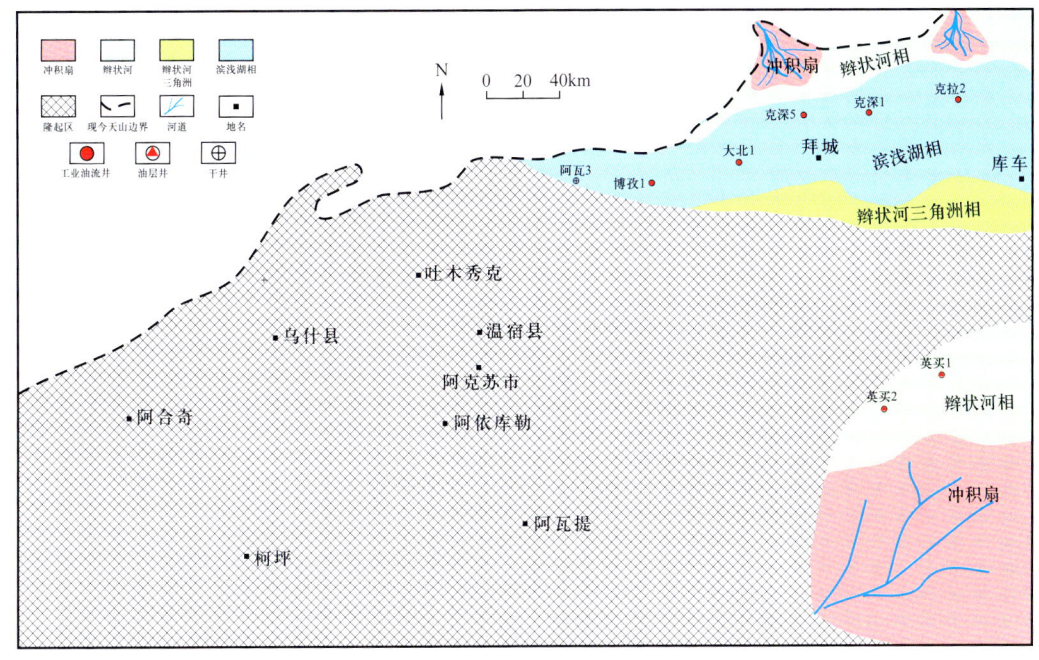

图2-29　温宿凸起及周缘侏罗系沉积相平面图

第四节　元古宇—古生界沉积相展布

柯坪隆起地区中新元古界—下古生界部分地层发育相对齐全，其中震旦系、寒武系和奥陶系以碳酸盐岩沉积为主，可作为良好储层。根据钻井资料结合野外地质剖面，本节着重分析温宿凸起及周缘震旦系、寒武系、奥陶系等层系沉积特征。

一、沉积演化特征

（一）震旦纪

前震旦纪末期，塔里木盆地西北缘地势比较平缓。早震旦世，沉积物大多分布在塔北。根据柯坪地区野外露头实测结果，该区主要发育一套障壁海岸沉积体系。在潮间带上部，水动力条件微弱，形成了以褐红色、紫红色泥岩为主的潮上泥坪沉积，在潮间带下部，水动力较强，形成了具有双向交错层理的暗红色、紫色中—细砂岩为主的砂坪沉积。在砂坪和泥坪之间则以砂泥混合坪沉积为主。在潮道内，水动力更强，形成了具有双向交错层理褐红、紫红色含砾砂岩。在地震剖面上，潮坪沉积表现为亚平行、连续性中等的特点。

早震旦世晚期，塔里木盆地经历大规模海退，形成了下震旦统内部普遍发育的平行不整合，在新柯地1井苏盖特布拉克组中部表现为厚1～2m底砾岩。随着残余古陆面积逐渐减小，陆源碎屑减少。

晚震旦世在早震旦世填平补齐的基础上，伴随着陆源碎屑的减少，海水整体蒸发浓缩，碳酸盐岩含量逐渐增多，并占据主导，反映深水沉积环境，温宿凸起及周缘广泛发育开阔台地碳酸盐岩沉积。该时期沉积物为上震旦统奇格布拉克组，在柯坪地区沉积物为一套亮晶粒屑白云岩、结晶白云岩、藻黏结白云岩，在柯坪肖尔布拉克剖面震旦系顶部发育一套溶蚀角砾岩，为后期溶蚀所致。地震剖面上具有平行、连续性好的特点。

由于奇格布拉克组白云岩纵向分布集中，单层厚度及累计厚度较大（140～195m），横向分布范围广，可作为该区稳定分布的储层。该组顶部广泛发育厚度不等的古岩溶风化壳，露头表面可见垮塌角砾、变形、溶蚀孔洞等，并可见清晰的叠层、花边构造等，其下为一套厚度巨大（90～130m）、分布稳定的微生物白云岩，为震旦系微生物碳酸盐岩储层主要发育层段。

（二）寒武纪

通过典型露头剖面、单井沉积相分析，结合地层厚度、地震相等研究，明确中—下寒武统局限—蒸发台地沉积环境及其演化规律，确立丘滩高能有利沉积相带。在柯坪隆起及周缘地区寒武系烃源岩、储层层段中分别识别出3种沉积相类型（图2-30）。

1. 寒武系白云岩储层沉积特征

寒武系白云岩储层为柯坪隆起重要的储层发育层段。其沉积环境为局限台地相和开阔台地相。

1）局限台地相

阿瓦提凹陷西部，邻近柯坪地区，发育混积膏云坪亚相，呈不规则形态局部分布，但延伸有一定方向性。推测在潮坪的局部地段，有较多陆源碎屑物注入，致使在白云岩、云质膏岩沉积中，有较多碎屑岩和泥（页）岩夹层，白云岩中的膏盐层也呈断续分布。

2）开阔台地相

具中频弱振幅杂乱地震相特征，主要呈团块状分布于英买力地区，发育有台内浅滩亚相。台内浅滩相零星分布于台地内，形态和大小差别大，推测其岩性主要由褐灰色颗粒灰岩、细粉晶云岩夹深灰色细晶云岩组成，颗粒含量30%～85%，主要为鲕粒、少量砾屑、砂屑。

2. 寒武系烃源岩层段沉积特征

寒武系烃源岩主要发育在下寒武统底部的黑色泥质岩中。据肖尔布拉克、蓬莱坝等露头剖面资料，其沉积环境为斜坡相。岩性底部为浅紫红色中薄层状泥岩与灰黑色中薄层状含磷硅质岩，中上部为深灰色、灰色中薄层状粉晶灰岩、瘤状灰岩、白云岩夹杂色页岩。

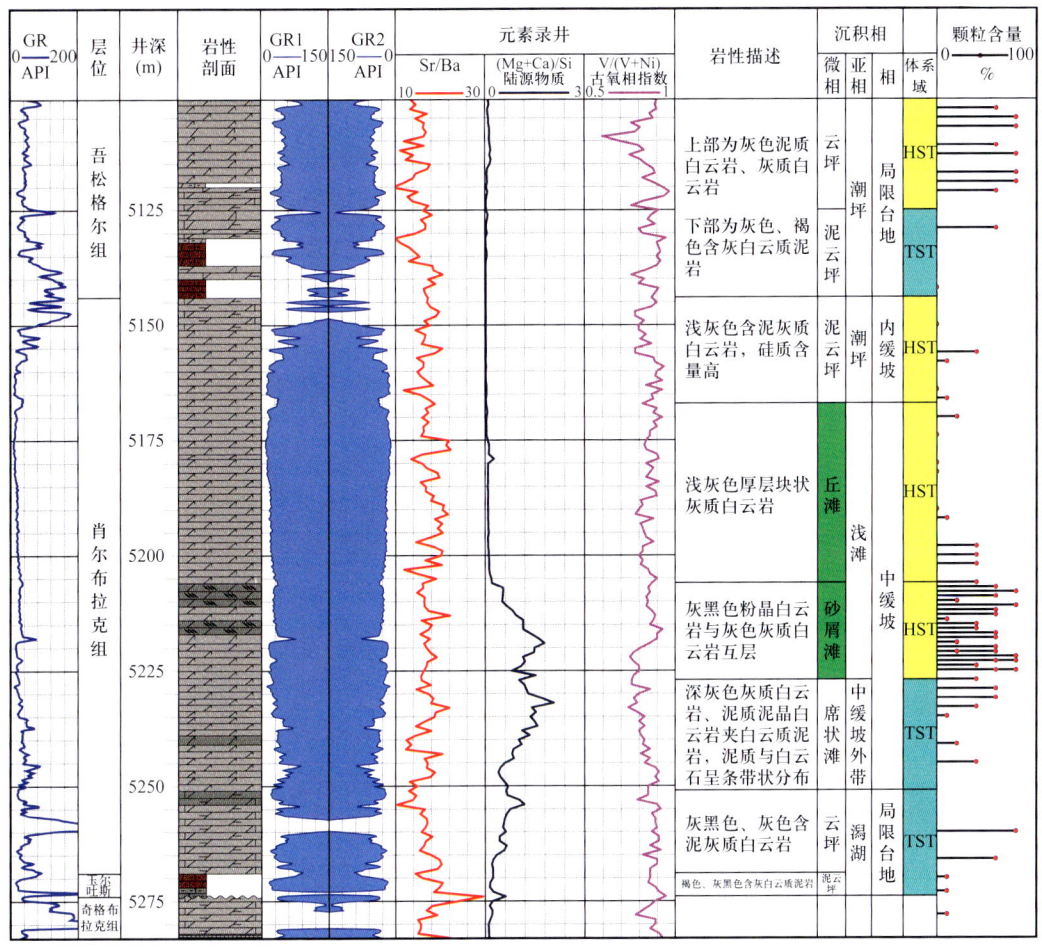

图 2-30　KPN1 井寒武系沉积序列柱状图

（三）奥陶纪

柯坪隆起奥陶系发育一套台地相碳酸盐岩沉积体系。

1. 下奥陶统储层沉积特征

早奥陶世，塔里木地区基本上继承了晚寒武世的沉积格局。在阿瓦提地区、英买力地区、柯坪地区发育开阔台地相，具体可分为台内滩亚相及台盆亚相。台内滩亚相岩性以发育褐灰色、浅灰色亮晶生屑灰岩、泥晶生屑灰岩或亮晶和泥晶粒屑灰岩为特征。生屑主要为介屑、棘屑和三叶虫碎片；粒屑主要为砂屑、少量砾屑，局部白云岩化。表现为低频中弱振幅弱连续地震相。台盆亚相以泥质灰岩、泥灰岩为主，夹有灰质泥岩和含生屑灰岩层。具低频强振幅连续及空白地震相。在区内呈条带状分布，位于沙南 2 井以东的附近地区。

早奥陶世沉积的蓬莱坝组厚度较大，岩性上部以中厚层状浅灰色白云岩为主，夹薄层泥质白云岩，下部为浅灰色含泥灰岩、泥质白云岩、泥灰岩薄互层。鹰山组岩性以泥晶灰岩为主，常发育水平层理，砂屑灰岩可见波状层理、平行层理。鹰山组和蓬莱坝组都可能成为较好的储层。

2. 中—上奥陶统烃源岩层段沉积特征

中—上奥陶统烃源岩层段以新苏地 1 井萨尔干组和印干组为代表。萨尔干组岩性为灰黑色碳质页岩，页理欠发育，局部呈片状，染手，略具油气味。印干组上部岩性为浅灰色、灰色泥质灰岩、灰色泥灰岩、石灰岩，下部为灰色、深灰色页岩、灰色灰质泥岩夹灰色粉砂岩、灰色砂屑灰岩。中奥陶统烃源岩层段沉积环境为深水盆地相。由黑色钙质页岩与薄层状或透镜状颗粒灰岩构成沉积旋回，但主体为黑色钙质页岩，表现为低频强振幅连续地震相特征。

同寒武系烃源岩层段沉积范围相比，奥陶系烃源岩分布较为局限，沉积中心位于阿瓦提凹陷西部沙井子断裂一侧，最大沉积厚度约为 130m，且均为泥质烃源岩，该区不存在灰质烃源岩，烃源岩厚度严格受古隆起构造和沉积水体的控制。

（四）志留纪

1. 柯坪塔格组沉积体演化

柯下段沉积塔西北处于海湾口外，自南向北发育大型潮控辫状河三角洲沉积体系（图 2-31）。三角洲分 3 期进积，其中最后一期进积规模最大，形成了塔西北第一套储层。柯中段沉积期，海平面上升，沉积物供给不足，形成了广泛的内浅海泥岩沉积，此为志留系第一套盖层。柯上段沉积期又恢复到了柯下段沉积期的特点。大型辫状河潮控三角洲依然分 3 期进积，最后一期规模较大，形成了塔西北第二套储层，主要为水下分流河道微相。

2. 塔塔埃尔塔格组沉积演化

塔塔埃尔塔格组沉积期，塔下段处于浅水海湾环境，沉积了大面积的海湾泥，形成塔西北第二套盖层；塔上段沉积期也是浅水海湾环境，但此时沉积物供给充足，发育了大面积的潮下砂体，形成了塔西北第三套储层。

3. 依木干他乌组沉积演化

依木干他乌组沉积期海平面略有上升，沉降中心偏向柯坪断隆南部—阿瓦提凹陷西南部，北部的古塔北隆起抬升强烈，可能提供物源。此时广泛沉积的是巨厚的浅水海湾泥岩，形成了塔里木盆地志留系第三套盖层。

二、震旦系沉积相平面分布

柯坪隆起及周缘地区晚震旦纪发育古陆—局限台地—开阔台地—台缘—斜坡—深水盆地陆棚相沉积模式（邓浩博等，2019），受温宿古陆走向影响，混积坪、上斜坡潮坪相在柯坪—温宿地区呈北东向展布，英买力地区、阿瓦提地区广泛发育中缓坡相（图 2-32），向北西、北东方向水体变深，过渡为下缓坡相—深水盆地陆棚相。

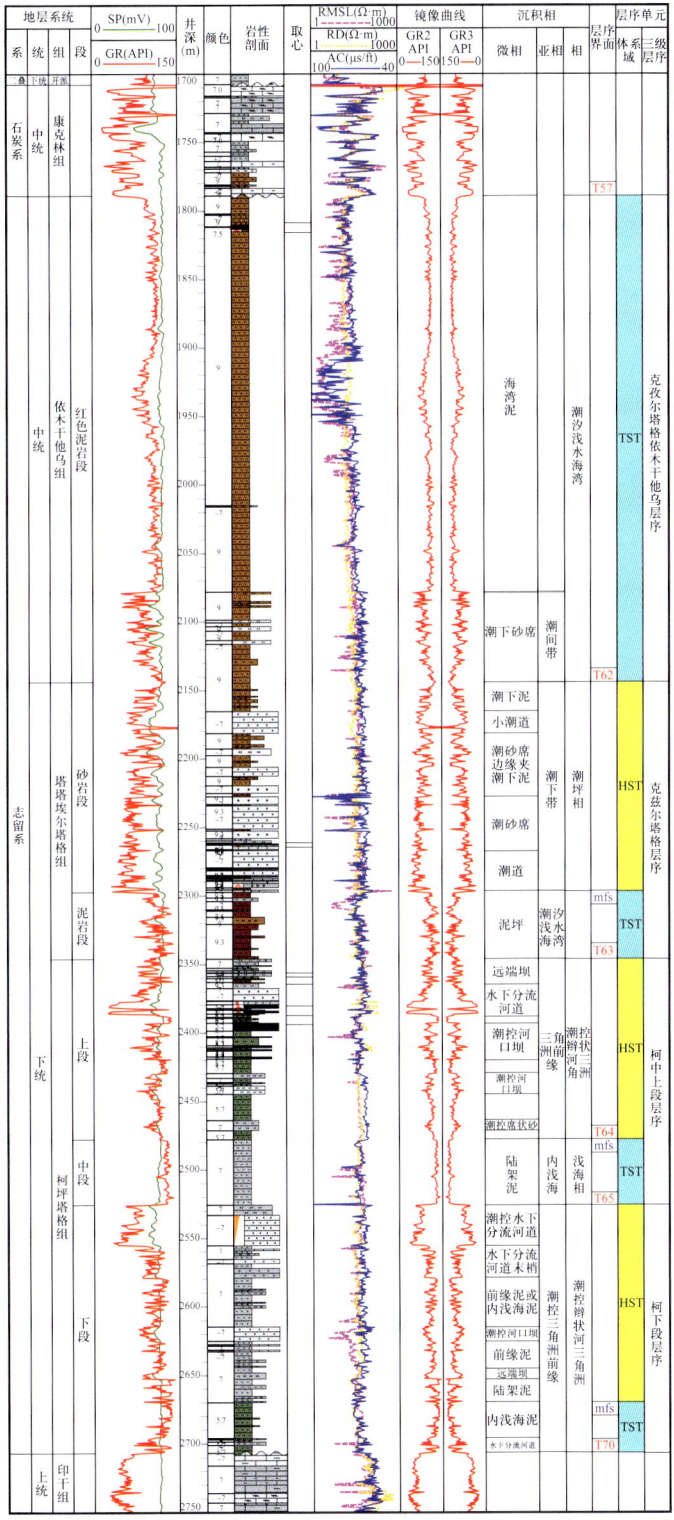

图 2-31 新苏地 1 井志留系沉积序列柱状图

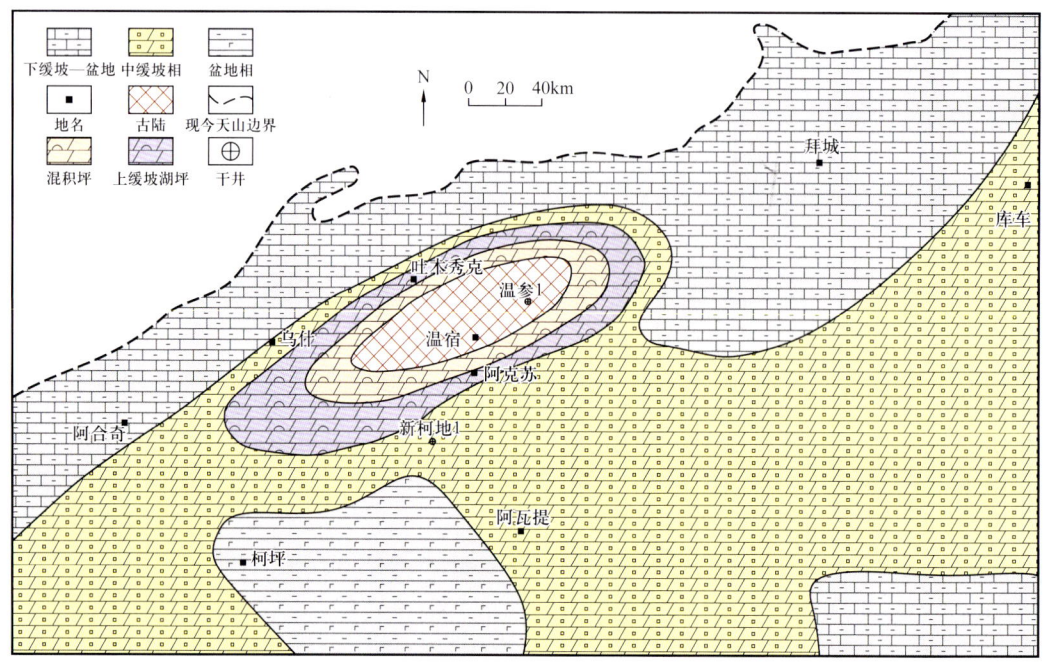

图2-32 温宿凸起及周缘晚震旦纪构造岩相古地理图

三、寒武系沉积相平面分布

（一）玉尔吐斯组

玉尔吐斯组沉积期，巴楚隆起北缘的H4井、F1井发育藻白云岩、藻灰岩夹砂泥岩，为碳酸盐岩和碎屑岩混积的潮坪沉积环境（田雷等，2018；郑见超等，2022），ST1井肖尔布拉克组直接与下伏震旦系玄武岩接触，因此也不发育玉尔吐斯组黑色泥岩（张春宇等，2021）。KTP1、KPN1、KTJ1、B1、XSC1井玉尔吐斯组厚度仅有4~5m，并且T1井和KPN1井岩性以褐色泥岩为主，说明靠近台内方向，出露地表，具有氧化色，因此，这个带可以称做内缓坡外带，与KTP1—KTJ1井共同构成内缓坡（图2-33）。向北柯坪露头区玉尔吐斯组厚度逐渐增加，柯坪露头区玉尔吐斯组平均厚度为22.45m（图2-33；韩剑发等，2020），岩性以硅质页岩、泥页岩和白云岩为主，为中缓坡沉积环境。再向北XH1井玉尔吐斯组厚度33m，发育泥质灰岩，说明玉尔吐斯组沉积时期，自南向北沉积水体逐渐加深，依次发育内缓坡、中缓坡和外缓坡—盆地相。

（二）肖尔布拉克组

随着台地的发育，肖尔布拉克组时期逐渐形成弱镶边台地。台地地势平坦且相对开阔，野外露头剖面肖尔布拉克组总体上以微生物白云岩、球粒白云岩和鲕粒白云岩为主，说明在柯坪露头区存在一个台地边缘礁滩相带（图2-34）。台缘带以北库鲁南剖面和奥依

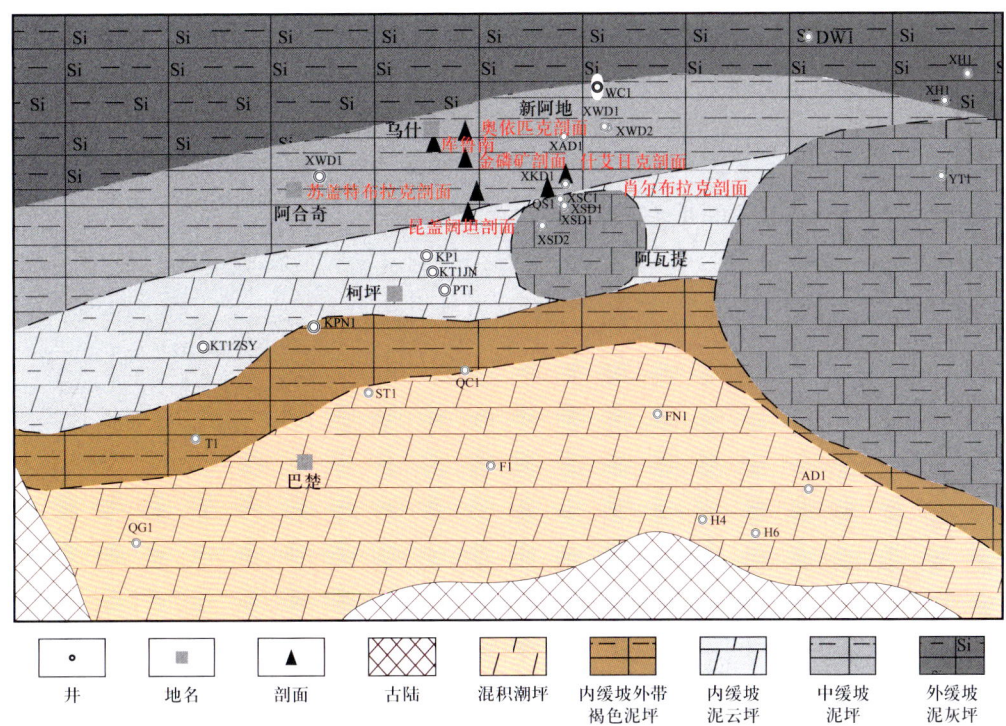

图 2-33 柯坪隆起及周缘寒武系玉尔吐斯组沉积微相平面分布图

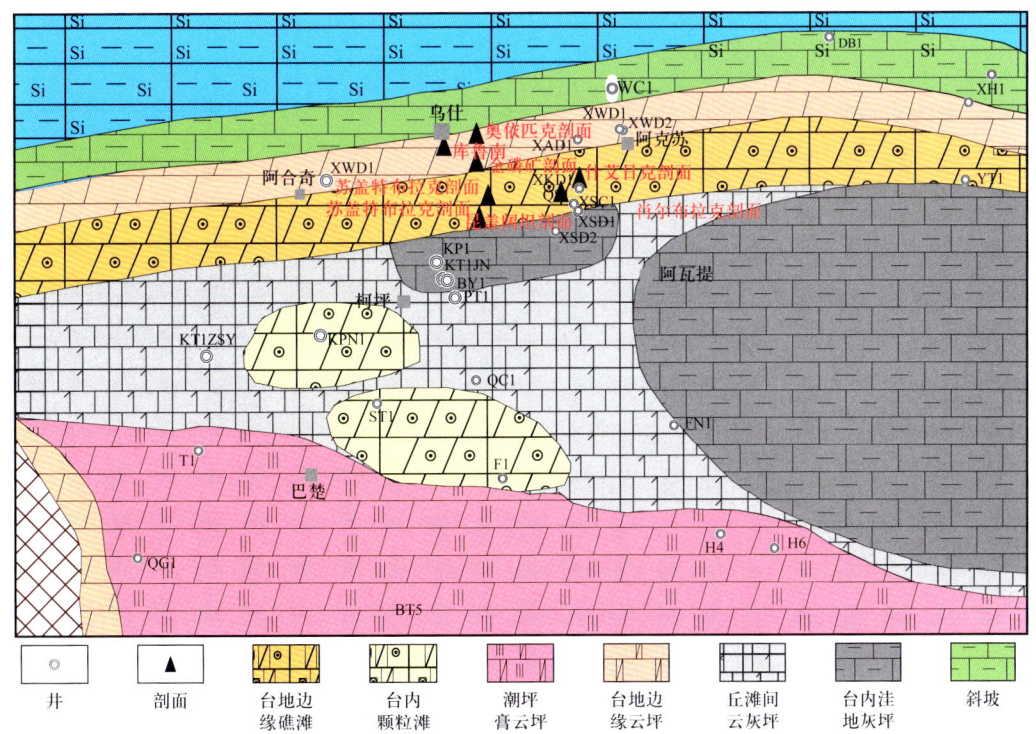

图 2-34 柯坪隆起及周缘寒武系肖尔布拉克组岩相古地理图

匹克剖面逐渐转变为泥粉晶白云岩。台缘带以南，KPN1井肖尔布拉克组发育藻砂屑白云岩，ST1井、T1井发育颗粒滩，因此，三者构成台内颗粒滩沉积。KTP1井发育灰质云岩，属于丘滩间的灰坪沉积，而KTJ1井和XSC1井该时期以泥质灰岩为主，甚至KTJ1井发育厚层泥岩，说明以KTJ1井为中心，可能发育台内洼地微相。同时由于BY1井该时期以白云岩为主，因此该台洼范围逐渐缩小BY1处于洼地外环境。而T1井、H4井发育膏云岩，因此属于潮坪环境。

四、奥陶系沉积相平面分布

（一）鹰山组

塔里木盆地鹰山组时期，开阔—局限台地为分布最为广泛沉积相（图2-35）。柯坪地区早奥陶世沉积时期发育碳酸盐岩台地，鹰山组沉积时期继承了蓬莱坝组的沉积格局，为台为开阔—局限台地沉积，反映水体较浅，云质成分较少，岩性以泥晶石灰岩为主，泥质含量高，夹杂少量砂屑灰岩、生屑灰岩、颗粒灰岩等，碎屑颗粒不发育。塔中和塔北隆起分布有部分台内高能碎屑滩，这几处台内滩处于水体能量较低的开阔台地中的相对高能位置，由于水流和波浪的作用对沉积环境影响较大，沉积下来的各类石灰岩在波浪或潮汐作用的影响下发生破碎，并接受筛选再沉积，而形成粒屑滩，也是储层最为有利的沉积相带。台地相主要分布于盆地东部，轮台—古城一线发育狭窄的台缘带和斜坡相，向东为盆地相，分布范围一直到盆地东缘。相对而言，盆地相东部斜坡带不发育，由盆地相直接过渡到斜坡带和台开阔—局限台地相。

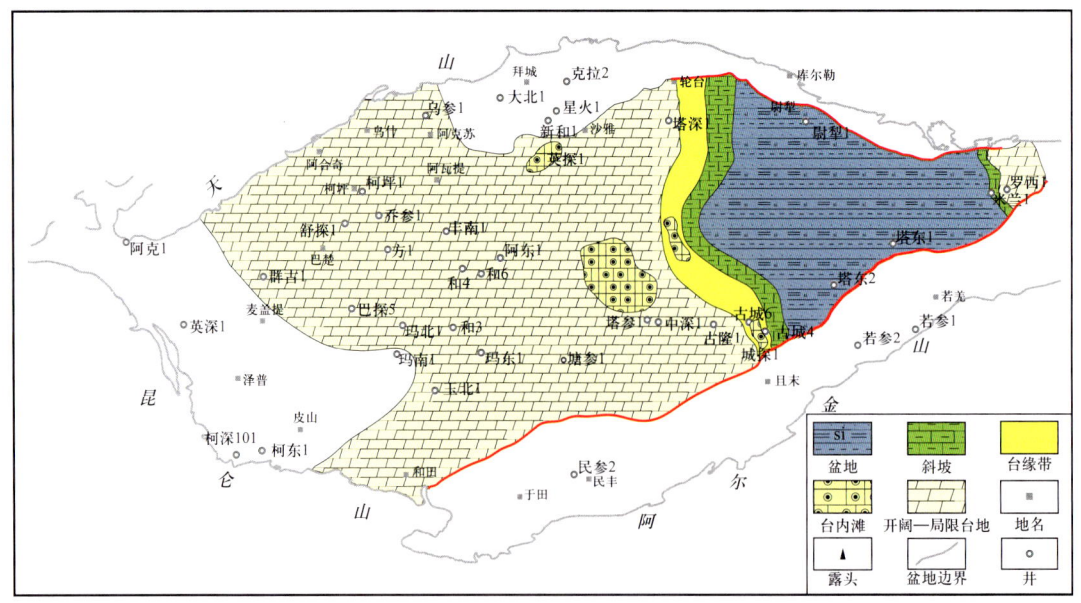

图2-35 鹰山组沉积时期沉积相平面分布图

（二）一间房组

奥陶系上统一间房组沉积时期，局限—开阔台地相有较大范围萎缩，主要局限于塔里木盆地北部和南部，其余地区由于抬升隆起导致转变为陆相沉积（图2-36）。盆地相主要分布于盆地东部和西北部。东部盆地—斜坡—台缘相相对鹰山组沉积时期没有明显缩小，反应为构造特征与早奥陶统差异不大。而盆地西北部柯坪一带由鹰山组时期的台地相转变为内地—斜坡—台地体系，水体加深，有利于形成萨尔干组烃源岩，斜坡和台地相可以作为潜在储层，进一步证明了柯坪地区具备良好的生储盖组合。

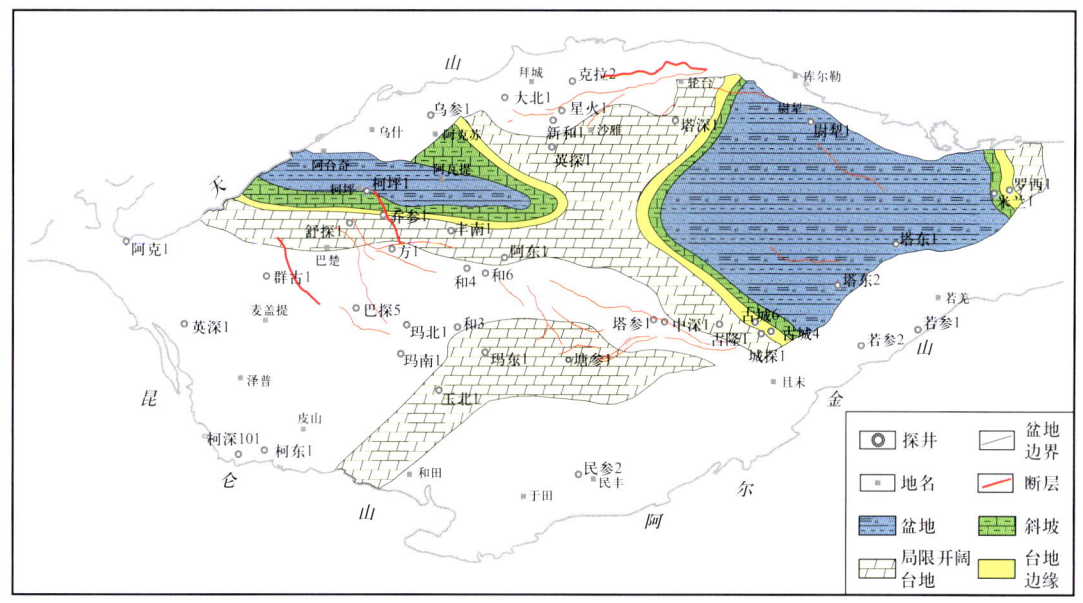

图2-36 一间房（萨尔干）组沉积时期沉积相平面分布图

五、志留系沉积相平面分布

（一）柯坪塔格组

柯下段沉积期，今西南坳陷—塘古坳陷—东南坳陷开始隆升成为剥蚀区，此处简称"古塔南隆起"；今塔北隆起在志留系沉积期也是隆起，此处简称"古塔北隆起"。古塔南隆起和古塔北隆起在西部汇聚，导致志留系整体沉积于三面环陆，向西开口于南天山洋的大海湾（图2-37）。柯下段沉积期塔北隆起向西延伸至英买力低凸起，因此塔西北地区当时处于海湾口外。

柯下段整体处于三面环绕潮坪，中部为内浅海的沉积格局。中部塔中隆起—满西低凸起—轮南低凸起隆起较高，其上缺失柯下段沉积，导致整个柯下段沉积格局有东西分割的势态。东部潮下带发育较大规模的潮下砂体；轮南低凸起处自北向南有小型潮控辫状河三角洲进积。西部自南向北发育大型的潮控辫状河三角洲进积，一致进积到今柯坪断隆的温宿凸起前，新苏地1井、新苏参1井、柯探1井等均钻遇。四石厂和大湾沟露头也包含在内。该时期三角洲进积3期，最后一期规模较大，形成塔西北志留系第一套储层。

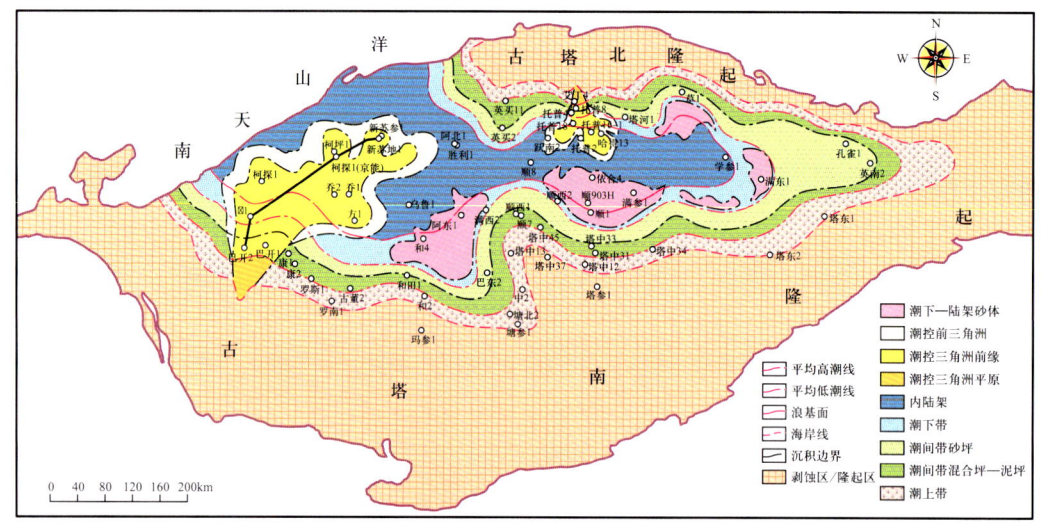

图 2-37 塔里木盆地柯下段沉积相分布图

柯中段沉积期，依然处于古塔南隆起和古塔北隆起汇聚的大海湾格局，但由于该时期正处于海平上升最高时期，古塔北隆起明显向北退却（图2-38）。此时陆源沉积物补给速率小于可容纳空间增长速率，因此该时期以广泛的内浅海泥岩沉积为主。海湾沿岸应该发育潮坪沉积，大多没有保留。此时期为塔里木盆地志留系第一套盖层发育期。

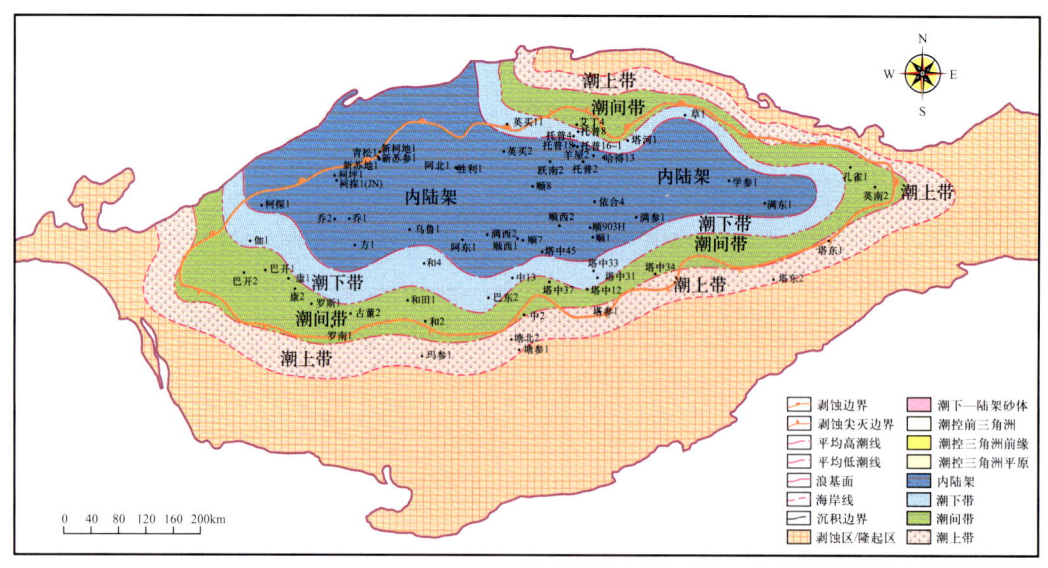

图 2-38 塔里木盆地柯中段沉积相分布图

柯上段与柯下段沉积期非常相似，但此时中部满西低凸起成为凹陷区，发育大面积的潮下砂体；西部则依然发育自南向北进积的三角洲，进积规模与柯下段相似，也分3期进积,最后一期规模最大,形成了塔西北志留系第二套储层。此时海湾沿岸依然发育潮坪(图 2-39)。

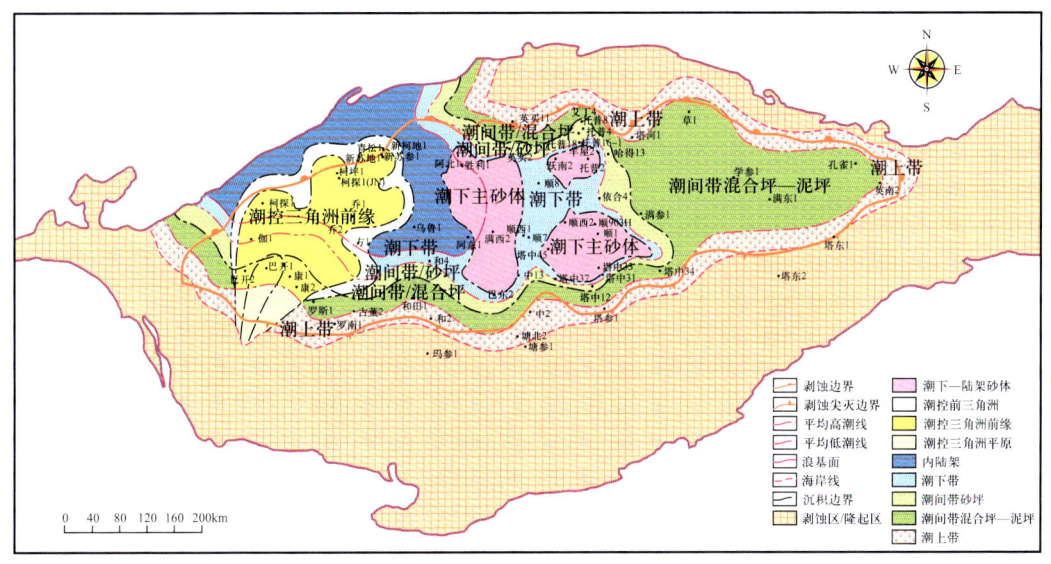

图 2-39 塔里木盆地柯上段沉积相分布图

(二)塔塔埃尔塔格组

塔下段沉积期,盆地整体沉降,但出于较浅水的海湾环境,塔里木盆地中心区发育浅水海湾泥岩沉积,海湾周缘滨岸发育潮坪沉积(图 2-40)。此时期为塔里木盆地第二套盖层发育期。

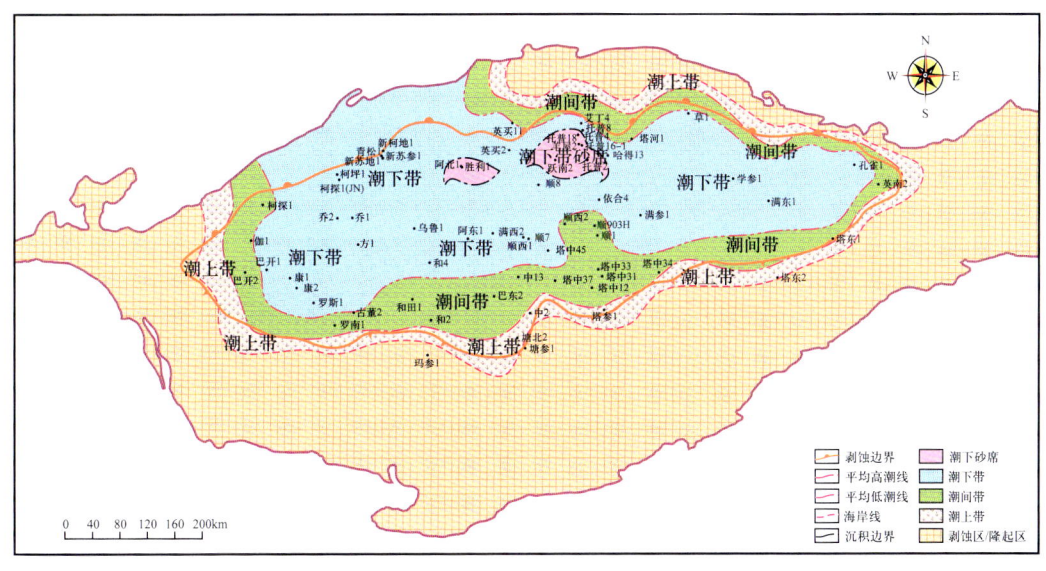

图 2-40 塔里木盆地塔下段沉积相分布图

塔上段沉积期，海平面略有下降，地形平缓，以潮坪发育为特色。潮下带发育大面积的潮下砂体，包括潮汐水道和潮汐砂席、砂脊等（图2-41）。此时形成了塔里木盆地第三套储层。

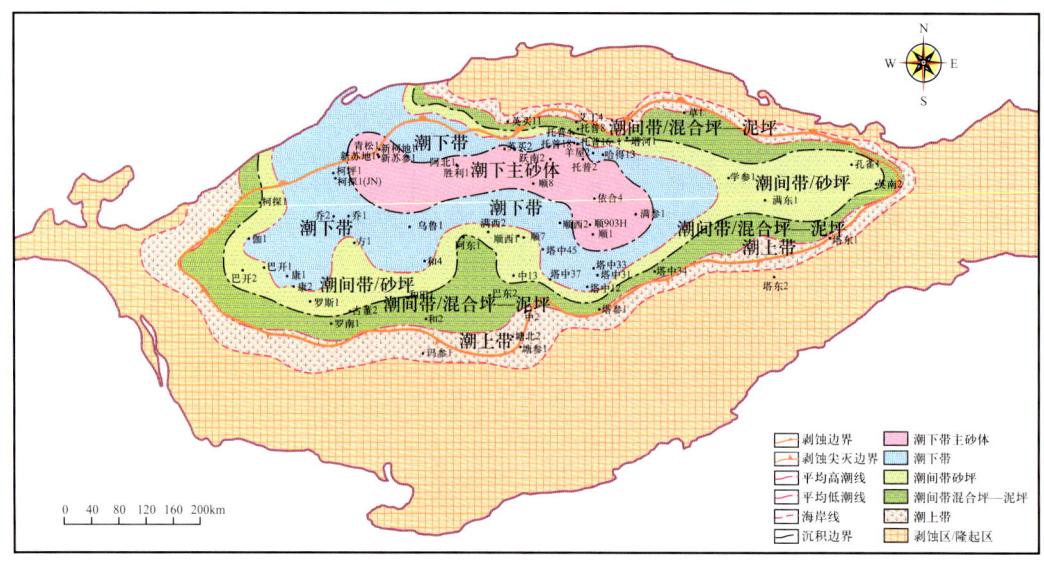

图2-41 塔里木盆地塔上段沉积相分布图

（三）依木干他乌组

依木干他乌组沉积期，古塔北隆起隆升较强烈，向南扩展，海湾进一步封闭；西部抬升也较强烈，导致依木干他乌组沉降中心向西迁移到柯坪断隆和阿瓦提凹陷西。该时期沉积了巨厚的浅水海湾泥岩沉积，在今巴楚隆起该组下部发育少量砂岩（图2-42）。此时形成了塔里木盆地志留系第三套盖层，也是最厚的一套盖层。

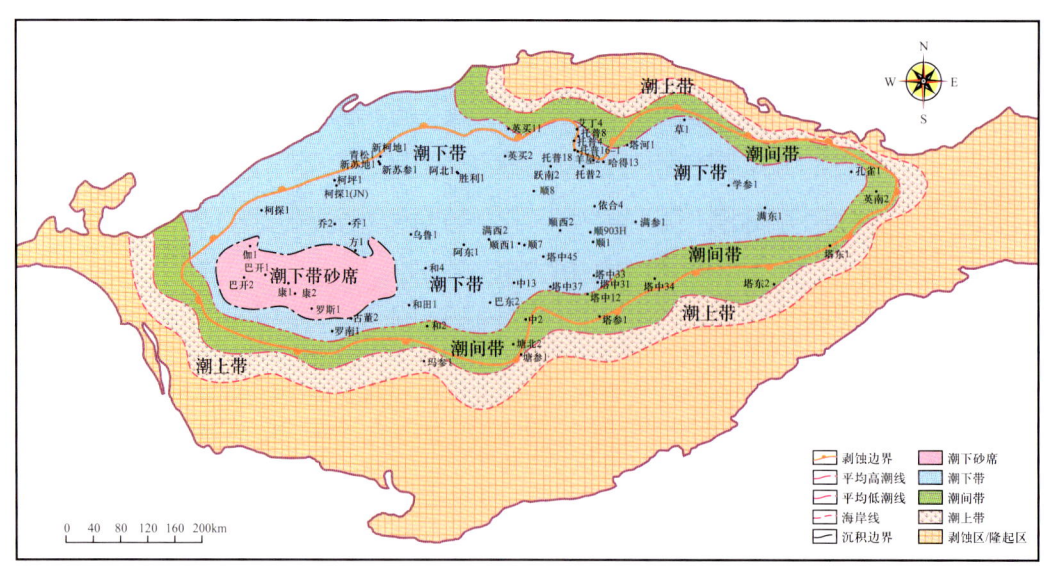

图2-42 塔里木盆地依木干他乌组沉积相分布图

第三章 石油地质特征

特定构造与沉积背景之下,是否具备优越的烃源岩、储层、盖层以及储盖组合条件是形成有效圈闭和富集油气的基础。依据柯坪断隆及周缘相关露头和钻探样品等资料分析结果,本章逐一介绍柯坪断隆周缘潜力烃源岩分布与品质、柯坪断隆主体区储层和有利储盖组合特征,并进一步总结柯坪断隆主体区的圈闭类型和分布规律。

第一节 柯坪断隆及周缘烃源岩特征

温宿凸起暂未钻揭有效烃源岩层系,因而普遍认为其油气来源于周缘凹陷,包括拜城凹陷、乌什凹陷和阿瓦提凹陷等(图3-1)。乌什—拜城凹陷紧密相连,烃源岩分布具有连续性,存在较厚且分布广泛的三叠系和侏罗系优质陆相烃源岩。其中,三叠系黄山街组、侏罗系恰克马克组两大套湖相暗色泥岩,有机质丰度较高、干酪根类型较好,有机质处于成熟—高成熟阶段。阿瓦提凹陷的寒武系和奥陶系烃源岩厚度较薄,系海相烃源岩,下寒武统玉尔吐斯组和中—上奥陶统烃源岩丰度高,有机质类型主要为Ⅰ—Ⅱ型,现今处于高成熟阶段。本节类比和评价三个凹陷潜力烃源岩分布、有机质丰度、类型和成熟度等要素。

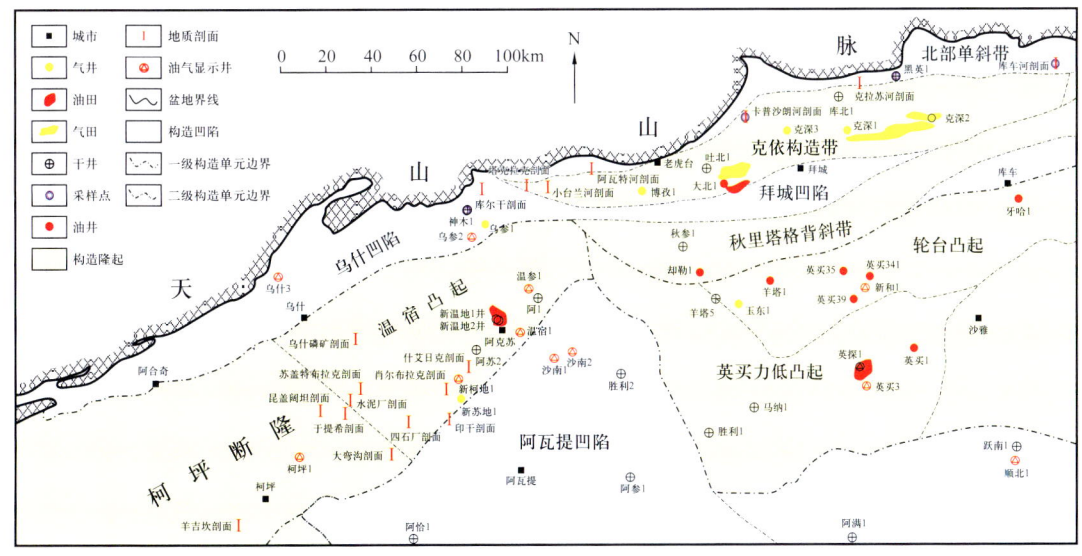

图3-1 温宿凸起及周缘生油凹陷分布图

一、烃源岩分布

温宿凸起周缘烃源岩主要分布在侏罗系阳霞组（J_1y）、克孜勒努尔组（J_2k）和恰克马克组（J_2q），三叠系黄山街组（T_3h）和塔里奇克组（T_3t），寒武系玉尔吐斯组（ϵ_1y），奥陶统萨尔干组（$O_{2-3}s$）及印干组（O_3y），共发育湖相、沼泽相和海相三大类八套烃源岩（表3-1），为温宿凸起周缘凹陷奠定了丰富的烃源物质基础。温宿凸起周缘烃源岩空间分布格局分析表明：乌什—拜城两个凹陷紧密相连，其烃源岩的展布特征受构造演化影响具有继承性，存在较厚且有机质丰度较高的三叠系和侏罗系优质烃源岩，为温宿凸起的油气提供物质基础。这两套烃源岩具有分布广、厚度大，沉积中心逐渐由北向南迁移，厚度由北厚南薄逐渐演变为南北对称的"碟形"特征（梁狄刚等，2004）。侏罗系优质烃源岩主要集中在乌什凹陷东洼—拜城凹陷靠近山前一带，由北向南逐渐变差。三叠系优质烃源岩主要集中在拜城凹陷中部—库车河一带，向四周逐渐变差。寒武系烃源岩在阿瓦提凹陷西北缘广泛分布，推测整体厚度不大，呈西厚东薄趋势。奥陶系烃源岩分布受控于沙井子断裂，分布范围较为局限，有效供烃区范围相对有限。

（一）侏罗系烃源岩

温宿凸起周缘的侏罗系烃源岩包括阳霞组（J_1y）、克孜勒努尔组（J_2k）和恰克马克组（J_2q），分布在乌什凹陷东洼—拜城凹陷靠近北部山前地带，烃源岩厚度大，露头上一般厚250～554m，岩性主要为深灰色泥、页岩和碳质泥岩。通过收集露头资料、结合构造演化和沉积相等研究成果，采用钻井与地震反演相结合的方法对侏罗系泥页岩厚度进行统计，编制了侏罗系烃源岩厚度分布图（图3-2）。中侏罗统恰克马克组以发育厚度较均一、分布较广泛的浅湖—半深湖相泥、页岩和油页岩烃源岩为特征，纵向上主要集中在该组下段，在卡普沙良河—阿瓦特河一带存在相对稳定的深水湖盆的沉积中心。从分布特征看，恰克马克组在拜城凹陷西部比东部地区发育，并且向四周逐渐减薄尖灭，呈中心厚、四周薄的"碟形"特征，除阿瓦特河剖面厚155m、卡普沙良河剖面厚78m外，其他剖面厚度均小于50m，是研究区内一套重要的油源岩。下侏罗统阳霞组和中侏罗统克孜勒努尔组煤系泥岩的沉积环境不稳定，为湖相与沼泽相间互沉积烃源层。阳霞组为辫状河三角洲平原沼泽沉积，在库尔干剖面可见厚约10～15m的煤层，其下为褐色、深灰色碳质泥岩，在东部的库车河剖面可见厚约210m煤系泥岩。中侏罗统克孜勒努尔组基本继承了阳霞组的沉积格局，发育辫状河三角洲前缘—滨浅湖沉积，在库尔干剖面以浅灰色含灰中砂岩、含砾粗砂岩与灰白色中薄层粉砂岩、粉砂质泥岩和泥岩的不等厚互层为主；往东逐渐过渡为滨浅湖，在东部的库车河剖面发育厚305m的煤系泥岩。总体上温宿凸起周缘侏罗系烃源岩厚约50～700m，存在拜城凹陷西部卡普沙良河剖面—老虎台和东部库车河剖面两个沉积中心，前者厚度约为500m，后者厚达700m。

第三章 石油地质特征

表3-1 温宿凸起及周缘烃源岩分布特征

层位	成因类型	沉积环境	岩性	厚度（m）	烃源岩分布特征
侏罗系 恰克马克组（J_2q）	湖相	深水湖盆	黑色泥岩	22~155	从库车河（22m）—卡普沙良河剖面（78m）—阿瓦特河剖面（155m）范围内存在一个相对稳定的深水湖盆，向四周逐渐减薄尖灭，总体上呈中心厚，四周薄的"碟形"特征，大北1井、克拉2井南等其他地区减薄其厚度均小于50m
侏罗系 克孜勒努尔组（J_2k）	沼泽相	辫状河三角洲前缘—滨浅湖	煤系泥岩	150~400	分为老虎台（150m）—卡普沙良河剖面以东（200~320m）和库车河（305m）两个沉积中心
侏罗系 阳霞组（J_1y）	沼泽相	辫状河三角洲平原沼泽沉积	煤系泥岩	15~300	分为老虎台（15m）—塔拉克剖面（210m）—老虎台（110m）—卡普沙良河剖面（200m）和库车河剖面（210m）两个沉积中心
三叠系 塔里奇克组（T_3t）	沼泽相	河流相—浅湖相含煤沼泽沉积	煤系泥岩	20~210	神木1井（20m）—老虎台剖面（160m）—小台兰剖面（210m）—克拉苏河（46m）—老虎台剖面（55m）成为一个小的沉积中心，该沉积中心向东经大北1井延伸到拜城一带，其余如库车河剖面（72m）厚度均小于100m
三叠系 黄山街组（T_3h）	湖相	浅湖—半深湖	黑色泥岩	>400	分布面积广，厚度大。最大厚度发育于库车河（400m）、阿瓦特（400m）和卡普沙良井沙良剖面（400m）一带；其次位于塔克拉苏剖面一带，厚度为250~300m，黑英1井（375m）
下寒武统 玉尔吐斯组（ϵ_1y）		深水陆棚—斜坡环境	黑色碳质泥岩	10~55	库车坳陷—和坪断隆—塔北隆起北部坳陷周缘的玉尔吐斯组烃源整体呈两厚一东薄的趋势展布，地层厚度分布范围0~55m
中—上奥陶统 萨尔干组（$O_{2-3}s$）	海相	闭塞大补偿陆源海湾相	黑色含灰泥岩	<50	靠近沙井子断裂附近，分布较为局限，大湾沟剖面厚度为13.4m，水泥厂剖面厚度为4m，整体厚度均小于50m
中—上奥陶统 印干组（O_3y）		半闭塞补偿—补偿陆源海湾相	泥灰岩	0~150	阿瓦提凹陷厚度约为100m左右，沉积中心位于沙井子断裂一侧，大沉积厚度约为150m，向满加尔凹陷方向厚度逐渐减薄，北到英买力凹陷，南到巴楚隆起处最大沉积厚度处

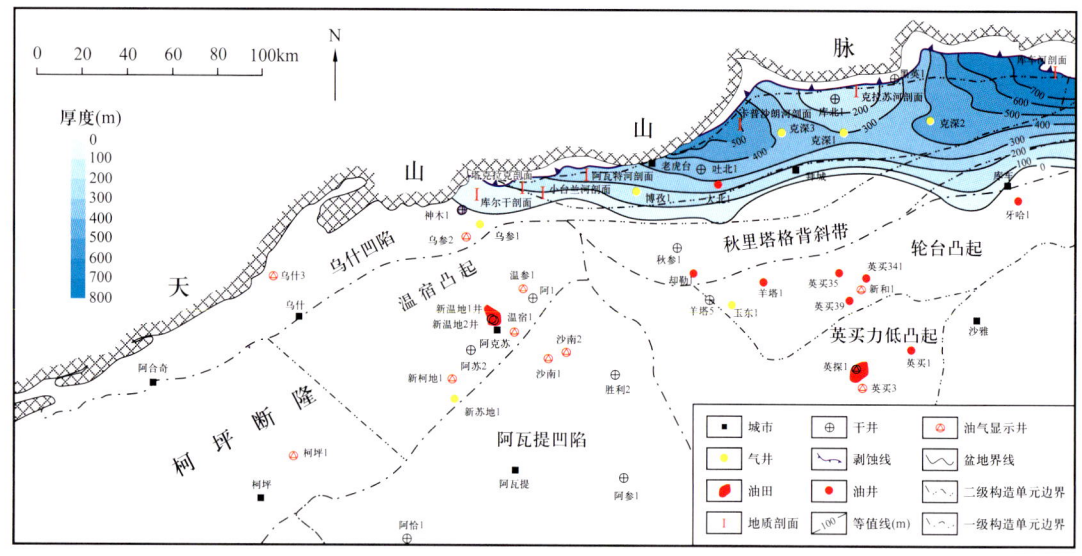

图 3-2 温宿凸起及周缘侏罗系烃源岩厚度图

（二）三叠系烃源岩

温宿凸起周缘的三叠系主要发育黄山街组（T_3h）和塔里奇克组（T_3t）两套主力烃源岩层，三叠系较侏罗系分布更为靠近温宿凸起，其沉积中心也较侏罗系向西移动，自拜城一带向北、向南烃源岩厚度均减薄，并呈现出明显的北厚南薄、北陡南缓的特点。通过收集露头资料、结合构造演化和沉积相等研究成果，采用钻井与地震反演相结合的方法对侏罗系泥页岩厚度进行统计，编制了三叠系烃源岩厚度分布图（图3-3）。上三叠统黄山街组发育浅湖—半深湖相泥质烃源岩，分布面积广、厚度大，其沉积中心位于卡普

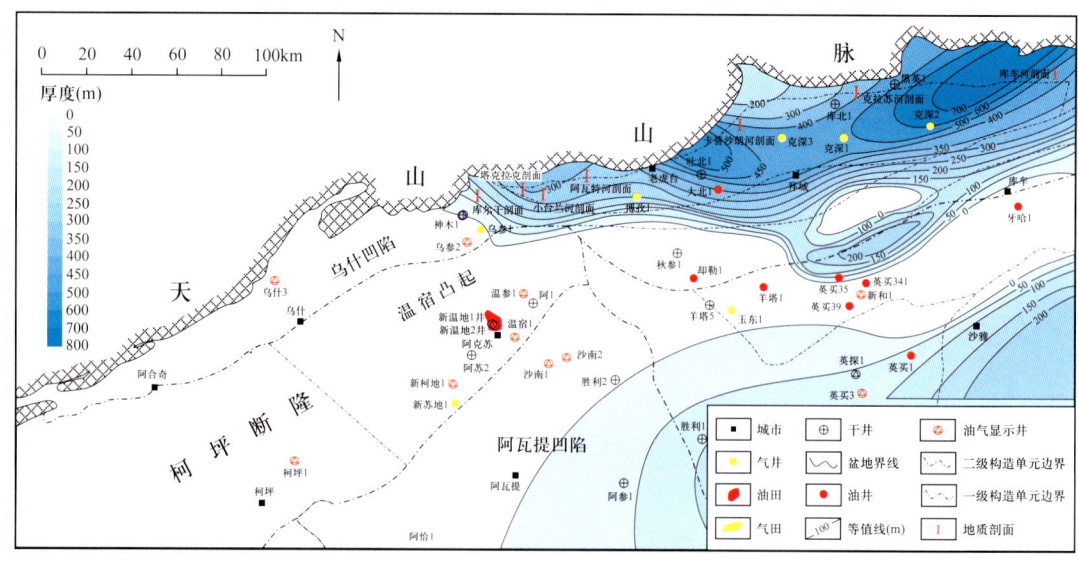

图 3-3 温宿凸起及周缘三叠系烃源岩厚度分布图

沙良河剖面至库车河剖面一线，厚度达到400m以上，其次位于塔克拉剖面一带，厚度为250～300m。上三叠统塔里奇克组广泛发育河流相—沼泽相—浅湖相含煤沉积，该套烃源岩在大部分地区厚度相近，如卡普沙良河和克拉苏河的烃源岩厚度分别为55m和46m，西段的塔拉克、小台兰河剖面分别厚达160m和210m，成为一个小的沉积中心，并向东经大北1井延伸到拜城一带。此外，中—上三叠统克拉玛依组和下三叠统俄霍布拉克组发育有滨浅湖相泥、页岩烃源岩，纵向上层段很薄，平面上只在局部地区有少量分布，未构成主力烃源层，故本书不作探讨。总体上温宿凸起周缘三叠系烃源岩厚约300～700m，主要发育在库车河剖面一带、其次为卡普沙良河剖面一带，再次为塔拉克和阿瓦特河剖面地区。

温宿凸起周缘乌什凹陷和拜城凹陷的烃源岩空间分布格局和油气运聚条件分析表明：侏罗系和三叠系烃源岩层展布特征受构造演化影响具有继承性，整体上研究区内三叠系烃源岩厚度大于侏罗系，拜城凹陷西部优质烃源岩是温宿凸起油气的主要贡献者，乌什凹陷和拜城凹陷东部对其贡献有限。

（三）寒武系烃源岩

1. 玉尔吐斯组烃源岩

下寒武统玉尔吐斯组（$\epsilon_1 y$）是塔里木盆地广泛分布的一套与含磷沉积伴生，与上升洋流有关的优质烃源岩，岩性主要为黑色页岩、黑色泥岩、黑色碳质泥岩和黑色碳质页岩，为陆棚—斜坡相。该套烃源岩在温宿凸起周缘分布稳定，但钻遇该地层的钻井较少，星火1井钻遇33m玉尔吐斯组灰黑、黑色碳质泥岩；轮探1井钻遇玉尔吐斯组81m，分为上下两段，下段以黑色泥岩为主，厚18m，上段以泥质灰岩为主，夹灰黑色泥岩，厚63m（杨海军等，2020）；新柯地1井钻遇玉尔吐斯组58.8m，顶部为白云岩夹黑色碳质页岩薄层，中部磷硅质岩黑色碳质页岩互层，底部含磷硅质岩。据朱光有等（2016）研究资料显示（图3-4），玉尔吐斯组在昆盖阔坦东沟剖面厚度为32m，黑色泥页岩累计厚度为9m；在昆盖阔坦西沟剖面黑色泥岩累计厚度约为12m；于提希剖面，烃源岩总体厚度与昆盖阔坦剖面相当；苏盖特布拉克剖面厚度为22m，其中见10m厚的灰色薄层微晶灰岩与灰黑色页岩互层的优质烃源岩发育段，与上覆肖尔布拉克组呈整合接触；什艾日克剖面厚度为19.5m，发育厚约10m的黑色页岩层，局部与硅质岩互层的优质烃源岩层段（图3-5）；库瓦提剖面厚度为20m，发育有机碳含量较高的页岩层段3m；乌什磷矿剖面厚度为13m，发育以灰黑色硅质岩为主夹薄层黑色页岩层段4m；肖尔布拉克剖面厚度为16m，发育薄层黑色页岩层段5m。根据钻井揭示以及野外露头剖面分析，结合塔里木盆地34条区域地震大剖面的综合标定与整体解剖，总体上温宿凸起周缘的下寒武统玉尔吐斯组烃源岩以乌什凹陷—柯坪断隆—阿瓦提凹陷为中心呈西厚东薄趋势展布（图3-6），向柯坪南部超覆尖灭，地层厚度分布范围在0～55m。值得注意的是，卢玉红等（2008）研究证实阿瓦提凹陷的乌鲁桥油苗也来自于寒武系烃源岩，并且方1井与和4井也在中—下寒武统发现优质烃源岩，具有厚度较大、分布广泛的特征，厚度50～200m。

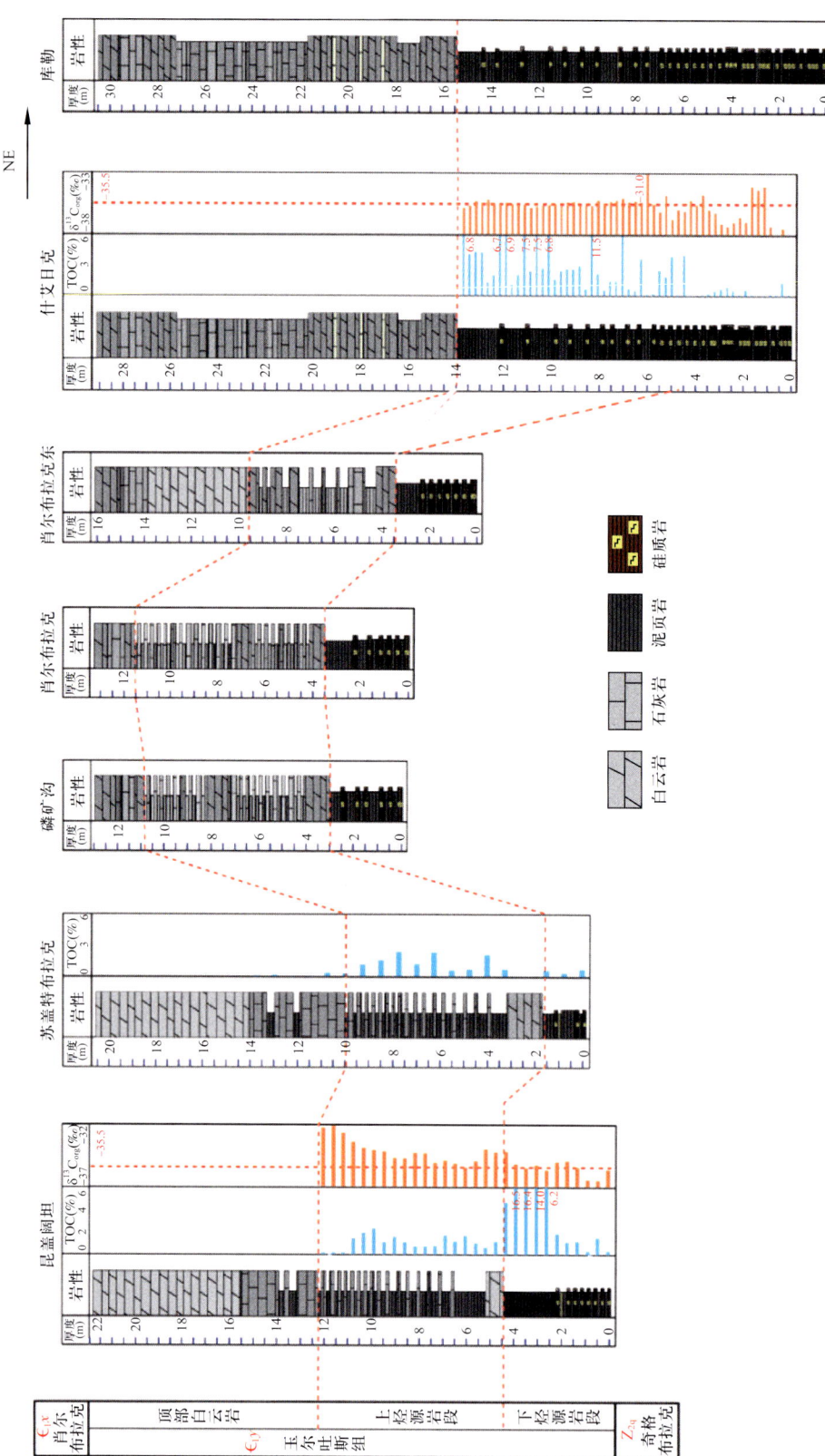

图 3-4 温宿凸起及周缘玉尔吐斯组烃源岩地层厚度对比图（据朱光有，2016，有修改）

图3-5 寒武系玉尔吐斯组烃源岩特征（什艾日克剖面）

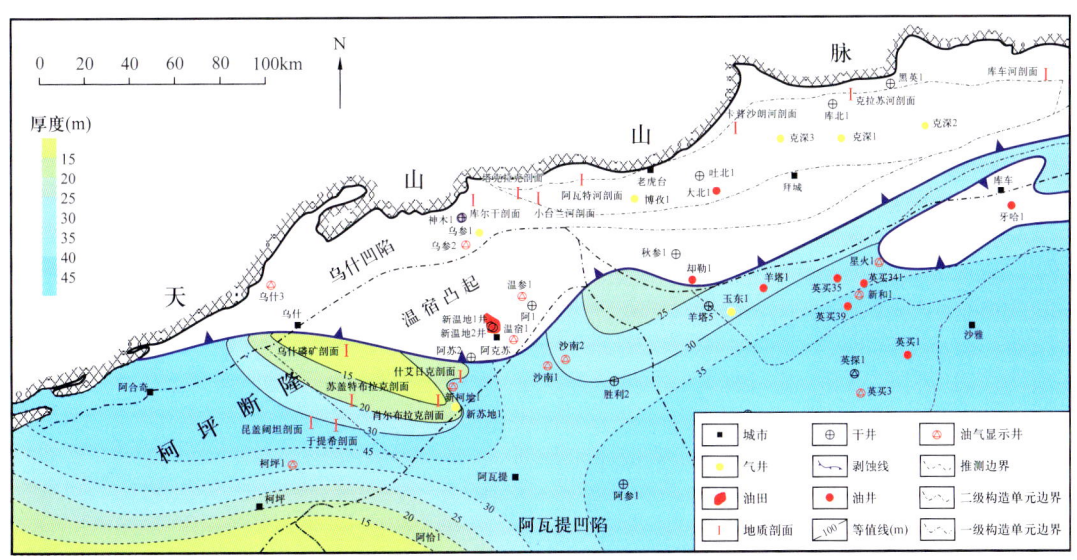

图3-6 温宿凸起及周缘下寒武统玉尔吐斯组烃源岩厚度分布图

2. 肖尔布拉克组烃源岩

塔西北地区4口钻井及3个露头剖面的研究显示，肖尔布拉克组烃源岩主要由泥质灰岩和泥岩构成，尽管关于碳酸盐岩作为烃源岩的TOC下限存在不同观点，但多数学者认同0.5%作为有效烃源岩的TOC下限，而在高成熟—过成熟区，这一标准可放宽至0.4%

（徐兆辉等，2023），本研究中钻井和露头揭示，4口井钻遇的肖尔布拉克组有机碳平均值均超过0.4%，因此，可视为有效烃源岩。通过对比4口井的地化剖面发现，肖尔布拉克组下段烃源岩条件优于上段。

根据塔西北柯坪断隆地震剖面及肖下段烃源岩厚度数据，BY1井和KTJ1井肖下段烃源岩厚度最大，分别达到了83m和82m，以两口井为中心，向外扩展，肖下段烃源岩的厚度逐渐减薄，例如，XSC1井肖下段厚约61m，KPN1井肖下段厚约24m，KTP1、ST1井和T1井肖下段厚度约10m，但由于这些井的有机碳含量较低，因此烃源岩并不发育。肖下段烃源岩丰度和厚度数据表明，塔西北地区寒武系肖尔布拉克组下段发育一套有效烃源岩，该套烃源岩不仅有机碳含量高（0.1%～7.56%），而且厚度大（20～90m），分布面积广（约$2 \times 10^4 \sim 3 \times 10^4 km^2$）。这一发现颠覆了以往塔西北地区寒武系仅发育玉尔吐斯组烃源岩的传统观点，极大地提升了该地区深层油气的勘探价值。这一新认识为深层油气资源评价和勘探部署提供了重要依据，有望推动塔西北地区油气勘探的进一步发展。

3. 奥陶系烃源岩

阿瓦提凹陷是中—上奥陶统萨尔干组（$O_{2-3}s$）及印干组（O_3y）烃源岩的沉积中心，发育盆地—斜坡相。萨尔干组烃源岩以黑色页岩夹薄层灰岩及石灰岩透镜体为主（图3-7b），分布稳定，但较为局限（图3-8），在柯坪断隆—阿瓦提凹陷一带呈带状展布，在大湾沟剖面厚度为14m，其中黑色页岩厚度为11～12m，四石厂剖面厚度为7m，在柯坪水泥厂剖面中仅厚4m，在南部羊吉坎剖面中则相变为石灰岩，总体厚度小于50m（高志勇等，2010）。印干组烃源岩为黑色泥岩夹页岩（图3-7a），主要分布在印干剖面一带（图3-9），在印干剖面厚度为97m，在羊吉坎剖面为108m，大湾沟剖面厚度为33m，总体厚度一般小于100m（高志勇等，2010）。研究区中—上奥陶统烃源岩分布受控于沙井子断裂，分布在该断裂一侧，北部超覆尖灭于胜利1井以南，东部向满加尔凹陷方向逐渐减薄，南部止于巴楚隆起，西南部受控于阿恰断裂带，其厚度严格受古隆起构造和沉积水体的控制，约为100～150m，在阿瓦提凹陷中东部厚度最大（张水昌等，2012）。此外，青松采石场下奥陶统油苗的存在证实塔里木盆地西北部柯坪地区奥陶系烃源岩亦有广泛分

(a) 印干组(黑色泥岩)　　　　　　　(b) 萨尔干组(碳质泥页岩)

图3-7　中—上奥陶统大湾沟剖面

布。与寒武系烃源岩相比，奥陶系烃源岩分布范围较为局限，因此能提供的有效供烃区范围也比较有限。

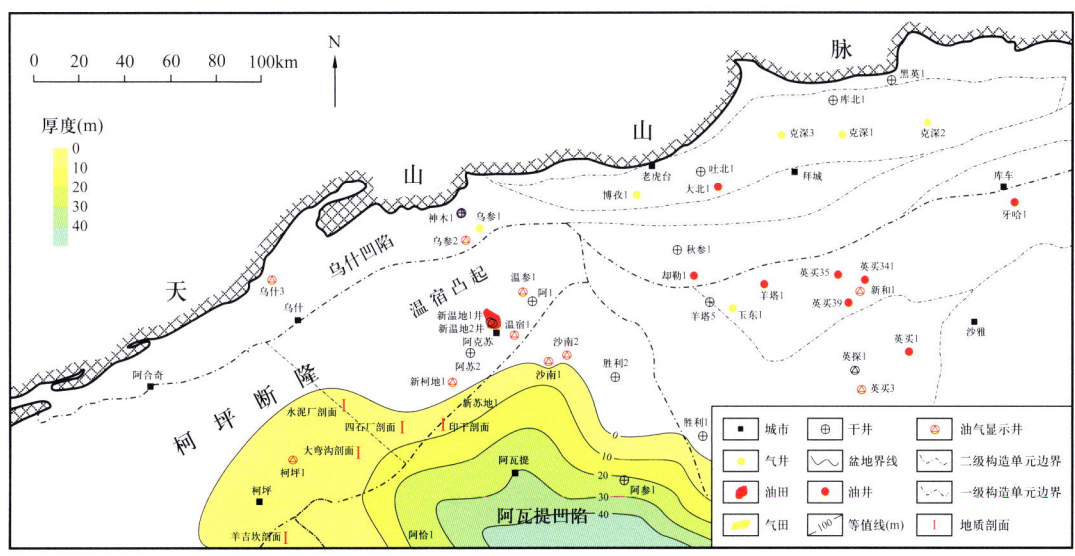

图 3-8　温宿凸起及周缘奥陶系萨尔干组烃源岩厚度分布图

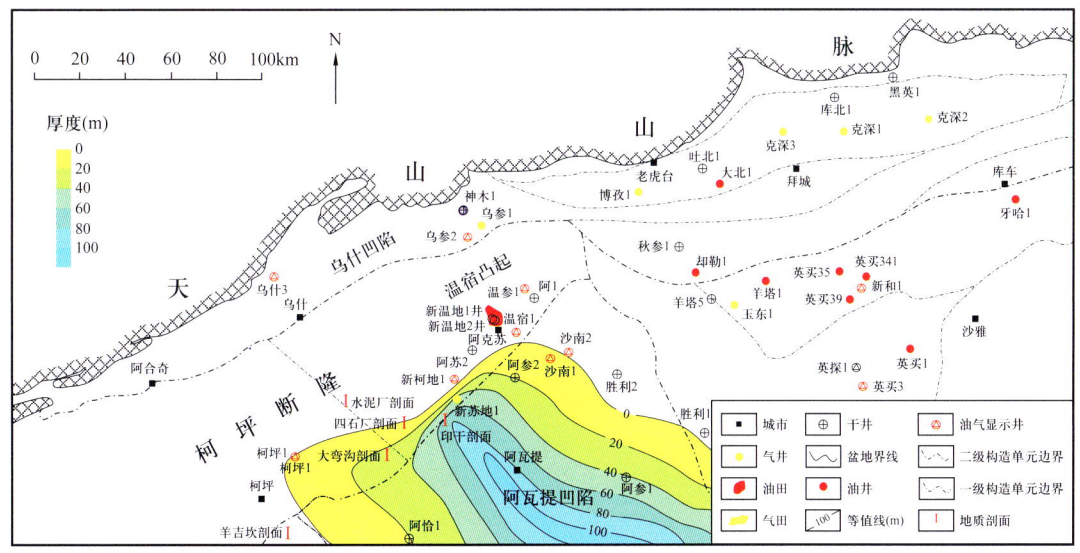

图 3-9　温宿凸起及周缘奥陶系印干组烃源岩厚度分布图

二、烃源岩生烃

烃源岩的丰度、类型以及成熟度是决定有机质质量的重要因素，烃源岩地球化学特征的研究对于油气勘探具有重要意义。温宿凸起周缘烃源岩的有机质类型、有机质丰度与成熟度既有共性又有差异性（表 3-2）。综合评价研究区侏罗系恰克马克组和三叠系黄山组

表 3-2 温宿凸起及周缘烃源岩特征

层位		成因类型	位置	岩性	TOC (%)	T_{max} (℃)	S_1+S_2 (mg/g)	产烃指数 (PI)	氢指数 HI (mg/g)	氯仿沥青"A"含量 (%)	干酪根类型	烃源岩厚度 (m)	烃源岩评价结果
侏罗系	恰克马克组 (J_2q)	湖相	拜城—乌什凹陷	暗色泥岩	1.95	451	2.69	—	123	0.115	Ⅰ—Ⅱ型	22~155	较好—好烃源岩
	克孜勒努尔组 (J_2k)	沼泽相	库车河剖面	灰黑色页岩	3.99~22.42 13.2（2）	443~447 445（2）	1.99~10.14 6.07（2）	0.01~0.03 0.02（2）	44.87~48.66 46.77（2）	0.11~0.35 0.23（2）	Ⅲ型	22	较好—好烃源岩
			卡普沙良河剖面	灰黑色泥质粉砂岩、深灰色泥岩	1.06~4.48 2.03（5）	454~470 463（5）	0.84~10.14 1.82（5）	0.07~0.14 0.1（5）	64.98~135.65 82.67（5）	0.06~0.19 0.12（5）	Ⅰ—Ⅱ$_1$型	78	较好—好烃源岩
			拜城—乌什凹陷	泥岩	11.92	453	2.5~3.5	—	81	0.04~0.06	Ⅱ—Ⅲ型	150~400	较好烃源岩
	阳霞组 (J_1y)	沼泽相	库车河剖面	深灰色泥页岩	1.05~2.37 1.71（2）	445~451 448（2）	0.14~2.99 1.57（2）	0.02~0.07 0.05（2）	12.33~123.68 68（2）	0.02~0.1 0.06（2）	Ⅱ$_2$—Ⅲ型	305	较好烃源岩
			拜城—乌什凹陷	泥岩和页岩、碳质泥岩	2.68	476	3~6	—	63	0.04~0.06	Ⅱ—Ⅲ型	15~300	较好烃源岩
			库车河剖面	灰黑色泥岩、褐色页岩	2.88~3.58 3.3（3）	453~463 459（3）	0.94~1.79 1.34（3）	0.02~0.06 0.04（3）	32~43.85 38.38（3）	0.06~0.09 0.08（3）	Ⅱ$_2$型	210	较好烃源岩
			拜城—乌什凹陷	夹煤层的碳质泥岩	2.35	484	1.57	—	47	0.15	Ⅲ型	20~210	较好烃源岩
三叠系	塔里奇克组 (T_3t)	沼泽相	库车河剖面	黑色碳质泥岩、灰黑色泥岩	2.04~12 5.9（3）	447~451 449（3）	1.16~4.17 2.65（3）	0.01~0.03 0.02（3）	34.33~71.27 53.46（3）	0.03~0.11 0.07（3）	Ⅱ$_2$—Ⅲ型	72	较好烃源岩
			神木1井	浅灰褐色灰黑色泥岩	0.37~0.72 0.49（3）	444~448 446（3）	0.54~0.93 0.71（3）	0.15~0.31 0.21（3）	89.41~147.57 119（3）	0.05~0.13 0.08（3）	Ⅱ$_2$型	20	较好烃源岩

续表

层位		成因类型	位置	岩性	TOC(%)	T_{max}(℃)	S_1+S_2(mg/g)	产烃指数(PI)	氢指数HI(mg/g)	氯仿沥青"A"含量(%)	干酪根类型	烃源岩厚度(m)	烃源岩评价结果
三叠系	黄山街组(T_3h)	湖相	拜城—乌什凹陷	灰黑色泥页岩	1.03	508	0.58	—	29	0.15	Ⅱ—Ⅲ型	>400	较好—好烃源岩
			黑英1井	黑色泥岩	0.73~0.92 0.83(2)	507	0.25~0.29 0.27(2)	0.16~0.28 0.22(2)	22.88~28.81 25.85(2)	0.014~0.016 0.015(2)	Ⅲ型	375	较好—好烃源岩
			库车河剖面	灰黑色泥岩	2.71~5.9 4.3(2)	450	5.78~12.19 9(2)	0.03	201.36~206.43 203.9(2)	0.14~0.29 0.22(2)	Ⅱ₁型	420	较好—好烃源岩
			卡普沙良河剖面	深灰黑色泥岩、灰黑色碳质泥岩	0.49~5.18 1.6(5)	441~548 500(5)	0.15~9.02 2(5)	0.02~0.24 0.17(5)	15.97~170.88 59.26(5)	0.006~0.48 0.1(5)	Ⅲ型	405	较好—好烃源岩
寒武系	玉尔吐斯组(ϵ_1y)	海相	星火1井	黑色碳质泥岩	1~9.43 5.5(6)	470~521 500(6)	0.11~0.59 0.62(6)	—	2~7 3.5(6)	0.003~0.018 0.086(6)	Ⅰ—Ⅱ₁型为主	31	好烃源岩
奥陶统	萨尔干组($O_{2-3}s$)		大湾沟剖面	黑色页岩	2.88	460	2.17	—	116	0.012	Ⅱ型为主	13.4	较好—好烃源岩
	印干组(O_3y)		大湾沟剖面	黑色页岩、泥岩	0.67	450	1.02	—	93	—	Ⅲ型为主	29	较好烃源岩

注：括号内数字为样品个数。

为较好—好烃源岩，侏罗系克孜勒努尔组和阳霞组为较好丰度气源岩，三叠系塔里奇克组为一套较好丰度烃源岩。值得指出的是，湖相烃源岩的有机质质量明显好于沼泽相，并且侏罗系有着更有利的生油条件，具有较大的生烃潜力。阿瓦提凹陷下寒武统玉尔吐斯组烃源岩丰度高、类型好、成熟度高，为好烃源岩，奥陶系萨尔干组评价为高丰度烃源岩，印干组为较好丰度烃源岩。

（一）有机质丰度

有机质丰度是评价烃源岩生烃能力的一项重要指标。温宿凸起周缘侏罗系烃源岩有机质丰度差异性较大。中侏罗统恰克马克组属于湖相，发育大套暗色泥岩，总TOC为0.4%～5.26%，平均值仅为1.95%，但平均生烃潜量为3.10mg/g，氢指数平均109mg/g，氯仿沥青"A"含量平均值为0.115%，是侏罗系烃源岩中质量最高的。下侏罗统阳霞组和中侏罗统克孜勒努尔组总TOC平均大于2%，生烃潜量在2.5～3.5mg/g，氯仿沥青"A"含量为0.04%～0.06%（何光玉等，2002；梁狄刚等，2004）。按照烃源岩有机质丰度评价标准（黄第藩等，1992），中侏罗统恰克马克组属好—较好烃源岩，下侏罗统阳霞组和中侏罗统克孜勒努尔组属较好烃源岩。平面上（图3-10），乌什凹陷东洼—拜城凹陷侏罗系烃源岩的TOC分布特征普遍大于1%，主要存在卡普沙良河、克拉苏河和东部库车河3个高值区。其中，克拉苏河高值区分布范围尤为广泛，其TOC一般大于2.5%，其次卡普沙良河和库车河一带的分布范围大体相当，卡普沙良河剖面中的恰克马克组平均有机碳含量和热解生烃潜量分别为2.03%和1.82mg/g，库车河剖面恰克马克组平均有机碳含量和热解生烃潜量分别为13.2%和6.07mg/g，克孜勒努尔组平均有机碳含量和热解生烃潜量分别为1.71%和1.57mg/g，阳霞组平均有机碳含量和热解生烃潜量分别为3.3%和1.34mg/g。

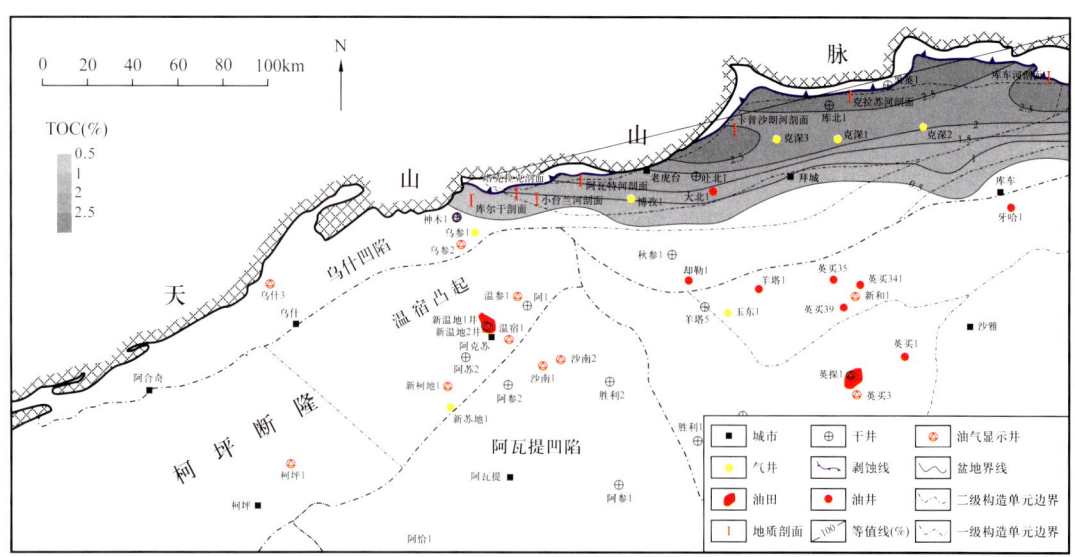

图3-10 温宿凸起及周缘地区侏罗系烃源岩TOC等值线图

温宿凸起周缘上三叠统黄山街组发育浅湖—半深湖相泥质烃源岩，总TOC为1%～3%，平均为1.03%，生烃潜量0.58mg/g，氢指数仅29mg/g（何光玉等，2002；梁狄刚等，2004）。塔里奇克组发育河流相—沼泽相—浅湖相含煤沉积，总TOC平均达到2.35%，平均生烃潜量为1.57mg/g，但氢指数仅为47mg/g（何光玉等，2002；梁狄刚等，2004）。按照烃源岩有机质丰度评价标准（黄第藩等，1992），排除成熟生烃损耗和风化作用双重影响，这两套地层的TOC并不低，均属于较好—好级别烃源岩。平面上（图3-11），乌什凹陷东洼—拜城凹陷三叠系烃源岩的TOC分布特征普遍大于1%，主要存在拜城凹陷中部—库车河沿线、北缘山前带局部地区和阿瓦特河一带等3个高值区。其中，克依构造带—库车河沿线高值区分布范围尤为广泛，TOC一般在3%以上，库车河剖面黄山街组平均有机碳含量和热解生烃潜量分别为4.3%和9mg/g，塔里奇克组平均有机碳含量和热解生烃潜量分别为5.9%和2.65mg/g。研究区北缘山前带局部地区TOC一般约为3%，分布较为局限，仅靠近天山山前带出露，卡普沙良河剖面中黄山街组平均有机碳含量和热解生烃潜量分别为1.6%和2mg/g。阿瓦特河一带分布也较为局限，TOC一般约为2%。

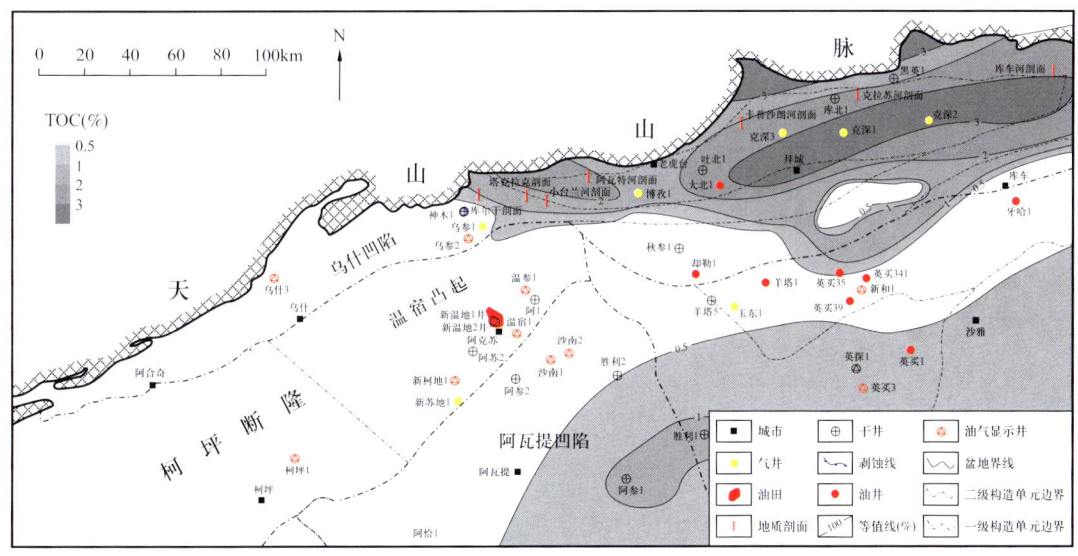

图3-11 温宿凸起及周缘地区三叠系烃源岩TOC等值线图

侏罗系和三叠系烃源岩有机质丰度与热解生烃潜量存在明显差异（图3-12），差—优质烃源岩均较发育（图3-13）。侏罗系优质烃源岩主要集中在乌什凹陷东洼—拜城凹陷靠近山前一带，由北向南逐渐变差。三叠系优质烃源岩主要集中在拜城凹陷中部—库车河一带，向四周逐渐变差，但在北部山前仍有分布较为局限的优质烃源岩。由此可以推测，在乌什凹陷东洼—拜城凹陷应该存在较厚且有机质丰度较高的三叠系和侏罗系优质烃源岩为温宿凸起的油气提供物质基础。

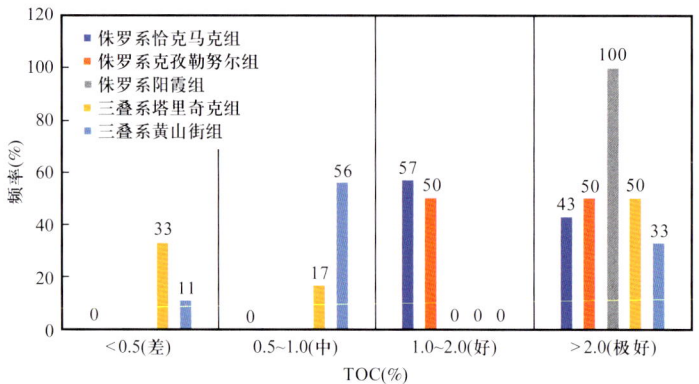

图 3-12 侏罗系和三叠系烃源岩样品有机质丰度分布频率

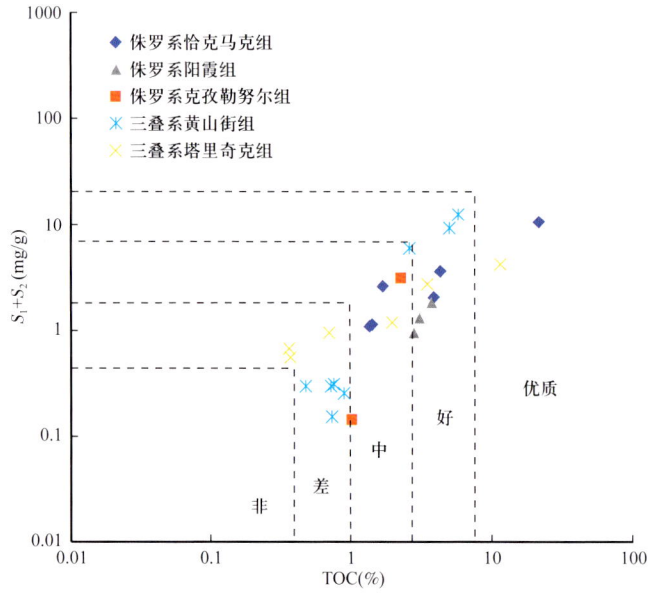

图 3-13 温宿凸起周缘侏罗系和三叠系烃源岩潜力评价图

温宿凸起周缘下寒武统玉尔吐斯组黑色页岩总体 TOC 在 1%～9.43%，平均为 5.5%，是一套优质烃源岩。柯坪地区肖尔布拉克剖面玉尔吐斯组下部未经风化的黑色页岩具有高的有机质丰度，TOC 为 1.87%～3.12%，平均为 2.42%；昆盖阔坦剖面较纯的黑色页岩 TOC 可达 16%；星火 1 井玉尔吐斯组灰黑、黑色碳质泥岩的 TOC 为 1.00%～9.43%，平均为 5.5%；轮探 1 井 TOC 分布在 2.43%～18.48%，平均为 10.1%（杨海军等，2020），均属于高丰度烃源岩，但氯仿沥青"A"平均含量为 0.086%，生烃潜量均值为 3.5mg/g，可能是热演化程度高所致（席勤等，2016）。同时，星火 1 井下寒武统玉尔吐斯组 TOC 值具有纵向上下高、上低的特征，与肖尔布拉克地表剖面的玉尔吐斯组类似。此外，方 1 井中—下寒武统烃源岩 TOC 为 0.49%～2.43%，平均为 0.91%，和 4 井中寒武统烃源岩 TOC 为 0.21%～2.14%，平均为 0.81%，也具有中—高丰度。值得关注的是，针对阿瓦提凹陷南部的乌鲁桥构造带的乌鲁桥油苗，卢玉红等（2008）根据萜、甾烷等生物标志化合物的分布特征确定其源于寒武系烃源岩。该发现意味着阿瓦提凹陷及其周缘仍具有寻找寒武系原油的良好前景，对于北部温宿凸起油气来源以及勘探也有重要意义。

有机地化分析结果表明，BY1井肖下段有机碳含量（TOC）分布在0.10%~4.01%之间，平均值为1.55%（$n=28$），依据烃源岩有机质丰度判别标准，代表了极好的烃源岩。KTJ1井肖下段有机碳含量分布在0.60%~5.00%，平均值为2.39%（$n=16$），也表明其属于极好烃源岩，而KPN1井肖下段有机碳含量则在0.17%~1.14%之间，平均值为0.45%（$n=15$），显示出较好的烃源岩特性，XSC1肖下段有机碳含量分布在0.64%~1.18%之间，平均值为0.89%（$n=24$），同样代表着好的烃源岩。综上所述，肖尔布拉克组下段在多个钻井中都展现出了良好的烃源岩特性，具有较大的勘探潜力。

同时对野外露头剖面进行了取样测试，测试结果显示，肖尔布拉克剖面肖下段有机碳含量分布在0.06%~3.63%之间，平均值为0.49%（$n=23$）。阿克苏东沟剖面有机碳含量分布在0.20%~7.56%之间，平均值为2.00%（$n=13$），西沟剖面有机碳含量分布在0.19%~3.69%之间，平均值为1.47%（$n=6$），尽管这些野外露头剖面可能经历了风化作用的影响，但测试结果表明，肖下段的有机质丰度仍然代表着好—较好的烃源岩，这进一步证实了肖尔布拉克组作为烃源岩的潜力。

温宿凸起周缘主要发育中上奥陶统萨尔干组（$O_{2-3}s$）及印干组（O_3y）烃源岩。萨尔干组主要由闭塞欠补偿陆源海湾相的黑色、棕灰色页岩夹饼状泥晶灰岩组成，在大湾沟剖面泥页岩TOC为0.13%~5.05%，平均值为2.24%，平均生烃潜量为2.94mg/g；喀马提坎剖面泥页岩TOC为0.19%~3.43%，平均值为1.4%，平均生烃潜量仅为0.66mg/g；印干剖面TOC为0.56%~2.78%，平均为1.56%，氯仿沥青"A"含量为0.047~0.209mg/g，平均值为0.1188mg/g，综合评价为高丰度烃源岩（高志勇等，2010）。印干组主要由半闭塞补偿—补偿陆源海湾相的黑色泥岩夹页岩组成，在印干剖面TOC为0.3%~2.1%，平均值为0.61%，在大湾沟剖面TOC为0.36%~1.16%，平均值为0.65%，其TOC明显低于萨尔干组烃源岩，生烃潜量为0.41~1.54mg/g，平均值为1.02mg/g，整体评价为中等丰度烃源岩（高志勇等，2010）。

（二）有机质类型

不同来源、组成的有机质生烃潜力有较大的差别，而有机质类型决定了一套烃源岩最终到底能生成气油比的多少，对其评价有助于更清晰地认识烃源岩的生烃能力（候读杰等，2011）。温宿凸起周缘三叠系—侏罗系烃源岩的成烃母质具有湖泊—沼泽相烃源岩的特点，烃源岩干酪根显微组分主要为镜质组和惰质组，并以镜质组为主，有机质类型相对较差。总体看来，侏罗系恰克马克组有机质类型较好，以Ⅰ—Ⅱ型为主，克孜勒努尔组和阳霞组有机质类型整体为Ⅱ—Ⅲ型；三叠系除黄山街组属Ⅱ—Ⅲ型，其余烃源岩中的有机质类型均为Ⅲ型。侏罗系恰克马克组烃源样品岩石热解氢指数为44.87~135.65mg/g，克孜勒努尔组为12.33~123.68mg/g，阳霞组为32~43.85mg/g；三叠系黄山街组岩石热解氢指数为 15.97～206.43mg/g，塔里奇克组为 34.33～147.57mg/g，多数样品氢指数 HI＜100。T_{max} 与氢指数的关系图分析表明（图 3-14），侏罗系和三叠系烃源岩的干酪根类型差异较大，侏罗系恰克马克组有机质类型 I 至 III 型均有分布，克孜勒努尔组主要为 II_2—III 型，阳霞组主要为 II_2 型，三叠系黄山街组有机质类型主要为 II_1—III 型，塔里奇克组主要为 II_2—III 型。在区域上，侏罗系烃源岩在拜城凹陷北部卡普沙良河一带氢指数相对较高，以 I—II_1 型有机质为主，库车河地区氢指数相对较低，基本上属于 II_2—III 型；三叠系烃源岩在库车河地区氢指数相对较高，以 II_1 型有机质为主。

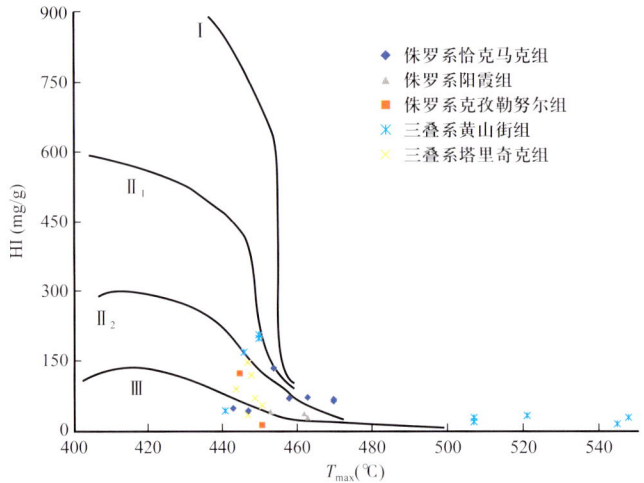

图 3-14 温宿凸起周缘烃源岩岩石热解数据指示有机质类型

根据邻区对中下寒武统烃源岩的研究，柯坪断隆—阿瓦提凹陷的中—下寒武统烃源岩属于蒸发潟湖咸水盐藻—球状甲藻生物相。干酪根显微组分研究表明，其有机质以腐泥组和壳质组为主，含少量的惰质组（田作基等，1999）。根据氯仿沥青"A"中各族组分含量变化来判识烃源岩类型，其以 I 和 II_1 型为主（吕修祥等，2007）。

研究区奥陶系萨尔干组和印干组烃源生物组成为始球藻和以波罗的球藻为代表的棘刺型凝源类。干酪根显微组分研究表明，奥陶系烃源岩有机质以腐泥组和壳质组为主，百分含量达 80% 以上，含少量的惰质组，没有镜质组组分（田作基等，1999）。根据氯仿沥青"A"中各族组分含量变化来判识烃源岩类型，萨尔干组以 I 和 II_1 型为主，印干组以 III 型为主（吕修祥等，2007）。

（三）有机质成熟度

烃源岩成熟度因构造单元而异，凸起带有机质热演化程度相对较低，离凹陷带越近，烃源岩有机质热演化程度越高。乌什—拜城凹陷中生代缓慢沉降，新近纪以来急剧下沉，导致三叠系—侏罗系烃源岩在短期内迅速经历了快速深埋热演化过程（田作基等，1999），结果是同一层位具有相同的镜质组反射率值的地层在不同探井中的深度相差悬殊，甚至可以达到 3000m 以上（王飞宇等，1999），其有机质成熟度总体呈现拜城凹陷高，向东西部逐渐变低的趋势（王飞宇等，2005）。温宿凸起周缘三叠系黄山街组拜城附近 R_o 高达 2%以上，已进入成熟高峰期，在盆地南缘 R_o 为 0.6%～0.8%，刚进入成油门限，盆地北缘 R_o 值普遍大于 2%，其中黄山街组 T_{max} 基本都在 510℃以上，热解烃类含量已经很低，表明成熟度已很高（张振红等，2004）。塔里奇克组成熟度变化与黄山街组类似，R_o 值比黄山街组略低（赵力彬等，2008）。研究区侏罗纪烃源岩成熟度在 R_o 为 0.8%～2%，多数地区成熟度较低，在拜城凹陷周缘成熟度较高，$R_o > 1.8\%$，进入大量生油阶段，克孜勒努尔组和恰克马克组现今的烃源岩演化程度与阳霞组相当，均处于生油窗范围内。

平面上（图 3-15、图 3-16），各层系烃源岩成熟度有较大变化。部分露头剖面 R_o 分布异常，垂向上有变大或变小的趋势，一方面可能与区域复杂的逆冲作用有关，另一方面可能与镜质组抑制现象有关（田作基等，2001；杨树春等，2005）。另外，煤氧化自燃引起的异常热事件也可能有一定的影响。卡普沙良河剖面位于拜城凹陷北部，是距拜城凹陷最近的剖面。该剖面侏罗系烃源岩 R_o 值为 1.6%～1.8%，其中阳霞组烃源岩处于生油高峰—凝析油阶段，克孜勒努尔组和恰克马克组也基本进入了生油高峰演化阶段。该剖面三叠系烃源岩 R_o 值普遍大于 2%，其中黄山街组发育大套暗色泥岩，T_{max} 基本都在 510℃以上，热解烃类含量已经很低，表明成熟度已很高，整体上三叠系烃源岩已经处于凝析油—湿气演化阶段。

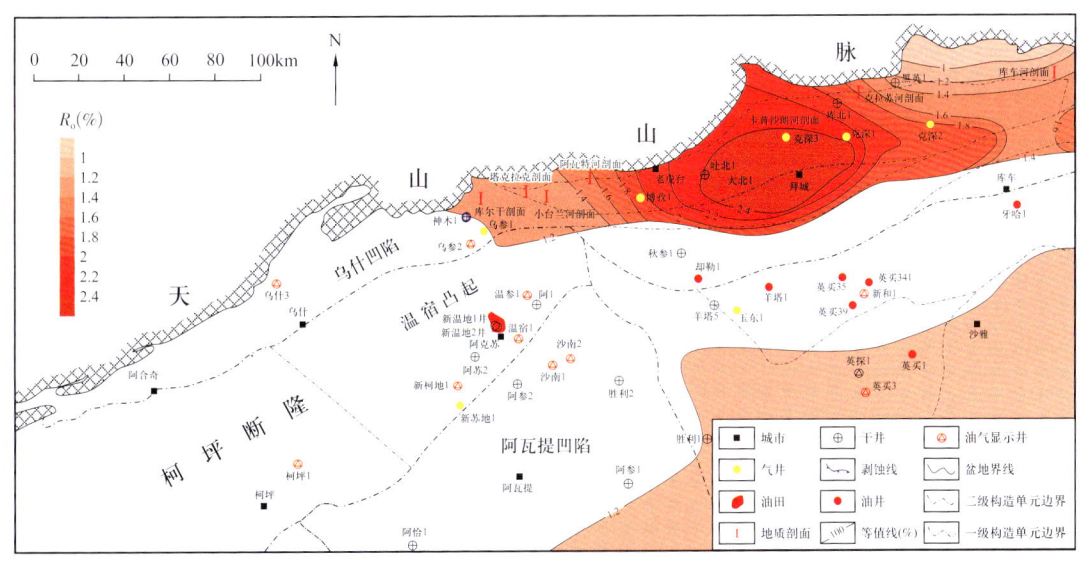

图 3-15　温宿凸起及周缘三叠系现今 R_o 等值线图

阿瓦特河剖面位于拜城凹陷陷西北部靠近山前一带。该剖面侏罗系恰克马克组烃源岩 R_o 为 0.8%～1.2%，T_{max} 为 450～480℃，成熟度中等，处于成熟生油阶段，而克孜勒努尔组煤样 R_o 为 1.8%左右，大量样品的岩石热解峰温在 500℃以上，同样说明烃源岩的成熟度很高，已经达到了凝析油—湿气、甚至干气阶段。拜城凹陷中心的三叠系—侏罗系烃源岩目前埋深达 8000～10000m，根据埋藏史和热历史推测，其有机质的热演化程度已相当高（王飞宇等，2005），已经处于成熟—高成熟其至过成熟演化阶段。

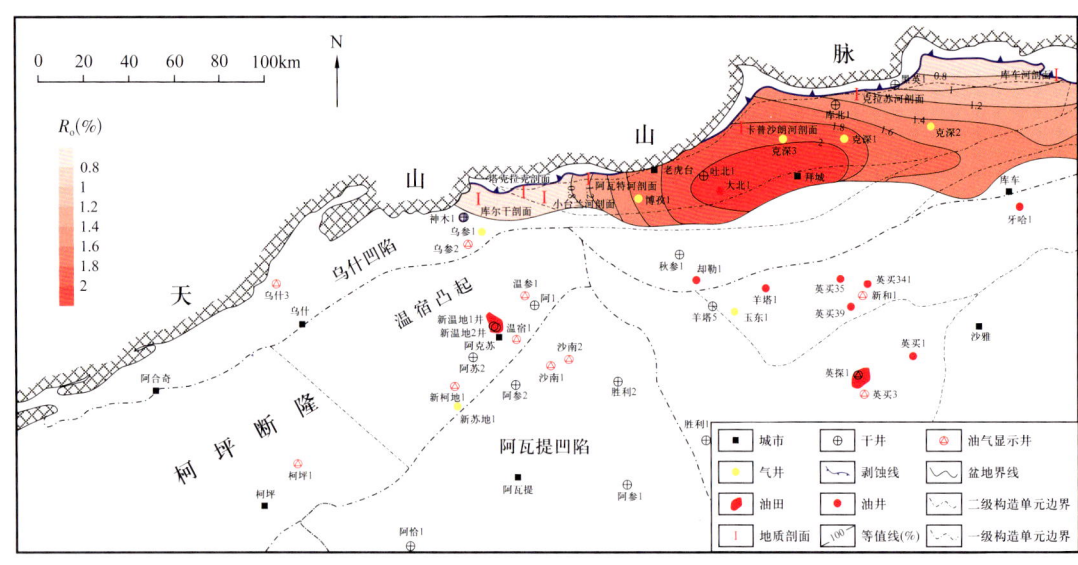

图 3-16 温宿凸起及周缘侏罗系现今 R_o 等值线图

T_{max} 随着演化程度的增加而增加，不同类型有机质 T_{max} 与 R_o 之间存在良好相关性。据中国生油岩划分成熟度标准（表 3-3；陈丽华等，1999；卢双舫等，2008），热解 T_{max} 数据显示（图 3-17），大部分侏罗系恰克马克组、克孜勒努尔组、阳霞组以及三叠系塔里奇克组的 T_{max} 值分布范围为 445～480℃，属于成熟阶段，而三叠系黄山街组 T_{max} 值以成熟—过成熟为主。

表 3-3 中国生油岩划分成熟度标准表

演化阶段	未成熟	低成熟	成熟	高成熟	过成熟
R_o（%）	<0.5	>0.5～0.7	>0.7～1.3	>1.3～2.0	>2.0
T_{max}（℃）	435	435～445	445～480	485～510	>510
油气性质及产状	生物甲烷、未成熟油、凝析油	低成熟重质油、凝析油	成熟中质油	高成熟轻质油、凝析油、湿气	干气

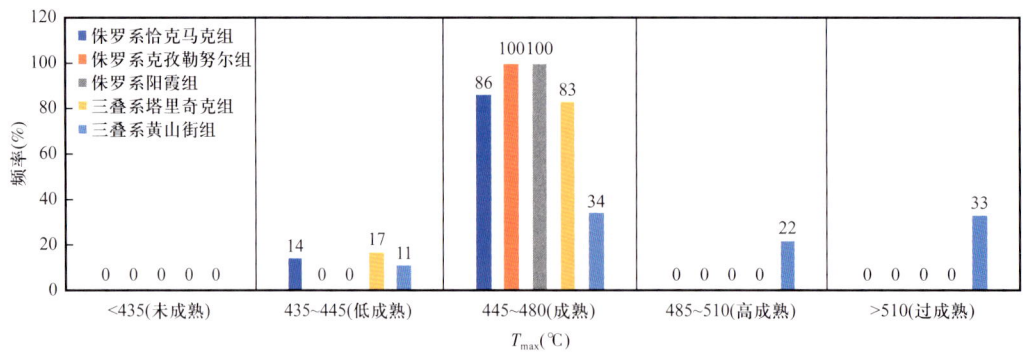

图 3-17 不同层系烃源岩样品类型划分

下寒武统玉尔吐斯组在肖尔布拉克剖面实测等效 R_o 为 1.48%～1.53%，在星火 1 井中最大热解峰温较高，均大于 470℃。此外，在 F1 井中—下寒武统烃源岩实测等效 R_o 约为 2.0%，和 4 井中寒武统烃源岩实测等效 R_o 为 1.65%～1.70%，处于高成熟阶段。总的来看，阿瓦提凹陷周缘寒武系烃源岩均处于高成熟—过成熟阶段（邱海峻，2013；张大伟等，2013）。

鉴于下古生界烃源岩中镜质体的缺失，本次研究特别针对肖尔布拉克组的 35 块样品进行了沥青反射率测试。沥青作为高成熟海相烃源岩中有机质的主要形态，其反射率成为衡量海相烃源岩成熟度的重要指标（丰国秀等，1988）。目前，诸多学者根据不同地区、不同类型样品建立了固体沥青反射率与等效镜质体反射率之间的关系（表3-4）。根据丰国秀等人（1988）的方法计算出 BY1 井肖尔布拉克组的等效镜质组反射率数值最低，主要集中在 2.23%～2.57% 之间，平均值为 2.34%。根据 Bertrand 等（2010）公式计算出的等效镜质体反射率最高，主要分布在 3.17%～3.76% 之间，平均值为 3.36%，其他方法得出的等效镜质体反射率则介于这两种方法之间（刘德汉等，1994；王晔等，2020；Schemidt et al.，2019）。可见，即使是计算出最低的等效镜质体反射率也达到了 2.0% 以上，表明有机质已处于过成熟生气阶段。

表 3-4 固体沥青反射率与镜质体（等效）反射率的关系

等效关系式	论文第一作者
$R_o=0.6569R_b+0.3364$	丰国秀（1988）
$EqVR_o=0.668B_{R_o}+0.346$（碳酸盐岩）	刘德汉（1994）
$EqVR_o=(B_{R_o}-0.13)/0.87$（石灰岩）	Bertrand（2012）
$EqVR_o=0.938B_{R_o}+0.3145$	Schemidt（2019）
$R_o=1.125R_b-0.2062$	王晔（2020）

KTJ1 井 R_o 介于 1.98%～2.50%，平均值为 2.23%（$n=28$），有机质母质为腐泥型，处于高热演化生气阶段。新苏参 1 井 T_{max} 最大值为 498.3℃，最小值为 465℃，平均值为 480℃，也代表成熟的演化阶段。

研究区中上奥陶统萨尔干组和印干组烃源岩在海西晚期进入生油门限（$R_o=0.8\%$），前者等效 R_o 值为 1.58%～1.61%，后者等效 R_o 值为 1.73%～1.81%，现今均处于成熟—高成熟，相当于生凝析油—凝析气阶段。根据周志毅等（2001）对大湾沟、四石场等野外露头剖面分析，奥陶系总体 R_o 为 1.1%～1.3%，相当于生油的后期阶段。此外，在大湾沟等剖面，萨尔干组 T_{max} 为 453～465℃，印干组 T_{max} 为 450～503℃，也处在成熟阶段。

第二节 柯坪断隆储层特征

柯坪隆起主体区储层类型主要有三种：碎屑岩储层、碳酸盐岩储层和变质岩裂缝储层，分别发育在新近系和志留系、震旦系—寒武系和中元古界（图3-18）。不同类型储层发育范围差异较大。新近系碎屑岩储层分布范围最广，在温宿凸起均有分布，志留系碎屑

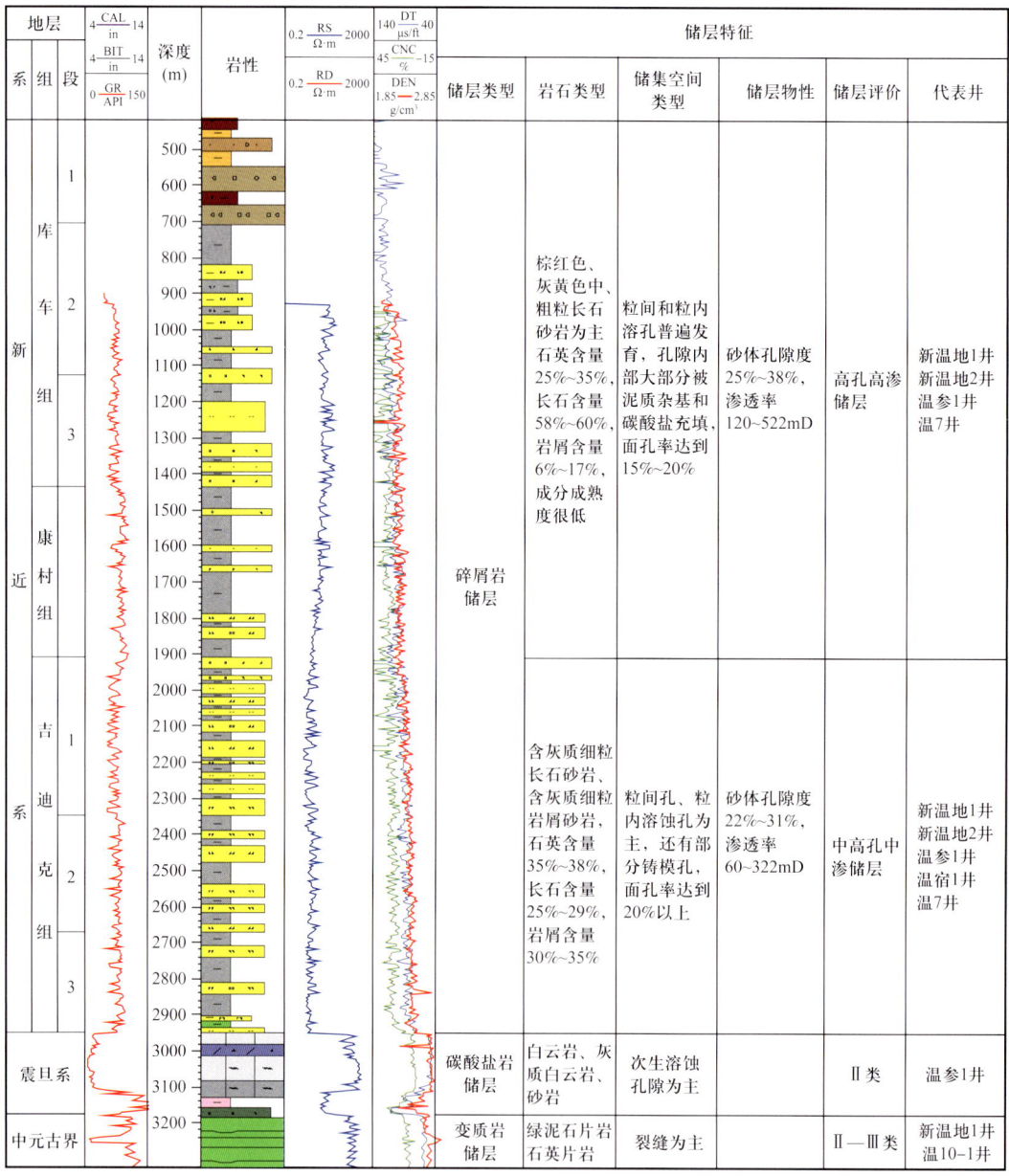

图3-18 温宿凸起主体区储层类型及其特征

岩储层主要发育在沙井子构造带和柯坪冲断带；碳酸盐岩储层主要分布在柯坪冲断带及周缘，变质岩储层主要分布在温宿凸起基岩风化区。

一、碎屑岩储层

（一）新生界

1. 储层岩石学特征

根据温宿凸起实钻结果，新近系碎屑岩储层主要分布在库车组（N_2k）、康村组（$N_1^{1-2}k$）和吉迪克组（N_1j），其中吉迪克组为主力产油层位。新温地1井库车组储层厚度166m，占组厚度的67.21%，单层厚度最大24m，最小2m，一般4~8m。岩性主要为砂砾岩、含砾中粒砂岩、中粒砂岩、细粒砂岩。康村组储层厚度83m，占组厚度的49.40%，单层厚度最大13m，最小2m，一般3~6m。岩性主要为细砂岩，次为粗砂岩、中砂岩、砂砾岩。吉迪克组储层厚度93m，占组厚度的19.25%，单层厚度最大12m，最小1m，一般1~2m。岩性主要为粉砂岩、泥质粉砂岩，次为细砂岩（表3-5）。

表3-5 新温地1井储层厚度统计表

储层类型	层位		厚度（m）	储层碎屑岩、变质岩					合评价
				厚度（m）	占比（%）	单层最大厚度（m）	单层最小厚度（m）	单层一般厚度（m）	
碎屑岩储层	新近系	库车组	247	166	67.21	24	2	4~8	好储层
		康村组	168	83	49.40	13	2	3~6	中等储层
		吉迪克组	483	93	19.25	12	1	1~2	中等—差储层

吉迪克组储层岩相类型主要为含灰质细粒长石砂岩、含灰质细粒岩屑砂岩（图3-19），石英含量35%~38%，长石含量25%~29%，岩屑含量30%~35%，成分成熟度为一般—低，石英、长石颗粒呈次棱角—次圆状为主，颗粒排列较为疏松，沉积物粒度约为0.13~0.25mm，以粉细砂为主。

相比之下，康村组、库车组以棕红色、灰黄色中、粗粒长石砂岩为主，泥质充填较强，部分灰质胶结。托木尔峡谷康村组剖面取样样品以均值分选较好的中砂岩手标本为主，其测试结果显示石英含量25%~35%，长石含量58%~60%，岩屑6%~17%，成分成熟度很低，长英质颗粒以中、偏差的分选性，次棱角状磨圆度，颗粒接触关系以点接触为主，局部有线接触，因而支撑方式以颗粒支撑为主，另外，岩屑成分以变质岩为主，粒径大小以0.13~0.90mm为主，表现为粗砂—细砾为主。

2. 储集空间类型

吉迪克组粉细砂岩发育的主要储集空间类型为粒间孔、粒内溶蚀孔（图3-20），还有部分铸模孔,面孔率达到 20% 以上,孔隙中主要充填了原油和钙质胶结物,使得颗粒主要呈点或线接触关系,颗粒排列较为松散,物性较好。

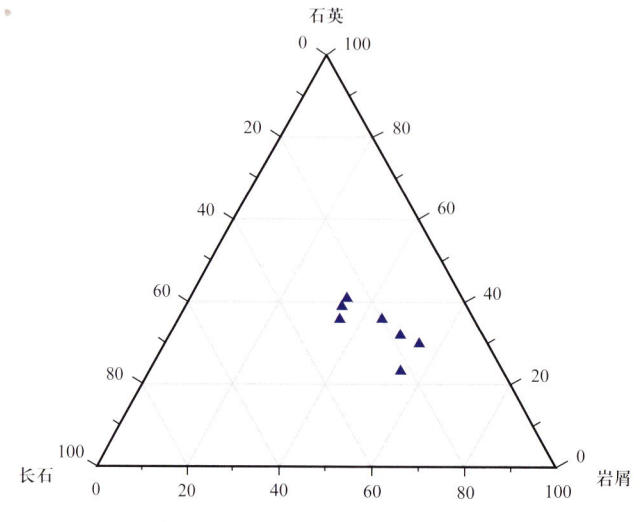

图 3-19　吉迪克组储层岩石组分三单元图(单位:%)

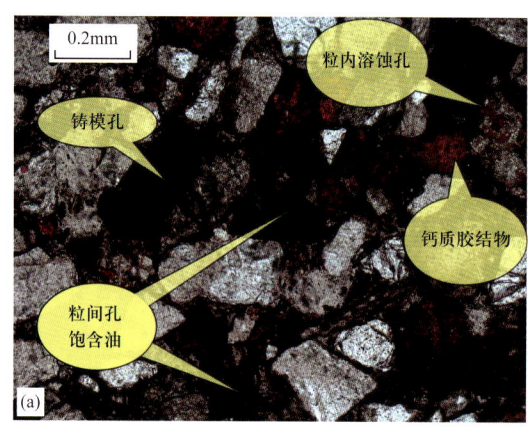

图 3-20　吉迪克组含灰质细粒岩屑砂岩铸体薄片
(a)新温地 1 井,828.9m;(b)托木尔峡谷

康村—库车组成分成熟度更低(图 3-21),长石含量大于 30%,粒间和粒内溶孔普遍发育,还有部分原生孔隙,孔隙内部大部分被泥质杂基和碳酸盐岩充填,面孔率为 15%~20%,颗粒大部分以点接触为主,局部线接触,整体看较为疏松,以颗粒支撑为主。

另外从野外岩样的扫描电镜微观特征来看,颗粒之间发育大量的溶蚀孔及粒间孔,其中,白云石、伊蒙混层及长石发育大量溶蚀孔(图 3-22a、b、c),造成局部晶型不够完整,碎片化或港湾状溶蚀现象广泛分布,从颗粒大小来看,吉迪克组以 0.1~0.3mm 的粉砂质颗粒为主,片状高岭石、伊蒙混层等泥质杂基充填较多(图 3-22d),方解石、白云石等灰质胶结物局部亦分布,而康村组以中—粗粒长石颗粒为主,其中,石膏、片状绿泥石及方解石等大量分布于孔隙之间,溶蚀现象也较为严重。

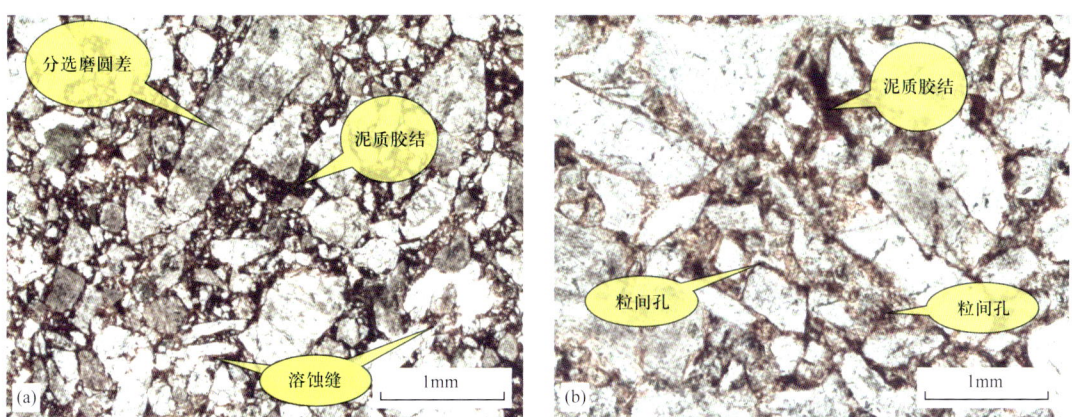

图 3-21 托木尔峡谷康村组含泥质中—粗长石砂岩
(a) 中—细粒长石砂岩；(b) 铸体薄片

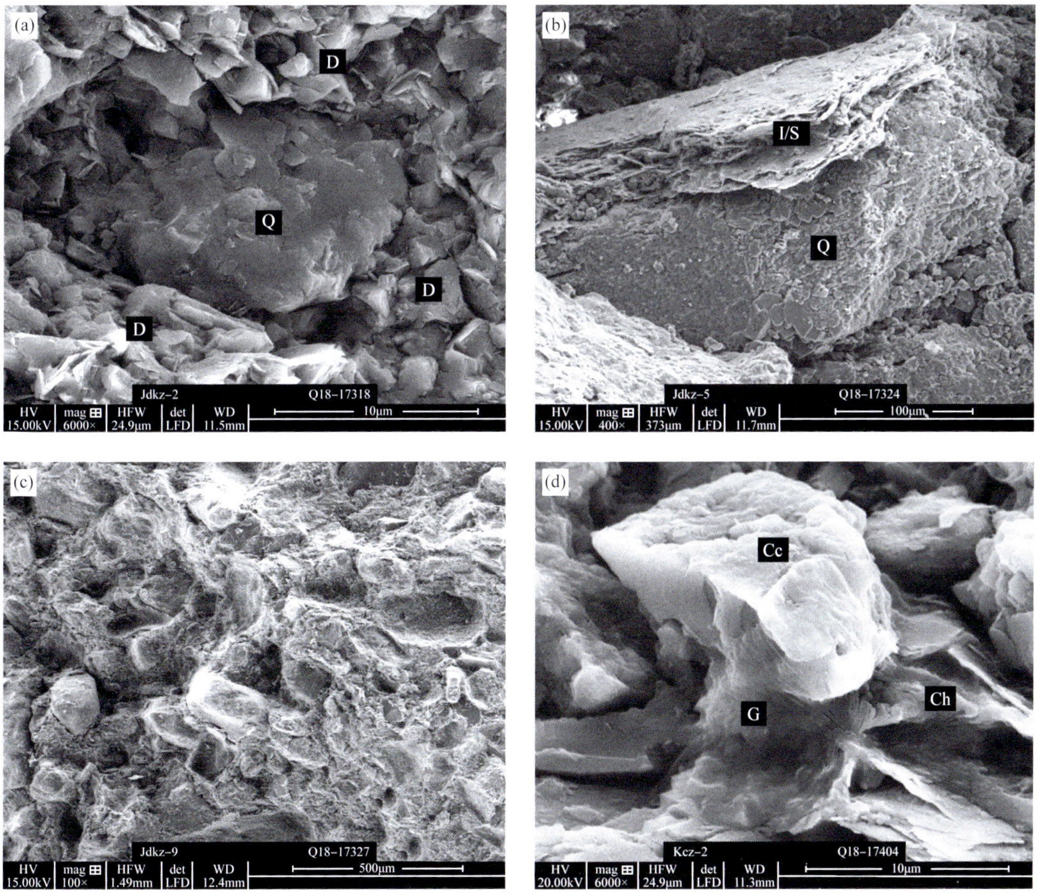

图 3-22 温宿周缘砂岩扫描电镜照片
(a) 粒间孔石英 Q 和白云石 D 溶蚀现象，薄层灰绿色粉砂岩，吉迪克组；(b) 石英 Q 和伊蒙混层 I/S 溶蚀现象，灰绿色含砾砂岩，吉迪克组；(c) 粒间孔不均分布，灰绿色粉砂岩，吉迪克组；(d) 方解石 Cc、石膏 G 及发育溶蚀孔；棕褐色粗砂岩，康村组

3. 储层物性特征

根据测井数据解释，新温地 1 井油层砂岩孔隙度最低值为 3.8%，最大值为 30%，渗透率最大值为 342mD，最小值为 1.2mD，在浅层 370m 处孔隙度约为 19.6%～31%，渗透率与深层分布一致；新温地 2 井砂岩孔隙度主要集中在 20%～25%，在 400m 或者更浅层位砂岩孔隙度能达到 35% 左右。为了验证测井解释的渗透率与孔隙度的正确性，对新温地 1 井 843m 处岩心钻取柱塞样进行物性实验，得出该细砂岩孔隙度为 21.38%，渗透率为 75mD，与测井解释基本一致，因此测井解释的孔隙度与渗透率较为可靠，能够作为研究该地区储层的证据。

温宿凸起新近系砂岩易破损，将野外所采砂岩制成铸体薄片，可加强对岩石储存空间的了解（图 3-23）。根据单偏光镜下铸体薄片鉴定，图中蓝色充填是颗粒的粒间孔以及裂缝。可见粒间孔含量占比大，颗粒以点接触为主，而粒间孔属于原生孔隙，更加说明因为埋藏浅、地层新使得压实作用不强烈，为有利储层。

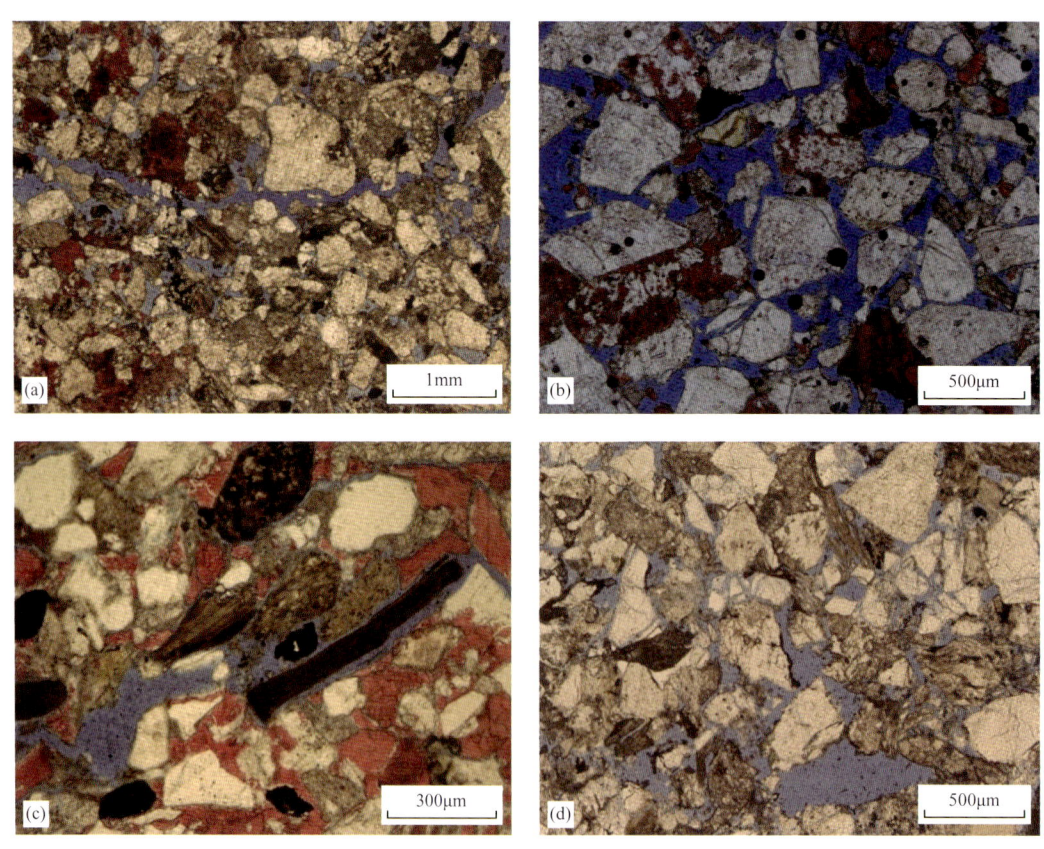

图 3-23 新近系砂岩薄片铸体薄片
（a）—（c）库车组砂岩，西盐水沟；（d）康村组砂岩，西盐水沟

从新温地 1 和新温地 2 井的测井孔隙度、渗透率来看，由浅至深物性逐渐变差，从新近系层组来看，库车组与康村组物性相当，均好于吉迪克组（图 3-24）。从新温地 1 岩心资料来看，吉迪克组二段的滩坝砂厚度较薄，平均厚度 0.3～2m 左右，测试孔隙度为

10%～29%，平均孔隙度22%，渗透率范围为1～200mD，平均90mD，温宿凸起周缘吉迪克组的碎屑岩储层综合评价为中孔中渗的好储层。相比吉迪克组而言，上覆康村组和库车组埋深更浅，相带主要为辫状河三角洲或冲积扇沉积，物性比吉迪克组更好一些，平均孔隙度一般大于25%，渗透率大于120mD，储层综合评价为中高孔、中高渗的优质储层。

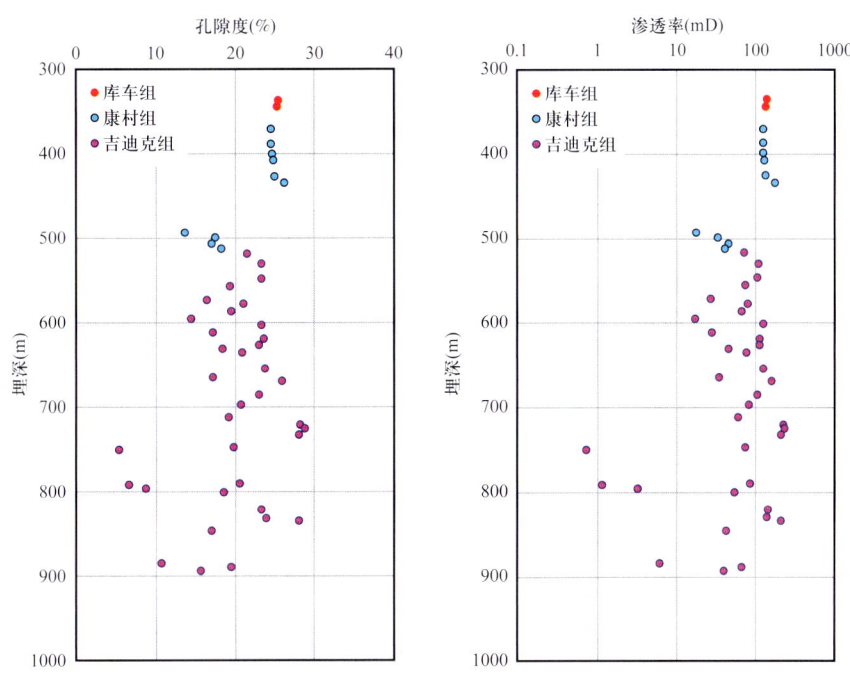

图3-24　新温地1井新近系砂岩物性与层组散点图

从储层岩相特征来看，库车组为大套棕红色、杂色含砾砂岩、砂岩夹泥岩，新温地1井库车组储层砂体单层厚度2～24m，累计厚度达到127m，库车组砂岩百分含量达63%；康村组为棕黄色、棕红色砂泥岩互层，砂体单层厚度2～13m，砂岩厚度112m，该层砂岩百分含量为52.6%；主要目的层吉迪克组储层厚度较薄，单层厚度一般1～3m左右，总的砂岩累计厚度为93m，吉迪克组砂岩百分含量较低，为21.1%。由此来看，库车组和康村组储层厚度大，物性相对更好，吉迪克组整体储层相对较薄，由于埋藏浅，物性能达到中孔中渗储集性能；从储层对比图分布来看，凸起周缘整体储层厚度、单层厚度相对较薄，往北储层发育更为广泛，相对单层厚度更厚（图3-25）。

（二）古生界

1. 储层岩石学特征

新苏地1井共揭示志留系碎屑岩储层油气显示层段主要集中于柯坪塔格组砂岩储层，塔塔尔塔格组次之。依木干他乌组主要为泥岩；塔塔尔塔格组砂地比较大，为43.2%，单层砂岩厚度一般较大；柯坪塔格组砂地比适中，为29.6%，砂岩单层厚度较薄（表3-6）。

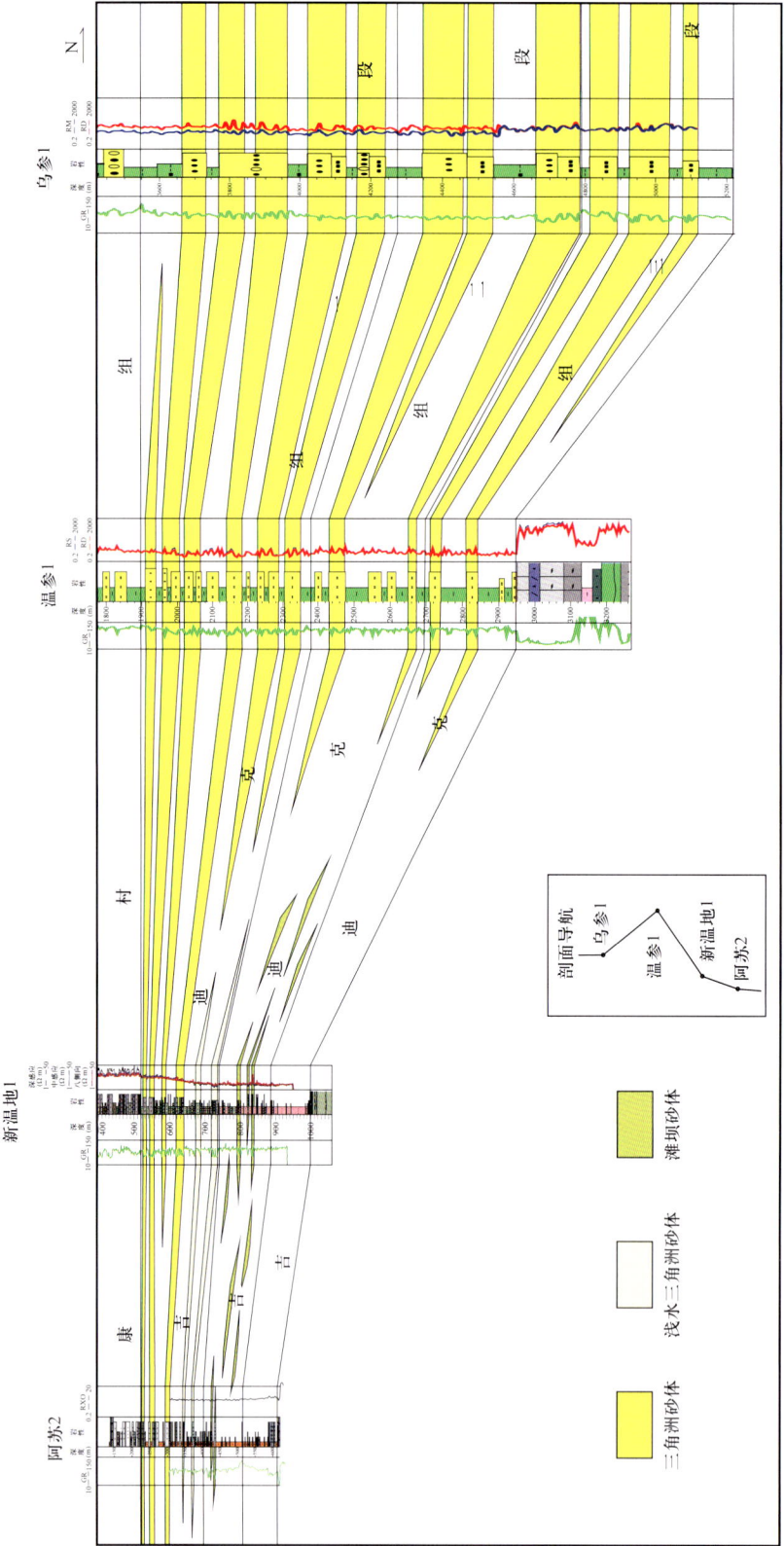

图 3-25 温宿地区阿苏 2—乌参 1 近南北向储层对比图

表 3-6　新苏地 1 井志留系砂岩储层特征统计

层位	顶深（m）	厚度（m）	碎屑岩储层				
			厚度（m）	砂地比（%）	单层最大厚度（m）	单层最小厚度（m）	单层一般厚度（m）
依木干他乌组	1789	374	21	5.6	3	2	2～3
塔塔埃尔塔格组	2163	183	79	43.2	16	0.5	5～12
柯坪塔格组	2346	361	107	29.6	28	0.9	3～5

志留系柯坪塔格组属于潮坪相沉积环境，储层物性相对较差，而且致密，成岩作用较强，主要为低渗透储层。系统分析了研究区志留系柯坪塔格组储层的大量岩心及薄片、扫描电镜及物性分析等资料，在明确储层的岩石学特征、孔隙类型及物性特征的基础上，进一步分析低渗透储层形成的控制因素（图 3-26）。

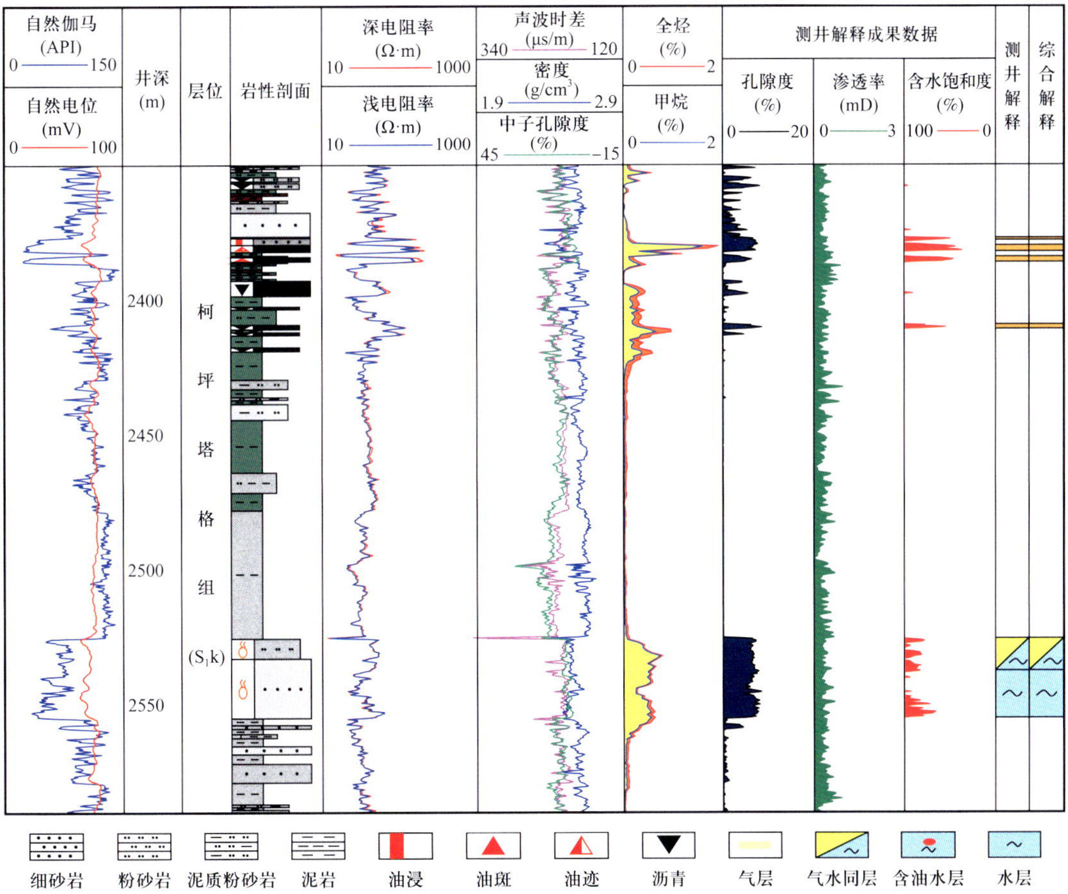

图 3-26　新苏地 1 井志留系柯坪塔格组四性关系图

柯坪塔格组岩性主要为细砂岩、粉砂岩、泥质粉砂岩。细砂岩主要是灰黑色为主、灰色次之，含油部分为原油浸染为灰褐色，不含油部分黑色沥青分布较均匀；成分以石英为主，岩屑次之，长石微量；细粒砂状结构：细砂为主，粉砂少量，分选好，次棱角—次圆状，泥质胶结。粉砂岩上部以灰黑色（沥青质）为主，下部以浅灰色（局部含沥青）为主，灰色次之；沥青质分布均匀；成分以石英为主，岩屑、长石少量，粉砂为主，细砂少量；分选好，次棱角状；泥质胶结，较致密。泥质粉砂岩为浅灰色，局部呈灰黑色、绿灰色，泥质分布不均（图3-26）。

根据研究区志留系柯坪塔格组岩石薄片分析鉴定结果可知，该地区储层岩石类型主要为岩屑砂岩和岩屑石英砂岩，并含少量的长石岩屑砂岩。矿物碎屑成分中石英含量为40%～78%，平均为64.7%；长石含量为2%～18%，平均为4.8%，以钾长石和斜长石为主，长石风化程度较低；岩屑含量为18%～57%，平均为29.3%，岩屑成分以岩浆岩和变质岩为主，少量沉积岩岩屑；成分成熟度中等，指数为1.611～2.086。岩性整体致密，颗粒磨圆度较好，以次棱—次圆和次圆为主；分选中—好，以点—线接触为主；孔隙式胶结占绝大部分，少量加大—孔隙式和基底—孔隙式；储层岩石成分成熟度和结构成熟度均为中等（图3-27，图3-28）。

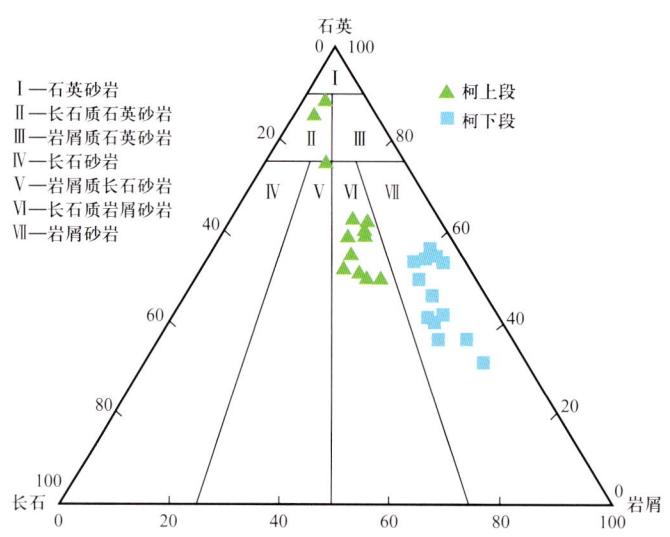

图3-27 塔里木盆地西北部志留系柯坪塔格组岩石成分三角图（单位：%）

2. 储集空间类型

镜下薄片分析发现，研究区柯坪塔格组上段储层孔隙类型主要为残余原生粒间孔和粒间溶孔（包含溶蚀扩大粒间孔、粒缘溶孔和铸模孔等），所占比例达65%～85%，少量微孔隙（包含晶间孔）和粒内溶孔。此外，研究区储层裂缝普遍发育。残余原生粒间孔主要分布在粒度偏中粒、石英含量相对较高、填隙物含量较少的较干净砂岩中，表现为碎屑颗粒之间压实缩小的残余粒间孔；孔隙形态往往呈不规则棱角状四边形、三角形、多边形或长条形，棱角分明，周围矿物颗粒以线接触为主，支撑原生粒间孔；孔隙直径小于颗粒直径，以50～150μm为主；显微镜下面孔率平均为1%～3%，最大可达8%。粒间及粒内溶孔分布在粒度偏中—细粒、岩屑含量较高的储层中，其成因为粒间碳酸盐胶结物溶蚀而

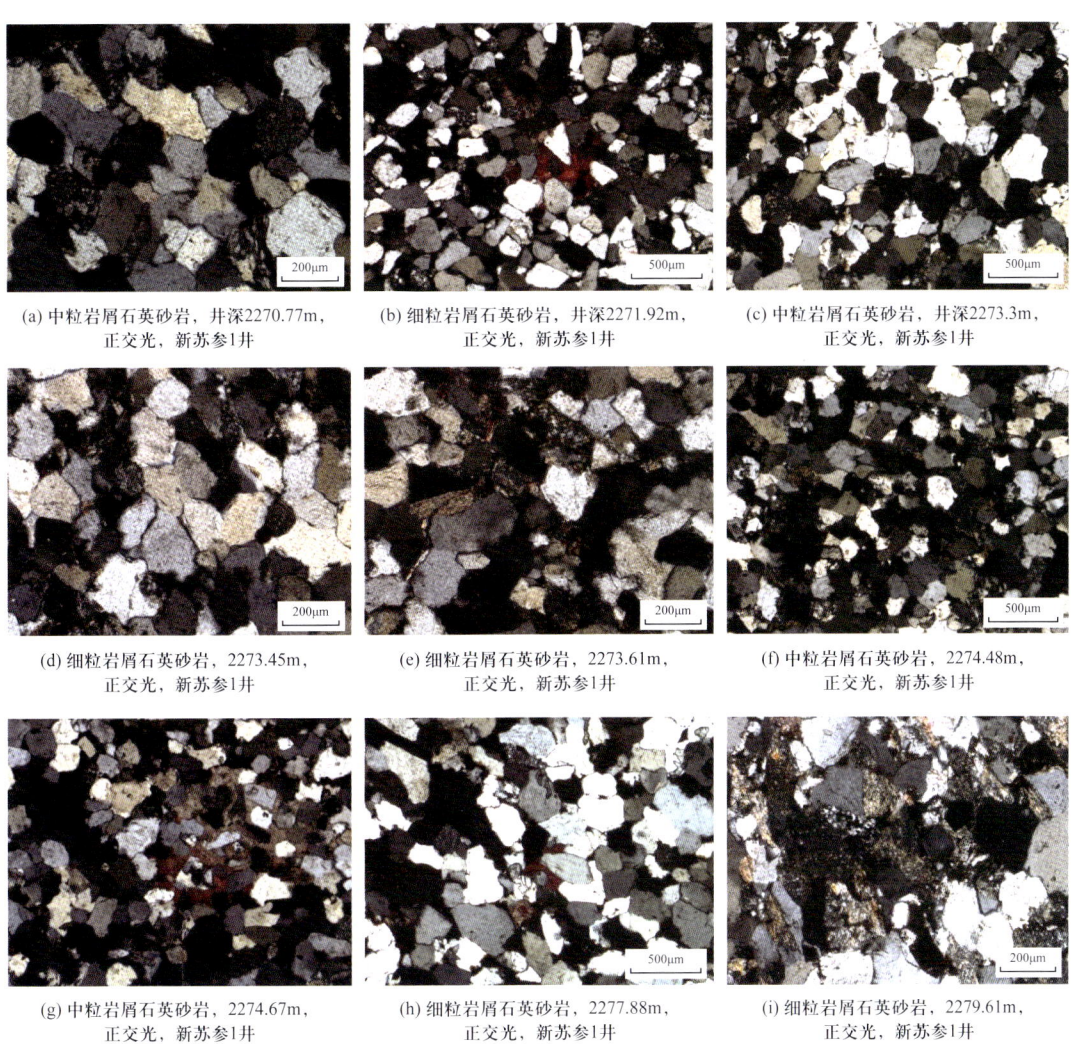

图 3-28 新苏参 1 井志留系柯坪塔格组矿物成分

形成粒间溶蚀扩大孔、长石及岩屑颗粒被溶蚀而形成的粒内溶孔和铸模孔;孔隙呈不规则状,有溶蚀残渣和港湾型结构,孔径可大于颗粒直径,以 20~200μm 为主;显微镜下面孔率平均为 1%~4%,最大可达 8%。微孔隙分布在粒度偏细、岩屑和填隙物含量较高的细—粉砂岩储层中,表现为岩屑颗粒内部溶蚀形成的微孔、粒间泥杂基内微孔、高岭石等胶结物形成的晶间孔等,往往呈零星点状分布,附近常见泥质、铁泥质杂基充填于粒间;孔径较小,一般小于 10μm;显微镜下面孔率平均为 0.4%~1%,最大可达 8.5%。总体来看,志留系柯坪塔格组储层孔隙较为发育,平均面孔率为 3.73%~6.14%。裂缝主要为构造裂缝,主要表现为裂缝可绕过或切穿颗粒,裂缝较平直且具有一定的优势方向。溶蚀孔隙与构造裂缝往往具有一定的空间联系,在构造裂缝发育部位溶蚀孔隙往往较发育,两者可形成孔—缝复合型储集空间(图 3-29)。

(a) 灰黑色油浸细砂岩，全貌：10~127μm 粒间孔分布较均，新苏参1井

(b) 灰黑色油浸细砂岩，粒间孔隙充填石英Q、假六边形片状高岭石K，新苏参1井

(c) 灰黑色油浸细砂岩，石英Q溶蚀孔中充填片状绿泥石Ch，新苏参1井

(d) 灰黑色油浸细砂岩，全貌：10~190μm 粒间孔分布较均，新苏参1井

(e) 灰黑色油浸细砂岩，粒间孔隙充填石英Q、片状绿泥石Ch及石英有溶蚀现象，新苏参1井

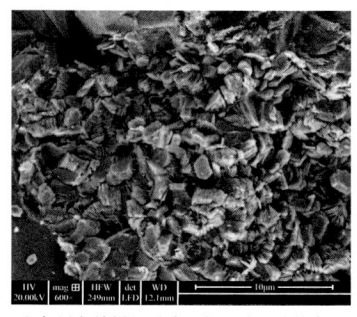
(f) 灰黑色油浸细砂岩，假六边形片状高岭石K充填分布及高岭石有溶蚀现象，新苏参1井

(g) 灰黑色油浸细砂岩，全貌：10~176μm 粒间孔分布较均，新苏参1井

(h) 灰黑色油浸细砂岩，粒间孔隙充填石英Q、片状绿泥石Ch及石英有溶蚀现象，新苏参1井

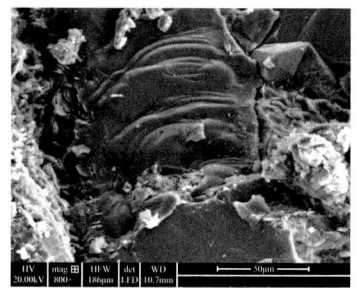
(i) 灰黑色油浸细砂岩，石英Q贝壳状断口分布及粒间孔隙充填片状绿泥石Ch，新苏参1井

(j) 灰黑色油浸细砂岩，全貌：10~152μm 粒间孔分布较均，新苏参1井

(k) 灰黑色油浸细砂岩，粒间孔隙充填石英Q、假六边形片状高岭石K及高岭石有溶蚀现象，新苏参1井

(l) 灰黑色油浸细砂岩，石英Q粒间孔隙充填花瓣状绿泥石Ch，新苏参1井

图3-29 新苏参1井志留系柯坪塔格组扫描电子显微镜照片

3. 物性特征

岩心样品的物性分析数据表明，研究区柯坪塔格组上段储层孔隙度为3.23%～14.2%，主体分布约6%；岩心渗透率0.018～4.42mD，主体分布在0.5～1.5mD，裂缝发育段达479mD，整体属于典型的低孔隙度低渗透储层（图3-30，图3-31）。

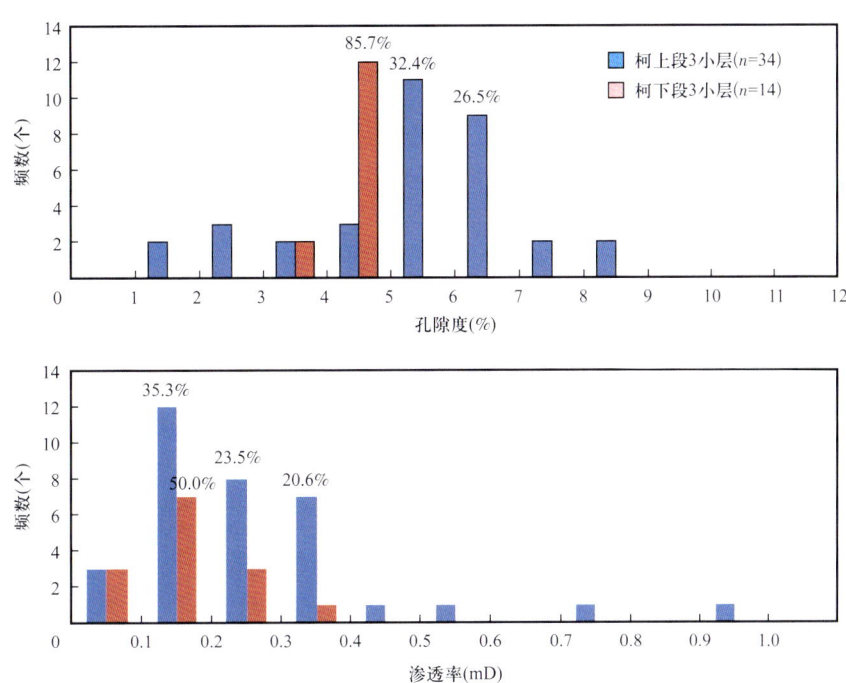

图3-30　柯坪塔格组孔隙度和渗透率直方分布图

(a) 原生粒间孔，面孔率约6%　　(b) 油浸细砂岩见裂缝，2273m　　(c) 裂缝型砂岩，2478m

图3-31　新苏参1井柯坪塔格组岩心照片及裂缝

研究区柯坪塔格组上段储层孔隙度和渗透率整体呈指数正相关，渗透率往往随着孔隙度的增大而增大，但也存在部分样品渗透率和孔隙度变化和分布不一致的情况，原因如下：（1）溶蚀作用形成了部分孤立分布的粒内溶孔，其孔隙间连通性不好，导致形成高孔隙度低渗透率；（2）研究区经历了多期次的构造运动，形成了大量的构造裂缝，对储层渗滤通道存在一定影响，因此形成低孔高渗带并能有效改善储层渗透性。

二、寒武系盐下碳酸盐岩储层

（一）地层展布特征

通过 T1 井、KTP1 井、ST1 井、KPN1 井、KTJ1 井和 XSC1 井地层横向对比发现：（1）各井肖尔布拉克组自西向东厚度分别为 73.8m、212m、214m、125m、161m 和 322m，其中 XSC1 井地层厚度最厚，KPN1 井肖尔布拉克组厚度中等；（2）KPN1 井与 KTP1、ST1 井具有相似的自然伽马曲线特征，说明具有相似的岩性组合特征；（3）KPN1 井向北东方向，白云岩含量减少，石灰岩、泥岩含量增多，尤其是 KTJ1，以灰质泥岩为主，说明水体逐渐加深，白云石化作用减弱；（4）根据岩性、GR、电阻率、孔隙度发育情况将 KPN1 井寒武系肖尔布拉克组划分为四段，自下而上分别为肖一段、肖二段、肖三段和肖四段（图 3-32）。下面分别对各段岩石类型、储层物性特征和测井曲线特征进行详细描述。

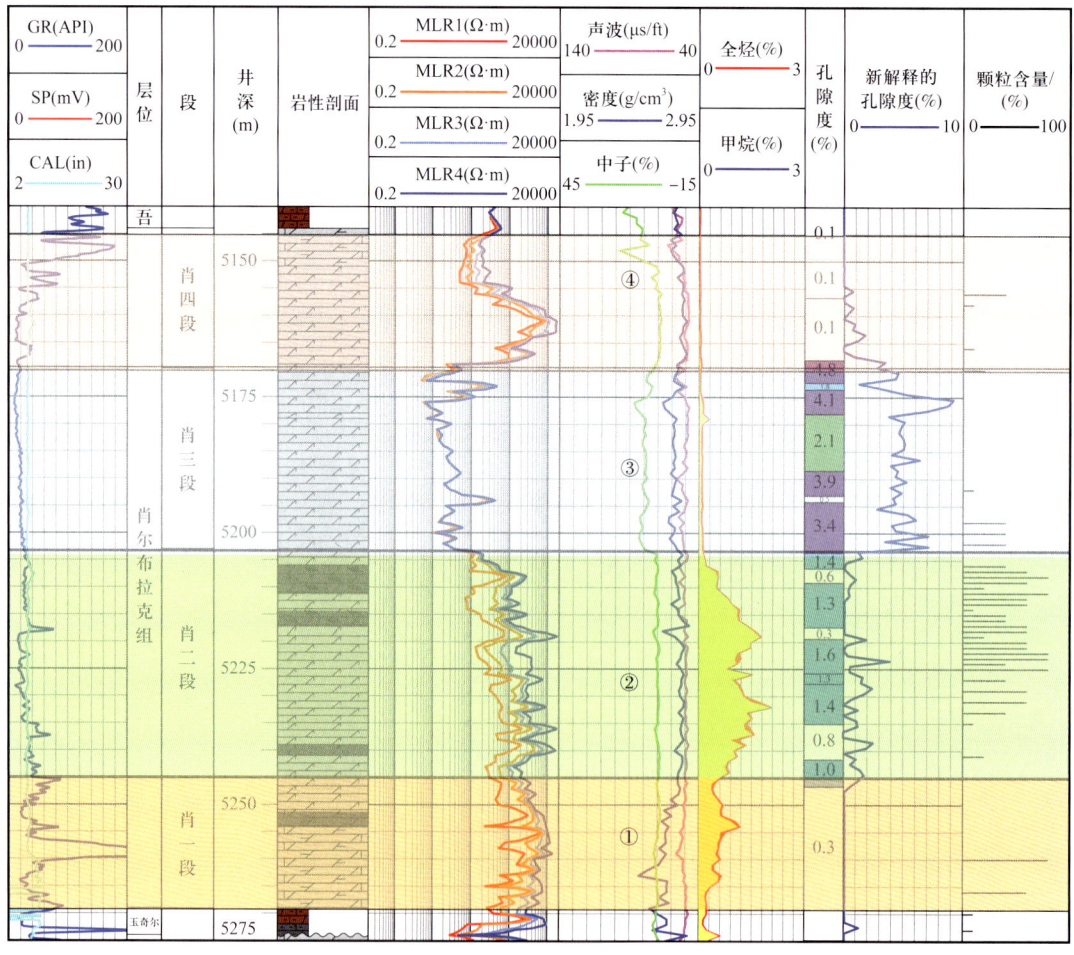

图 3-32　KPN1 井肖尔布拉克组层段划分

（二）岩石学特征

1. 肖一段

肖一段位于井段 5245.00～5269.10m，视厚为 24.10m（图 3-32），岩石类型以泥质泥微晶白云岩为主，岩石致密，泥质含量较高（图 3-33a，图 3-33b），孔隙不发育，阴极发光下呈暗红色（图 3-33c）。经测试，该段样品有机碳含量明显较上部地层高，TOC 值介于 0.5%～1.25% 之间，且具有较强的荧光强度（表 3-7），气测显示异常（图 3-32）。前人研究证实，塔里木盆地寒武系玉尔吐斯组发育良好的烃源岩，本文研究中的 KPN1 井玉尔吐斯组厚度仅为 4～5m，且有机质含量总体偏低，烃源岩发育中等。相比之下，寒武系底部肖一段有机质含量高，可作为好的烃源岩。

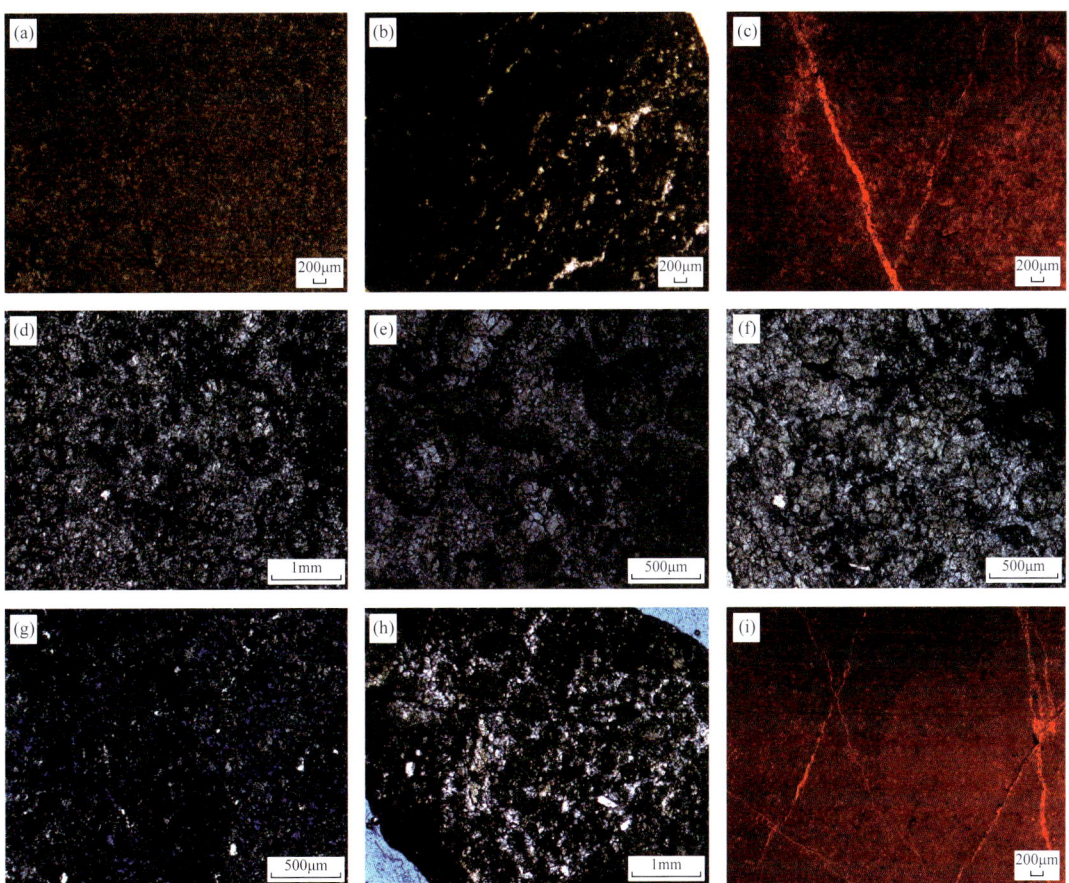

图 3-33　KPN1 井寒武系肖尔布拉克组岩石学特征

（a）泥质泥粉晶白云岩，5248m，（+）；（b）泥质藻砂屑白云岩，5254m，（+）；（c）泥质粉晶白云岩阴极发光特征，可见两期裂缝，5260m；（d）颗粒白云岩，5207m，（+）；（e）图片（d）的放大，可见颗粒内重结晶，5207m，（+）；（f）颗粒白云岩，重结晶作用强烈，可见颗粒幻影结构，5245m，（+）；（g）颗粒白云岩，发育粒间孔、粒内孔，蓝色为铸体，5211m，（+）；（h）颗粒白云岩，颗粒间亮晶白云石胶结，致密，5213m，（+）；（i）阴极发光照片，可见两期裂缝，5225m

表 3-7 KPN1 井三维荧光分析数据

井深（m）	层位	样品类型	岩性	分析参数					
				激发波长（nm）	发射波长（nm）	荧光强度	相当油含量（mg/L）	对比级别	油性指数
5208	$\epsilon_1 x$	岩屑	深灰色弱含气灰质白云岩	290	324	2.1	0	0	0
5179	$\epsilon_1 x$	岩屑	浅灰色弱含气灰质白云岩	440	470	18.6	0.35	0.2	0
5210	$\epsilon_1 x$	岩屑	深灰色弱含气灰质白云岩	450	480	13.1	0.18	0.1	0.06
5212	$\epsilon_1 x$	岩屑	深灰色弱含气灰质白云岩	380	410	12.6	0.17	0.1	0.06
5214	$\epsilon_1 x$	岩屑	深灰色弱含气灰质白云岩	450	480	41.5	1.03	1.8	0.21
5216	$\epsilon_1 x$	岩屑	深灰色弱含气泥灰质白云岩	450	480	60.3	1.6	2.4	0.25
5218	$\epsilon_1 x$	岩屑	深灰色弱含气泥灰质白云岩	450	480	51.3	1.33	2.1	0.21
5220	$\epsilon_1 x$	岩屑	深灰色弱含气泥灰质白云岩	450	480	38.8	0.95	1.6	0.18
5224	$\epsilon_1 x$	岩屑	深灰色弱含气灰质白云岩	450	480	24.7	0.53	0.8	0.12
5226	$\epsilon_1 x$	岩屑	深灰色弱含气灰质白云岩	450	480	78.9	2.15	2.8	0.45
5228	$\epsilon_1 x$	岩屑	深灰色弱含气灰质白云岩	450	480	56.5	1.48	2.3	0.32
5230	$\epsilon_1 x$	岩屑	深灰色弱含气灰质白云岩	450	480	30.9	0.72	1.2	0.16
5232	$\epsilon_1 x$	岩屑	灰色弱含气灰质白云岩	430	460	46.8	1.19	2	0.18
5234	$\epsilon_1 x$	岩屑	灰色弱含气灰质白云岩	430	460	61.2	1.63	2.4	0.35
5236	$\epsilon_1 x$	岩屑	深灰色弱含气灰质白云岩	450	480	94.2	2.61	3.1	0.66
5238	$\epsilon_1 x$	岩屑	深灰色弱含气灰质白云岩	450	480	108.9	3.06	3.3	0.72
5240	$\epsilon_1 x$	岩屑	灰黑色弱含气灰质白云岩	450	480	59.6	1.58	2.4	0.33
5253	$\epsilon_1 x$	岩屑	灰黑色弱含气泥灰质白云岩	450	480	106.8	2.99	3.3	0.86

肖一段具有高自然伽马、高电阻率、低中子孔隙度特征（图 3-32）。KPN1 井肖一段自然伽马值介于 35~87API 之间，电阻率介于 4954~12232Ω·m 之间，根据中子密度解释的孔隙度几乎为零，说明岩石致密，储层不发育。

2. 肖二段

肖二段位于井深 5203.00~5245.00m，视厚为 42.00m，以颗粒白云岩为主，原始结构类型为颗粒灰岩，颗粒内部已被溶解，泥晶套保留了颗粒的形状，后被白云石充填，白云石晶体发生重结晶，将孔隙空间封堵殆尽（图 3-33d，图 3-33e）。随着地层加深，重结晶更强烈，泥晶套已被破坏，但仍可见颗粒幻影结构，说明原始结构类型仍然为颗粒灰岩（图 3-33f）。部分岩石中发育粒间孔和粒内孔（图 3-33g），孔隙形态不规则，呈港湾状、条带状分布（图 3-33g）。个别岩石样品中发育裂缝（图 3-33h，图 3-33i），裂缝半充填或未充填。但大部分被硅质胶结（图 3-33h），说明硅质胶结作用对储层起到严重的破坏作用。

肖二段具有高电阻率、中—低自然伽马值、中—高中子孔隙度测井曲线特征。自然伽马值介于 16~58API 之间，电阻率较高，深浅电阻率具有一定的分异，浅侧向电阻率值介于 1210~11000Ω·m 之间，而深侧向电阻率值介于 1400~14000Ω·m 之间（图 3-32），由于原岩和渗透带电阻率的差异，深浅电阻率会具有一定的幅度差。通常，地层孔隙度增大电阻率会减少，而在 KPN1 井颗粒白云岩发育的层段电阻率仍然较高，说明可能受含油性影响。通常，当地层含油气时，测得的地层电阻率也会增大。中子孔隙度值介于 0.3%~1.9% 之间，该段孔隙并不发育。

虽然肖二段孔隙不及肖三段发育，但是气测显示最强烈，且与颗粒白云岩发育层段对应。肖尔布拉克组（5240~5245m）样品烃类组成含量少，甲烷含量介于 58%~60% 之间，CO_2 含量高达到 40%；吾松格尔组（5102~5110m）含烃类物质浓度低，主要成分为 CO_2，可能受钻井过程中气举、酸蚀反应等作业的影响（表 3-8）。肖二段较高的气测异常可能与该段靠近肖一段烃源岩有关。

表 3-8　KPN1 井天然气组分特征

深度 （m）	层位	N_2 （%）	CO_2 （%）	CH_4 （%）	C_2H_6 （‰）	C_3H_8 （‰）	iC_4H_{10} （‰）	nC_4H_{10} （‰）	iC_5H_{12} （‰）	nC_5H_{12} （‰）
5240~5245	肖尔布拉克组	0.33	39.97	59.29	0.28	0.06	0.03	0.02	0.01	0.01
5240~5245	肖尔布拉克组	0.54	40.54	58.52	0.27	0.06	0.03	0.02	0.01	0.00
5102~5110	吾松格尔组	8.61	84.08	7.28	0.03	0.00	0.00	0.00	0.00	0.00

3. 肖三段

肖三段位于井深 5169.75~5203.00m，视厚 33.25m，岩石类型以粉细晶白云岩为主，发育大量裂缝（图 3-32），同时发育溶蚀孔洞，裂缝在阴极发光下大多不发光，充填物可能为泥质或沥青。荧光照射下显示亮绿色，说明裂缝充填物主要为沥青，证实发生过油气充注（图 3-34b，图 3-34e，图 3-34h）。部分裂缝充填硅质和铁质，在荧光照射下不发光，铁质呈黑色（图 3-34d，图 3-34e）。部分裂缝中充填方解石，在阴极发光下呈橙红色（图 3-34f，图 3-34i）。

肖三段测井响应为：低自然伽马值，范围为 10~20API；较低的电阻率值，范围为 14~90Ω·m，较高的中子孔隙度，范围为 4.2%~8.9%（图 3-32），肖三段是肖尔布拉克组孔隙最发育的层段，应引起足够重视。

4. 肖四段

肖四段井深位于 5144.00~5169.75m，视厚为 25.75m，岩石类型主要为粉晶白云岩、藻砂屑白云岩等，砂屑成分以泥晶白云石为主，较脏，含量较少，属于内缓坡泥云坪环境。

肖四段测井响应具有较高的自然伽马值、较高的电阻率值、较低的中子孔隙度特征。其自然伽马值介于22～154API之间，最大可达178API；电阻率较高，主要分布范围介于220～16000Ω·m之间（图3-32），中子孔隙度较低，主要介于0.1%～1.8%之间，属于差—非储层。

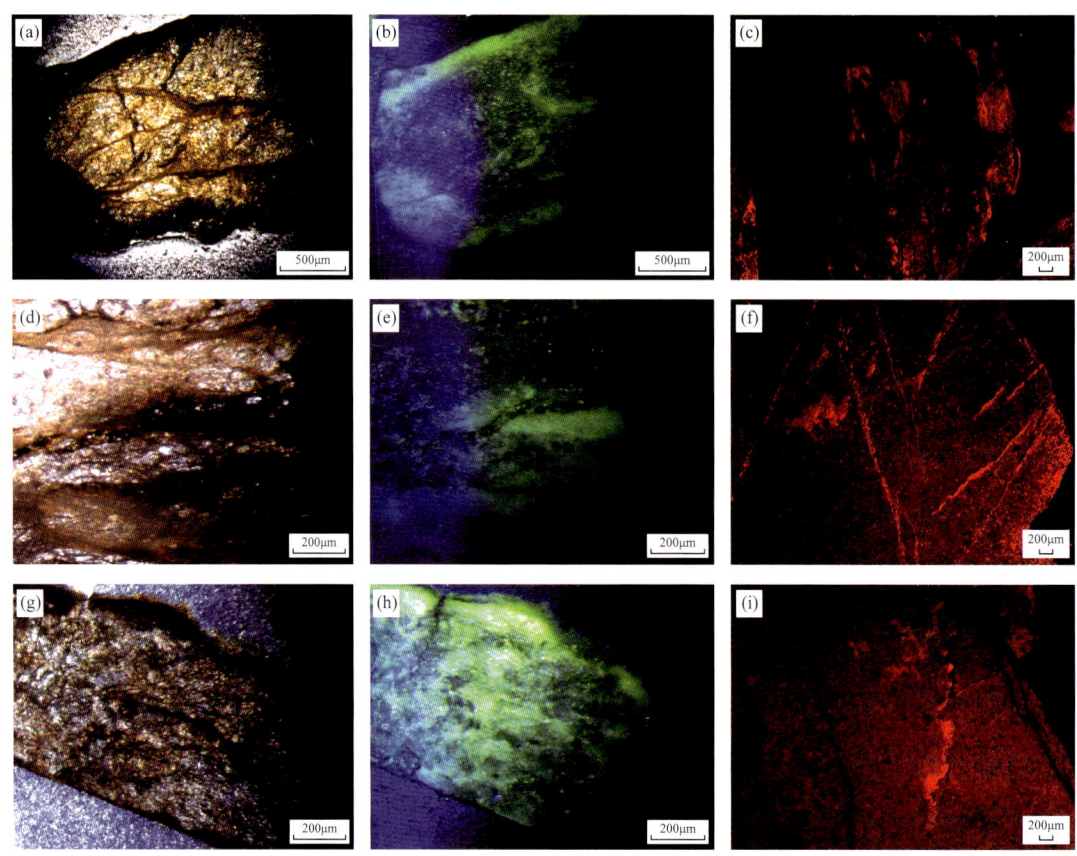

图3-34　KPN1井寒武系肖尔布拉克组肖三段岩石学特征

（a）细晶白云岩，被裂缝切割成透镜状，裂缝多被泥质和沥青充填，5174m，（−）；（b）图（a）荧光照片，可见裂缝充填物发亮绿色荧光，可能为沥青，5174m；（c）白云岩可见裂缝，阴极发光照片，5235m；（d）细晶白云岩，裂缝中充填有机质及硅质，5182m，（+）；（e）图（d）荧光照片，裂缝充填物中发光部分为烃类，黑色部分为黄铁矿，硅质不发光，5182m；（f）阴极发光照片，发育两期裂缝，5225m；（g）细晶白云岩，可见沥青缝，5190m，（+）；（h）图（f）荧光照片，可见裂缝中充填沥青发亮绿色荧光，5190m；（i）阴极发光照片，裂缝中充填方解石发橙红色阴极发光，充填有机质不发光，5254m

（三）地球化学特征

1. 主微量元素特征

通过岩屑录井和电子探针测得的各类岩石类型主微量元素列于表3-9。从表3-10可以看出，白云质泥岩具有最高的Fe和Sr含量，平均值分别为$27262×10^{-6}$和$961×10^{-6}$，其次是砂屑白云岩，其Fe和Sr含量平均值分别为$1202×10^{-6}$和$298×10^{-6}$，而Mn含量却较低，大部分样品 Mn 含量为 0，而结晶白云岩（包括微晶白云岩、粉晶白云岩、中晶白云岩）反而具有相对较低的 Fe 和 Sr 含量，平均值分别为 368×10^{-6} 和 112×10^{-6}，但是却有相对较高的 Mn 含量，平均值为 103×10^{-6}（图 3-35）。

表 3-9　KPN1 井肖三段钻时信息表

井深（m）	钻时（h）	全烃（%）	钻井液密度（g/cm³）	钻井液黏度（s）
5171	26	0.05	1.45	126
5172	25	0.052	1.45	126
5173	33	0.052	1.45	126
5174	16	0.055	1.45	126
5175	15	0.095	1.45	126
5176	14	0.126	1.45	126
5177	13	0.132	1.45	126
5178	22	0.122	1.45	126
5179	25	0.279	1.45	126
5180	19	0.103	1.45	126
5181	18	0.092	1.45	126
5182	20	0.098	1.45	126
5183	20	0.095	1.45	126
5184	21	0.099	1.45	126
5185	21	0.089	1.45	126
5186	17	0.103	1.45	126
5187	21	0.103	1.45	126
5188	21	0.094	1.45	126
5189	18	0.095	1.45	126
5190	23	0.1	1.45	126
5191	21	0.104	1.45	126
5192	21	0.1	1.45	126

表 3-10 新温地 1 井、新温地 2 井新近系盖层厚度统计表

层位	井名	总厚度（m）	盖层					综合评价
			厚度（m）	占比（%）	单层最大厚度（m）	单层最小厚度（m）	单层一般厚度（m）	
库车组（N_2k）	新温地 1	247	81	32.79	21	1	2~5	较差
	新温地 2	267	52	19.48	7	1	3	
康村组（N_1k）	新温地 1	168	85	50.6	9	1	2~5	中等
	新温地 2	180	28	15.56	12	1	4	
吉迪克组（N_1j）	新温地 1	441	348	78.91	23	1	3~7	较好
	新温地 2	450.57	335.8	74.49	40	1	3	

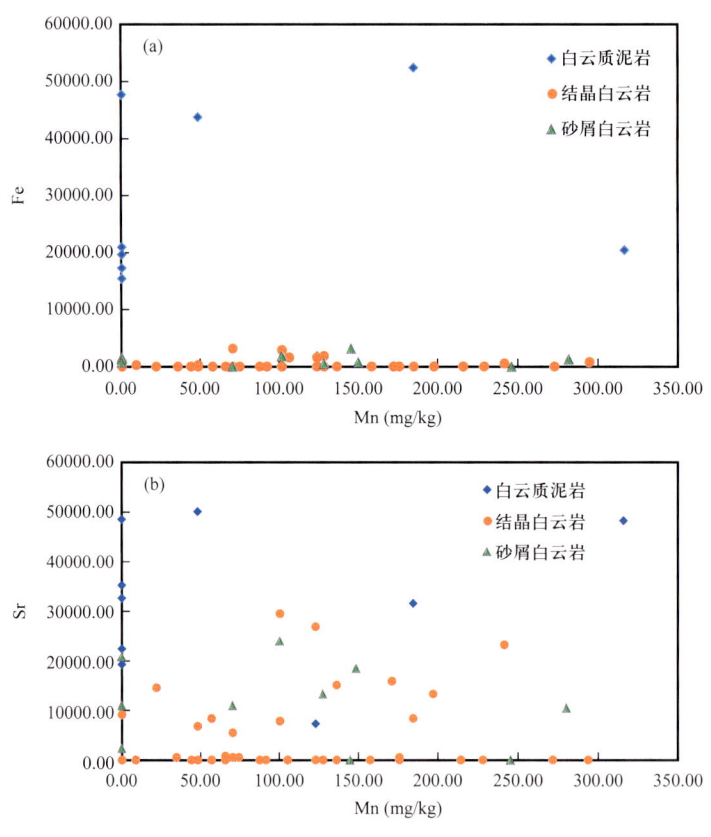

图 3-35 KPN1 井不同岩石类型主量微量元素特征
（a）肖尔布拉克组白云岩 Fe—Mn 含量关系图；（b）肖尔布拉克组白云岩 Mn—Sr 含量关系图

2. 碳氧同位素特征

KPN1 井寒武系样品 $\delta^{13}C$ 同位素值分布范围为 −2.52‰~2.66‰，平均值为 0.39‰（图 3-36），其中玉尔吐斯组 $\delta^{13}C$ 同位素值并未出现明显的负偏，这可能与该层沉积厚度

较薄有关。然而，肖一段、肖二段出现了明显的 $\delta^{13}C$ 同位素负偏现象，$\delta^{18}O$ 同位素值介于 $-10.1‰\sim-4.08‰$ 之间，平均值为 $-6.37‰$，在 $\delta^{13}C$、$\delta^{18}O$ 同位素纵向演化曲线上呈现出频繁变化的锯齿状（图 3-36）。

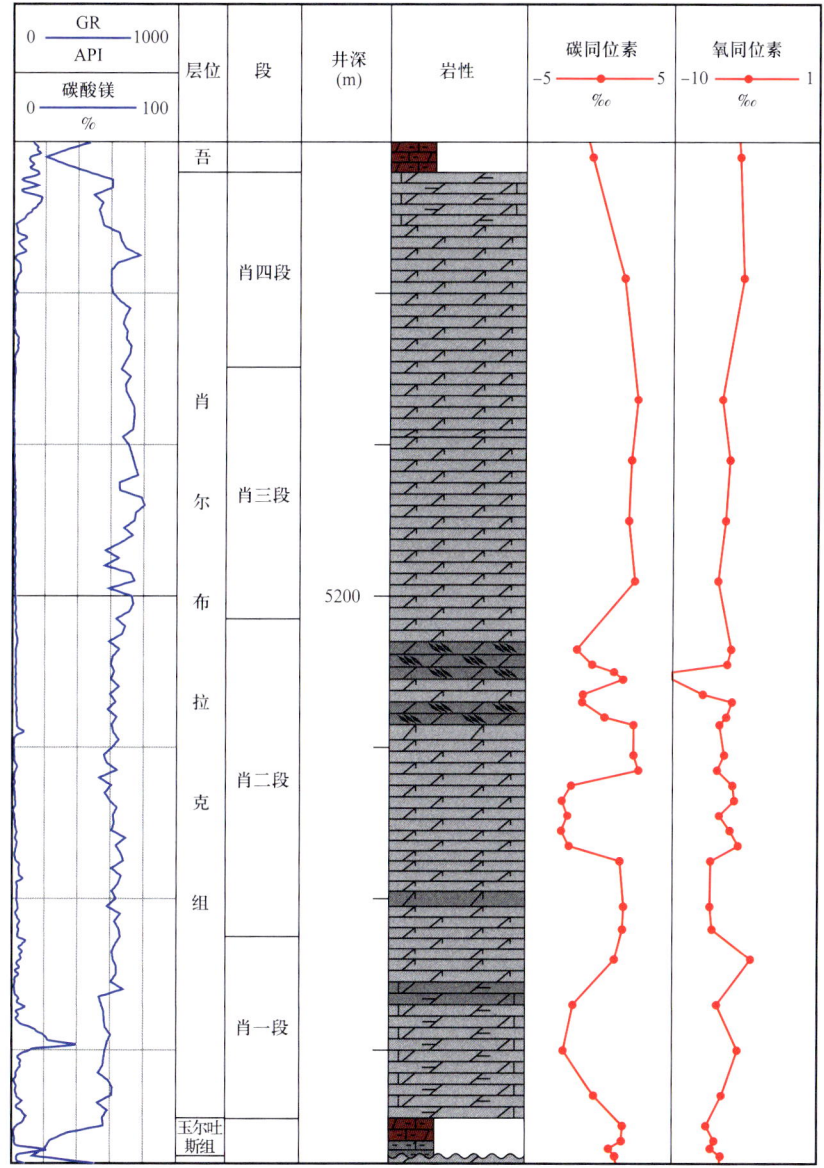

图 3-36 KPN1 井寒武系碳氧同位素演化曲线图

3. 锶同位素组成特征

KPN1 井肖尔布拉克组共获得 3 个样品的 $^{87}Sr/^{86}Sr$ 值，分别为 0.710324、0.711242 和 0.711183，显著高于同期全球海水的 $^{87}Sr/^{86}Sr$ 值（约 0.709）。说明 KPN1 井白云岩样品可能受壳源锶影响。

（四）储层发育的主要控制因素

1. 准同生期白云石化

KPN1 井肖尔布拉克组具有较高 Fe 和 Sr 含量的白云质泥岩和砂屑白云岩，其 Mn 含量却相对较低，而结晶白云岩具有较高的 Mn 含量和相对较低的 Fe、Sr 含量，说明结晶白云岩的白云石化作用可能发生在准同生—浅埋藏阶段。根据白云岩—水体的分离系数，从正常海水中沉淀的白云岩 Sr 含量的理论值为 $(470\sim550)\times10^{-6}$，白云石化过程是一个 Sr 的丢失过程，结晶白云岩中较低的 Sr 含量说明肖尔布拉克组白云岩已经发生了强烈的重结晶作用，原始结构不保存。而砂屑白云岩相对较高的 Sr 含量（平均 298×10^{-6}）说明其白云石化作用不彻底，保留一定的原始结构。从图 3-35 可以看出，白云质泥岩除具有较高的 Fe 含量外，还具有较高 Al 和 Si 含量，说明其较高的 Fe 含量 $[(1890.2\sim3315.1)\times10^{-6}]$ 主要由陆源碎屑组分造成。

正常海水中沉淀的白云岩 Mn 平均含量为 1×10^{-6}。通常大气水中含有较高的 Mn，并通过成岩蚀变进入岩石中。有研究表明，海相碳酸盐岩成岩蚀变是一个 Mn 的获取过程和 Sr 的丢失过程（黄思静，1990；刘丽红等，2010）。KPN1 井寒武系底部样品 Mn 含量较高 $[(87\sim137.7)\times10^{-6}]$，因此，样品可能受大气淡水影响。

$\delta^{18}O$ 同位素值主要受温度和大气淡水影响（Grossman，1986），寒武纪海水 $\delta^{18}O$ 同位素值约为 $-9‰\sim-7‰$，平均值为 $-8‰$（Veizer，1983；图 3-36）。KPN1 井肖尔布拉克组白云岩 $\delta^{18}O$ 同位素值分布范围为 $-10.1‰\sim-4.08‰$，平均值为 $-6.37‰$，$\delta^{18}O$ 同位素值大多高于早—中寒武世同期海水的 $\delta^{18}O$ 同位素值（图 3-37），说明这些白云岩主要是在低温环境下形成并受到了大气淡水的影响，其白云石化作用主要发生于准同生—浅埋藏阶段。

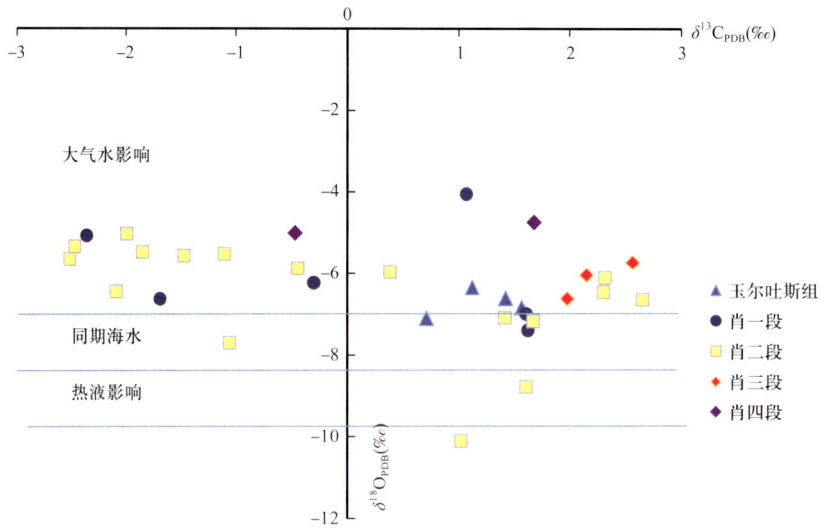

图 3-37　KPN1 井寒武系肖尔布拉克组白云岩 $\delta^{13}C$、$\delta^{18}O$ 同位素交会图

地质历史中未经成岩蚀变的、代表原始海水组成的海相碳酸盐的锶同位素组成及其演化是研究全球事件和进行全球对比的重要手段。海水中的锶同位素组成主要受壳源和幔源2个来源锶的控制：壳源锶主要由大陆古老岩石风化提供，$^{87}Sr/^{86}Sr$ 的全球平均值为0.7119；幔源锶主要由洋中脊热液系统提供，$^{87}Sr/^{86}Sr$ 平均值为0.7035（Edmond，1992）。新元古代早期海水 $^{87}Sr/^{86}Sr$ 比值非常低（<0.706），到中期逐渐上升，到埃迪卡拉纪时该值大于0.7085。DENISON等（1998）通过统计全球的实验数据，认为早—中寒武世全球海水的 $^{87}Sr/^{86}Sr$ 值在0.709附近。KPN1井肖尔布拉克组共获得3个样品的 $^{87}Sr/^{86}Sr$ 值显著高于同期全球海水的 $^{87}Sr/^{86}Sr$ 值。说明KPN1井白云岩样品可能受壳源锶影响，进一步证明了肖尔布拉克组白云岩形成于准同生—浅埋藏期。

早期白云石化作用可以有效改善储层的储集性能。一是因为在 CO_3^{2-} 来源局限的成岩背景下，白云石化实际可形成新的孔隙增量。有研究认为，石灰岩发生白云石化作用时，2个方解石可以生成一个白云石晶体，由于一个白云石的摩尔体积（64.4cm³）小于2个方解石的摩尔体积（73.9cm³），因此在石灰岩发生白云石化过程中可增加约13%的孔隙（Weyl，1960），因此，一般发生白云石化的地层通常都能成为较好的储层。

二是因为白云岩比石灰岩具有更强的抗压实和抗压溶的能力，随埋深增大，白云岩比石灰岩更抗压实压溶，白云石化作用在孔隙保存中的作用可能更为显著（图3-38）。白云石中Mg—O的离子间距小，链强度大，晶格能大，结晶力强，离子间链不易破坏，晶体的稳定性大；白云石晶胞体积小于方解石，单位体积内白云石的晶胞数比方解石多（侯方浩等，2005），白云石的硬度也比方解石大。王振峰等（2015）在研究西沙群岛西科1井

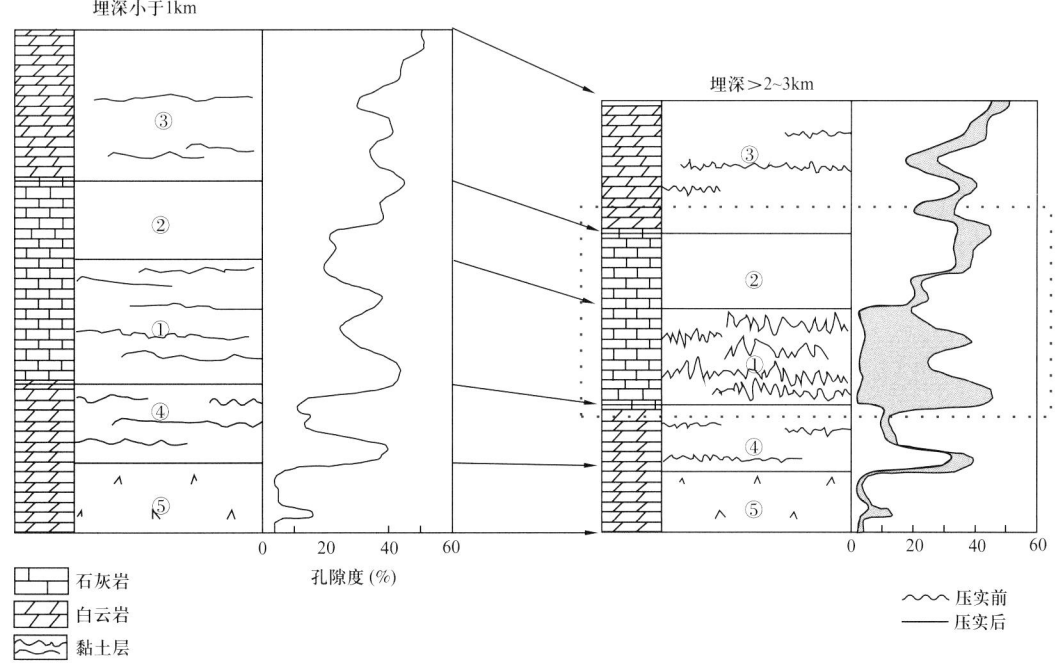

图3-38 石灰岩、白云岩受压实作用变化模式图

白云岩特征时发现，在相似埋深情况下，石灰岩普遍比白云岩疏松，甚至未固结，白云石稳定性高于方解石，因此在相同的外界因素的作用下，白云石较方解石更不容易被压实，通过胶结作用和重结晶作用而使孔隙保存下来。

2. 颗粒滩沉积微相

肖二段和肖三段是肖尔布拉克组储层发育的主要层段，其中肖二段气测显示最好，其主要岩石类型为颗粒白云岩，储集空间类型主要为粒间孔和粒内孔，为原生残余孔隙。大部分原生孔被硅质和白云岩胶结充填，仅有部分孔隙空间保留。肖二段储层主要受沉积环境控制，台缘颗粒滩是储层形成的关键。孔隙发育主要有3个原因：（1）颗粒灰岩原始孔隙较发育，后期发生白云石化后残余孔隙较多；（2）由于较好的原生孔，白云岩化流体更容易渗透到地层中使其发生白云石化作用，因此，由白云石化作用产生的增孔效应更明显；（3）颗粒滩形成的部位会形成古地貌建隆，而这些地貌高点更容易受到大气淡水淋滤而产生次生溶孔。肖一段、肖二段出现了明显的$\delta^{13}C$同位素值负偏现象，在$\delta^{13}C$、$\delta^{18}O$同位素纵向演化曲线上也呈现出频繁变化的锯齿状（图3-36），说明可能存在频繁的海进/海退过程，在这个过程中，海浪和风暴作用强烈，形成颗粒滩沉积。

3. 构造破裂和准同生岩溶

从KPN1井测井曲线上看，肖三段孔隙度最高，储层物性最好。镜下薄片观察发现，虽然肖三段颗粒白云岩不及肖二段发育，但其发育大量裂缝，且裂缝多充填沥青，说明发生过油气充注作用。因此，肖三段储层主要受构造破裂作用控制。

从KPN1井肖尔布拉克组成像测井图上可以看出，肖三段还发育顺层溶蚀孔洞（图3-39），钻井过程中出现井漏，钻时迅速降低（表3-9）。从常规测井曲线上看，从肖二段到肖三段，深浅电阻率迅速降低、自然伽马值降低、中子孔隙度快速增大，推测认为这些测井曲线变化由溶蚀孔洞和裂缝增加产生。在塔西北地区肖尔布拉克野外露头上也发现了一套32m厚的古喀斯特岩溶角砾岩，发育大量溶蚀孔洞，就与层序界面附近的大气水溶蚀作用有关。同时，肖尔布拉克组结晶白云岩较高的Mn含量[（87~137.7）$\times 10^{-6}$]，高于同期海水的$\delta^{18}O$同位素值（平均值为-6.37‰）和$^{87}Sr/^{86}Sr$同位素值（平均值0.7109），也说明准同生期受到大气淡水影响，可能发生准同生岩溶作用。由于肖三段白云岩含量较高，又发育溶蚀孔洞，因此，在印支期和喜马拉雅期构造运动过程中易于发生破裂形成裂缝型白云岩储层。同时，在印支期和喜马拉雅期，寒武系底部油气已经达到高成熟—过成熟演化阶段，充注到裂缝中，形成沥青。

（五）KPN1井成岩演化模式

根据岩石学特征和矿物的共生关系，重建了KPN1井肖尔布拉克组岩石的成岩序列（图3-40）。根据其成岩阶段划分为准同生阶段、早成岩阶段、中成岩阶段和晚成岩阶段，所对应的流体性质分别为大气淡水以及同生期海水、封存的卤水、深循环卤水和构造热卤水。在准同生阶段，发生准同生溶蚀作用和白云石化作用，形成铸膜孔，同时，海底形成的泥晶套对铸膜孔具有一定的保护作用。随着地层埋藏加深，原生孔隙和准同生孔隙大幅度减少，准同生期形成的白云石具有一定的抗压实能力，减少孔隙的降低，是一种建设性成岩作用。当地层由浅埋藏转换为中深埋藏成岩阶段，残余在孔隙中的卤水随着地层温度的增加而逐渐沉淀，发生埋藏胶结作用，堵塞孔隙空间，使大部分孔隙空间消失殆尽。印支期和喜马拉雅期两期构造运动造成地层抬升，岩石发生破裂形成裂缝型储层。同时由于地层抬升造成地层温度降低，原来对碳酸盐饱和或过饱和的流体变得不饱和而发生溶解，即倒退溶解，也是造成储层孔隙增加的又一重要因素。无论从横向上与柯探 1 井、XCS1 井对比，还是纵向上与肖一段和肖四段对比，肖三段白云岩都更发育，石灰岩和泥岩含量低，由于白云岩比石灰岩脆性大，同时发育溶蚀孔洞，随着埋深加深，更易发生破碎而产生裂缝，从而形成裂缝型储层。因此，肖三段主要发育裂缝型储层。地球化学分析结果表明，寒武系共经历三期储层形成阶段，对应三次油气成藏期，分为是加里东晚期、晚海西期到印支期以及喜马拉雅期。

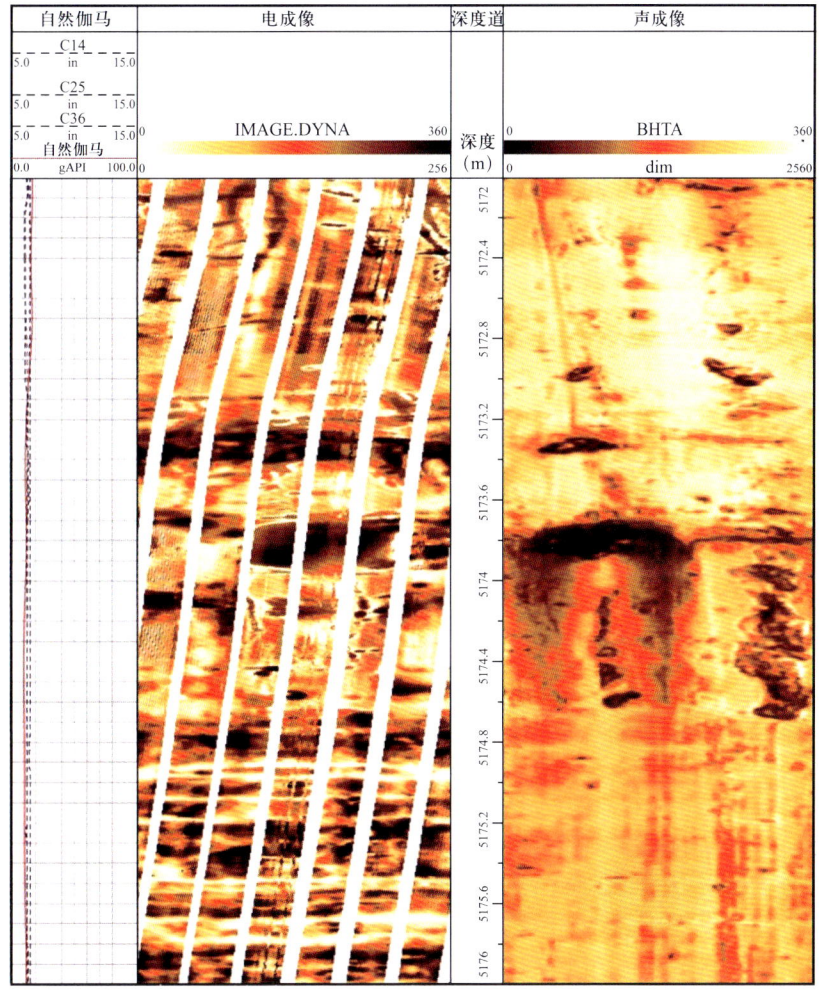

图 3-39　KPN1 井肖三段成像测井图

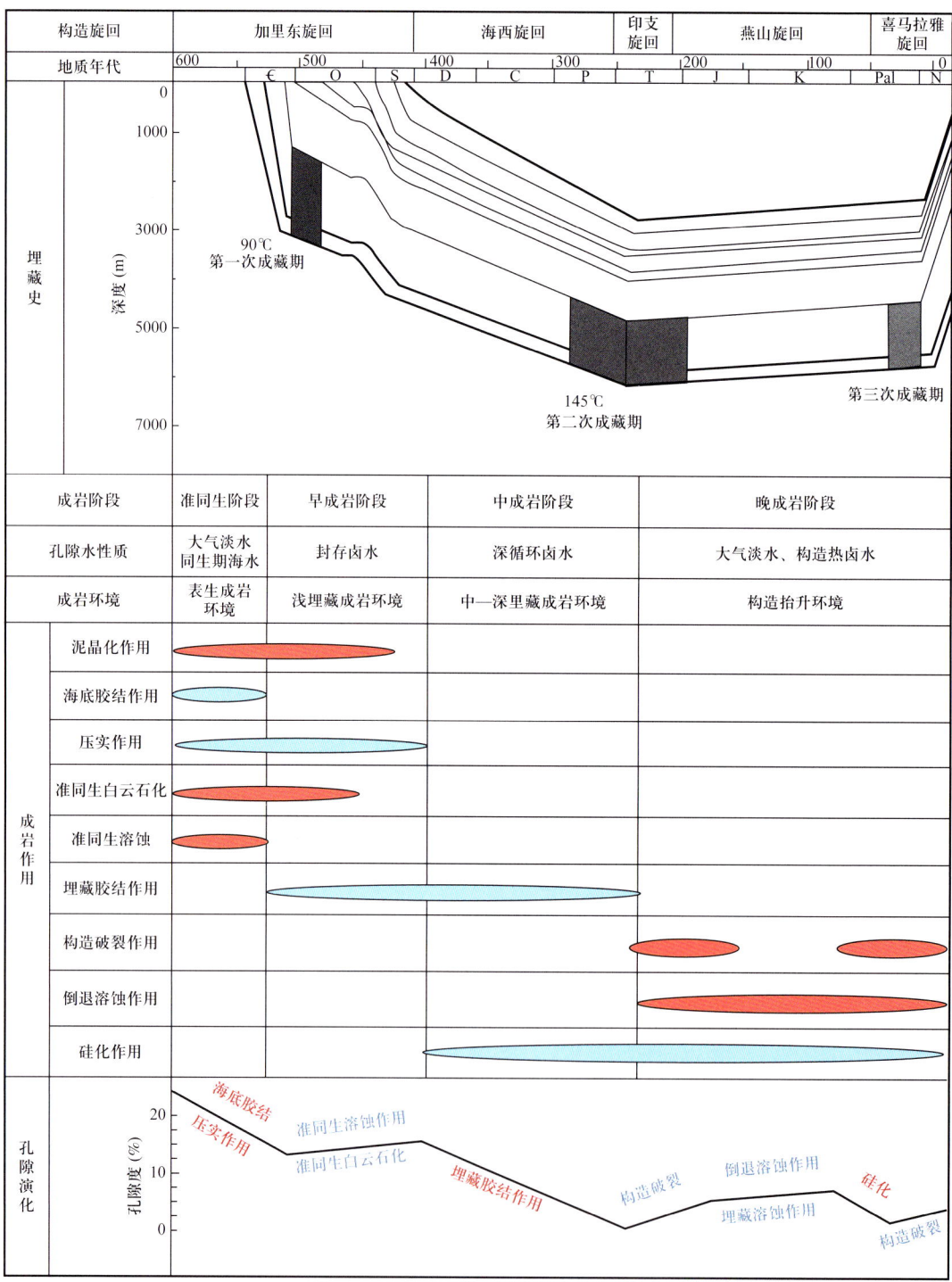

图 3-40 KPN1 井寒武系碳酸盐岩成岩历史及孔隙演化模式图

三、变质岩储层

温宿凸起及其周缘地区的基岩为中元古界阿克苏群,主要岩相为石英片岩、绿泥石片岩等。石英片岩手标本较为致密,具有流纹变形构造,矿物特征表现为鳞片变晶结构,可见斑状结构、片状构造,矿物成分主要为微晶变晶石英、纤维状白云母、方解石,可见少量滑石,另外,方解石+石英和云母分别呈纹层分布。该种岩相从野外手标本来看,发育大量节理缝和构造缝,同时还见有大量的球形风化证据,野外剖面可常见这些裂缝中充填方解石及石英岩脉,以上这些都是元古宇较好的油气储集空间(图3-41a-c);另外,新温地1钻孔资料钻遇的中元古界可见较多的高角度构造裂缝,而且靠近不整合面附近裂缝见油斑显示,裂缝连通性较好。不整合面之下约40m之后,裂缝发育程度和含油性逐渐变差。

图3-41 阿克苏群典型露头与岩心照片
(a)阿克苏群与震旦系角度不整合面;(b)阿克苏群风成球形风化;(c)阿克苏群石英片岩发育大量节理缝;
(d)新温地1井、997.92m,灰绿色油斑绿泥片岩含油岩心照片

中元古界阿克苏群从野外手标本来看,主要发育节理缝、球形风化以及构造裂缝等,从镜下显微照片(图3-42)可知,节理缝是较窄的,宽度小于0.1mm,而构造裂缝的宽度和连通性较好,新温地1井镜下构造缝宽度可达0.5~1mm(缝内含油),岩心标本上构造缝宽度可达2~3mm,由此可见,阿克苏群石英片岩中的构造裂缝贡献最大,可作为有利储集空间。

目前温宿凸起区针对变质岩的测井解释模板和方案尚不明确,依据新温地1井测井解释结果,基岩风化壳二类裂缝储层平均有效孔隙度为3%,平均含油饱和度为50%。温6

井基岩风化壳二类裂缝储层平均有效孔隙度为 4.4%，平均含油饱和度为 31%。变质岩储层段平均渗透率估算仅为 1~4mD，十分致密。

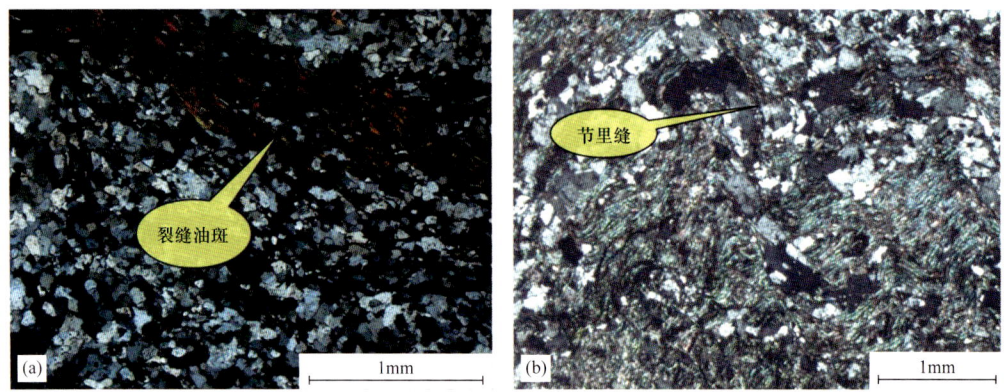

图 3-42 阿克苏群石英片岩铸体薄片
（a）新温地 1 井，998.6m；（b）托木尔峡谷剖面

第三节 柯坪断隆储盖组合特征

盖层的封盖能力直接影响储层中油气的聚集和保存，对山前带油气富集成藏尤为重要，而良好的储盖组合则是形成有效圈闭、规模聚集油气的基础条件（季天愚等，2022）。温宿凸起区有效盖层主要为新近系、志留系泥岩、寒武系膏盐岩，目前钻探揭示主要包括四套有利储盖组合。

一、盖层条件

位于储层之上能够避免油气向上发生逸散的岩层即为盖层，其封盖性的强弱直接影响到储层中油气的聚集和保存。根据岩性的不同可以将盖层分为泥岩类、蒸发岩类（盐岩、膏岩）和碳酸盐岩类盖层（李明诚等，1997）。

（一）新近系

尽管浅层油气藏的盖层条件可能不及深层油气藏，但通常具备好的储层条件，若拥有充足的烃源、良好的圈闭、通畅的运移通道等成藏要素，浅层同样可以形成规模油气藏。例如美国中部辛辛那提隆起区的特伦顿潜山油气藏、中国渤海湾盆地的埕岛油田新近系油气藏（埋深约 400~2300m）、准噶尔盆地车排子凸起新近系沙湾组油气藏（埋深约 225~700m；张君峰等，2019）。从地层特征分析来看，温宿凸起区潜在盖层主要为新近系泥岩。相较于传统中深层、深层油气藏的泥岩层，温宿凸起区泥岩层段埋藏浅、压实程度低、单层厚度不大，因而其对油气藏的保存能力曾一度备受质疑。

发现于 1995 年、距离温宿凸起约 100km 的大宛齐油田油藏埋深仅 67~700m，为塔里木盆地迄今为止发现的产层最浅的油田。大宛齐油田整体位于塔里木盆地拜城凹陷，为中生界逆冲推覆构造之上的盐拱背斜（图 3-43），发育构造（断块、断鼻）、地层（超覆、不整合）和岩性（上倾尖灭、透镜体）等多种类型油气藏，其油气来源于拜城凹陷三叠系及侏罗系湖相和湖沼相地层，主力含油层系分布在第四系—新近系康村组，盖层为主要为新近系泥岩，油品多为凝析油和轻质油（纪红等，2017；杨宪彰等，2006）。大宛齐油田浅层油田储量丰度为 $178 \times 10^4 t/km^2$，说明浅层也具备较好的盖层条件。

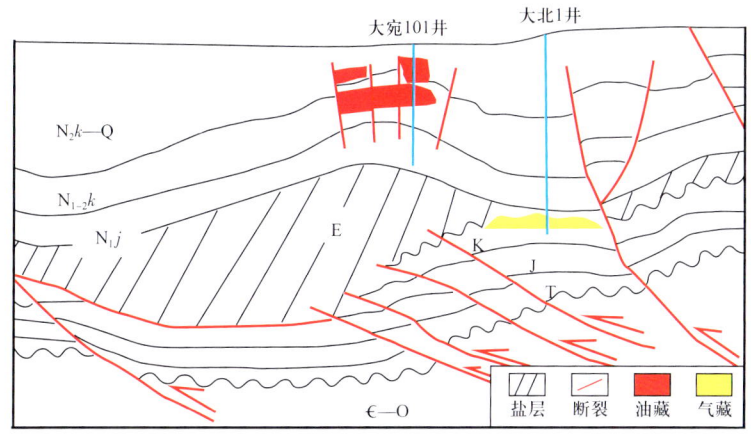

图 3-43 大宛齐油田油气藏剖面示意图

2017 年部署于温宿凸起的新温地 1 井于 834m 埋深处获得高产油流，充分证明了温宿凸起区浅层泥岩盖层对油气封盖的有效性。岩心观察揭示含油粉砂岩上部的泥岩可以对油气进行有效封盖，油层段中的泥岩夹层也直接阻挡了油气的垂向流通（图 3-44）。

图 3-44 新温地 1 井泥岩岩心

温宿凸起区新近系泥岩盖层在库车组、康村组和吉迪克组均有发育。依据温宿凸起区重点油气井新温地 1 井和新温地 2 井实钻资料（表 3-10），库车组平均厚度为 257m，泥岩厚度 66.5m，泥地比 26.14%，单层泥岩厚度 1～21m，平均厚度 2～5m。康村组平均厚度为 174m，泥岩厚度 56.5m，泥地比 33.08%，单层泥岩厚度 1～12m，平均厚度 2～5m。吉迪克组平均厚度 445.79m，泥岩厚度 341.9m，泥地比 76.7%，单层泥岩厚度 1～40m，平均厚度 3～7m。

本书第二章分析已知，温宿凸起区吉迪克组 2—3 段整体处于滨湖附近的水下—水下间歇沉积期，为滨湖—滩坝沉积环境，主要为泥岩、粉砂质泥岩夹薄层粉砂岩。吉迪克组 1 段为盆广水浅、物源相对充足的浅水三角洲前缘沉积环境，主要为砂岩与泥岩互层沉积。康村组主要为浅水—陆上辫状河三角洲沉积环境，主要发育含砾砂岩、中细砂岩与灰绿色泥岩的交互沉积物。库车组为陆上冲积扇沉积环境，以砾岩、中粗砂岩为主。沉积环境变化造就了该区沉积物下部细滨湖—滩坝体系较细，中上部的三角洲—冲积扇等相类型较粗。因而，结合沉积和实钻分析，温宿凸起区新近系吉迪克组盖层条件最好，康村组次之，库车组较差。

盖层质量决定着油气富集数量，其空间分布范围控制着油气的分布范围。盖层对油气聚集的封盖效果不仅取决于其微观封闭能力，更取决于其空间展布面积和厚度。盖层厚度越大，展布越广，表明沉积环境在区域上越稳定，泥岩被断裂破坏的可能性越小。埋藏越深，微渗漏空间越不易沟通，从而抑制了烃类的运移散失速率，使其在漫长的地质演化过程中得以保存。依据温宿凸起区及其周缘钻探和地震解释资料，可以计算新近系吉迪克组和康村组厚度，依据埋深和钻井统计不同层组泥地比可以进一步建立泥岩盖层品质参数：

$$Q=aDT \quad (3-1)$$

式中，Q 代表泥岩盖层品质参数，a 为泥地比，D 为埋藏深度，T 为地层厚度。盖层品质参数越大，代表泥岩封盖性越强。

整体来看，受控于厚度与埋深，温宿凸起区新近系泥岩盖层品质整体低于周边阿瓦提凹陷和库车坳陷，吉迪克组泥岩盖层品质优于康村组（图 3-45 和图 3-46），吉迪克组

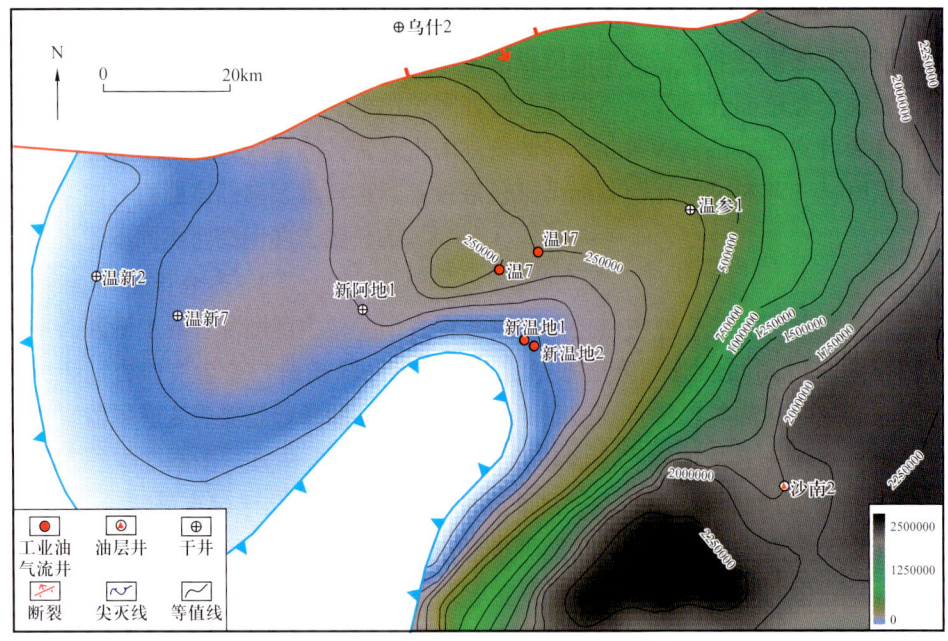

图 3-45　温宿凸起区康村组泥岩盖层品质分布图

和康村组从南西往北东,盖层品质均逐渐变好。温宿凸起区康村组时期地貌比较平缓,因而东南部盖层品质相对稳定,而在吉迪克组二段沉积时期地貌存在局部高差,东南部泥岩盖层品质存在局部差异。结合新温地 1 和新温地 2 井泥岩盖层品质略差位置处钻遇高产工业油流的实际情况分析,凸起区东南部泥岩均能对油气进行有效封盖。以新温地 1 井为例(表 3-11),其最小有效泥岩盖层厚度仅为 1m,却仍能封盖油气。

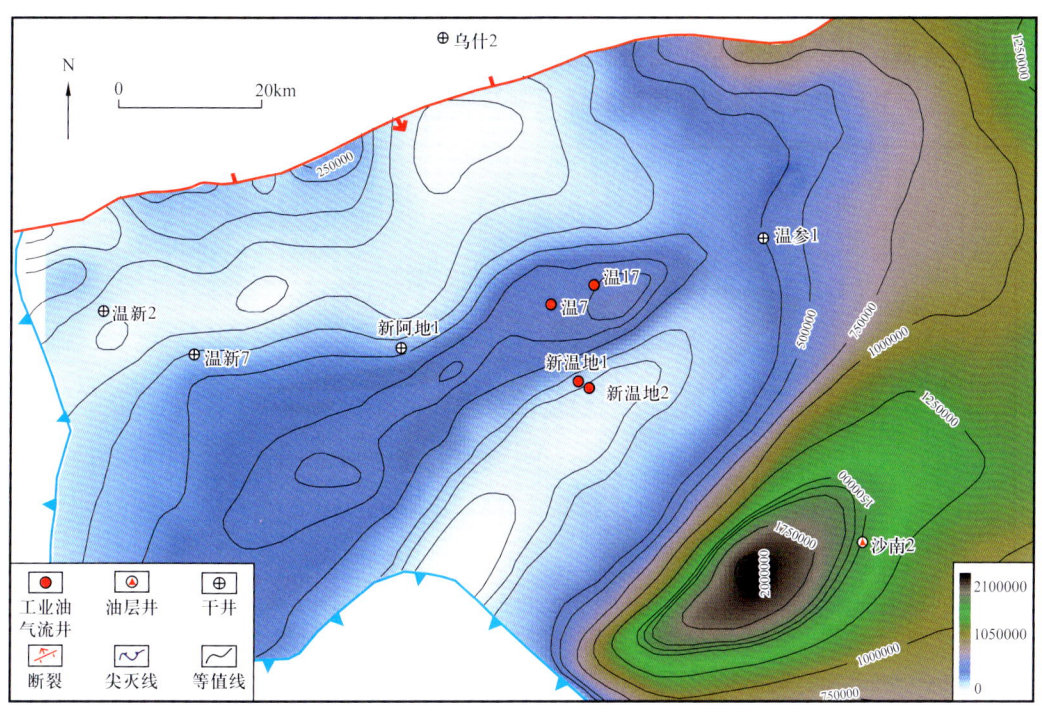

图 3-46 温宿凸起区吉迪克组二段泥岩盖层品质分布图

表 3-11 新温地 1 井新近系泥岩盖层及下伏储层基本信息表

泥岩盖层信息			下伏储层信息		
深度(m)	厚度(m)	自然伽马(API)	岩性	综合解释	测试情况
648~654	6	104	泥质粉砂岩	含油水层	
665~668	3	98	泥质粉砂岩	含油水层	
692~696	4	101	泥质粉砂岩	含油水层	
707~711	4	103	泥质粉砂岩	含油水层	未测试
714~719	5	100	泥质粉砂岩	含油水层	
721~723	2	105	泥质粉砂岩	水层	
727~729	2	104	泥质粉砂岩	水层	

续表

泥岩盖层信息			下伏储层信息		
深度（m）	厚度（m）	自然伽马（API）	岩性	综合解释	测试情况
738~747	9	108	泥质粉砂岩	差油层	未测试
786~789	3	106	泥质粉砂岩	油层	
809~819	10	102	细砂岩	油水同层	
822~830	8	107	细砂岩	差油层	
831~833	2	105	细砂岩	油层	日产油42.74m^3
835~844	9	104	细砂岩	差油层	未测试
886~888	2	113	泥质粉砂岩	油层	
994~995	1	104	泥质粉砂岩	差油层	
996~997	1	104	绿片岩	差油层	累产油2.19m^3

（二）古生界

1. 志留系

依木干他乌组泥岩厚度最大，在塔西北地区广泛分布，地震资料解释残余厚度显示其在阿瓦提凹陷—乌什凹陷等区域厚度可在600m以上，可以作为区域盖层（图3-47）。

2. 寒武系

据统计，8%的膏盐岩盖层油田控制了全球55%的油气储量，直接表明膏盐岩是大型油气藏的优质盖层（金之钧等，2006）。柯坪断隆发育稳定分布的中寒武统膏盐岩，膏盐岩纵向发育在中寒武统沙依里克组、阿瓦塔格组，横向厚度分布较为稳定，约为400~700m，其岩性组合特征显示出"两盐夹一灰"的特点。

1）盖层类型与分布

通过对钻遇白云岩的测井资料分析，塔里木盆地白云岩测井响应有三个主要的特征。

泥岩的测井响应：地层中对于同一种黏土矿物，含量越高，其放射性越高，泥质含量的确定比较简单，利用自然伽马曲线就可定量地计算泥质含量。通过几口井的统计塔里木白云岩自然伽马的放射性一般小于20API，大于20API反映泥质含量比较大。泥质成分的光电吸收截面指数Pe比较小，泥岩的Pe一般不大于3.1，图3-48为和田1井的泥岩曲线特征（4150~4273m）。

碳酸盐及膏岩确定：现代碳酸盐沉积物中很难找到见到原生的白云岩，都是通过各种其他作用从方解石转化来的。因此没有含100%白云石的白云岩，都含有不同比例的方解石。利用测井资料可以定性及定量地估算白云石的含量。白云石和方解石及硬石膏在物理性质有比较大的差异。利用这些差异可以定性的确定白云岩（表3-12、表3-13）。

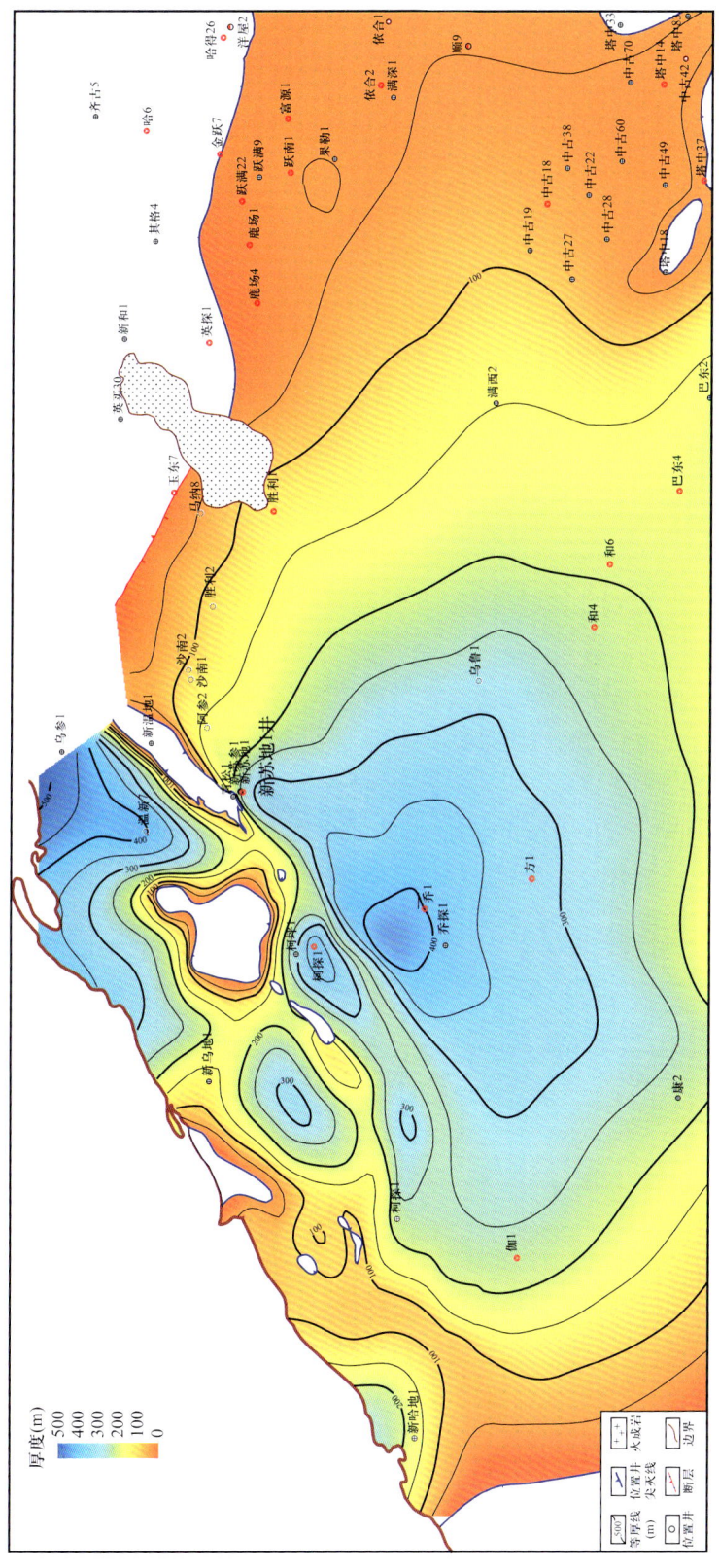

图 3-47 柯坪—阿瓦提地区依木干他乌组残余厚度图

表 3-12 物理参数表

矿物	密度（g/cm³）	声波时差（μm/m）	光电系数	中子含氢指数
白云石	2.87	46.5	3.14	0
方解石	2.71	41.5	5.08	0～2.5
硬石膏	2.32	52	5.05	−1
水	1～1.22	185～189	1.64	50

表 3-13 塔里木盆地白云岩识别标准

岩性	自然伽马（API）	电子密度指数	密度（g/cm³）
白云岩	<20	<3.8	>2.71
石灰岩	<20	3.8～5.2	>2.65
膏岩	<20	>5	>2.32

通过塔里木白云岩的测井响应特征分析确定识别白云岩的标准。其中光电指数受环境影响因数比较小，对岩性的识别比较敏感，是一个比较重要的参数。图 3-48 中第四道为光电指数，石灰岩和白云岩的特征非常明显。

通过对同 1 井、和田 1 井、中 4 井岩性判别，主要的岩心为四类，石灰岩、白云岩、膏岩及泥岩。中 4 井 3400～6700m 发育 2 层泥岩厚度分别为 57m 和 131m。和田 1 井在 4150～6050m 发育 3 层泥岩厚度分别为 132m、53m、10m。同 1 井 3400～4761m 发育多层膏岩，膏泥岩，累计厚度 6 多 m。中 4 井在 6700～7200m 发育 3 层膏岩及膏白云岩。

2）有效的盖层分布与储盖组合

塔里木盆地台盆区中—下寒武统的两套膏盐层在平面上分布十分稳定，厚度普遍大于 300m，在巴楚隆起最大厚度可达 1200m，因此可作为优质的盖层。区域上中寒武统阿瓦塔格组盐膏岩分布广泛，几乎覆盖了塔中隆起和巴楚隆起。露头剖面和已有钻井分析表明，巴楚地区寒武系中统阿瓦塔格组为巨厚膏盐岩，塑性极强，厚度大，为一套极好的盖层。中—下寒武统白云岩为一套储层，非均质性强，物性中等—差，该组合在巴楚地区普遍存在。

本文中寒武统厚度展布依据 BGP 成果，该区柯南 1 井至盆地西北缘方向为厚度中心，厚度达 750m 以上，柯南 1 井往东南方向逐渐减薄，同 1 井至西南方向，大北 1 井处为厚度最薄的区域，厚度仅 200m 左右（图 3-48）。

3）封闭能力

盖岩在埋藏演化过程中受地层温度和围压的影响封闭性发生动态变化，最终能否成为优质盖层取决于埋藏条件下的封闭能力和抗剪切能力。

封闭能力是评价盖层有效性的关键。盖层的封闭性是油气能否成藏并保存的重要条

第三章 石油地质特征

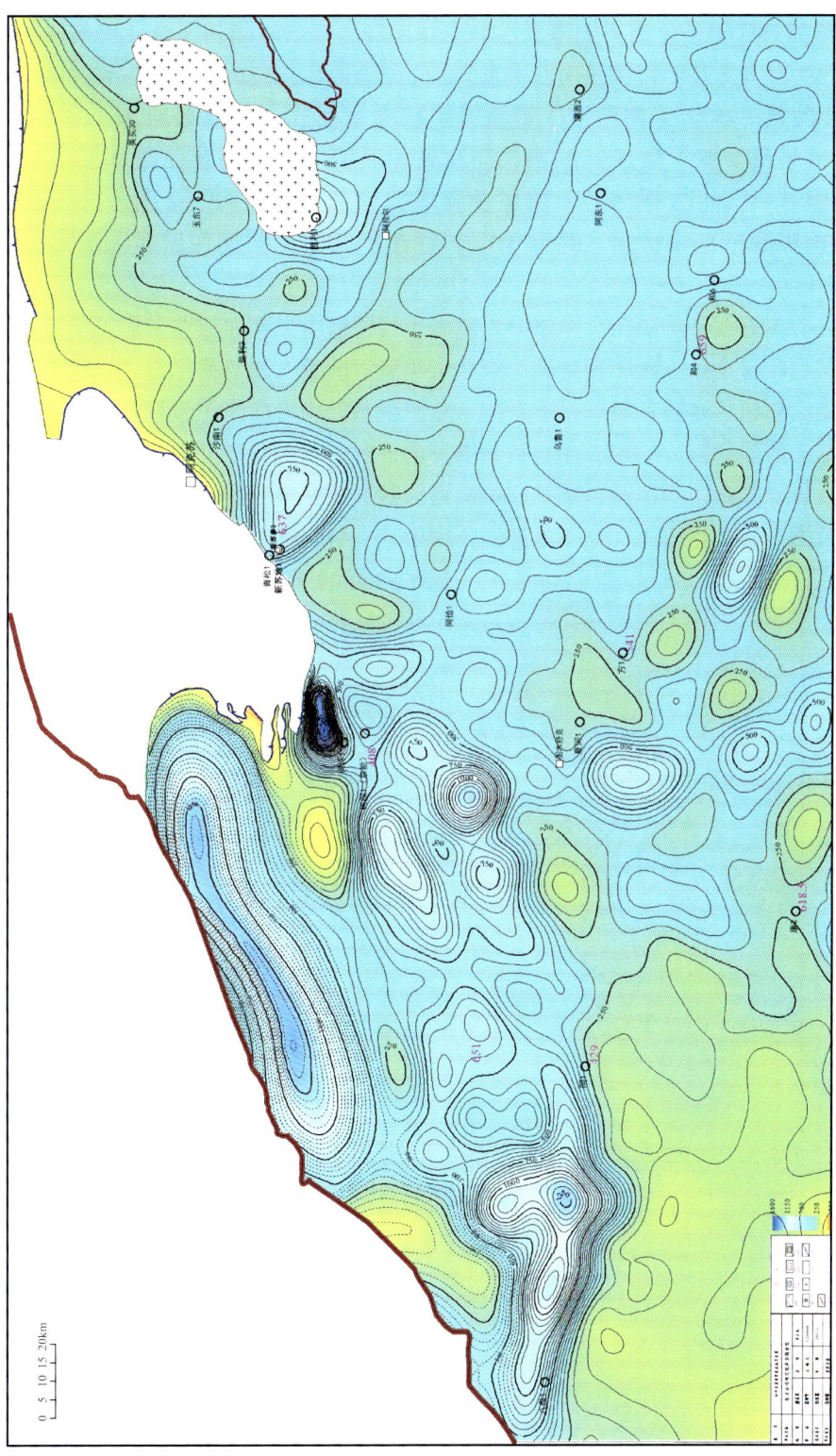

图 3-48 塔西北中寒武统厚度展布图

件之一。盖层的封闭机理主要有物性封闭、超压封闭与烃浓度封闭，由于膏盐岩盖层不具有生烃能力，物性封闭是膏盐岩盖层封闭的主要方式。目前对物性封闭能力开展评价的很多，付广等指出与盖层封闭能力有关的参数有岩石的突破压力、孔隙度、渗透率、密度、比表面积以及喉道半径等。前人研究结果表明突破压力参数可以很好地评价盖层的封闭能力与有效性。

根据塔里木寒武系不同岩类突破压力测试显示，封闭能力评价如下：盐岩>泥岩>泥质云岩>泥晶灰岩>膏质云岩>泥晶云岩，膏岩的封闭能力并不理想，盐岩封闭能力较强（图3-49；林潼等，2021）。

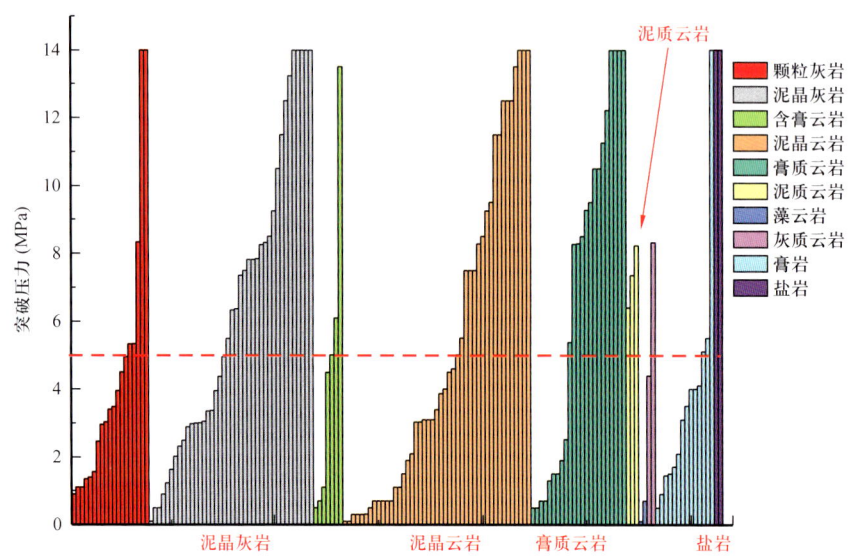

图3-49 塔里木盆地寒武系不同岩样的突破压力值

4）抗剪切能力

影响岩石盖层封闭性能的另一个重要因素是岩石的抗破裂能力。尽管盖层岩石的微观封闭能力很强，但是当岩石产生裂缝后其遮挡油气的能力将丧失。因此岩石的抗剪切能力是评价盖层有效性的关键。前人大量的三轴应力压缩试验显示，随着围压的增大，岩石逐渐从脆性向塑性转变，当岩石变为塑性时其残余抗压强度趋同于极限挤压强度，因此可以通过三轴应力试验中应变曲线的形态变化来判断岩石是否达到塑变形态。

（1）石膏、硬石膏。

中国石油的研究成果表明，25MPa的围压是石膏由脆性向塑性转化的边界围压值，利用以下公式：

$$\rho_{围}=0.010133H(\rho_{岩}-\rho_{水}) \quad (3-2)$$

式中，$\rho_{围}$为盖层的围压，$\rho_{岩}$为盖层上覆岩石的骨架密度，$\rho_{水}$为上覆地层流水的密度。

计算对应的脆塑转换边界地层深度为1650m，随着温度升高或者加热时间增加，石膏的孔隙度和渗透率增大，因而导致封闭能力降低，且在构造应力不断增加的情况下，不论石膏处于脆性还是塑性阶段，石膏的渗透率都会增加。并非前人所提出的膏岩塑性变形阶段盖层具有较好封闭性。

膏盐岩在沉积后，要经历一系列的成岩演化，在埋深加大的过程中，当埋藏深度处的温度达到石膏向硬石膏转变的边界温度值时（52℃），石膏开始脱水转变成硬石膏，石膏在转换成硬石膏的过程中产生了新的孔隙空间和裂缝，降低了封闭能力。因此石膏作为有效盖层发育区间应为52℃地温线与25MPa地层压力线交会区。基于塔里木盆地中—下寒武统膏岩的埋藏演化史，可以得出膏岩盖层在塔里木盆地台盆区作为油气的封闭盖层是无效的（图3-50）。

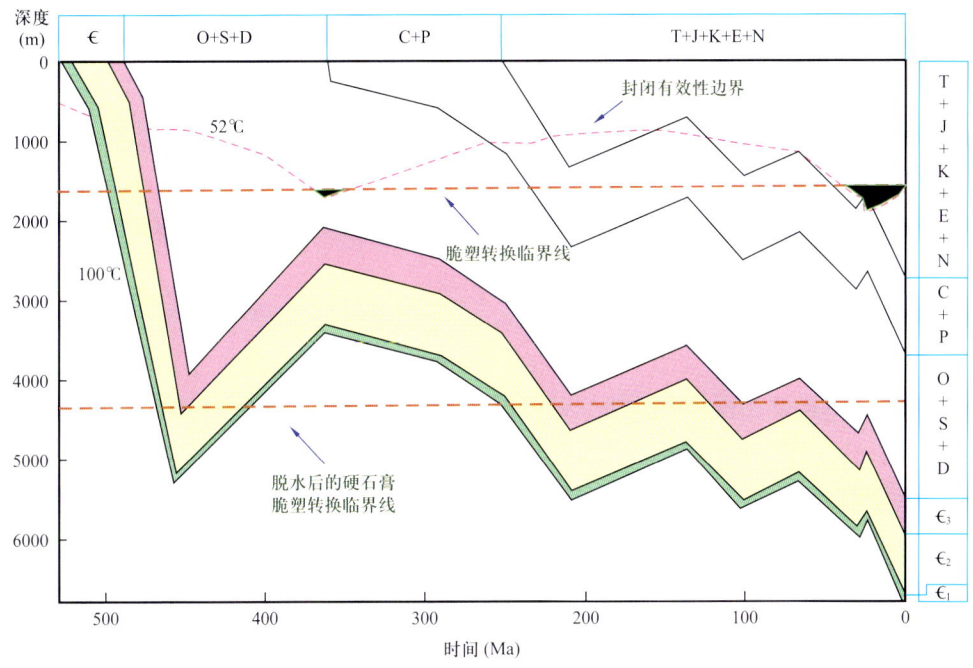

图3-50 塔里木盆地台盆区膏岩层埋藏演化过程中盖层有效性的变化

（2）盐岩。

盐岩脆塑性转化的临界围压为10MPa，依据式（3-1）计算当埋藏深度超过650m以后，盐岩发生揉塑变形。盐岩三轴破坏全过程渗透试验显示临界围压条件下应力加载过程中渗透率不断减小并最终封闭，因此当埋藏深度超过650m（对应地层压力10MPa）时，盐岩揉塑变形且渗透率封闭，可作为优质盖层。

（3）石灰岩。

石灰岩脆塑性转化的临界围压为40MPa，依据式（3-1）计算对应埋深为2650m，临界应力后渗透率值逐渐变小，温度越高渗透率值越低，因此在埋深超过2650m（对应围压40MPa）以后，转换为塑性岩层，且渗透率逐渐降低，成为有效盖层。

（4）白云岩。

白云岩脆塑性转化的临界围压为60MPa，依据式（3-1）计算对应埋深为4000m，埋深大于4000m以后，受温度和压力影响，渗透率持续增加，封闭能力变差，因此埋深大于4000m、围岩压力大于60MPa之后，虽然塑性变好，但渗透性持续增加，无法满足封盖性条件，表现为储层的属性。

综上所述，盐层、深层条件下的致密灰岩可作为优质盖层，白云岩可作为储层，膏岩层在该区认为没有封盖能力（表3-14）。

表3-14 不同岩样的脆塑性转变临界条件及围压、温度对封闭能力的影响

参数特征	岩性						
	典型石灰岩	典型白云岩	石膏（硬石膏）	盐岩	亮晶砂屑灰岩	纹层状膏质云岩	砾状膏质云岩
临界围压（MPa）	40	60	25（62）	10	70M	60	>80
对应深度（m）	2650	4000	650（4120）	650	4600	>4000m	>5000
温度升高对临界围压的影响	基本不变	基本不变	变大	变小		变小	
温度升高对渗透率的影响	降低	升高明显	升高明显	降低			
围压对渗透率变化	（1）渗透率增加，幅度变小至平稳；（2）大于临界围压后渗透率开始下降，稳定后渗透率值小于初始值	（1）渗透率持续增加，但幅度变小；（2）大于临界围压后仍持续增加，渗透率值大于初始值	先降后升	下降			
空间有效盖层分布区间	埋深大于2650m	无	52℃地温线与25MPa地层压力线交会区	埋深大于650m			
储盖属性	盖层	储层	非盖层	优质盖层	差储层	非盖层	非盖层

为查明中寒武膏盐岩展布特征，本次研究系统梳理了塔里木盆地钻遇中寒武统膏盐岩的探井资料，如上文所述，膏岩、盐岩的岩石力学特征差别较大，导致封闭能力差别较大，因此将盐层、膏层分开统计。

如表3-15所示，巴楚隆起方1井、和4井的为中寒武统的盐湖沉积中心，和4井中寒武统的盐岩厚度合计为237m，方1井的盐层厚度共214m。柯探1井上盘盐层厚度较大主要因强烈冲断导致塑性层段厚度剧烈，推测原始沉积盐层厚度约27m。

表 3-15 塔西北钻井盐层、膏层厚度、层数统计表

		KPN1 上盘	KPN1 下盘	KT1	XSC1	F1	H4	ZS1
阿瓦塔格组	盐岩	107.8m/11层	0	25.96m/4层	0	100.7m/19层	130.96m/18层	19.28m/9层
	膏盐	322m/28层	48m/11层	2m/2层	0	72.5m/19层	11.96m/5层	16.8m/4层
沙依里克组	盐岩	0	0	82m/6层	159m/18层	113.5m/11层	106m/4层	0
	膏盐	5m/1层	31m/4层	32m/8层	189.5m/20层	10m/3层	0	5m/1层
合计厚度（膏/盐）		327m/108m	79m/0m	34m/108m	189m/159m	83m/214m	12m/237m	22m/19m

二、有利储盖组合

（一）温宿凸起

受沉积演化影响，温宿凸起区发育多套储盖组合，依据实际油气生产井钻遇情况，综合盖层条件分析，总结最有利的组合4套（图3-51）：

（1）吉迪克组三段厚层状泥岩盖层与阿克苏群基岩风化壳储层的储盖组合。依据新温地1井、温6井、温6-1井、温10-1井实钻资料，基岩风化壳储集空间主要是裂缝，推测其有效厚度约为距顶面30m附近，沿着不整合面附近大面积分布。吉迪克组下段的泥岩为盖层，厚度为80～100m。

（2）吉迪克组三段厚层状泥岩盖层与震旦系碳酸盐岩储层的储盖组合。依据温参1井实钻资料，碳酸盐岩储集空间主要是溶蚀孔洞裂缝，推测其有效厚度约为顶面附近100m，沿着不整合面附近大面积分布。吉迪克组下段的泥岩为盖层，厚度为80～100m。

（3）吉迪克组中下部砂泥岩互层和下部厚层状泥岩盖层与底部砂砾岩储层形成的储盖组合。温宿凸起区吉迪克组二段广泛发育砂泥岩互层，其砂泥比较低，砂体分布面积大，累计厚度200～500m，单层砂岩厚度薄，为0.5～10m，为新温地1井、新温地2井揭示最好的油气产层。依据温7-1井、温8井、温8-1井实钻资料，吉迪克组三段广泛发育一套底部砂砾岩，累计厚度10～20m，单层砂岩厚度薄，为0.5～5.0m，为吉迪克组三段好的油气产层。

（4）康村组厚层状泥岩盖层与吉迪克组一段砂岩储层的储盖组合。吉迪克组一段发育多套砂体，单层厚度较吉迪克组二段砂体更大，厚1～15m，其上覆康村组厚层状泥岩盖层厚20～40m。新温地1井、新温地2井吉迪克组一段砂岩距离油气运移主体通道太远，多为含油水层或水层，凸起东北部更靠近油源的温17井吉迪克组一段砂岩钻遇油气层。

整体而言，中新统吉迪克组沉积期，温宿凸起具有差异沉降、低幅隆升的构造演化特征，控制形成了温宿地区低幅宽缓的古地貌（地震剖面显示吉迪克组内部为平行—亚平行反射特征，地层厚度变化不大），形成了三角洲与滨浅湖滩坝同生共存、互为消长的沉积

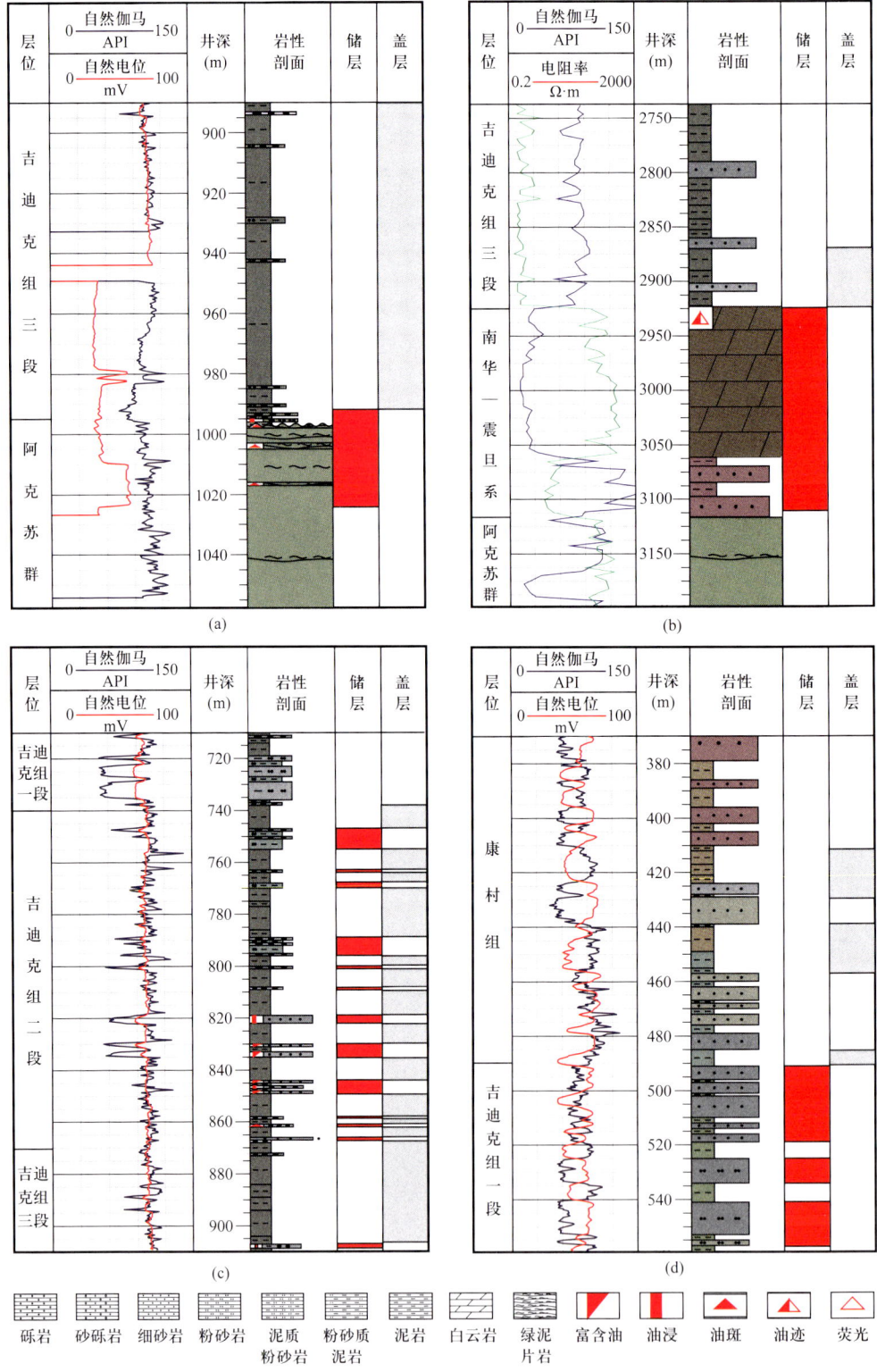

图 3-51 温宿凸起区最有利的 4 套储盖组合

体系，砂体分布范围广、叠合连片。受后期温宿凸起掀斜作用的影响，物源来自北部的三角洲砂体可形成向南上倾尖灭型岩性圈闭，而在凸起主体部位发育的滩坝砂体可形成透镜体状岩性圈闭。白云岩、基岩风化壳受多期构造和长期风化作用，裂缝储层发育，上覆吉迪克组稳定分布的泥岩，可形成潜山型圈闭。

（二）沙井子构造带

奥陶纪末，中昆仑地块与塔里木地块碰撞形成古塔南隆起和古塔北隆起（图3-52），控制了后期志留纪向西开口的海湾古地理环境。基于盆地157口钻井资料和地震大剖面标定分析，明确塔里木盆地志留纪为接受大量沉积的克拉通内坳陷，经历了由开阔到闭塞、由较深水到浅水的演化历程，早期沉积中心发育于柯坪—阿瓦提凹陷和满加尔凹陷两个地区，后期逐渐向西迁移集中于柯坪—阿瓦提地区，发育潮控三角洲和潮坪复合沉积体系。柯坪塔格组露头可见双黏土层、潮汐层理和潮汐束等典型的潮控现象，具有显著的三角洲前缘水下分流河道（潮道）和河口坝特征。新苏地1井和新苏参1井测井曲线具有明显的"倒圣诞树"特征，反映了从前三角洲到三角洲前缘的沉积序列。

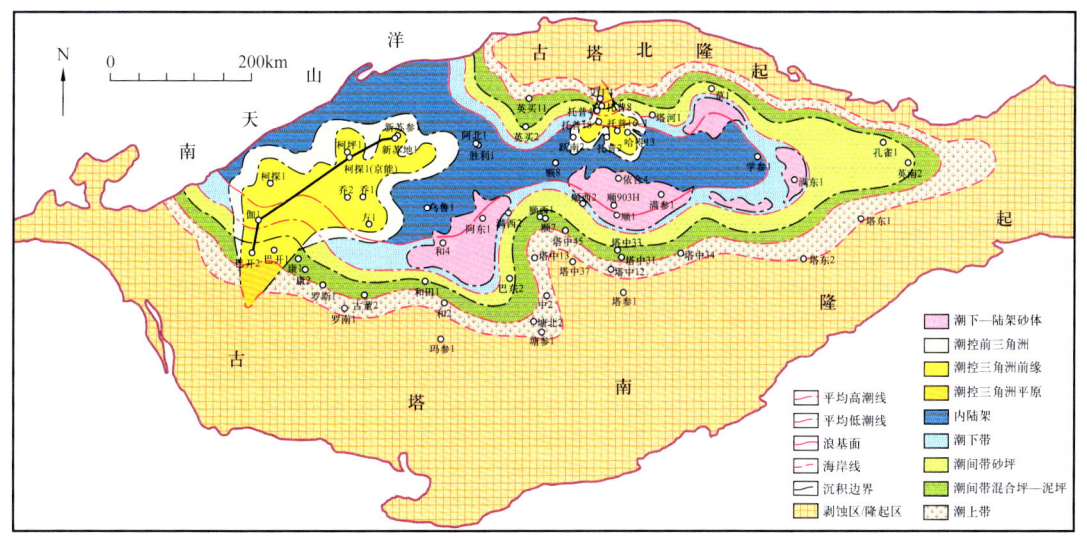

图3-52 塔里木盆地志留系柯下段沉积相平面图

柯下段沉积时期（S_1k_1），塔里木盆地整体三面环潮坪，中部为内浅海的沉积格局，塔中隆起—满西低凸起—轮南低凸起隆起略高，东部潮下带发育较大规模的潮下砂体，轮南低凸起处自北向南有小型潮控辫状河三角洲进积，盆地西部自南向北发育大型的潮控辫状河三角洲进积，一直进积到今柯坪断隆的温宿凸起前（图3-52），是重要储层段。柯坪断隆中东部柯探1井（京能）、新苏地1井和新苏参1井柯下段测井曲线和岩性剖面自下而上可见3期粒度增粗的三角洲进积系列，且连井对比（图3-53）可见物源大致从西南向东北方向进积，砂体厚度逐渐减薄、粒度变细。柯中段沉积时期（S_1k_2），塔里木盆地海平面升至最高，为广泛的内浅海泥岩沉积，是盖层段。柯上段沉积时期（S_1k_3），沉积面貌与柯上段大致相当，发育潮控三角洲和潮下砂体，是重要储层段。塔塔埃尔塔格组下段（塔下段，S_1t_1）沉积时期，盆地整体沉降，为浅水海湾泥岩，是盖层段。塔塔埃尔塔格组上段（塔上段，S_1t_2）沉积时期，盆地地形平缓，发育潮汐砂席、砂脊等潮汐砂体，可作为储层段。依木干他乌组（S_1y）沉积时期沉积中心向西迁移，盆地主要为浅水海湾泥岩，是盖层段。

沙井子构造带新苏地1井、新苏参1井柯下段和柯上段岩心与就近露头可见波痕粉—细砂岩石和水平层理粉—细砂岩双黏土层等沉积建造，为典型潮控三角洲沉积前缘远端沉积，距物源较远，水动力作用较弱，但砂泥比低，更有利于油气保存。储层岩石学分析显示其岩石成分主要为岩屑砂岩和岩屑石英砂岩，成熟度中等，砂岩储层岩心孔隙度仅为5%～8%，较塔中、塔北靠近物源的砂体孔隙度（7%～15%）小。另外，沙井子构造带现今岩心测得其最大古应力为85.7MPa，较英买力地区大35MPa，指示志留纪沉积后经历的强烈构造挤压可能进一步使得砂岩储层更加致密，并形成大量裂缝，露头与岩心可见。相比之下，三角洲前缘远端沉积是造成沙井子构造带志留系柯下段和柯上段砂岩储层物性相对较差的主要因素，推测在其西南靠近物源方向以及盆地中部潮下砂体发育区（图3-52）储层物性更好。

志留系自上而下主要发育3套储—盖组合。（1）由塔塔埃尔塔格组上段潮道砂岩储层与依木干他乌组厚层状泥岩盖层构成的储—盖组合；其中，泥岩段厚度为300～500m，砂岩段厚度为150～300m。（2）由柯坪塔格组上段潮控三角洲砂岩储层与塔塔埃尔塔格组下段泥岩盖层构成的储—盖组合；其中，泥岩段厚度为50～100m，砂岩段厚度为80～150m。（3）由柯坪塔格组下段潮控三角洲砂岩储层与中段泥岩盖层构成的储—盖组合；其中，泥岩段厚度为60～150m，砂岩段厚度为80～150m。在第1套储—盖组合中，单层砂岩的平均厚度为7～18m，泥地比偏低，不利于油气保存；在第2套和第3套储—盖组合中，单层砂岩的平均厚度为2～9m，泥地比较高，油气保存条件更好，是主要勘探对象。新苏地1井在第2套和第3套储—盖组合中均获得了工业气流。

（三）柯坪断隆

寒武系盐下发育1套优质生—储—盖组合。储层主要为肖尔布拉克组和吾松格尔组生物白云岩、泥晶白云岩、粉晶—细晶白云岩和中—粗晶白云岩，其中，台内丘滩、台缘礁滩白云岩储层呈规模发育，储集条件较好，平均储地比约为42.2%，最大可达80%；Ⅰ类、Ⅱ类储层的平均厚度约为23.2m，最大可达53m。盖层主要为中寒武统膏盐岩类，且根据主要岩石类型可将其划分为3类：（1）盐湖相盖层，又可细分为较纯的盐岩盖层、膏岩或泥膏岩盖层，这些岩层中偶夹少量碳酸盐岩，膏岩或盐岩厚度在地层总厚度中的占比达60%以上；（2）膏云坪相盖层，又可细分为白云质膏岩盖层和膏质白云岩盖层，其中，石膏占地层总厚度的比例不足10%；（3）泥云坪相盖层，又可细分为泥质白云岩盖层和含泥白云岩盖层，不含或含少量纤状石膏。

第三章 石油地质特征

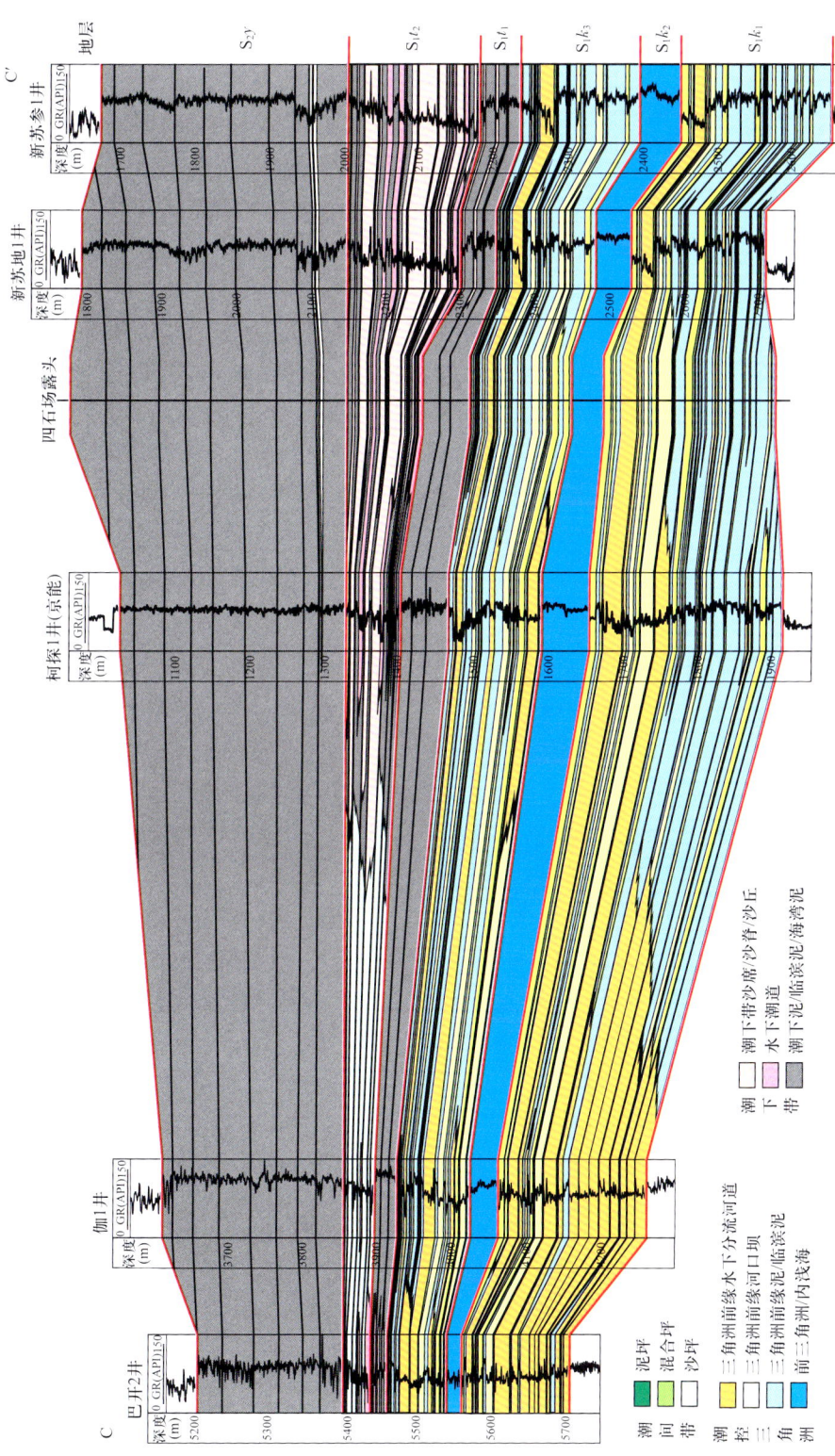

图 3-53 沙井子地区志留系最有利的 3 套储盖组合（剖面位置见图 3-54）

第四节 圈闭发育特征

圈闭是能阻止油气继续运移并能在其中聚集的场所，包括储层、盖层和阻止油气继续运移造成油气聚集的遮挡物，它可以是盖层本身的弯曲变形，如背斜，也可以是另外的遮挡物，如断层、岩性变化等。圈闭是具备捕获分散烃类形成油气聚集的有效空间，具备储藏油气的能力，但圈闭中不一定都有油气。

以柯坪断隆新近系康村组和吉迪克组泥岩、志留系依木干他乌组、寒武系沙依里克组、阿瓦塔格组为有效盖层，吉迪克组砂岩、震旦系碳酸盐岩和元古宇变质岩裂缝为储层，基于柯坪断隆地震资料解释剖面，结合构造和沉积分析，将柯坪断隆圈闭类型划分为构造、岩性、地层和构造—岩性四类，并分析了其各自特征和分布规律。

一、温宿凸起新生界与元古宇圈闭

（一）圈闭类型

温宿凸起为古生界古隆起背景，与新近系存在明显的不整合；新近系吉迪克组时期地貌低幅宽缓，形成了三角洲与滨浅湖滩坝同生共存、互为消长的沉积体系。受控于构造和沉积演化，温宿凸起区主要发育构造、岩性、地层和构造—岩性四类圈闭（图3-54）。

1. 构造圈闭

构造圈闭是储集岩层及其上盖层因某种局部构造形变而形成的圈闭，主要由褶皱、断层、裂隙、刺穿及其复合等作用形成。温宿凸起区构造类圈闭主要包括断鼻和（断）背斜两大类，主要位于新近系。

1）断鼻

新近系康村组、吉迪克组发育的砂泥岩互层为储盖组合，受北东走向断裂控制的断鼻构造广泛分布，且规模较大，在温宿凸起区均有分布，以阿克苏鼻状构造带和阿克雅断凸带最为发育，圈闭面积大、幅度高，可能的资源规模较大，是温宿凸起区主要的构造圈闭勘探类型。

2）（断）背斜

新近系（断）背斜主要分布于阿克苏鼻状构造带和古木别孜构造带，发育数量相对较多，面积相对较大、幅度相对较高，可能有一定的圈闭规模，是温宿凸起区重要的构造圈闭勘探类型。完整的背斜构造分布较局限，数量少、规模小，在温宿凸起大断裂或构造转折部位发育。

2. 岩性圈闭（砂岩透镜体）

岩性圈闭是由于沉积环境变迁，导致沉积物岩性变化，形成渗透性岩性尖灭体和透镜体被非渗透或差渗透性岩性包围的圈闭。温宿凸起区新近系吉迪克组砂岩段比较常见。新近系各组段发育的河道砂和点沙坝为储集体，顶底板及围岩均为渗透性差的泥岩，从而形成岩性圈闭。这类圈闭主要分布于阿克苏鼻状构造带，识别和落实难度较大，单个规模较小，但数量多，纵向多砂组相互叠置、平面上呈环带状集群分布，潜在的圈闭规模较大。

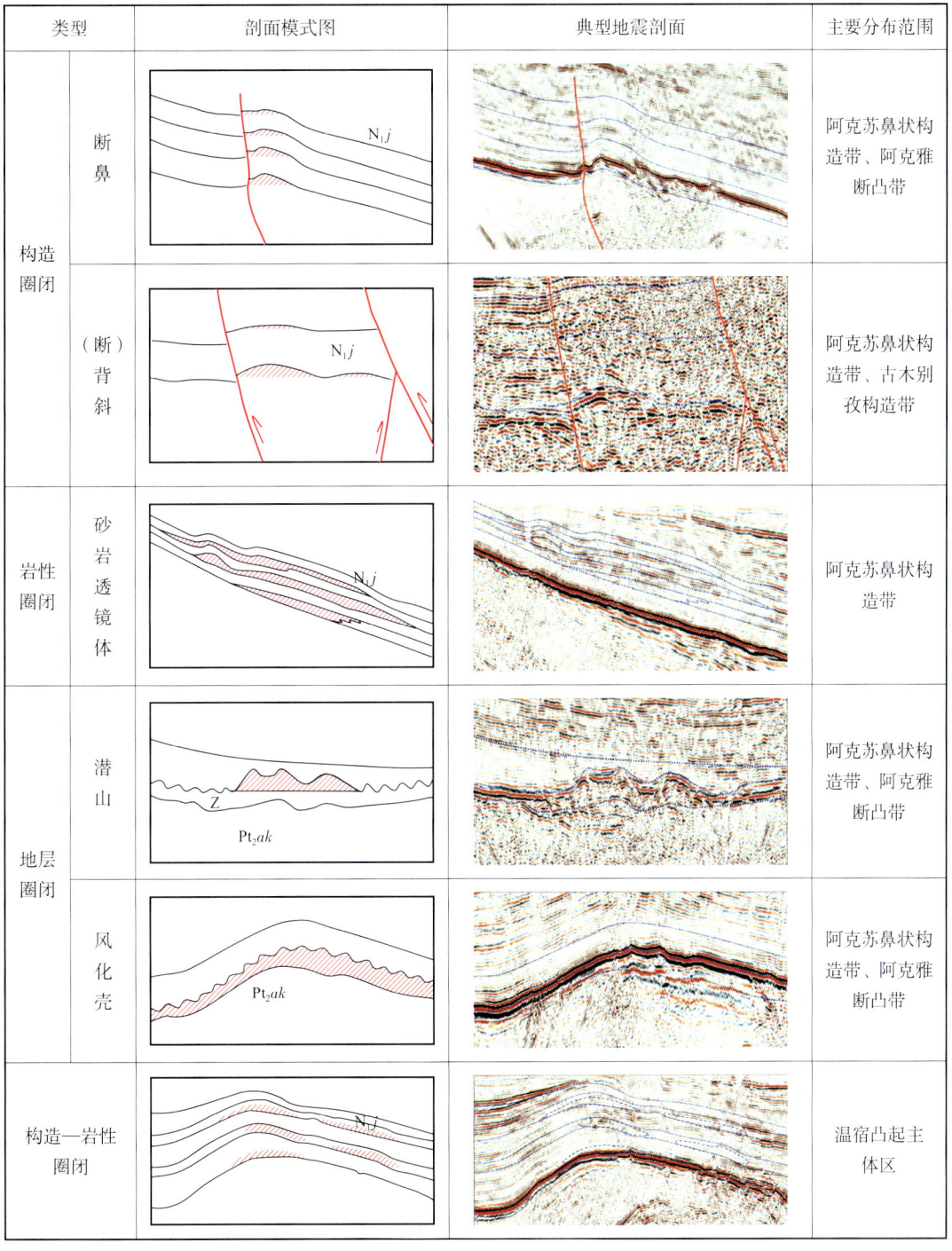

图 3-54 温宿凸起区圈闭类型、典型剖面及分布表

3. 地层圈闭

地层圈闭主要指地层或者构造遭受长期剥蚀后形成一定的储集空间，被后来沉积的不渗透地层所覆盖形成圈闭。温宿凸起区整体处于凸起边缘的宽缓斜坡区，吉迪克组逐层超覆于中元古界潜山上，沿鼻状凸起边缘的缓坡容易形成大型地层圈闭群。

1）潜山

温宿凸起区以震旦系碳酸盐岩为储层、上覆新近系泥岩为盖层易于形成潜山类圈闭，主要分布于阿克苏鼻状构造带和阿克雅断凸带。其储层有效性预测难度较大，平面上呈带状或片状集群分布，潜在的圈闭规模较大。

2）风化壳

以元古宇基岩风化层为储层、上覆新近系泥岩为盖层易于形成风化壳类地层圈闭，主要分布于阿克苏鼻状构造带和阿克雅断凸带，此类圈闭储层大部分分布在不整合面下几十米，以裂缝型为主，与断裂及差异性风化关系密切，但其分布和准确难度大，单个规模较小，平面上呈片状集群分布，规模较大。

4. 构造—岩性圈闭

温宿凸起为大型鼻状构造背景，新近系发育多套滩坝砂沉积，可形成较多构造—岩性类圈闭。这类圈闭常以新近系吉迪克组砂体为储层，顶底板及围岩均为泥岩，整体又处于断鼻、（断）背斜或断裂复杂带背景，从而组合形成构造—岩性圈闭，在温宿地区广泛发育，有利范围广，圈闭规模大，是重要的勘探类型。

（二）圈闭展布

圈闭的类型和分布宏观上主要取决于构造和沉积演化。温宿凸起是一个长期发育的残余古隆起，自中—晚奥陶世逐渐形成，而后至新近纪前遭受持续冲断剥蚀，吉迪克组沉积时期凸起停止隆升并接受沉积，库车组沉积时期凸起西部局部抬升向东遭受剥蚀。温宿凸起的形成和演化主要受沙井子断裂带和古木别孜断裂带的控制，凸起区发育多套北东走向次级逆冲断裂，而温宿凸起区震旦系和新近系分别为海陆两套沉积体系，与构造及断裂分布共同决定了不同类型圈闭的宏观分布。

1. 新生界圈闭分布

温宿凸起新生界有利圈闭主要集中在吉迪克组，包括构造、岩性、构造—岩性和地层等4种类型。吉迪克组2-3段滨湖—滩坝和1段浅水三角洲前缘的沉积环境相对更加发育区域泥岩盖层和多种类型砂岩储层，其与凸起新近纪发育的边界断裂和三级断裂相互组合，形成多种类型圈闭。其中，断鼻、（断）背斜等构造类圈闭发育于阿克苏鼻状构造带（阿克苏低凸）和阿克雅断凸带具有宏观构造背景区域（图3-55），以及宏观构造背景之下三级断裂切割吉迪克组砂体的位置；砂岩透镜体或侧向尖灭型圈闭则主要发育于构造相对宽缓、断层不发育的东北部和西北部地区（主要为吉迪克2-3段）；构造—岩性类圈闭则集中于阿克苏鼻状构造带中部地区（主要为吉迪克2-3段）；地层圈闭主要发育在凸起中部和西部存在地层不整合的区域。

2. 元古宇圈闭分布

温宿凸起元古宇有利圈闭基本上都是地层类，包括潜山和风化壳，其盖层均为新近系底部泥岩。由于温宿古凸起自中—晚奥陶世至新近纪前持续遭受冲断剥蚀，主体区域大量地层已消失殆尽，造成新近系直接披覆于元古宇阿克苏群之上，仅在凸起环状斜坡区残留部分震旦系。震旦系碳酸盐岩长期遭受风化，容易形成一定次生溶蚀孔洞和裂缝等储集空间，而阿克苏群绿片岩在断裂附近也容易形成裂缝型储层。整体看，震旦系地层圈闭主要发育于温宿凸起斜坡埋深相对较大位置（图3-56），平面上呈环带状分布，阿克苏群地层圈闭则主要位于基岩面断裂相对发育、容易形成裂缝储层的区域。

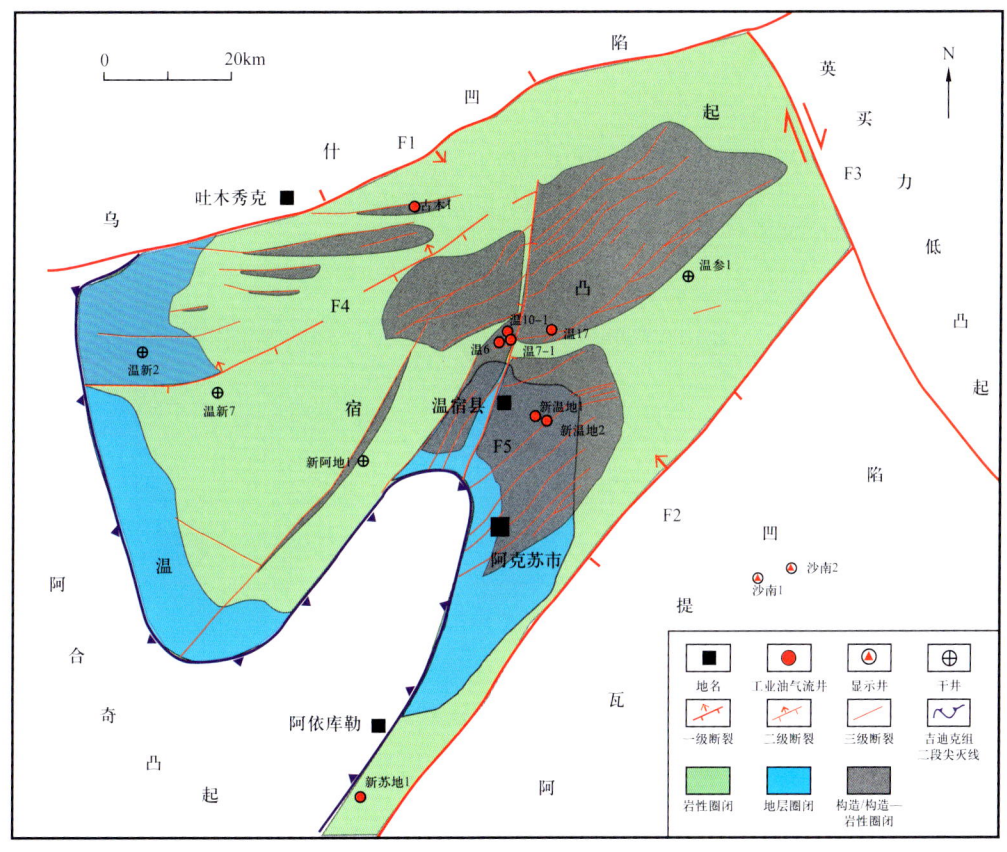

图3-55 温宿凸起区新近系圈闭分布示意图
F1—古木别孜断裂；F2—沙井子断裂；F3—喀拉玉尔滚断裂；F4—温宿断裂；F5—温宿南断裂

二、塔西北志留系

柯坪—阿瓦提地区志留系油气发现主要是柯坪塔格组，阿瓦提凹陷及周缘地区志留系柯坪塔格组顶面构造图表明，构造形态整体表现为以阿瓦提凹陷为中心，向周缘抬升，其中阿瓦提凹陷西北部最深达10000m以上，平面上西北部受柯坪—沙井子断裂控制，柯坪地区主要是南天山逆冲推覆构造。阿瓦提凹陷表现为大的向斜特征，构造圈闭发育少，柯坪断隆地区受南天山逆掩推覆作用，发育构造圈闭，由于冲断剧烈，以断背斜背景为主，巴楚隆起发育多排构造带，北部塔北隆起削蚀尖灭，具备发育地层岩性圈闭的条件。

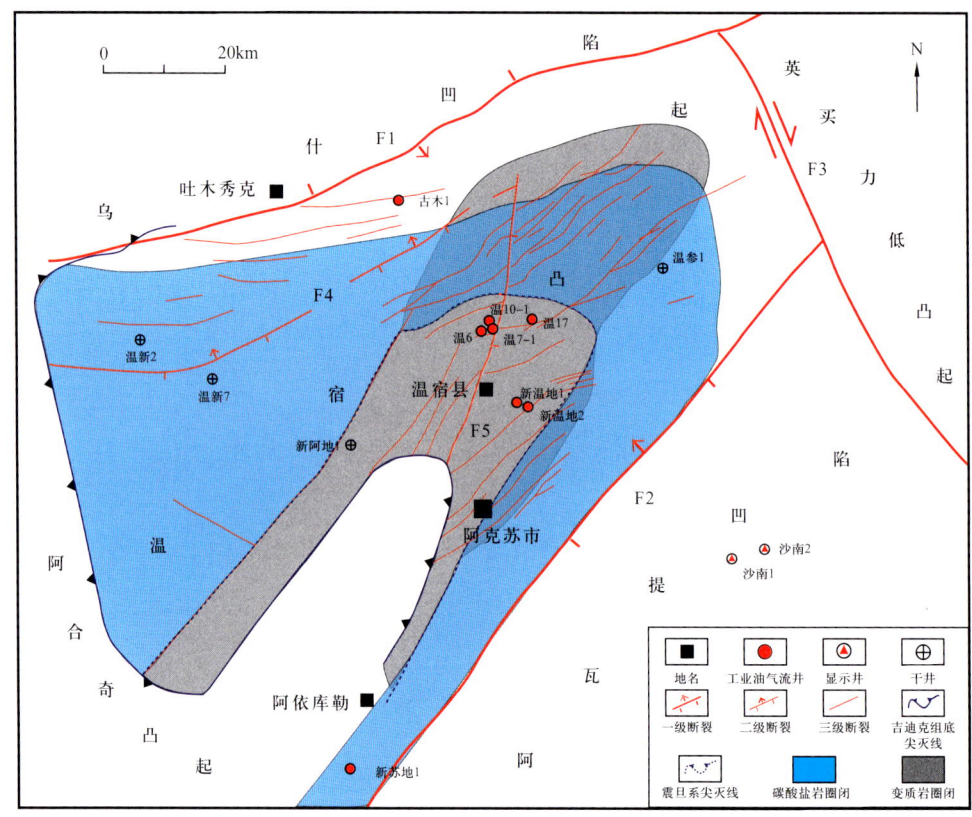

图3-56 温宿凸起区中—新元古界圈闭分布（断层名称同图3-55）

志留系柯坪塔格组是油气发现的主要组段，主力储层发育，在阿瓦提凹陷及周缘地区广泛发育，平面上西北为沉积中心，厚度最大约700m，向东逐渐减薄，至满西低梁最薄，再向东又呈现加厚趋势，北部逐渐减薄至塔北隆起削蚀尖灭，向南减薄至塔南尖灭。

志留系依木干他乌组以泥岩为主，是良好的区域性盖层，在阿瓦提凹陷及周缘地区广泛发育，平面上西北为沉积中心，厚度最大约400m，向东逐渐减薄，至满西低梁最薄，北部逐渐减薄至塔北隆起削蚀尖灭，向南减薄至塔南尖灭，西北以柯坪—沙井子断裂为界的柯坪地区由于受南天山逆冲推覆作用，地质结构复杂，地震资料较少，还需进一步结合地质露头、非震资料解剖研究其发育特征。

柯坪—阿瓦提地区志留系发育多种类型的圈闭（图3-57），应用地震资料连片工业成图，精细刻画断裂展布，对阿瓦提凹陷及周缘地区志留系圈闭分布特征进行细化研究，阿瓦提凹陷表现为被沙井子断裂控制的向斜特征，总体向周缘呈单斜抬升，构造圈闭发育

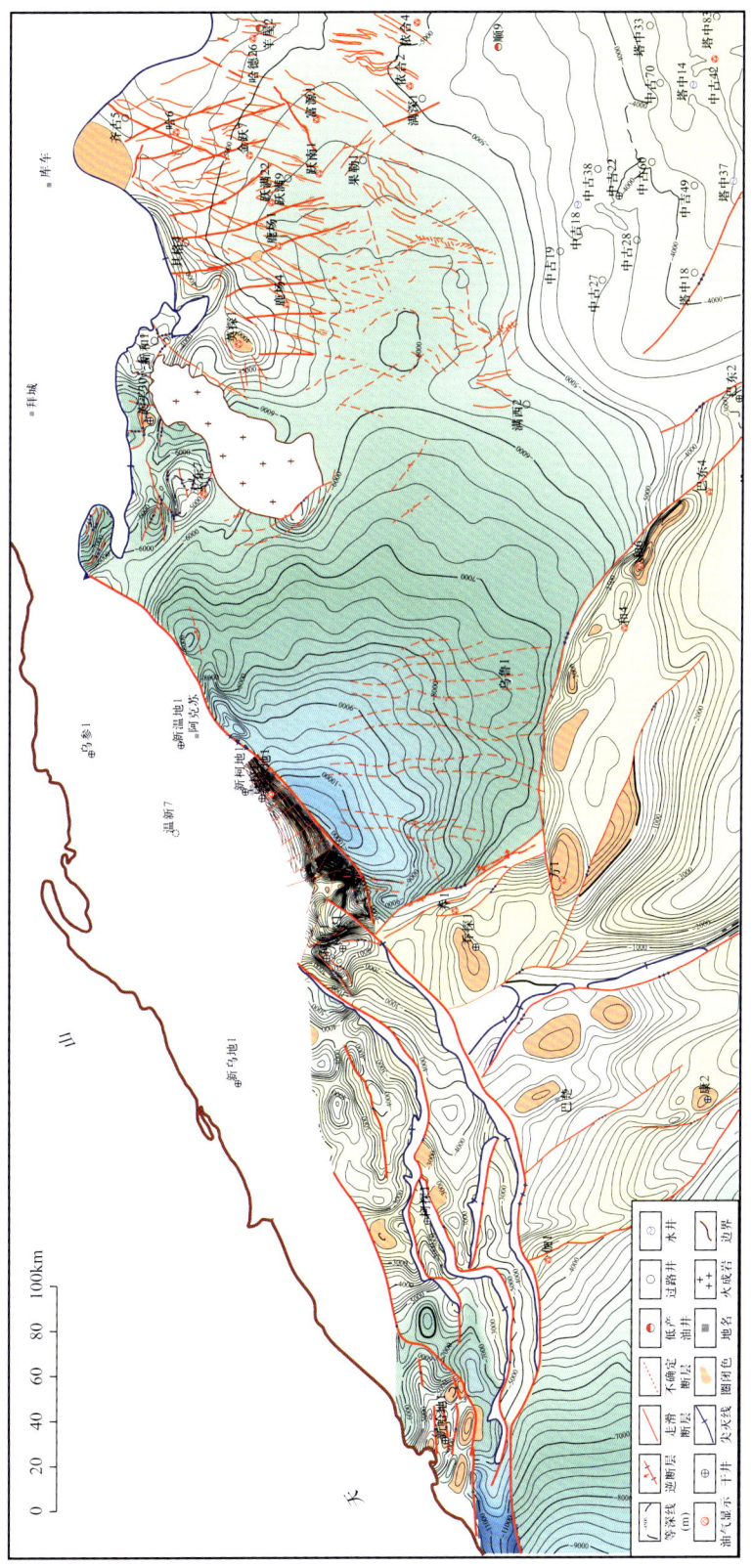

图 3-57 塔里木盆地西北部志留系圈闭分布图

少，柯坪断隆地区受南天山逆掩推覆作用，发育构造圈闭，由于冲断剧烈，以断背斜、断块圈闭为主，巴楚隆起发育多排断裂构造带，伴生多个背斜带，圈闭较丰富，北部塔北隆起削蚀尖灭，具备发育地层岩性圈闭的条件。在阿瓦提凹陷和满西及英买力地区，发育多期次的断裂，同时由于沉积背景的匹配，具有形成受断裂控制的地层岩性圈闭的条件。沙井子构造带的志留系圈闭以断块、断鼻和背斜等构造类圈闭为主，且发育砂岩上倾尖灭型构造—岩性圈闭，表现为受断裂控制、沿构造带有序分布、呈叠合连片的特征（张君峰等，2019）。

三、塔西北寒武系盐下

柯坪地区露头及实钻资料表明，柯坪地区普遍缺失中—上奥陶统，同时还缺失泥盆系及早石炭系，因此极有可能具备加里东期及海西期局部古隆起背景。柯坪东段地震剖面显示，柯坪塔格断裂下盘发育石炭系及二叠系，并且二叠系厚度较大，而柯坪塔格断裂上盘缺失石炭系及二叠系，再往北的露头区有石炭、二叠系出露，但厚度较薄，因此推测海西期古隆起的高部位沿柯坪塔格断裂上盘分布，为有利油气运移指向区。

从柯坪地区构造演化剖面来看，寒武纪—早中奥陶世，柯坪地区在震旦纪裂谷拉张基础上转化为被动大陆边缘；奥陶纪晚期开始，由于受南天山洋向北的俯冲消减影响，柯坪地区由被动大陆边缘转化为活动大陆边缘；晚泥盆世受南天山洋向南的俯冲消减作用影响，柯坪地区强烈上升，形成构造、构造—岩性圈闭，有利于捕获柯坪及阿瓦提凹陷内中—下寒武统烃源岩生成的油气；印支—燕山期持续隆升，导致地层大量剥蚀，古油藏被破坏；喜马拉雅期以来，受南天山的挤压影响，柯坪冲断带沿柯坪塔格—沙井子断裂以薄皮冲断—推覆构造形式掩覆到巴楚隆起上，晚期形成的构造、构造—岩性圈闭能够捕获后期烃源岩形成的天然气。喜马拉雅期虽然受南天山—柯坪冲断带的作用发生差异隆升，但局部地区保存条件较好的圈闭亦能够聚集成藏。

值得注意的是，喜马拉雅期冲断—推覆作用是以中寒武统膏盐层为滑脱面进行的，下寒武统—前寒武纪基底岩系未卷入变形，早期隐伏构造未卷入后期构造变形中，很好地保存了下来，且上覆有厚层膏盐层和新生界覆盖，盖层条件好，该类构造为柯坪地区最有利的勘探目标。下面以萨拉姆布拉克构造为例，说明柯坪断隆圈闭形成演化特征。

前人研究认为：巴楚地区现有的南北向断裂的形成早于柯坪地区的东西向断裂，早期断裂对于晚期的构造的发育起制约作用，因此晚期的构造叠加到早期断层之上，致使早期的断层被程度不同的改造。巴楚隆起东部的边界断层——阿恰断裂向北延伸，以至于晚期在柯坪构造带上形成的萨拉姆布拉克背斜由于早期断层的影响而产生褶皱形态的扭曲。

萨拉姆布拉克背斜核部出露地层为下志留统依木干塔乌组，最外围地层为二叠系阿恰群，古近系上新统阿图什组或第四系上更新统至全新统沉积物不同程度地零星超覆于诸层系之上。背斜形态为倒三角形，深部的平面构造研究一方面指出萨拉姆布拉克背斜这种倒三角形态是继承性的,说明这种形态一直可以延伸到更深的层位,另外也指出背斜的南端被一条南北走向的断层改造。背斜的主体(北东向构造)是柯坪较晚期活动的结果。较早期的近东西向的构造应力场造就了轴向近南北向的阿恰断裂及其相关的背斜褶皱(图3-58左),晚期该部位一方面形成与主构造带(东西向)走向一致的背斜变形,同时也改造了早期的背斜形态。两种构造交汇的结果就形成了现今萨拉姆布拉克的倒三角形背斜(图3-58右)。因为后期构造叠加在现存断层之上,将其称为叠加改造型对应关系。类似的断层有七郎滩断裂与印干断裂,色力布亚东断裂与萨尔干断裂等。

柯坪逆冲推覆构造形成两大构造层,下部隐伏构造层为巴楚隆起西段向北西方向延伸部分,下部隐伏构造层保存好,隆起发育早,后期下降幅度不大,烃源岩和目的层不仅未出露地表,而且有厚近千米的古生代地层覆盖,油气条件非常有利,可形成大型逆冲断层遮挡圈闭型油气藏。上文提到的萨拉姆布拉克构造符合上述条件,柯坪褶皱冲断带是以寒武系膏盐层为滑脱面的,盐下早期形成的北西向构造基本未受后期构造的影响,寒武系烃源岩生成的油气能很好的聚集和保存,有很大的油气勘探潜力。塔里木盆地西北部寒武系盐下构造圈闭共63个,总面积5390km^2(图3-59)。

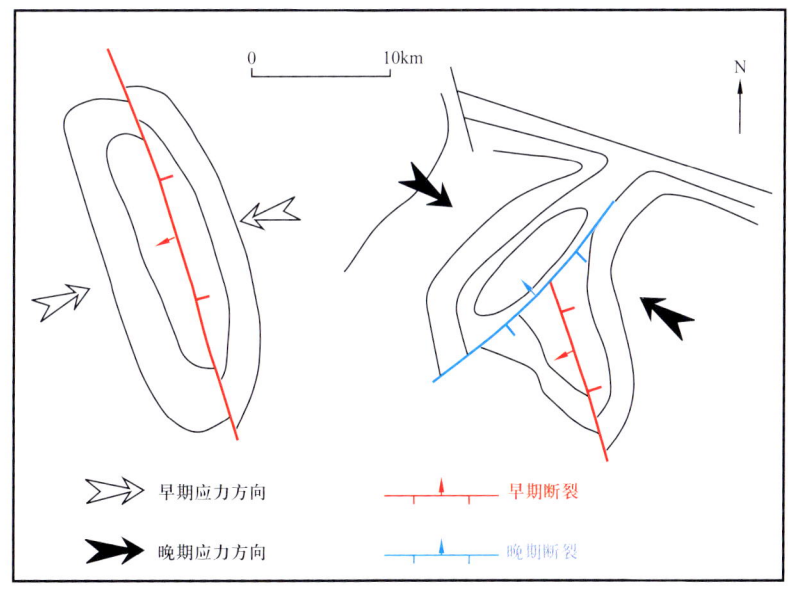

图3-58 萨拉姆布拉克构造形成模式图

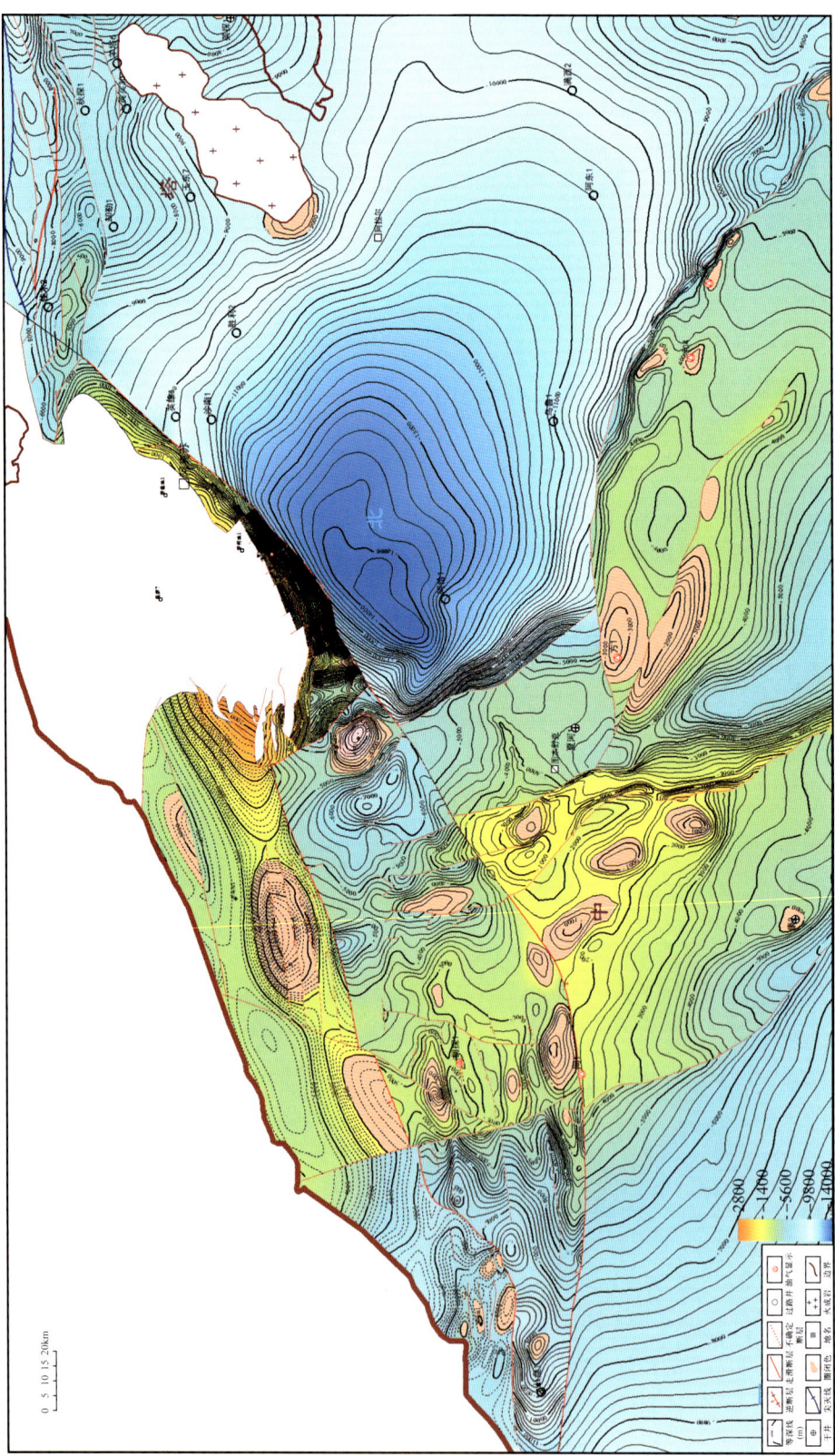

图 3-59 塔里木盆地西北部寒武系盐下圈闭分布图

第四章 油气成藏及潜力

基于柯坪断隆及周缘目前实际钻探和测试资料，梳理了温宿凸起、沙井子构造带和柯坪冲断带已证实的油气藏类型和基本特征，依据油气样品测试结果与周缘油气类型相关数据对比明确了不同地区及层系油气来源，利用多种分析手段确立了油气藏的成藏时间与期次，并进一步结合前文分析圈闭类型与形成、分布规律建立了三类油气成藏模式。

第一节 油气样品

截至目前，柯坪断隆已在温宿凸起、沙井子构造带和柯坪冲断带获得油气发现与突破，本节分述其油气样品基本参数。

一、温宿凸起

温宿凸起新温地1井、新温地2井两口井均获得高产工业油流（图4-1），两口井新近系吉迪克组二段砂岩储层原油品质基本相同。新温地1井原油密度为0.9137g/cm³，黏度为70.73mPa·s（50℃），含蜡量为5.67%，凝点为-30℃；新温地2井原油密度为0.9076g/cm³，黏度为42.69mPa·s（50℃），含蜡量为4.48%，凝点为-30.01℃。温7-1井

(a) 岩心表面渗出原油，新温地1井，832.70m

(b) 岩心滴水呈珍珠状，新温地1井，833.31m

(c) 岩心表面渗出原油，新温地1井，833.80m

(d) 黑褐色饱含油细砂岩，新温地1井，833.20m

图4-1 新温地1井吉迪克组含油岩心照片

则于吉迪克组不同砂岩段分获工业油流，其原油密度分别为 0.9242g/cm³ 和 0.9437g/cm³，凝点分别为 −6℃ 和 −10℃。温 6 井吉迪克组三段底砾岩储层原油密度为 0.9019g/cm³，含蜡量为 0.32%，凝点为 −28℃。目前温宿凸起区钻井揭示的油质为常规稀油（中质油），具有低黏、低蜡、低凝点的特点（表 4-1）。

表 4-1　温宿凸起钻揭原油样品分析表

井号	层位	深度（m）	密度（g/cm³）	50℃下黏度（mPa·s）	含蜡量（%）	凝点（℃）
新温地 1	N_1j	833.5～835	0.9137	70.73	5.67	−30
新温地 2	N_1j	842～859	0.9076	42.69	4.48	−30.01
温 7-1	N_1j	1661～1666.5 1667.5～1669	0.9242	—	—	−6
温 7-1	N_1j	1398.5～1400.5 1378～1382	0.9437	—	—	−10
温 6	N_1j	1490～1492.5	0.9019	—	0.32	−28

新温地 2 井取得地层水样和气样全分析，检验结果为：密度 1.0358g/cm³，Cl^- 含量 16223.01mg/L，矿化度 27055.8mg/L，水型 $CaCl_2$。气样检测结果为：甲烷含量 89.5853%，相对密度 0.6242（表 4-2）。

表 4-2　新温地 2 井第一试油层水样、气样分析表

水样分析表		气样分析表	
取样时间	2017.11.09	组分名称	组分含量（摩尔分数）
密度（g/cm³）	1.0358	O_2	0.0000
pH 值	6	N_2	1.7926
HCO_3^- 含量（mg/L）	904.68	CO_2	0.0000
Cl^- 含量（mg/L）	16223.01	C_1	89.5853
SO_4^{2-} 含量（mg/L）	24.69	C_2	6.1369
Ca^{2+} 含量（mg/L）	876.49	C_3	1.1517
Mg^{2+} 含量（mg/L）	947.48	iC_4	0.8991
K^++Na^+ 含量（mg/L）	8079.44	nC_4	0.1443
矿化度（mg/L）	27055.8	iC_5	0.2312
水型	$CaCl_2$	nC_5	0.0588
		C_6	0.0000
		气体相对密度	0.6242

温宿凸起区目前已有较多探井揭示气藏或微含气的油藏，但尚无气体详细测试数据，有四口井在测试过程中录取了部分气体组分和密度等数据（表4-3），获得的气体数据主要集中在吉迪克组砂岩和底砾岩（温17井、温7-1井、温6井）和阿克苏群变质岩（温6-1井）。温宿地区天然气均为湿气，除温17井样品甲烷含量88.95%，相对密度0.623，其他七个样品甲烷平均含量93.78%，而乙烷和丙烷含量相对较低，平均相对密度0.583，表明其天然气成熟度高或运移分馏效应强。

表4-3 温宿凸起钻揭气体样品分析表

井名	层组	深度（m）	甲烷（%）	乙烷（%）	丙烷（%）	异丁烷（%）	正丁烷（%）	异戊烷（%）	正戊烷（%）	氮（%）	密度（g/cm³）
温17	N_1j	1818～1824	88.95	5.62	2.01	0.44	0.36	0.24	0.01	1.36	0.623
温7-1	N_1j	1661～1667 1668～1669	92.71	4.21	0.12	0.07	0.01	0.01	0	—	0.586
温7-1	N_1j	1656～1659	94.12	3.58	0.11	0.09	0.01	0	0	—	0.582
温7-1	N_1j	1399～1401 1378～1382	94.53	1.29	0.07	0.04	0.01	0.02	0	4.04	0.579
温6	Pt_2ak	1615～1621	94.07	3.94	0.1	0.05	0.01	0.01	0	1.62	0.583
温6	Pt_2ak	1605～1607 1612～1615	93.23	3.98	0.1	0.06	0.01	0.01	0	1.93	0.583
温6	N_1j	1490～1493	93.91	3.98	0.09	0.05	0.01	0.01	0	1.94	0.583
温6-1	Pt_2ak	1602～1632	93.89	3.97	0.09	0.05	0.01	0.01	0	1.97	0.583

二、沙井子构造带

新苏地1井于志留系柯坪塔格组测试获得工业气流和少量原油，相关天然气和原油样品参数见表4-4。其中，柯下段关静压求得测试层中部（2527m）静压24.47MPa，地层压力系数0.987，温度41.88℃，柯上段关静压求得测试层中部（2395m）压力24.27MPa，地层压力系数1.033，温度41.05℃。柯下段和柯上段两段天然气成分基本相同，甲烷含量较高。原油油质为常规稀油（中质油），具有低黏、低蜡的特点。

表4-4 新苏地1井柯坪塔格组油气样品分析表

类型	层段/深度（m）	甲烷（%）	乙烷（%）	丙烷（%）	异丁烷（%）	正丁烷（%）	异戊烷（%）	正戊烷（%）	二氧化碳（%）	氮（%）	密度（g/cm³）
天然气	柯下段 2525.5～2528.5	92.91	0.80	0.03	0.02	0.01	0.00	0.03	0.11	6.186	0.7053

续表

类型	层段/深度（m）	甲烷（%）	乙烷（%）	丙烷（%）	异丁烷（%）	正丁烷（%）	异戊烷（%）	正戊烷（%）	二氧化碳（%）	氮（%）	密度（g/cm³）
原油	柯上段 2377～2386 2409～2413	91.72	1.47	0.20	0.14	0.03	0.14	0.04	0.01	6.247	0.5958
		密度（g/cm³）		50℃下黏度（mP·s）			含蜡量（%）		凝点（℃）		
		0.8833		16.98			3.4		4		

三、柯坪冲断带

依据申能公司委托中国海油实验中心（上海）对柯坪南1井所获气体样品测试结果开展分析，柯坪南1井寒武系超深层天然气甲烷含量分布范围变化较大（7.28%～59.29%），轻烃气体（C_2～C_5）含量分布范围为0.03%～0.41%，测试天然气均属于干气范畴，与邻区巴楚部分井（山1井、古董1井）奥陶系天然气类似，且明显区别于顺北超深层以湿气为主的天然气（马安来等，2021；李剑，1999）。二氧化碳的含量为39.97%（表4-5）。肖尔布拉克组与吾松格尔组天然气的烃类较相似、非烃类有较大差异。

表4-5 柯坪南1井寒武系天然气组分组成

深度（m）	层位	组分含量（%）										C_1/C_{1-5}
		CH_4	C_2H_6	C_3H_8	iC_4	nC_4	iC_5	nC_5	N_2	CO_2	C_{2-5}	
5240～5245	肖尔布拉克组	59.29	0.28	0.06	0.03	0.02	0.01	0.01	0.33	39.97	0.41	0.993
5102～5110	吾松格尔组	7.28	0.03	0	0	0	0	0	8.61	84.08	0.03	0.996

柯坪南1井肖尔布拉克组与吾松格尔组的烃类组成总体相似。与塔中良里塔格组（一间房）、鹰山组天然气烃类组分、非烃类组分有明显差异。KPN1井烃类气含量低、无机气含量高。与塔中一样，主要为干气。

研究区寒武系天然气在烷烃气碳同位素组成上具有相似性，表现出相对重碳同位素特征，均呈现出正碳同位素特征，即$\delta^{13}C_1<\delta^{13}C_2<\delta^{13}C_3<\delta^{13}C_4$（图4-2）；天然气$D_1$同位素分布较为集中，分布范围为-66.56‰～-73.51‰（表4-6）。统计资料分析认为研究区寒武系天然气成因和来源具有一定的共性。

表4-6 柯坪南1井寒武系天然气碳、氢同位素组成

深度（m）	层位	$\delta^{13}C$（‰，VPDB）						δD（‰，VSMOW）		
		C_1	C_2	C_3	iC_4	nC_4	CO_2	δD_1	δD_2	δD_3
5240～5245	肖尔布拉克组	-37.641	-34.689	-28.096	-25.879	-25.662	-0.299	-66.56	-24.31	
5102～5110	吾松格尔组	-35.218					-2.726	-73.51	-36.58	-164.62

依据天然气成熟度计算关系式（Zhao et al.，2002）：

$$\delta^{13}C_1 = 54.611 \times \lg R_o - 52.115 \qquad (4-1)$$

肖尔布拉克组天然气样品成熟度 R_o=1.84%；吾松格尔组天然气样品成熟度 R_o=2.04%；总体上，两个样品天然气属于高—过成熟天然气。

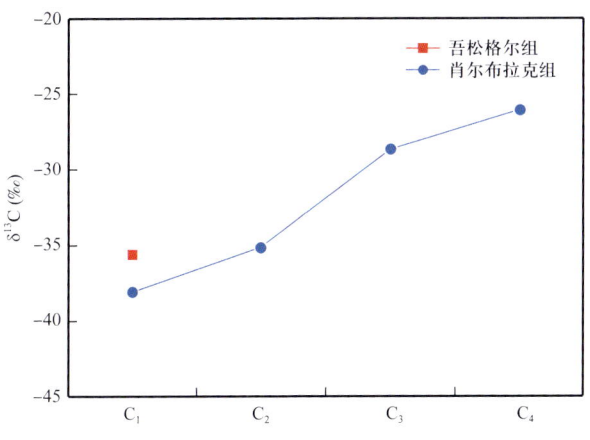

图 4-2　寒武系天然气烷烃系列碳同位素分布图

第二节　油气源与成藏期

一、温宿凸起

新温地 1、2 井是温宿凸起首次取得重要突破的工业油气流井。本节以温宿凸起及周缘的油气地球化学特征及成因类型分析为基础，通过开展油气源对比等一系列研究，主要取得如下认识：（1）阐明了温宿凸起及周缘的油气特征及其成因类型，研究区发育多种类型油气，油气物理—化学特征差异显著，包含海相、沼泽相、湖相三大类、六小类成因类型原油；（2）揭示了温宿凸起油气的主要来源及相对贡献，其油气主要来自于拜城凹陷—乌什东洼的三叠系黄山街组和侏罗系恰克马克组两套烃源岩，具有混源油特征，并定量预测了温宿凸起油气源相对贡献；（3）明确了温宿凸起及周缘油气的主要成藏时间与期次，温宿凸起至少有两期且具有晚期成藏为主的特征（成藏时间距今约为 5~2Ma）。以上认识对于下一步温宿凸起资源评价与油气勘探方向有重要意义。

（一）油气地球化学特征与成因类型

温宿及其周缘油气物理—化学特征差异显著、性质与成因类型多样，依据烃类生物标志物、碳同位素和高分辨率质谱，认为研究区发育湖相、沼泽相、海相三大成因类型原油，进一步划分出六小类：（1）乌什凹陷乌参 1 井型原油；（2）却勒—玉东—羊塔克构造带型原油；（3）英买力古潜山为主的陆相油；（4）温宿凸起新温地 1、2 井型原油；

（5）依南 2 井型煤系成因原油；（6）阿瓦提沙南 1、2 井型海相原油。

1. 轻烃特征

通过对温宿凸起及周缘原油开展全油色谱和轻烃组分对比分析，可将原油大致分为三类：第一类为大北—大宛齐—博孜 1 井地区原油，芳香烃含量较高，为腐殖型；第二类依南 2 井、神木 1 井、乌参 1 井及玉东—却勒—羊塔克地区原油，芳香烃含量稍低于第一类，为腐殖型；第三类为阿瓦提凹陷的沙南 1、2 井原油（海相），芳香烃含量较低，偏腐泥型。

1）轻烃宏观组成

$C_4 \sim C_7$ 轻烃类的宏观组成特征显示，多数原油轻烃携带煤系烃特征（表 4-7），依南 2 井和大北—大宛齐—博孜 1 井等地区原油芳香烃值较高，沙南 1、2 井原油芳香烃含量较低，乌什凹陷和却勒—玉东—羊塔克等地区原油介于两者之间。甲基环己烷分布指数图显示（图 4-3），沙南 1、2 井海相原油为一类；英南 2 井和个别其他原油（QL1、DW1、1211.5m）为一类（煤系特征），具有较高的环己烷含量；其他湖相为主的原油归为一类。新温地 1、2 井原油轻烃散失较严重，系经历生物降解等次生改造原油，导致轻烃指标异常。

2）轻烃的母质类型

六元环烃能够代表原油或者生油岩的腐殖型母质成因，五元环烃则绝大多数源于甾族类以及萜族类，C_6、C_7 轻烃组成中的环己烷指数和甲基环己烷指数可用于研究原油有机母质的来源特征，区分不同沉积环境和母质类型烃源岩生成的油气。根据划分标准，本次分析轻质的母质多数属于腐殖型（Ⅲ型）或介于Ⅱ—Ⅲ型，仅阿瓦提凹陷沙南 1、2 井海相原油母质为Ⅰ型（图 4-3）。

3）轻烃成熟度

轻烃参数正庚烷值常用于指示原油的成熟度、微生物降解作用，以及原油成因类型的划分，正庚烷指数与异庚烷指数的关系图表明大多数样品属于成熟—高成熟度原油（图 4-4 左）。本次原油样品中最小生成温度为 117.5℃，最大生成温度为 154.7℃，平均生成温度为 129.0℃，折算 R_o 值为 0.8%～1.2%，平均值为 0.91%，属成熟阶段，庚烷指数关系与折算镜质组反射率基本吻合。

4）轻烃的次生改造识别

Thompson（1987）图版可以用来识别生物降解、水洗和成熟度对原油的影响。乌什凹陷原油的芳香烃指数表明其经历了蒸发分馏过程，但强度不及大北—大宛齐、博孜 1 井原油（图 4-4 右），却勒—羊塔克—玉东原油也有轻微的蒸发分馏作用，总体与正常油较接近。此外，温宿原油发生了生物降解和水洗作用。

全油气相色谱（GC）检测表明（图 4-5），温宿凸起原油包含"UCM"鼓包，链烷烃基本缺失，而相邻的乌什凹陷乌参 1 井与神木 1 井原油链烷烃保存完好。原油 GC 参数显示，高值主要分布在依南 2 井、大宛齐与大北、乌参一带，指示此类原油的母源岩所形成环境较其他原油具有更强的氧化性。

第四章 油气成藏及潜力

表 4-7 全油色谱轻烃参数表

编号	构造带	井号	井深 (m)	层位	链烷烃 (%)	环烷烃 (%)	芳香烃 (%)	异庚烷指数 (%)	正庚烷指数 (%)	Mango K_1值	Mango K_2值	Mango T_{max} (℃)	R_C	环烷指数	iC_4/nC_4	iC_5/nC_5	苯指数 (苯/nC_6)	甲基环己烷指数 (%)	环己烷指数 (%)	苯/nC_6	甲苯/nC_7
1	乌什凹陷	神木 1（SM1）	5138.5~5143	K_1s	57.41	18.15	24.45	2.39	41.68	1.09	0.22	127.58	0.89	0.491	0.391	0.787	0.48	1.49	40.90	0.48	1.07
2		乌参 1（WC1）	6038.5~6053	K	64.27	13.92	21.81	2.70	23.72	1.10	0.26	132.06	0.95	0.659	0.118	13.369	0.72	51.07	32.21	0.72	1.41
3		乌参 1（WC1）	6005~6020	K	65.25	12.60	22.15	2.79	24.81	1.11	0.26	131.87	0.94	0.613	0.386	0.966	0.74	50.64	32.22	0.74	1.48
4	依南 2	依南 2（Yinan2）	4969~4982	J_1a	55.50	16.21	28.29	1.42	17.60	1.17	0.20	129.44	0.91	0.759	0.386	0.913	0.88	62.11	42.90	0.88	2.64
5		依南 2（Yinan2）	4606~4620	J_1y	69.32	10.30	20.38	1.86	23.37	1.18	0.22	121.77	0.82	0.436	n.a	0.000	0.56	63.29	55.16	0.56	1.14
6	拜城凹陷	博孜 1（BZ1）	7014~7084	—	50.85	9.14	40.01	3.04	25.04	1.05	0.21	124.97	0.86	0.598	n.a	0.000	2.82	55.01	52.47	2.82	2.48
7	温宿凸起	新温地 1（XWD-1）	833.5~835	N_1j	34.72	64.27	1.01	0.17	0.00	0.59	1.06	154.56	1.22	n.a	n.a	n.a	n.a	58.62	100.00	n.a	n.a
8		新温地 2（XWD-2）	872~884.8	N_1j	34.76	64.23	1.01	0.17	0.00	0.59	1.05	154.70	1.22	n.a	n.a	n.a	n.a	58.52	100.00	n.a	n.a
9	却勒	却勒 1（QL1）	5775.2~5777.0	E	85.42	7.19	7.39	n.a	22.15	0.80	0.00	n.a	n.a	0.354	n.a	0.513	0.00	65.74	50.26	0.00	1.15
10	玉东	玉东 2（YuD2）	4764~4767	K	68.79	10.27	20.94	1.94	27.55	1.04	0.14	117.52	0.85	0.439	n.a	n.a	0.67	56.51	62.33	0.67	0.97
11	羊塔克	羊塔 101（YT101）	5329~5333	E	64.65	16.70	18.65	2.05	21.97	1.08	0.22	126.25	n.a	0.636	n.a	n.a	1.01	57.33	52.68	1.01	0.95
12		沙南 1（SN1）	5095.5~5098.5	T	60.99	39.01	0.00	n.a	4.40	n.a	0.18	n.a	0.77	0.000	0.000	n.a	0.00	58.49	87.82	0.00	0.00
13	阿瓦提	沙南 2（SN2）	6110.5~6113.2	T	72.79	17.85	9.36	1.98	48.08	1.09	0.18	124.02	0.87	0.478	0.000	0.433	0.11	0.89	22.79	0.11	0.28

注："n.a" 无法求得。

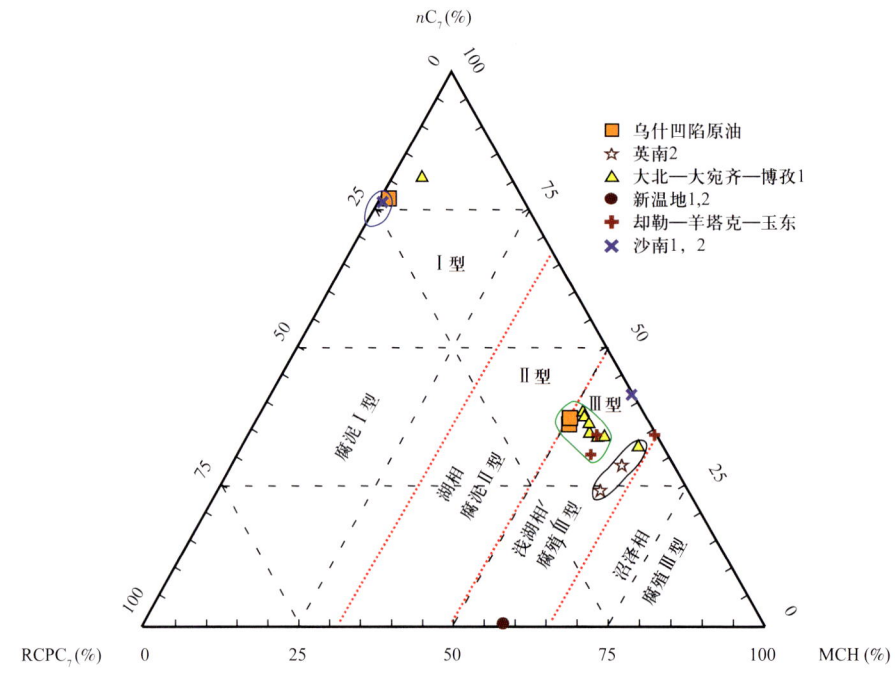

图 4-3 正庚烷、甲基环己烷、五元环烃相对含量分布特征

图中 RCPC$_7$（五元环烃）、MCH（甲基环己烷）相对含量分别为（1,1-DMCyC$_5$+c-1,3-DMCyC$_5$+t-1,3-DMCyC$_5$+t-1,2-DMCyC$_5$）×100/（nC$_7$+1,1-DMCyC$_5$+c-1,3-DMCyC$_5$+t-1,3-DMCyC$_5$+t-1,2-DMCyC$_5$+MCyC$_6$）、MCyC$_6$×100/（nC$_7$+1,1-DMCyC$_5$+c-1,3-DMCyC$_5$+t-1,3-DMCyC$_5$+t-1,2-DMCyC$_5$+MCyC$_6$）

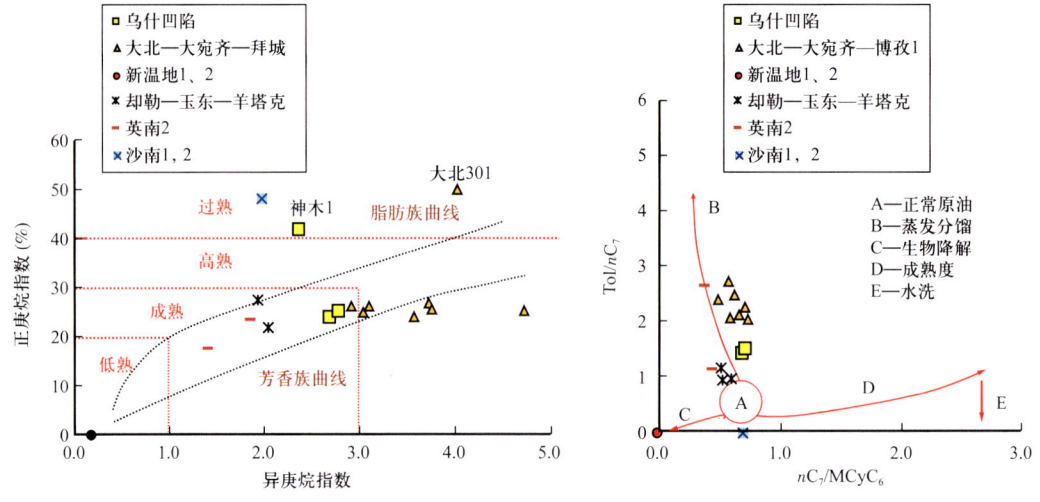

图 4-4 庚烷指数关系图（左）和原油次生改造识别图（右）

2. 原油基本地球化学特征

温宿凸起及周缘发育多种类型油气，油气物理—化学特征差异显著，表现在轻烃、链烷烃、生物标志物特征、芳香烃、NSO 化合物、碳同位素等方面。

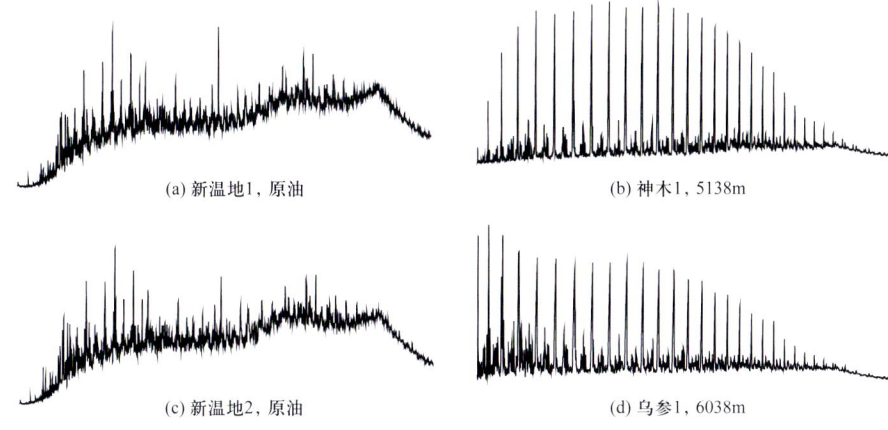

图 4-5 温宿凸起及周缘原油饱和烃总离子流图（TIC）

1）原油宏观组成特征

原油样品中主要为轻质油或正常油，温宿凸起油藏较浅，原油相对较稠。分析结果表明多数原油以饱和烃为主（图 4-6），如乌什凹陷、大北—大宛齐、玉东—羊塔克—却勒地区以及阿瓦提凹陷原油饱和烃含量较高，而温宿凸起、英买力地区原油饱和烃含量相对较低。多数原油芳香烃、非烃和沥青质含量相对较低，深埋原油族组分总体以轻质组分为主。但英买力地区深埋的古生界潜山部分原油油质相对较差，芳香烃、非烃和沥青质含量较高，浅埋的新近系原油油质相对较好，以轻质组分为主，反映多期成藏。温宿凸起原油虽然埋藏较浅，但油质总体好于英买力古潜山原油，同时大宛齐原油属于浅埋的轻质油，反映晚期成藏作用。

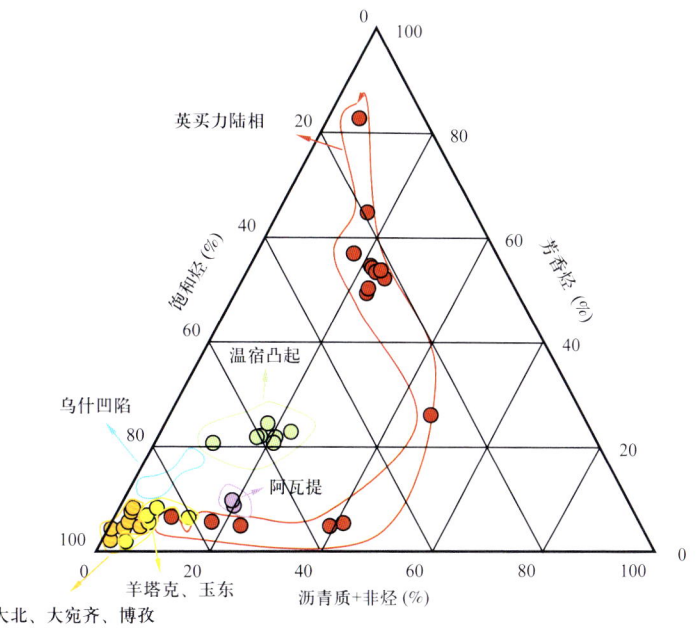

图 4-6 温宿凸起及周缘原油族组分分布特征

2）原油链烷烃特征

温宿凸起原油遭受明显的生物降解与水洗作用，链烷烃消失殆尽、UCM 鼓包明显，但 25-降藿烷系列峰不明显，为中等降解级别（4-5 级）。陆相原油多数富集轻质组分、奇偶优势不明显，表明多为中—高成熟度。温宿及周缘陆相原油 Pr/Ph 值高于阿瓦提凹陷沙南 1、2 井海相原油，反映陆相原油母源岩形成于弱氧化—弱还原性的原始沉积环境。母源岩沉积环境的差异性特征可用 Hughes 等（1995）的 Pr/Ph 与 DBT/P(二苯并噻吩/菲)的关系图加以显示（图 4-7），特别是依南 1、2 井原油稍有别于其他原油。

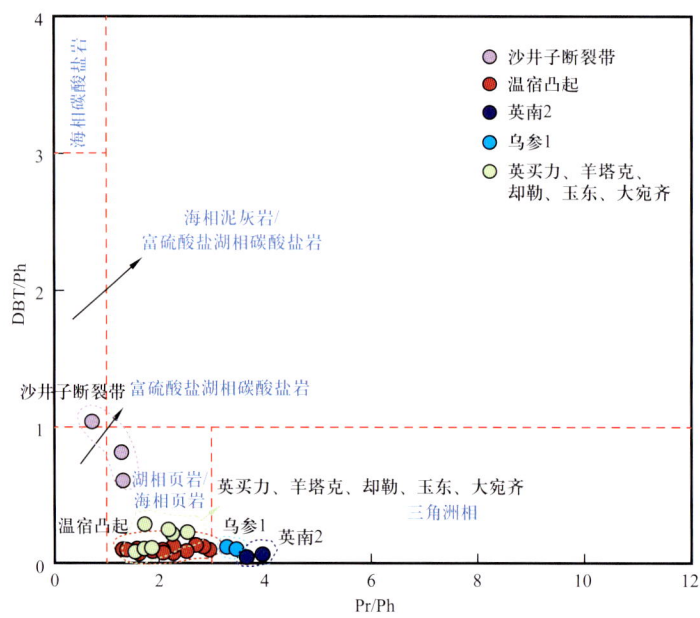

图 4-7　温宿凸起及周缘 Pr/Ph—DBT/Ph 关系图

3）原油生物标志物特征

温宿凸起及周缘原油中甾萜类生物标志物丰富，主要发育规则甾烷、重排甾烷与低分子量孕甾烷系列（图 4-8），其 C_{27}、C_{28}、C_{29} 规则甾烷一般呈 "V" 字形。温宿凸起等陆相原油中的孕甾烷系列的含量相对低于阿瓦提凹陷原油，指示母源岩生源对孕甾烷系列的影响。原油中甾类异构化程度具有较大的差异，阿瓦提凹陷具有海相原油较高的甾烷/藿烷值，而英买力地区陆相油甾萜类生物标志物的浓度总体高于玉东—羊塔克—却勒地区，大北—大宛齐、依南 2 井原油甾萜类生物标志物的浓度相对更低，温宿凸起原油生标含量与玉东—却勒—羊塔克较接近。

C_{19}、C_{20}、C_{21}、C_{22} 三环萜烷分布组成中，温宿凸起、玉东—羊塔克—却勒地区原油 $C_{19}<C_{20}$ 三环萜烷、呈降序分布，英买力、依南 2 井、阿瓦提凹陷海相原油呈升序分布（图 4-8），体现原油生源的差异。

伽马蜡烷丰度总体不高（表 4-8），英买力、阿瓦提凹陷原油中伽马蜡烷/C_{30} 藿烷值高于玉东—羊塔克—却勒、博孜 1 井，温宿凸起原油介于前两者之间。阿瓦提凹陷原油具

有较高的 C_{29}/C_{30} 藿烷含量，C_{29} 藿烷在碳酸盐岩/蒸发盐岩环境相地较富集（Clark et al.，1989），与其海相生成环境有关。

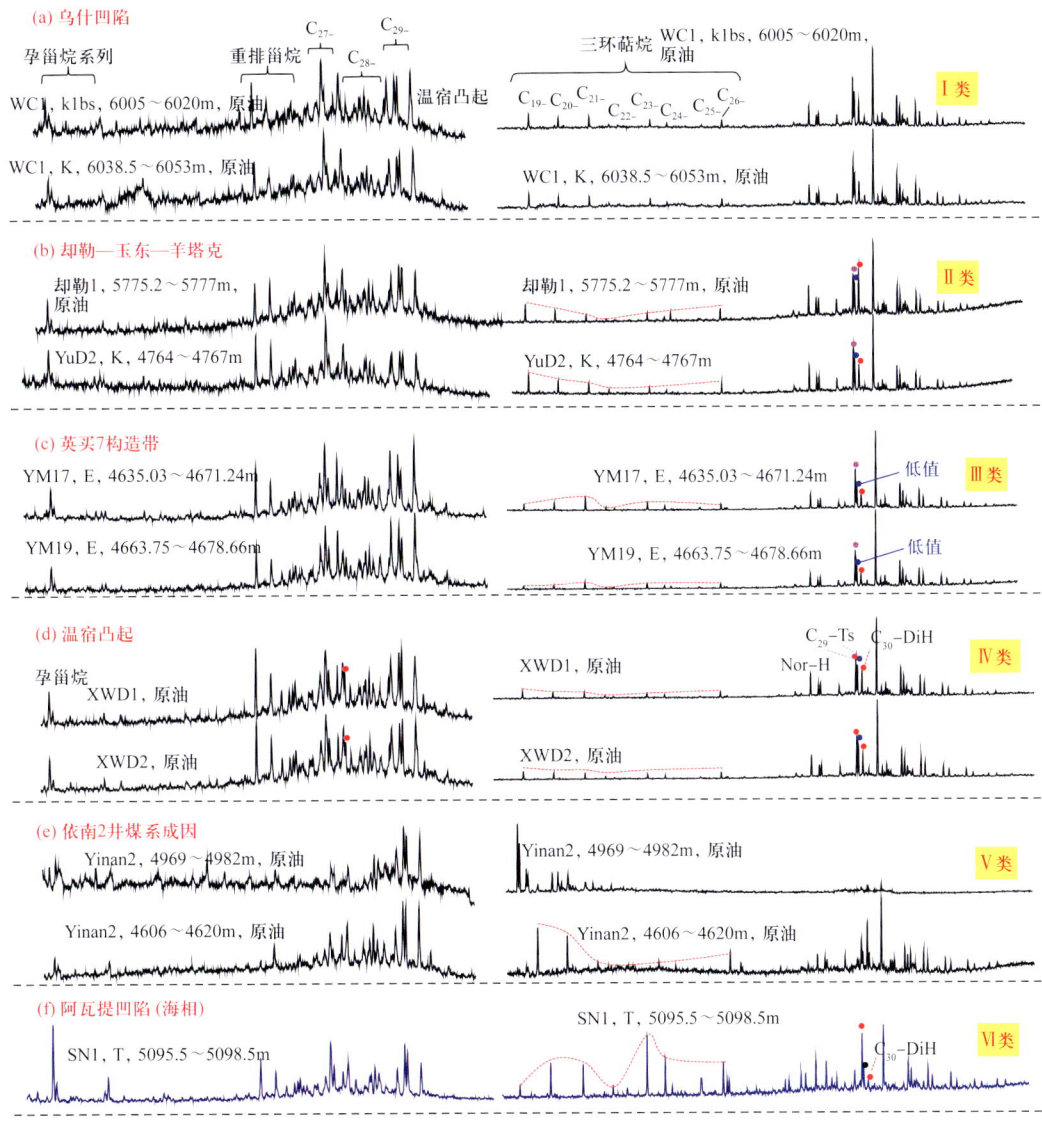

图 4-8　温宿凸起及周缘原油饱和烃 m/z217、191 质量色谱图

原油甾烷异构化程度不等，玉东—羊塔克—却勒原油异构化程度相对较高，C_{29} 甾烷 $\alpha\alpha\alpha20S/(S+R)$、$C_{29}$ 甾烷 $\alpha\beta\beta/(\alpha\alpha\alpha+\alpha\beta\beta)$ 一般分布于 0.4~0.6（表 4-8），指示原油为中—高成熟度。甾萜成熟度及其相关指标反映玉东—羊塔克—却勒与大北—大宛齐地区原油成熟度总体高于英买力地区，同时温宿原油与英买力较接近（表 4-8）。

4）原油芳香烃特征

原油中的芳香烃馏分以萘、菲、联苯和三芴系列占主导地位，不同构造带的原油芳香烃组成有显著差异。温宿凸起原油以菲系列为主，大北—大宛齐等原油的芳香烃总组成与前者相同，只是后者含有更多的萘系列、更少的联苯系列，一方面与烃源岩性质有关，指示油源有差异，另一方面可能与温宿凸起原油遭受生物降解和水洗有关，联苯等芳香烃系列易于溶于水。相邻的英买力地区陆相原油存在两种形式的芳香烃分布，一种是以古潜山为主的原油系列，萘系列含量最高，另一种是以新生界为主的原油系列，联苯系列含量最高，指示多次充注和油源的差异。

"三芴系列"的组成特征是良好的反映沉积环境指标（图4-9；Lin和Wang，1991），英买力原油可分为两类，一类氧芴系列含量高，另一类含量低，分别指示母源岩弱氧化和弱还原两种不同的原始沉积环境。温宿凸起原油芳香烃聚类于英买力第一类原油，表明其芳香烃主要来源于弱还原性的烃源岩。羊塔克—玉东—却勒、大北—大宛齐、博孜1井原油芳香烃氧芴含量相对较高，指示烃源岩形成于弱氧化性原始沉积环境。阿瓦提凹陷原油以硫芴系列为主，指示强还原性原始沉积环境。

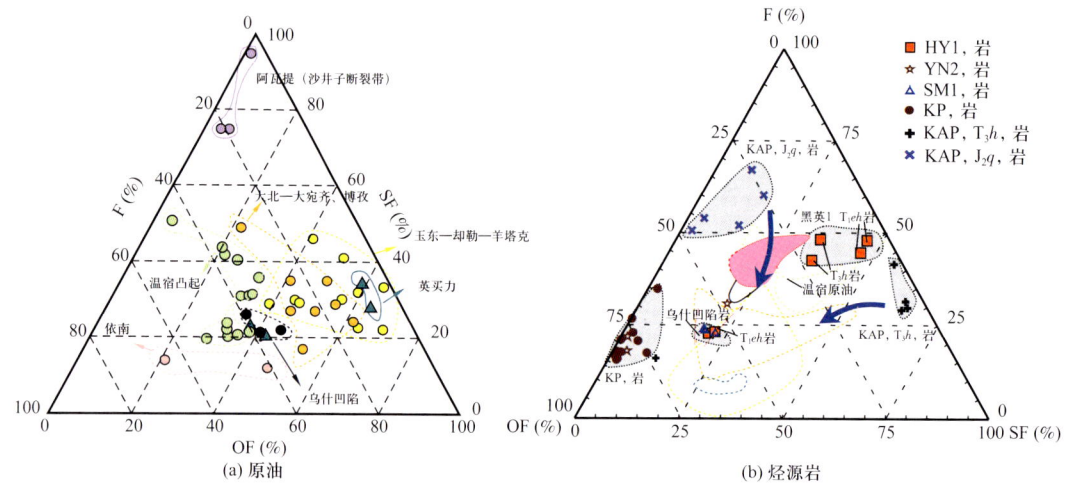

图4-9 温宿凸起及周缘原油和烃源岩三芴系列聚类对比

芳香烃成熟度参数指示英买力地区陆相油成熟度跨度较大，折算R_o为0.67%～1.14%，英南2、玉东—却勒—羊塔克、乌什凹陷、大北—大宛齐原油成熟度相对较高，温宿凸起原油分布范围为1.08%～1.17%，总体属于中—高成熟度。

3. 原油成因类型划分

本次分析原油除阿瓦提凹陷外，其余原油均具有典型的陆相原油生物标志物特征。此外，还利用全油与族组分碳同位素、单体烃碳同位素、高分辨率质谱等分析测试技术，综合解析原油成因类型。

1）利用生物标志物指纹和谱图划分

依据DBT/Ph—Pr/Ph关系图（图4-10），可将分析原油分为三大类：沼泽相油（依南2井）、海相油（沙南1、2井）、湖相油（多数油聚类于此）。乌参1井也与依南2井煤系油聚类，指示母源岩弱氧化性原始沉积环境。

依据甾萜类生物标志物指纹与参数，可进一步将原油分类六小类（表4-8、图4-8、

表 4-8 温宿凸起及周缘部分原油饱和烃 GC/MS 参数

构造单位	井号	井段 (m)	层位	$(C_{21}\sim C_{22})/(C_{27}\sim C_{29})$ 甾烷	C_{29} 甾烷 $\alpha\alpha\alpha$ 20S/(S+R)	C_{29} 甾烷 $\alpha\beta\beta$/($\alpha\alpha\alpha+\alpha\beta\beta$)	甾烷/藿烷	伽马蜡烷/C_{30}藿烷	Ts/(Ts+Tm)	三环萜烷/五环萜烷	重排甾烷/规则甾烷	C_{29}/C_{30}藿烷	C_{35}/C_{34}藿烷	C_{19}/C_{20}三环萜烷
乌什凹陷	神木 1	5138.5~5143	K_1s	0.05	0.44	0.42	0.14	0.24	0.66	0.18	0.38	0.64	0.56	0.84
	乌参 1	6038.5~6053	K	0.07	0.42	0.42	0.16	0.18	0.60	0.18	0.40	0.64	0.53	1.67
	乌参 1	6005~6020	K	0.07	0.42	0.43	0.15	0.16	0.61	0.19	0.42	0.65	0.48	1.75
大北	大北 1	5460~5480	—	0.09	0.42	0.46	0.43	0.29	0.53	0.36	0.28	0.49	0.80	1.55
	大北 1	5576~5586	K_1bs	0.08	0.41	0.38	0.40	0.30	0.38	0.32	0.15	0.45	0.86	0.56
	大北 2	5559~5593	E+K	0.06	0.52	0.57	0.52	0.23	0.62	0.64	0.40	0.80	0.42	1.51
	大北 2	5658~5669.5	E+K	0.18	0.53	0.53	0.65	0.22	0.63	1.69	0.33	0.64	0.70	0.60
	大北 301	6930~7012	K_1bs	0.23	0.51	0.53	0.69	0.19	0.43	1.80	0.40	0.89	0.70	2.14
大宛	大宛 1	575~578	$N_{1-2}k$	0.06	0.48	0.47	0.48	0.16	0.53	0.38	0.28	0.67	0.73	2.12
	大宛 1	1211.5~1214	$N_{1-2}k$	0.03	0.42	0.38	0.76	0.23	0.50	0.38	0.13	0.53	0.58	0.91
博孜 1	博孜 1	7014~7084	—	0.10	0.47	0.64	0.44	0.13	0.63	0.68	0.41	0.89	0.40	2.00
温宿凸起	新温地 1	833.5~835	N_1j	0.05	0.45	0.43	0.15	0.15	0.62	0.13	0.40	0.50	0.50	1.36
	新温地 2	872~884.8	N_1j	0.04	0.45	0.42	0.14	0.14	0.62	0.11	0.40	0.50	0.49	1.30
	红 26-3	2019.2~2035.8	—	0.05	0.56	0.45	0.19	0.13	0.61	0.17	0.39	0.50	0.38	1.20
	红 26-6	2073.0~2088.2	—	0.05	0.57	0.47	0.19	0.13	0.59	0.17	0.38	0.52	0.36	1.14
	温 7-4	1655.9~1673.3	—	0.05	0.55	0.43	0.19	0.13	0.60	0.18	0.39	0.51	0.41	1.16
	红 79-10	242.70	—	0.13	0.47	0.49	0.18	0.10	0.65	0.37	0.77	0.62	0.40	1.70

续表

构造单位	井号	井段(m)	层位	$(C_{21}\sim C_{22})/(C_{27}\sim C_{29})$甾烷	C_{29}甾烷 $\alpha\alpha\alpha$ 20S/(S+R)	C_{29}甾烷 $\alpha\beta\beta/(\alpha\alpha\alpha+\alpha\beta\beta)$	甾烷/霍烷	伽马蜡烷/C_{30}霍烷	Ts/(Ts+Tm)	三环萜烷/五环萜烷	重排甾烷/规则甾烷	C_{29}/C_{30}霍烷	C_{35}/C_{34}霍烷	C_{19}/C_{20}三环萜烷
温宿凸起	赛克62-5	1099.12	—	0.21	0.50	0.53	0.22	0.09	0.65	0.39	0.91	0.61	0.39	1.86
	红12	1574.10	—	0.12	0.47	0.47	0.15	0.10	0.62	0.34	0.80	0.60	0.45	1.56
	赛克17-6	754.30	—	0.20	0.50	0.56	0.21	0.09	0.67	0.36	0.92	0.59	0.37	2.01
	红66	1503.90	—	0.13	0.47	0.47	0.17	0.09	0.63	0.36	0.72	0.60	0.40	1.68
	红90	1498.08	—	0.12	0.46	0.51	0.16	0.09	0.65	0.33	0.67	0.62	0.38	1.54
	新苏地1		S_1k	0.19	0.58	0.58	0.67	0.10	0.40	0.80	0.26	0.86	0.62	0.37
英买力	英买322	5370~5395.5	O	0.04	0.52	0.44	0.13	0.15	0.59	0.15	0.32	0.48	0.46	1.01
	英买33	5503.5~5515.24	€	0.05	0.51	0.43	0.14	0.17	0.59	0.15	0.31	0.49	0.50	0.91
	英买7	4707.5~4712.5	E	0.03	0.5	0.43	0.12	0.19	0.60	0.11	0.26	0.49	0.51	0.84
	英买21	4451.26~4460.65	E	0.18	0.51	0.5	0.45	0.16	0.61	1.24	0.55	0.65	n.a	1.05
羊塔克	羊塔1	5234.37~5331.92	E—K	0.07	0.53	0.54	0.25	0.12	0.68	0.20	0.47	0.55	0.38	1.17
	羊塔101	5329~5333	E	0.06	0.49	0.53	0.23	0.15	0.65	0.21	0.46	0.53	0.39	1.60
	羊塔2	5387~5390	K	0.26	0.51	0.47	0.34	0.25	0.67	0.51	0.27	0.62	0.00	1.06
	羊塔5	5310~5315	E	0.06	0.5	0.49	0.16	0.12	0.64	0.13	0.41	0.53	0.37	1.29
	羊塔克101	5380~5382	K	0.04	0.51	0.51	0.16	0.16	0.65	0.09	0.42	0.51	0.41	1.31
玉东	玉东2	4728.81~4744.88	E	0.08	0.54	0.49	0.20	0.12	0.64	0.21	0.50	0.55	0.54	1.37
	玉东2	4764~4767	K	0.08	0.54	0.5	0.21	0.12	0.66	0.22	0.48	0.53	0.39	1.31

第四章 油气成藏及潜力

续表

构造单位	井号	井段（m）	层位	$(C_{21}\sim C_{22})/(C_{27}\sim C_{29})$甾烷	C_{29}甾烷 $\alpha\alpha\alpha$ 20S/(S+R)	C_{29}甾烷 $\alpha\beta\beta$ /($\alpha\alpha\alpha+\alpha\beta\beta$)	甾烷/藿烷	伽马蜡烷/C_{30}藿烷	Ts/(Ts+Tm)	三环萜烷/五环萜烷	重排甾烷/规则甾烷	C_{29}/C_{30}藿烷	C_{35}/C_{34}藿烷	C_{19}/C_{20}三环萜烷
却勒	却勒1	5775.2～5777.0	E—K	0.06	0.52	0.55	0.24	0.15	0.63	0.22	0.41	0.54	0.54	1.28
依南2	依南2	4969～4982	$J_{1}a$	0.07	0.48	0.5	0.90	0.22	0.54	0.06	0.19	0.70	0.56	n.a
	依南2	4606～4620	$J_{1}y$	0.07	0.48	0.51	0.48	0.28	0.55	0.39	0.21	0.48	0.69	1.29
阿瓦提	沙南1	5095.5～5098.5	T	0.16	0.51	0.59	0.90	0.21	0.52	0.90	0.40	0.87	0.88	0.29
	沙南2	6110.5～6113.2	T	0.16	0.48	0.55	0.87	0.17	0.51	0.82	0.38	0.81	0.81	0.36

注："—"未获得；"n.a"无法获得。

图4-11），分别是：Ⅰ类，乌什凹陷乌参1井型原油；Ⅱ类，却勒—玉东—羊塔克构造带型原油；Ⅲ类，英买力地区原油，依据生标聚类、芳香烃参数和原油族组分细分为两类原油，一是晚期充注原油的中—新生界原油，二是早期原油中—古生界原油；Ⅳ类，温宿凸起原油，总体具有介于却勒—玉东—羊塔克构造带和英买7构造带原油之间的特征，其生物标志物分布更接近玉东—却勒—羊塔克；Ⅴ类，依南2井型煤成油；Ⅵ类，阿瓦提凹陷海相原油。

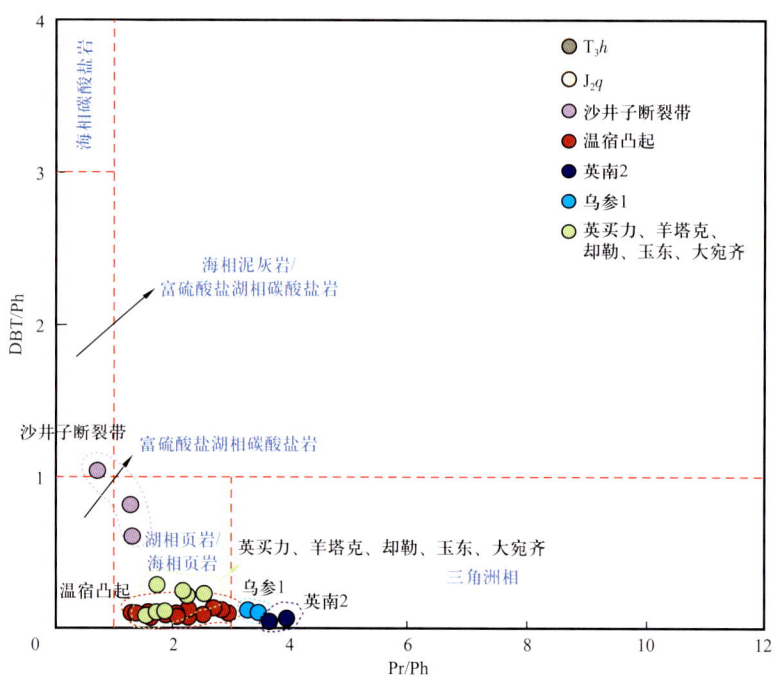

图4-10　Pr/Ph—DBT/P关系图划分原油成因类型（据Hughes et al.，1995）

生物标志物参数Pr/Ph值、$2XC_{24}$四环萜/C_{26}三环萜烷、三芴系列相对分布、C_{27}/C_{29}规则甾烷、甾烷/藿烷指示温宿凸起原油性质与英买力古生界潜山原油性质相近；参数C_{19}/C_{20}三环萜、C_{19}/C_{21}三环萜指示温宿凸起原油与玉东—却勒—羊塔克原油性质相近；参数C_{30}重排藿烷/C_{30}藿烷、重排甾烷/规则甾烷、C_{29}重排甾烷/C_{29}规则甾烷、C_{29}藿烷/C_{30}藿烷、伽马蜡烷/C_{30}藿烷、伽马蜡烷/C_{31}藿烷、Ts/（Ts+Tm）、C_{30}藿烷/升藿烷指示温宿凸起原油具有介于英买力古生界潜山原油与玉东—羊塔克—却勒原油之间的特征。生物标志物参数指示温宿凸起原油与英买力古生界原油及玉东—羊塔克—却勒原油具有成因联系。

2018年钻探的古木1井原油与新温地1、2井既有区别也有联系。m/z-191、m/z-217谱图分析表明古木1井原油生标有破坏迹象（生物降解或热裂解），由于埋藏较浅，生物解解的可能性更大；古木1井原油C_{19}~C_{22}三环萜烷近呈正态分布，不同于新温地1、2井，有某些T_3h烃源岩的特征，可能进一步反映温宿的混源特征。

2）利用碳同位素划分

碳同位素是较常用的原油成因类型与油源对比指标。本次分析全油及其族组分碳同位素有较大的差异（图4-12，表4-9），可按其分布形式分为六类：第Ⅰ类为乌什凹陷原油；第Ⅱ类为玉东—却勒—羊塔克原油；第Ⅲ-1类以英买力古生界潜山原油为主，Ⅲ-2类以新生界为主的原油，与第Ⅱ类原油较接近；第Ⅳ类为温宿凸起原油，介于第Ⅱ类和第Ⅲ类原油之间；第Ⅴ类为依南2井原油；第Ⅵ类为海相原油，碳同位素相对较轻。以上全油及其族组分的碳同位素分布表明，温宿及周缘原油成因较为复杂，英买力、大北、羊塔克—玉东—却勒地区原油似乎主要来自两种烃源岩，一种碳同位素较重，另一种碳同位素相对较轻。

表4-9 温宿凸起及周缘原油成因分类及其特征

原油成因	原油类型	产层	油气来源	成熟度	生物标志物化合特征	碳同位素值
湖相	乌什凹陷乌参1井型	白垩系	侏罗系恰克马克组	高	高 Pr/Ph、$C_{19}\sim C_{22}$ 三环萜烷降序分布、较低甾烷异构化参数、较高 C_{30} 莫烷/藿烷	$-29‰\sim -26‰$
	却勒—玉东—羊塔克构造带型	古近系库姆格列木群底部和白垩系上部	侏罗系恰克马克组	高	$C_{19}\sim C_{22}$ 三环萜烷降序分布、高 C_{19}/C_{20} 三环烷、高 C_{27}/C_{29} 规则甾烷、高 C_{29} 重排甾烷/C_{29} 规则甾烷、高 $2XC_{24}$ 四环萜烷/C_{26} 三环萜烷、高三芴中氧芴、较低伽马蜡烷、高 C_{29} 甾烷、高 Ts/(Ts+Tm)、较低甾萜生物标志物	$-28‰\sim -25‰$
	英买力地区	中—新生界	侏罗系恰克马克组	中—高	$C_{19}\sim C_{22}$ 三环萜烷正态分布、低 $C_{19}\sim C_{22}$ 三环萜、较低 C_{29}/C_{30} 藿烷、较高伽马蜡烷、低 C_{30} 重排藿烷、中等重排甾烷、高芳香烃参数、高三芴中氧芴、较低生物标志物	小于 $-29‰$
		中—古生界	三叠系黄山街组	低	$C_{19}\sim C_{22}$ 三环萜烷正态分布、低 $C_{19}\sim C_{22}$ 三环萜、较低 C_{29}/C_{30} 藿烷、较高伽马蜡烷、低 C_{30} 重排藿烷、中等重排甾烷、低芳香烃参数、低三芴中氧芴、较高生物标志物	$-28‰\sim -25‰$
	温宿凸起原油	新近系吉迪克组	侏罗系恰克马克组、三叠系黄山街组	中—高	中等族组分、中等重排甾烷/规则甾烷、中等 C_{29} 重排甾烷/C_{29} 规则甾烷、较低 C_{30} 重排藿烷/C_{30} 藿烷、中等 $2XC_{24}$ 四环萜/C_{26} 三环萜、中等伽马蜡烷/C_{30} 藿烷、中等 C_{27}/C_{29} 甾烷	$-29‰\sim -27‰$
沼泽相	依南2型煤成油	侏罗系阳霞组和阿合组	中下侏罗统煤系地层	中—高	较高 Pr/Ph、高 C_{29} 规则甾烷系、低三芴中硫芴	$-29‰\sim -27‰$
海相	阿瓦提凹陷原油	三叠系	寒武系—奥陶系	高—过成熟	低 Pr/Ph、高甾烷	较轻

温宿凸起原油与乌什凹陷原油碳同位素更为接近，指示原油成因类型更接近，即生烃母质类型较为接近。不排除乌什东洼—拜城凹陷的两套主力烃源岩对温宿凸起及乌什凹陷的原油均有贡献，并且两区受到混源作用影响，乌什凹陷的神木1井的碳同位素分布与温宿凸起原油就较为一致，认为温宿凸起及乌什东洼如神木1井原油同时来自恰克马克组和黄山街组烃源岩。

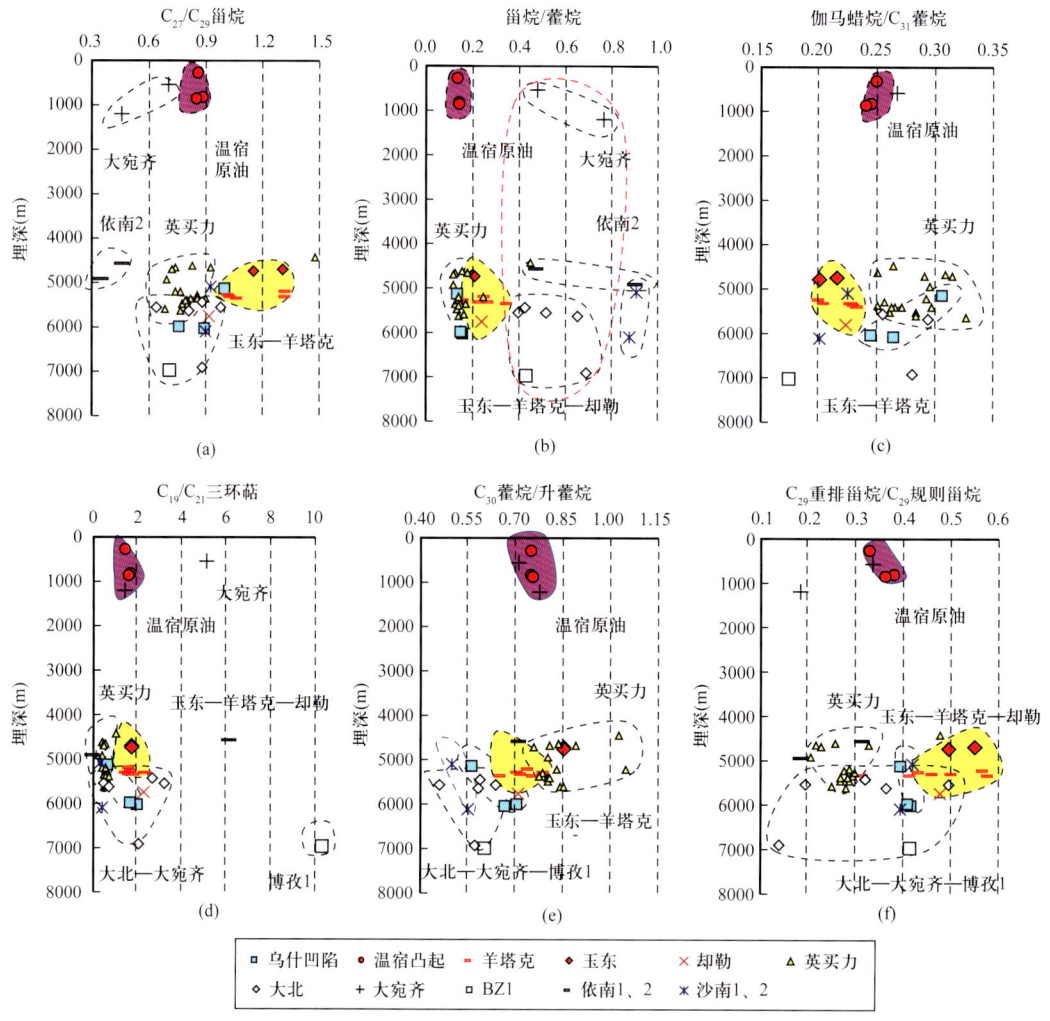

图4-11 温宿及周缘原油甾萜类参数聚类分析

单体烃碳同位素的差异性似乎小于全油及其族组分，阿瓦提凹陷原油（第Ⅵ类原油）正构烷烃单体烃碳同位素呈平行直线型，指示生源的单调性，与典型海相原油的碳同位素分布较为一致，其余原油的单体烃碳同位素呈斜直线型，与陆相原油分布相吻合。对比表明，第Ⅲ类英买力原油内部稍有差异，古生界为主的原油（Ⅲ-1）轻于新生界为主的原油（Ⅲ-2）；第Ⅱ类玉东—羊塔克—却勒原油单体碳同位素稍重于第Ⅲ类原油；大北1、2、博孜1原油也偏高；乌参1原油稍低于玉东—羊塔克—却勒原油。

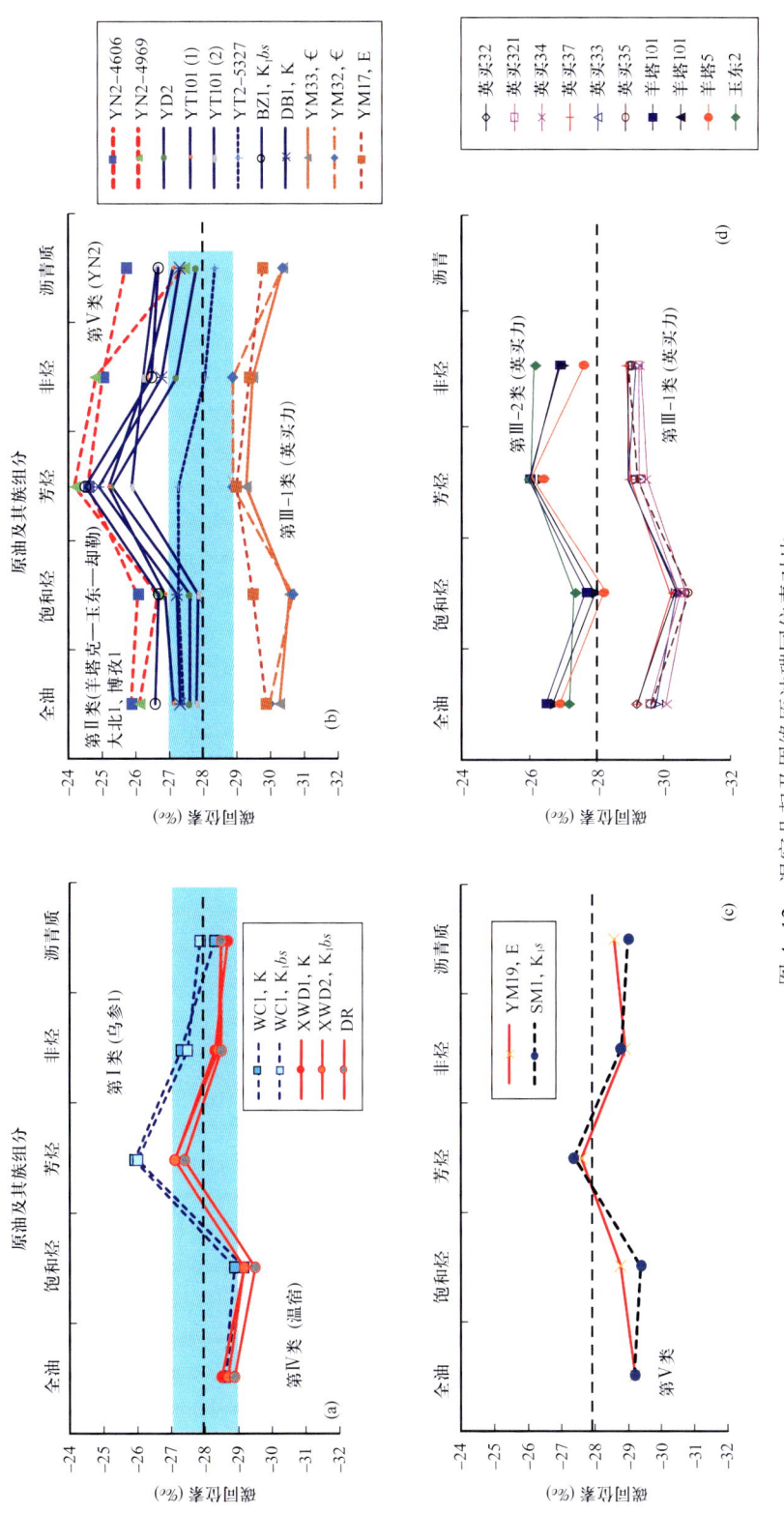

图 4-12 温宿凸起及周缘原油碳同位素对比

3）利用利用高分辨率质谱

分析原油的高分辨率质谱特征有一定差异，利用 NSO 化合物相对分布可识别原油成因类型。前文生物标志物分析表明，依南 2 井、乌参 1 井原油母源岩沉积环境较其他原油更偏氧化性，而负离子高分辨率色谱检出的化合物以 O_1 类化合物为主，进一步说明其母源岩偏氧化性原始沉积环境。新温地 2 井原油 N_2 类化合物丰度相对较高，指示生源的差异，同时该井 O_2 类化合物丰度较高，认为与该井原油遭受了生物降解与水洗有关。正离子高分辨率质谱检测反映海相原油以 S_1 类化合物为主，其他杂环化合物含量较低；而陆相原油除 S_1 外，其他类杂原子化合物也相对较发育，特别是煤系原油。以上表明，本次分析的原油中 NSO 化合物可反映海、陆相原油之间的差异，并可反映陆相原油内部微弱的差异，具有一定的原油成因类型与油源识别的应用前景。

（二）油、气—源对比与相对贡献

油—油、油—岩对比表明，成熟度相对较高的玉东—羊塔克—却勒、英买力地区中新生界原油主要来自侏罗系恰克马克组，成熟度相对较低的英买力古生界原油主要来自三叠系黄山街组，反映各自具有较好的亲缘关系与成因联系。温宿凸起原油携带乌什东洼—拜城凹陷侏罗系恰克马克组、三叠系黄山街组的混源油特征。同时，温宿凸起与乌什凹陷原油成因有差别，认为后者原油也主要来自这两套烃源岩。依据生物标志物参数、全油碳同位素参数，使用数值模拟技术进行两类原油的相对贡献预测，获得了温宿凸起油气的两套烃源岩的相对贡献，不同参数所预测的结果有一定差异，起源于不同烃类的形成与演化特征不同。

1. 油—岩对比

生物标志物指标和碳同位素表明温宿凸起原油具有介于三叠系黄山街组和侏罗系恰克马克组烃源岩之间的特征，指示两套湖相烃源岩均有贡献，具有混源性质。温宿凸起原油多个成熟度指标高于乌什凹陷原油，说明两者之间存在一定的油气成因的差异。同时，温宿凸起和乌什凹陷原油与东侧拜城凹陷油气大致属于相同的含油气系统。

1）生物标志物指纹对比

拜城凹陷煤系烃源岩具有 C_{29} 规则甾烷含量明显高于 C_{27} 规则甾烷、C_{28} 规则甾烷，C_{29} 藿烷含量较高，C_{30} 重排藿烷和 C_{29}Ts 含量较低的特征（表 4-10），与原油的同类谱图相比相距较大，指示亲缘关系较差。

表 4-10 温宿凸起及周缘烃源岩分类及特征

烃源岩类别	有机地化特征		生物标志化合物特征
	有机质丰度	成熟度	
第一类拜城凹陷沼泽相烃源岩	中等	高	C_{29} 规则甾烷含量明显高于 C_{27} 规则甾烷、C_{28} 规则甾烷，较高 C_{29} 藿烷，较低 C_{30} 重排藿烷，较低 C_{29}Ts 含量

续表

烃源岩类别		有机地化特征		生物标志化合物特征
		有机质丰度	成熟度	
第二类拜城凹陷湖相烃源岩	侏罗系恰克马克组	中等—高	中等	三环萜烷呈降序分布特征、较高重排藿烷、较高 $C_{29}Ts$、较低孕甾烷、较低重排甾烷、较高甾烷异构化，形成于还原性稍低的湖相，Pr/Ph>1
	三叠系黄山街组	中等—高	高	三环萜呈正态分布、较低重排藿烷、较低 $C_{29}Ts$、较高孕甾烷、较高重排甾烷、较低甾烷异构化，形成于还原性偏高的湖相，Pr/Ph<1

拜城凹陷两套湖相主力烃源岩的甾萜类谱图如图 4-13 所示。侏罗系恰克马克组的主要特征是：三环萜烷相对丰度具有 $C_{19}>C_{20}>C_{21}>C_{22}$ 的降序分布特征、重排藿烷与 $C_{29}Ts$ 较发育，孕甾烷与重排甾烷系列丰度相对偏低，甾烷异构化程度相对较高，形成于还原性稍低的湖相，其 Pr/Ph 一般大于 1；三叠系黄山街组三环萜近呈正态分布、重排藿烷与 $C_{29}Ts$ 丰度相对偏低、孕甾烷与重排甾烷系列丰度相对较高、甾烷异构化程度相对偏低，形成于还原性偏高的湖相，其 Pr/Ph 一般小于 1。油—岩对比指示，温宿凸起原油具有介于两类主力烃源岩之间的特征，反映两类烃源岩均有贡献。

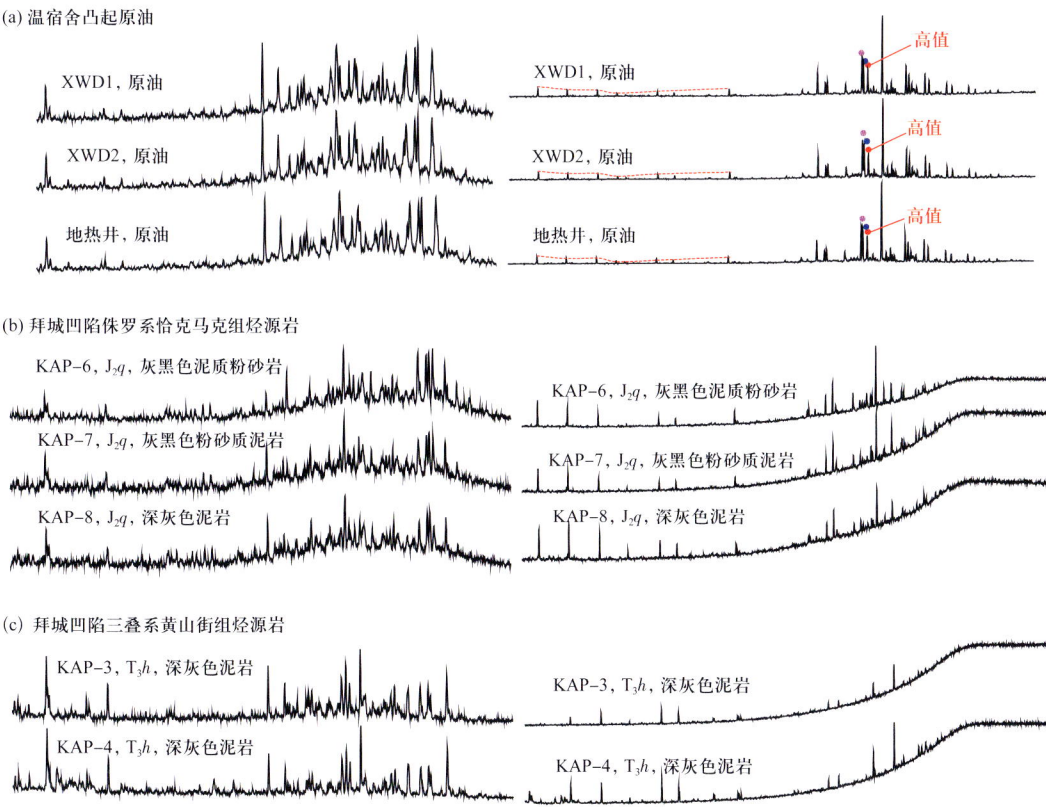

图 4-13　拜城凹陷湖相烃源岩、温宿凸起原油 m/z 217、m/z 191 质量色谱图

2）生物标志物参数、芳香烃参数对比

（1）沉积环境相关指标。

Hughes（1995）的 Pr/Ph 与 DBT/P 关系图可用于识别不同微相（图 4-14），温宿凸起原油 Pr/Ph 值与侏罗系恰克马克组烃源岩较为接近，DBT/P 值介于黄山街组与恰克马克组之间，指示两类烃源岩均有贡献。进一步对比表明，温宿凸起原油与黄山街组与 DBT/P 值分布范围相近，说明黄山街组也有重要贡献（图 4-15b，e）。油—岩对比表明，卡普沙良河剖面侏罗系恰克马克组烃源岩具有较低的 Pr/nC_{17}、Ph/nC_{18} 值，与温宿等陆相原油聚类相关，反映较好的亲缘关系。

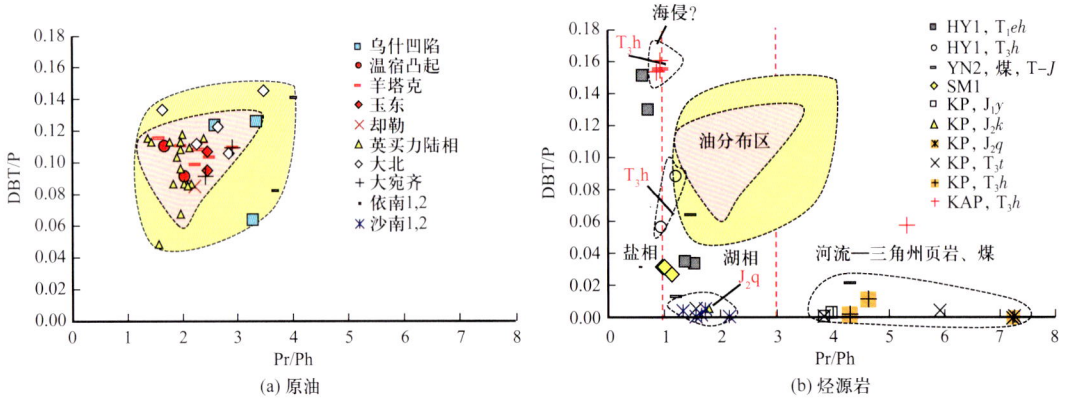

图 4-14　油—岩 Pr/Ph～DBT/P 聚类对比（据 Hughes et al.，1995）

三芴系列相对丰度具有反映氧化—还原电位的特征，不同类型原油和烃源岩三芴系列具有较大的差异，阿瓦提海相原油具有较高的硫芴含量，硫芴系列约占 75%（图 4-9a），远远高于陆相原油。温宿凸起原油三芴系列相对分布与英买力地区古生界潜山原油极其相近（Li et al.，2015），与玉东—羊塔克—却勒及英买力中新界原油有较大的差异。烃源岩的三芴系列三角图显示，卡普沙良河剖面三叠系黄山街组烃源岩有较高的硫芴系列含量，而侏罗系恰克马克组硫芴含量相对较低（图 4-7b），显示两套烃源岩均有贡献。

伽马蜡烷相对含量指示水体咸度或分层（Damsté et al.，1995），常用伽马蜡烷/C_{30} 藿烷来反映母源岩原始沉积环境，伽马蜡烷/C_{30} 藿烷指示，三叠系黄山街组烃源岩可以对温宿凸起原油有所贡献（图 4-15a，d）。

藿烷具有多种生源来源（Clark 和 Philp，1989），本次分析的阿瓦提凹陷原油 C_{29} 藿烷/C_{30} 藿烷值相对丰度最高（图 4-15c，h），指示海相环境有利于该类化合物发育。温宿凸起原油与英买力等原油 C_{29} 藿烷/C_{30} 藿烷值相近，相对丰度偏低，说明两者原油有更高的相似度（图 4-15c，h），且温宿凸起原油与乌什凹陷原油相关性不明显。油岩对比显示，温宿凸起原油总体与英买力原油聚类相关，乌什凹陷原油具有相对较高的 C_{29} 藿烷/C_{30} 藿烷值，指示烃源岩的煤系特征较为明显，进一步反映乌什凹陷原油与温宿凸起原油具有一定程度成因上的区别，乌什凹陷原油有本地和邻近凹陷偏腐殖型烃源岩的成烃贡献。

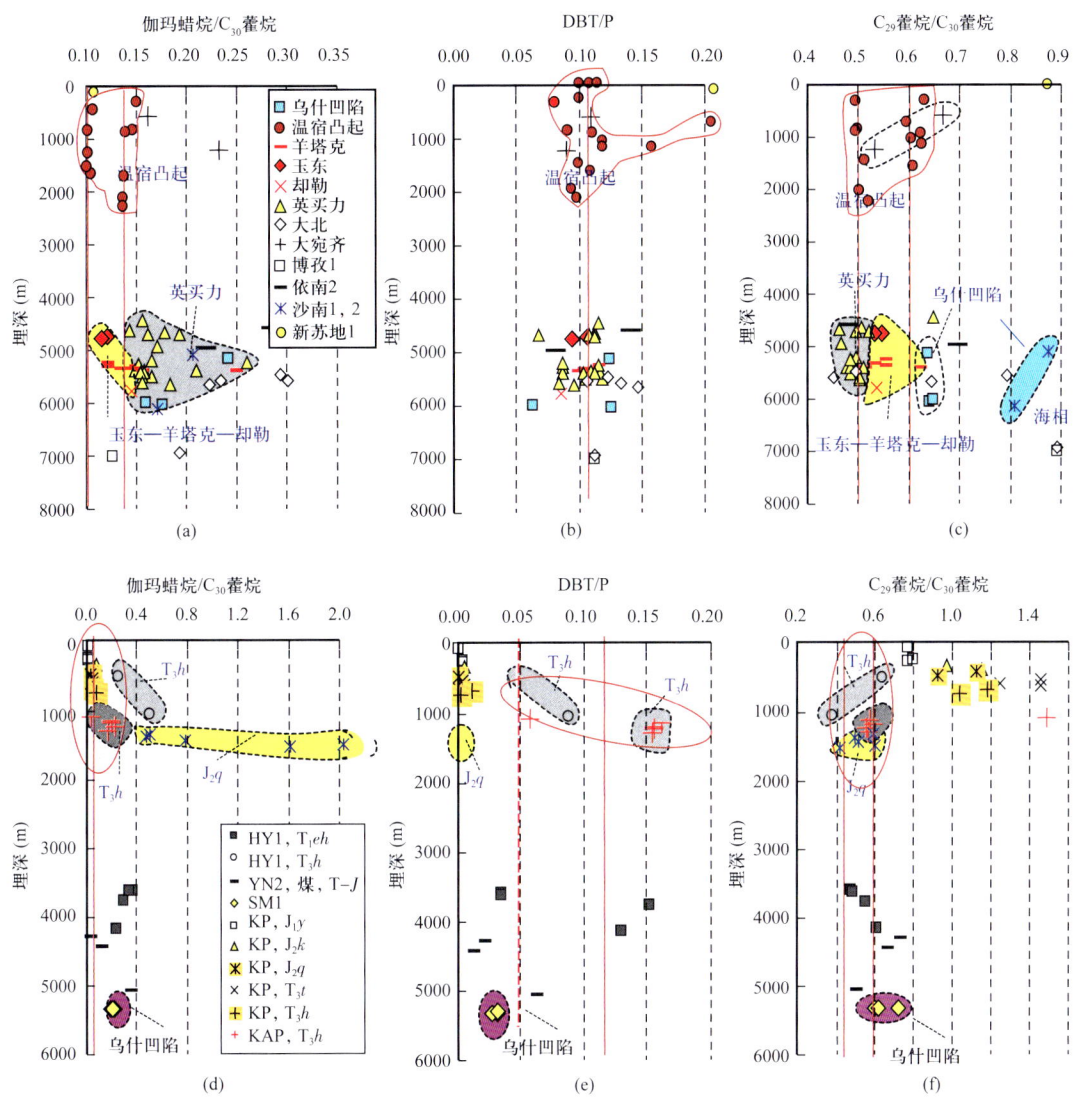

图 4-15 温宿凸起及周缘油（a—c）、岩（d—f）沉积环境、生源、岩性相关指标对比

（2）生源相关指标。

$C_{27} \sim C_{29}$ 甾烷相对分布反映藻类和高等植物的相对生源输入（Moldowan et al., 1985; Volkman, 1986），依南 2 井煤系成因及拜城凹陷的少数原油（博孜 1 井）具有较高的 C_{29} 甾烷含量，多数原油 $C_{27} \sim C_{29}$ 规则甾烷含量略低且分布相对集中（图 4-16）。烃源岩 $C_{27} \sim C_{29}$ 规则甾烷相对分布显示，库车河剖面和依南 2 井烃源岩具有相对较高的 C_{29} 规则甾烷含量，指示陆源高等植物生源输入相对较多。油—岩对比表明，卡普沙良河剖面（J_2q，T_3h）及拜城凹陷黑英 1 井（T_1eh，T_3h）黄山街组和恰克马恰组烃源岩甾烷分布相近，其与温宿凸起、乌什凹陷及英买力、玉东—羊塔克—却勒等原油聚类相关。甾类单体化合物 $C_{27} \sim C_{29} \alpha\alpha\alpha 20R$ 甾烷的相对分布显示与甾类集合体分布总体相似，温宿凸起原油与英

买力及玉东—羊塔克—却勒原油聚类相关，与乌什凹陷原油有一定差异，指示油源不尽相同。$C_{27}\sim C_{29}\alpha\alpha\alpha 20R$ 甾烷相对丰度随埋深的关系显示温宿凸起原油与拜城凹陷体系的原油具有更好的相似度，与乌什凹陷原油有一定差别，表明温宿凸起原油与拜城凹陷原油较好的成因相关性。

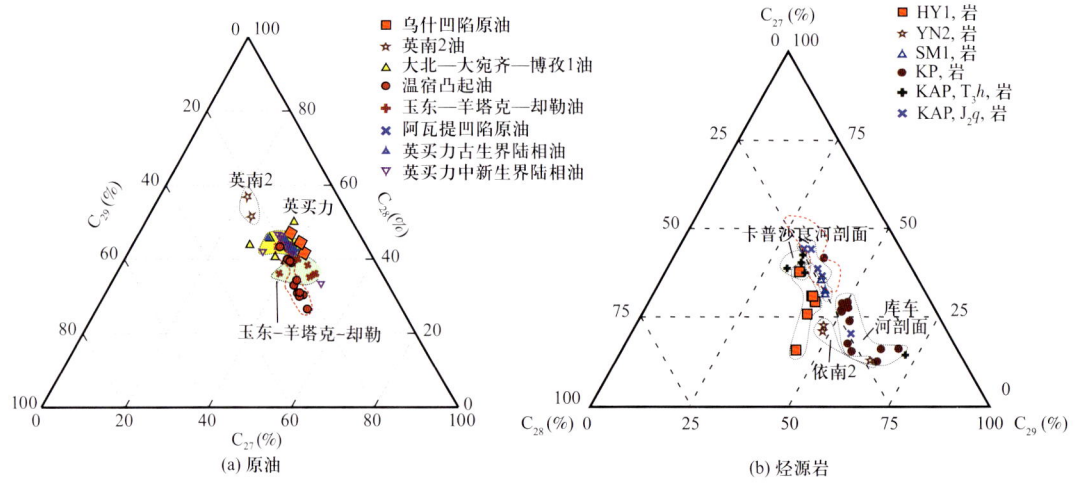

图 4-16　温宿凸起及周缘原油和烃源岩 C_{27}、C_{28}、C_{29} 甾烷三角图对比

重排甾烷/规则甾烷反映烃源岩中黏土矿物的含量，随黏土矿物含量增加而增加，同时受成熟度和严重生物降解的影响。C_{29} 重排甾烷/C_{29} 规则甾烷分布显示，英买力地区原油参数值最低，玉东—羊塔克—却勒原油相对较高，温宿凸起和乌什凹陷原油具有介于两者之间的特征。油—岩对比表明，英买力和玉东—却勒—羊塔克原油分别与黄山街组和恰克马克组烃源岩有更好的相关性，指示两者的成因关系。C_{29} 重排甾烷/C_{29} 规则甾烷指示温宿原油具有介于三叠系黄山街组与侏罗系恰克马克组烃源岩之间的特征（图4-17c，f），指示二者均有贡献。温宿凸起原油具有混源性质。

三环、四环和藿烷类萜是重要的油源对比指标（Seifert 和 Moldowan，1978），反映烃源岩的沉积环境和有机质输入。本次分析原油和烃源岩中的 C_{30} 重排藿烷/C_{30} 藿烷指示（图4-17a，d），仅卡普沙良河剖面恰克马克组烃源岩有较高的 C_{30} 重排藿烷/C_{30} 藿烷值，其他烃源岩对应参数值均较低。英买力与大北等原油 C_{30} 重排藿烷/C_{30} 藿烷相对较低，与三叠系（T_3h）烃源岩有一定相似性；玉东—羊塔克—却勒原油 C_{30} 重排藿烷/C_{30} 藿烷相对较高，指示与侏罗系（J_2q）烃源岩有一定的成因联系。温宿凸起、拜城凹陷原油与玉东—羊塔克—却勒原油聚类相关，与乌什凹陷烃源岩相差较远，指示温宿凸起原油与拜城凹陷烃源岩及相关原油有密切的成因联系，可能属于相同的含油气系统。参数 $C_{29}Ts/C_{30}$ 藿烷具有类似的对比结果，即英买力和玉东—羊塔克—却勒原油分别与三叠系及侏罗系烃源岩有更好的相关性、温宿凸起原油具有介于上述两类原油之间的特征并与玉东—羊塔克—却勒原油具有更好的相关性。

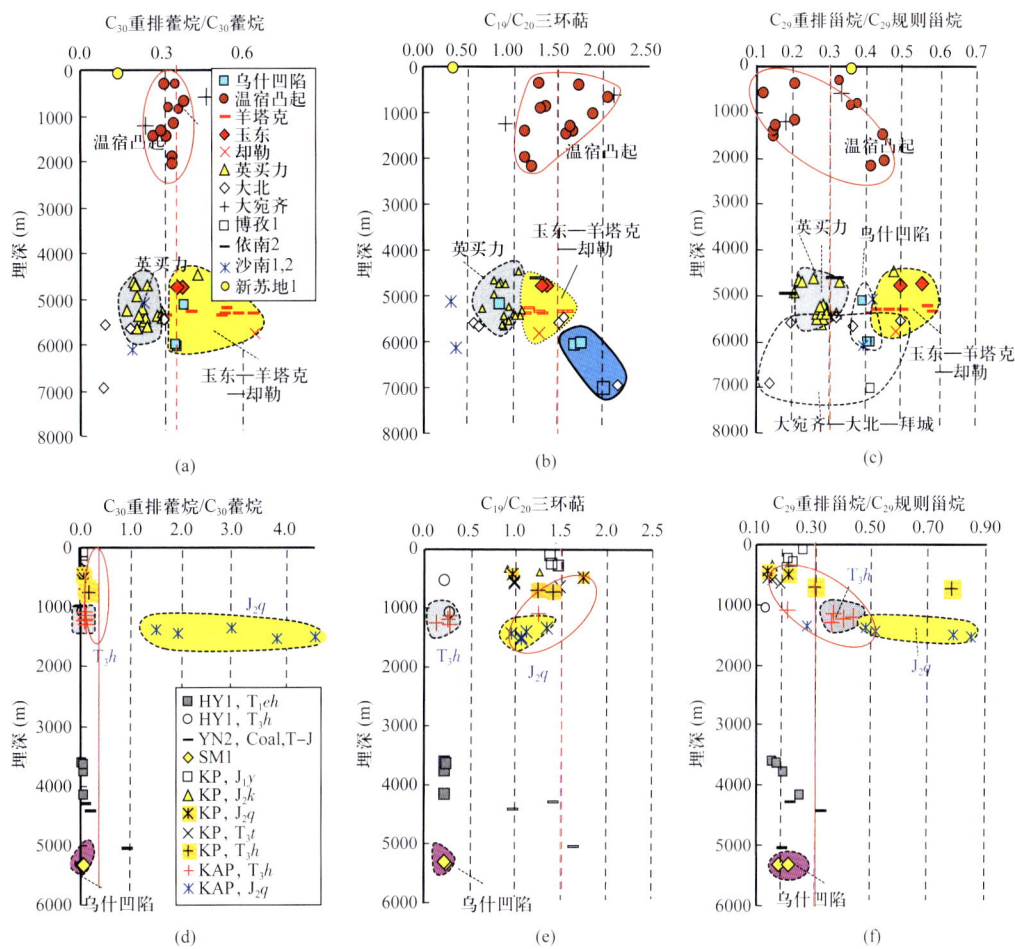

图 4-17 温宿凸起及周缘原油（a-c）、烃源岩（d-f）部分甾萜类生物标志物参数对比

上述两种参数的对比表明，① 乌什东洼与拜城凹陷烃源岩有一定的相似性，原油性质总体较接近，乌什凹陷深层烃源岩可能尚未揭开；② 温宿凸起和乌什凹陷原油与东侧拜城体系油气大致属于相同的含油气系统，温宿凸起和乌什凹陷原油主要来自两套烃源岩的成烃贡献，具有混源性质，油气主要来自拜城凹陷，特别是温宿凸起原油。

C_{30} 藿烷/升藿烷对比指标显示温宿凸起原油、乌什凹陷原油具有介于英买力和玉东—羊塔克—却勒原油之间的特征，原油与侏罗系烃源岩更有相关性。三叠系（T_3h）烃源岩具有较低的 C_{19}/C_{20} 三环萜、C_{19}/C_{21} 三环萜的参数值，侏罗系烃源岩（J_2q）相关参数值较高，两者泾渭分明（图 4-17b，e）。原油的差异也较明显，英买力、玉东—羊塔克—却勒原油分别与三叠系（T_3h）、侏罗系烃源岩（J_2q）有较好的亲缘关系（图 4-17b，e）。温宿凸起原油与玉东—羊塔克—却勒原油具有较好的相关性，与乌什凹陷原油相关性较差。

（3）成熟度相关指标。

成熟度指标作为油源分析的辅助指标，适用于从成熟度角度分析原油、烃源岩的相关性。C_{29}甾烷$\alpha\alpha\alpha20S/(S+R)$指标分析，温宿凸起原油与乌什凹陷原油有一定差异，位于凸起高部位的新温地1、2井（XWD1、2）原油成熟度C_{29}甾烷$\alpha\alpha\alpha20S/(S+R)$值高于深埋的乌什凹陷乌参1井两个层位的原油（WC1、2）（图4-18b），反映两者至少不完全同源，说明温宿原油来自更深的烃源岩或者主要来自拜城凹陷。

成熟度指标$Ts/(Ts+Tm)$指示，温宿凸起原油成熟度介于英买力、玉东—羊塔克—却勒原油之间，其与三叠系（T_3h）、侏罗系（J_2q）烃源岩具有较好的匹配关系（图4-18a，f）。C_{30}莫烷/藿烷通常具有随成熟度增加而降低的特征，其显示温宿凸起原油成熟度高于乌什凹陷原油，反映油源有所差异。$2XC_{24}$四环萜烷/C_{26}三环萜烷指示侏罗系（J_2q）烃源岩明显高于三叠系（T_3h）烃源岩（图4-18c，h），前者与原油具有较好的相似度，反映侏罗系是重要的烃源岩之一。

芳香烃成熟度参数TMNr（四甲基萘指数）、TeMNr（五甲基萘指数）指示，侏罗系卡普沙良河剖面烃源岩的成熟度大于三叠系黄山街组（图4-18d，i）；玉东—羊塔克—却勒原油的成熟度高于英买力古生界为主的原油；乌什凹陷原油成熟度高于相同埋深的烃源岩（图4-18d，i），指示其原油来自更深层和/或邻区深层。4-/1-DBT（4-/1-甲基二苯并噻吩）指示，温宿凸起原油与英买力原油接近，与乌什凹陷原油相差异大，并且温宿凸起构造高部位的4-/1-DBT值高于乌什凹陷深埋的原油（图4-18e），某种程度上指示两者不是来自同一生油凹陷。

3）碳同位素对比

正如前文所述，全油和族组分的分析结果与生物标志物较为一致。拜城凹陷主要有两种类型的碳同位素曲线：一类是英买力古生界为主的原油，其碳同位素相对较轻；另一类是玉东—羊塔克—却勒、英买力中—新生界为主的原油以及大北—大宛齐地区部分油样，此类原油碳同位素相对较重。多个指标反映温宿凸起原油成熟度高于乌什凹陷原油，但前者的碳同位素偏低，两者碳同位素的差异应由母源岩所致，并非成熟度分馏效应所致，指示两区原油的成因有一定区别。温宿凸起原油及其族组分碳同位素具有介于英买力（古生界为主的原油）与玉东—羊塔克—却勒及英买力中新生界原油之间的特征，推断与上述两类原油均有成因联系有关，系混源成因。

从地质角度分析，温宿凸起（乃至乌什凹陷部分原油）较之于邻区更易形成混源油，流体势变化方向近似平行于主要断层的走向，断层是油气运移的优势通道，英买力与玉东—羊塔克—却勒地区的油气藏，流体势变化方向与断层走向垂直，砂体与断层联系输导油气，相比较而言，前者油气更易混合。

2. 油气源相对贡献预测

1）利用生物标志物指标预测

本次研究选取英买力地区的YM32、YM33井寒武系原油（作为英买力古潜山陆相原油的代表）作为端元油A，反映三叠系黄山街组的成烃贡献；选取羊塔克油田的YT101两个层段原油（E）、玉东油田的YuD2（K）原油作为端元油B，反映侏罗系恰克马克组烃源岩的成烃贡献（图4-19、表4-11）。依据油—油、油—岩依据生物标志物定量技术，

第四章 油气成藏及潜力

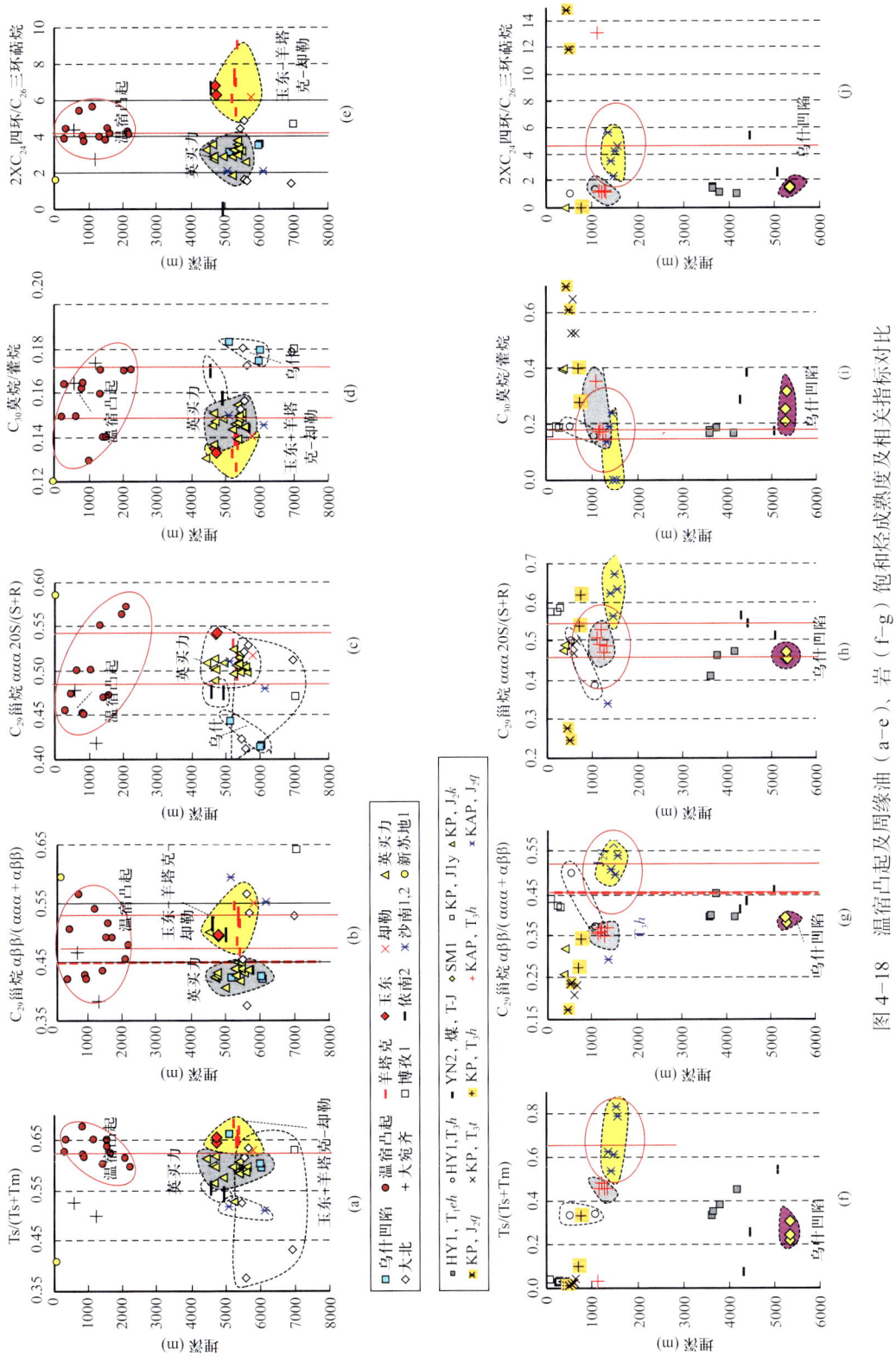

图 4-18 温宿凸起及周缘油（a-e）、岩（f-g）饱和烃成熟度及相关指标对比

可获得混源定量参数与混源量之间的关系图版,并可进一步拟合出两者之间的定量关系式,从而获得待预测原油的混源比例。

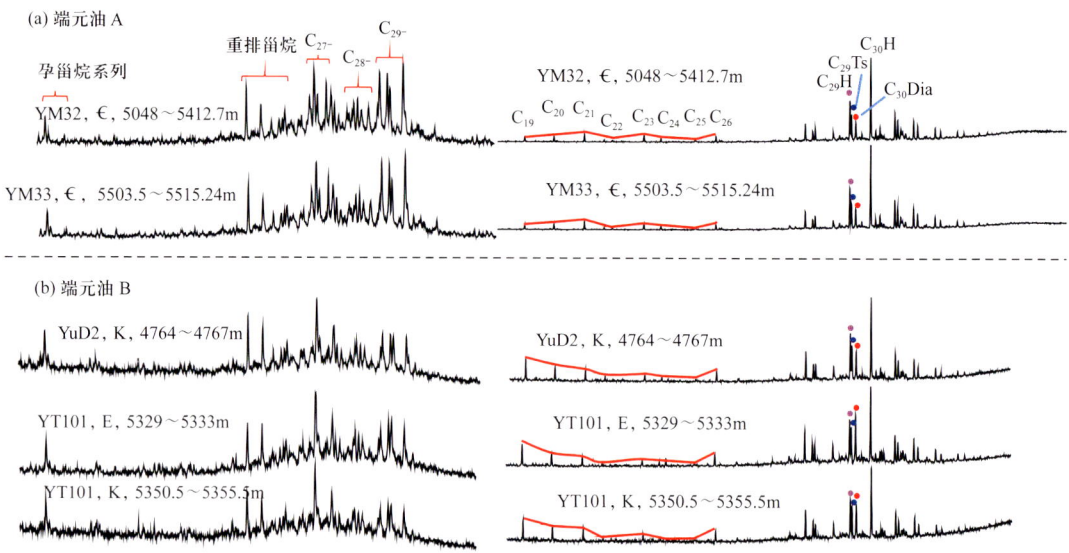

图 4-19 选定端元油的 m/z 217、m/z 191 质量色谱图

表 4-11 端元油、预测油及主要定量参数选定

类型	井号	井段（m）	层位	G/C_{31}H	C_{19}/C_{20} Tri Ter	C_{27}/C_{29} Reg st	2XC_{24} Te/ C_{26} Tri Ter	C_{30}Dia/ C_{30}H	C_{29}Ts/ C_{30}H	OF/F	SF/F
端元油 A	YM32	5408～5412.7	€	0.26	1.02	0.80	3.36	0.24	0.29	0.95	0.53
	YM33	5503.5～5515.2	€	0.28	0.91	0.81	3.2	0.24	0.30	1.07	0.56
	YM33R	5503.5～5515.2	€	0.26	0.94	0.78	3.19	0.23	0.29	—	—
端元油 B	YuD2	4764～4767	K	0.20	1.31	1.15	6.32	0.36	0.40	8.66	2.66
	YT101	5329～5333	E	0.23	1.60	1.03	7.00	0.64	0.43	1.84	1.14
	YT101	5350.5～5355.5	K	0.23	1.12	1.31	5.32	0.53	0.45	6.25	3.38
待预测油	XWD1	833.5～835	N	0.24	1.36	0.89	4.09	0.33	0.38	0.91	0.86
	XWD2	872～884.8	N	0.24	1.30	0.84	3.76	0.37	0.38	0.93	0.85

注：G/C_{31}—伽马蜡烷/C_{31}藿烷；Tri Ter—三环萜；Reg st—规则甾烷；Te—四环萜；Dia—重排藿烷；H—藿烷；OF/F—氧芴/硫芴；SF/F—硫芴/芴。

参数 C_{19}/C_{20} 三环萜、C_{29}Ts/C_{30} 藿烷、C_{30} 重排藿烷/C_{30} 藿烷预测的结果显示（表 4-12），温宿凸起原油以侏罗系恰克马克组烃源岩的成烃贡献为主，约为 73%～100%；参数 2XC_{24} 四环萜/C_{26} 三环萜、C_{27}/C_{29} 规则甾烷、硫芴/芴的预测显示，温宿原油中侏罗系恰克马克组烃源岩与三叠系黄山街组的成烃贡献比例相当，恰克马恰克组的成烃贡献量约为48%～58%；参数氧芴/芴、伽马蜡烷/C_{31}藿烷的预测结果显示，温宿凸起原油中侏罗系恰克马克组烃源岩的贡献相对较小，仅为0～9.5%，主要为三叠系黄山街组的贡献（表4-12），以上混源定量的结果与油—岩定性对比的结果完全吻合。不同定量参数预测出不同的结果，指示不同烃类化合物具有不同的形成与演化过程，其在端元油中的绝对与相对含量具有显著的差异。本次预测结果显示，温宿凸起原油中萜类化合物主要来自侏罗系恰克马克组的贡献；硫芴和甾类化合物则为侏罗系（J_2q）和三叠系（T_3h）的贡献相当；氧芴和伽马蜡烷则主要为三叠系（T_3h）的贡献。

表4-12 混源量预测统计表

参数 混入量（%）		伽马蜡烷/C_{31}藿烷	氧芴/芴	硫芴/芴	C_{27}/C_{29}规则甾烷	$2XC_{24}$四环萜/C_{26}三环萜	C_{30}重排藿烷/C_{30}藿烷	$C_{29}Ts/C_{30}$藿烷	C_{19}/C_{20}三环萜烷
XWD1	端元A	90.5	100	52	50	42	27	3	3
	端元B	9.5	0	48	50	58	73	97	103
XWD2	端元A	90.5	99	53	68	60	11	2	5
	端元B	9.5	1	47	32	40	89	98	95

2）利用碳同位素指标预测

本次分析原油的碳同位素分布具有显著差异，主要有两种分布形式，温宿凸起原油具有中间的碳同素分布特征。本次研究分别将选定的端元油A（多口选定井）、B（多口选定井）的同位素进行加权平均，取平均值作为最终端元油的碳同位素值（表4-13）。

表4-13 端元油的碳同位素 单位：‰

碳同位素 端元油	全油	饱和烃	芳香烃	非烃	沥青质
A	−30.2	−30.7	−29.1	−29.2	−30.4
B	−27.3	−27.3	−25.2	−26.6	−27.1

在已知端元油及实际待预测原油的碳同位素的情况下，可建立混源量与碳同位素指标之间的定量关系式，依据相关关系式可预测温宿凸起原油的混源比例（表4-14）。温宿凸起新温地1井原油中三叠系（T_3h）烃源岩的成烃贡献量约为41.4%～65.4%、侏罗系（J_2q）烃源岩的成烃贡献量约34.6%～58.6%；新温地2井原油中三叠系（T_3h）烃源岩的成烃贡献量约为42.4%～69.2%；侏罗系（J_2q）烃源岩的成烃贡献量约30.8%～57.6%。碳同位素的定量结果显示三叠系（T_3h）和侏罗系（J_2q）烃源岩对温宿凸起的原油均有重要贡献。

表 4-14 碳同位素参数预测的混源相对贡献　　　　　　　　　　　　　　　　单位:%

混入量	定量参数	全油	饱和烃	芳香烃	非烃	沥青质
XWD1	端元 A	41.4	55.9	48.7	65.4	48.5
	端元 B	58.6	44.1	51.3	34.6	51.5
XWD2	端元 A	48.3	55.9	48.7	69.2	42.4
	端元 B	51.7	44.1	51.3	30.8	57.6

3) 天然气来源分析

温宿凸起上的温宿 1 井、温 6 井等井均钻遇良好天然气显示，通过温宿地区天然气与邻近区域对比发现这些天然气均为湿气，并且温宿天然气甲烷含量相对较高，而乙烷和丙烷含量相对较低，表明温宿天然气成熟度更高或运移分馏效应更强，从组分含量上看，更接近于羊塔克地区的天然气（图 4-20a）。

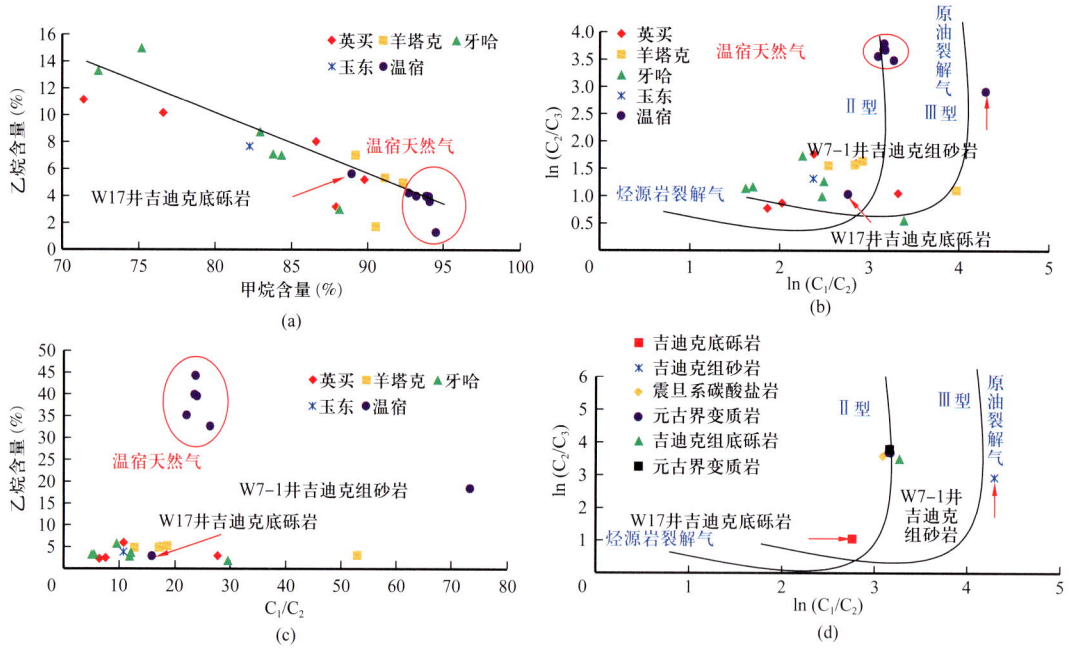

图 4-20　温宿凸起及周缘天然气成分对比图

温宿地区天然气层位与邻区比更浅，可能是经历了更长的运移，所以导致甲烷含量更高，乙烷、丙烷含量较低。C_1/C_{1-4} 与深度对比发现温宿地区和邻区相关系较好更接近与羊塔克地区的天然气（图 4-21）。

温宿地区天然气与邻近区域天然气存在较大差异，从 $\ln(C_1/C_2)$ 与 $\ln(C_2/C_3)$ 的关系图可以发现除 W17 井吉迪克底砾岩外其他 7 个天然气可能为 Ⅱ 型有机质产生的烃源岩裂解气（图 4-20），但天然气具体类型需要结合碳同位素数据进一步分析。同时，温宿凸起内部 8 个天然气样品对比发现 W17 井吉迪克底砾岩中天然气与其他样品差异较大，W7-1 井吉迪克组砂岩中天然气与其他 6 个样品也存在一定的差异，相对密度与甲烷含量相关系很好，表明 W17 井吉迪克底砾岩中天然气可能成熟度较低或者距离气源更近；而 W7-1 井井吉迪克组砂岩中天然气则可能成熟度较高或者距离气源更远。

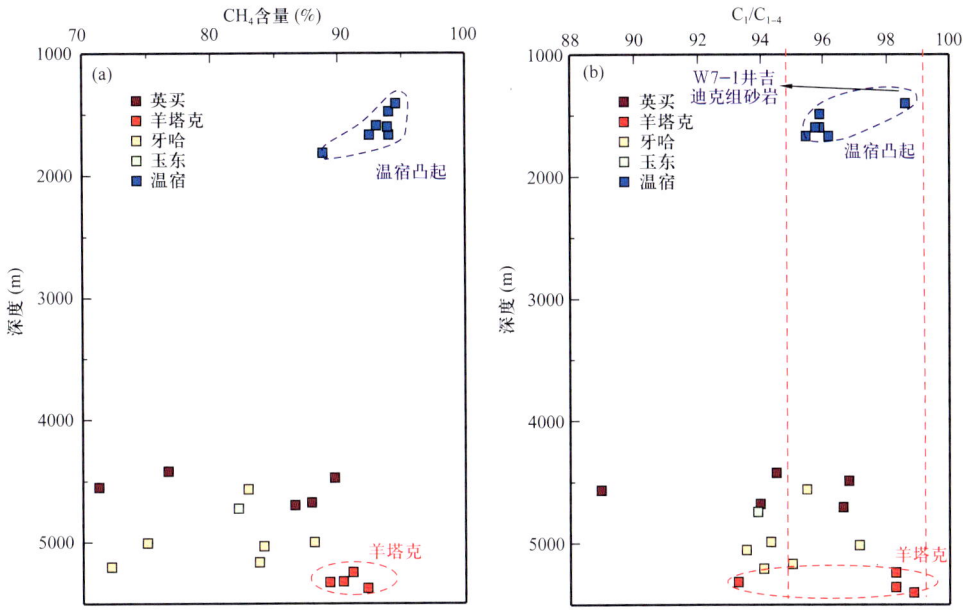

图 4-21 温宿凸起及周缘天然气深度与含量对比图

温宿地区天然气与邻区对比，发现非烃气体含量相对较低，缺少 CO_2，同时甲烷含量相对较高，重烃气含量相对较低。推测温宿地区天然气成熟度更高或者温宿地区天然气的运移距离远大于邻近区域的天然气。

（三）油气成藏时间与期次

通过包裹体温压测定、新温地 1 井自由烃和吸附烃化学成分的差异、原油成熟度以及生排烃史分析，认为温宿凸起至少有两期成藏，成藏时间分别为 17～5Ma，并且早期发生过油气的改造破坏，此后又充注过新鲜油气，黄山街组烃源岩生油高峰（23～12Ma）时间早于恰克马克组（5～2Ma），温宿凸起为"异地源—两期—混源晚期"成藏。

1. 包裹体证据

本次研究分别选取了新温地 1 井、黑英 1 井、神木 1 井共 3 组岩石样品，对不同井测得的烃包裹体分别进行期次研究。

结合油气包裹体岩相学特征和流体包裹体显微测温数据分析表明（图 4-22），温宿凸起中的新温地 1 井共有两期油气成藏，第Ⅰ期油气包裹体发育于粒间方解石胶结物充填早期，包裹体为粒间方解石胶结物中成群分布，均一温度为 80～90℃；第Ⅱ期包裹体特征表现为沿切穿石英颗粒的微裂隙成带状分布，均一温度为 110～120℃（图 4-23）。

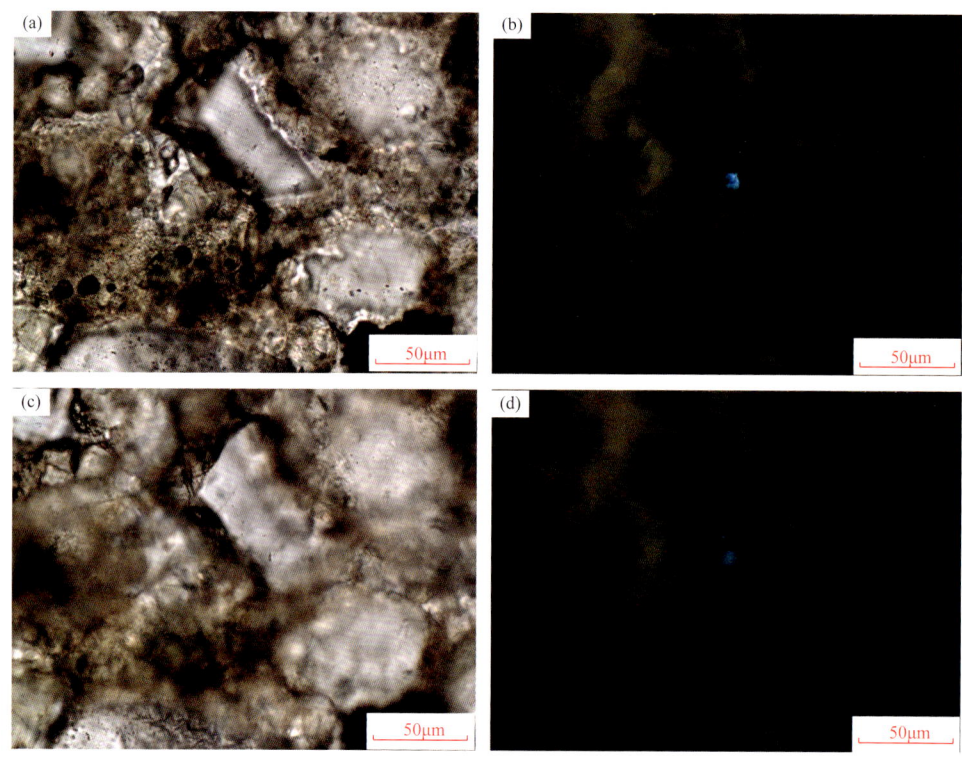

图 4-22 新温地 1 井（843.66~843.77m）流体包裹体镜下薄片观察

（a）粒间方解石胶结物中成群分布，呈褐色、深褐色的液烃包裹体，XWD1 井，843.66m，单偏光；（b）粒间方解石胶结物中成群分布，呈褐色、深褐色的液烃包裹体，XWD1 井，843.66m，正交偏光；（c）沿切穿石英颗粒微裂隙成带状分布呈淡黄色、淡褐色的液态烃包裹体，XWD1 井，843.66m，单偏光；（d）沿切穿石英颗粒微裂隙成带状分布显示蓝色荧光的液态烃包裹体，XWD1 井，843.66m，UV 激发荧光

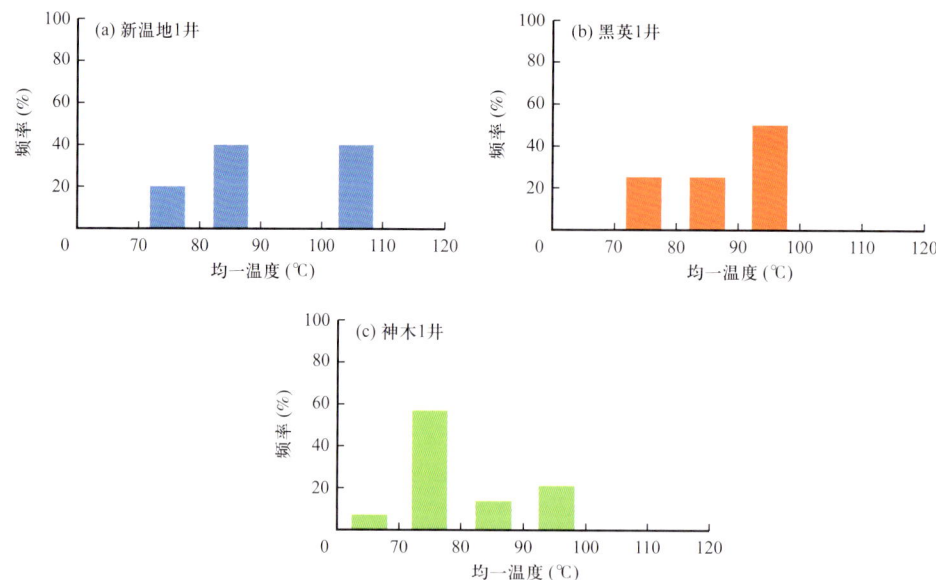

图 4-23 新温地 1 井、黑英 1 井和神木 1 井包裹体均一温度直方图

黑英1井样品为油斑砂岩，发育Ⅰ期次的油气包裹体。通过流体包裹体显微测温，均一温度主峰值在90~100℃，这反映了油气Ⅰ期成藏的特点（图4-23）。

神木1井样品为油斑砂岩，发育Ⅰ期次的油气包裹体。通过流体包裹体显微测温，均一温度主峰值在70~80℃，这反映了油气Ⅰ期成藏的特点（图4-23）。

根据黑英1井埋藏史、热史图等资料，将其测定的盐水包裹体均一温度的主峰值投影到埋藏史中，得出近黄色石油包裹体的充注时间在17~10Ma，结合包裹体温度和埋藏史，黑英1井主要油气充注时间是约10Ma。根据其他各地区代表井的地层埋藏—热演化史图，虽然地区和包裹体有所差异，但两期包裹体都是喜马拉雅期中晚期的产物，得出两期包裹体所对应的时间：第Ⅰ期为中新世康村早中期（17~10Ma）、第Ⅱ期为康村晚期—库车早中期（5~3Ma）。认为研究区油气成藏时期主要在新生界，而该时期库车地区处于构造活动第Ⅲ期即喜马拉雅期，构造格局基本形成，形态变化不大，所以有利于形成油气藏。

2. 生烃史证据

库车坳陷中生代缓慢沉降，新近纪以来急剧下沉，三叠系、侏罗系快速深埋导致三叠系和侏罗系两套烃源岩的生油高峰期和生干气期都很晚。上三叠系烃源岩是在中新世吉迪克期（23~17Ma）大量生油；中—下侏罗统烃源岩是在12~5Ma的康村期进入生油高峰，5Ma以后生湿气，3Ma以后生干气。目前两套烃源岩都已过成熟，但在12Ma的康村期R_o仍小于1.5%，只是到了5Ma以后这段很短的时间内，主要是在3Ma的库车期末R_o才迅速增大到2.0%以上，出现大规模的干气区（$R_o>2.0\%$）。油源灶最早（约12Ma）出现在拜城凹陷腹部，后向四周扩展（王飞宇等，2005）。三叠系和侏罗系的主要生油期和主要生气期均相对较晚（图4-24）。拜城凹陷中心三叠系和侏罗系已经过成熟，主要是最

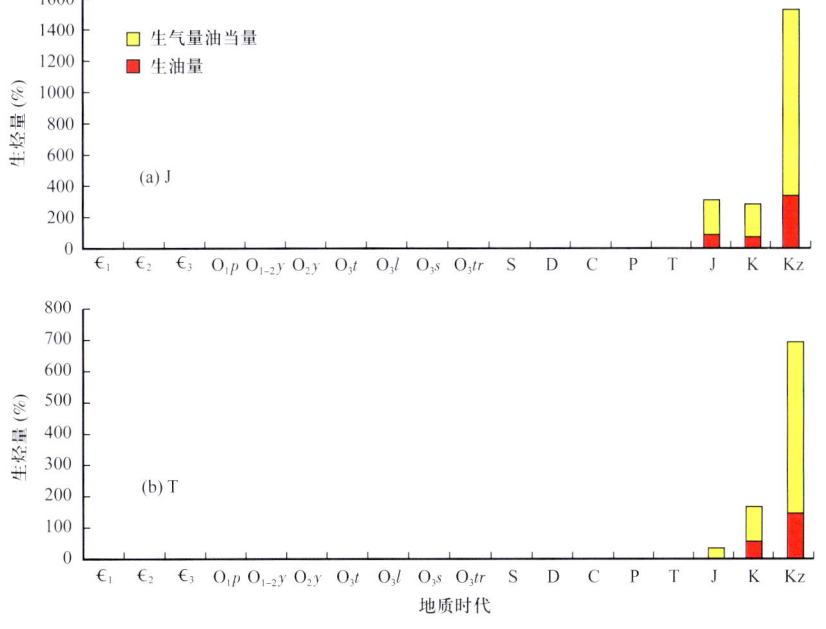

图4-24 塔里木盆地三叠系、侏罗系烃源岩不同地质时期生烃量对比

近 5Ma 以来，随着厚度 3000m 以上的库车组和第四系快速堆积才达到的，这是库车坳陷中生界烃源岩热演化的一大特点。

3. 游离烃、吸附烃证据

饱和烃总离子基线鼓包（UCM）通常代表油气的水洗与次生改造作用，而链烷烃则反映未降解。新温地 1、2 井原油链烷烃已全部改造消耗，而相同层位油砂中则有较完整的链烷烃，其基本存在一类似于原油的鼓包（图 4-25），这种共生反映油气多次充注成藏。

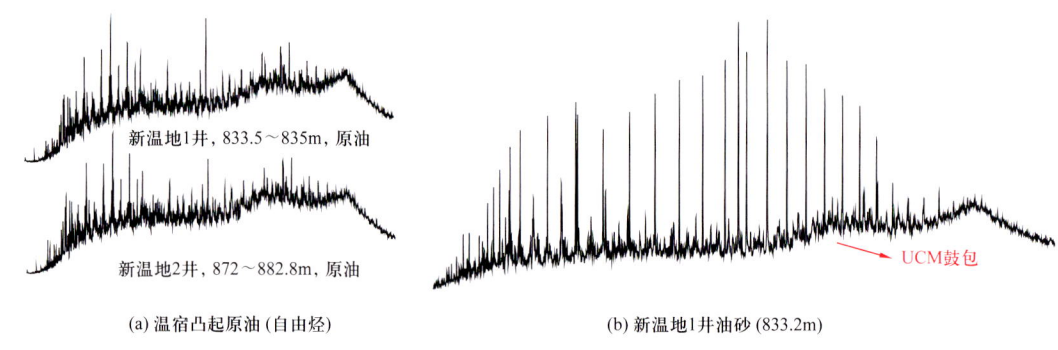

(a) 温宿凸起原油 (自由烃)　　　　　　　　(b) 新温地1井油砂 (833.2m)

图 4-25　新温地 1 井储层原油与油砂抽提烃的饱和烃 TIC 谱图

另外，前文分析表明，研究区原油成熟度有显著的差异，英买力构造带古生界潜山为主的原油成熟度相对较低，多数成熟度指标指示却勒—玉东—羊塔克原油成熟度更高，这种差异指示油气成藏时间、烃源岩成熟度的差异。

二、沙井子构造带

（一）油—源对比

依据年代指示生物标志物—甲藻甾烷、三芳甲藻甾烷、三芴系列相对丰度、单体烃硫同位素、族组分碳同位素、常规生物标志物参数—规则甾烷相对分布、Pr/Ph、伽马蜡烷丰度等，认为新苏地 1 井、新苏参 1 志留系沥青砂与新苏地 1 及新苏参 1 井奥陶系萨尔干组及印干组烃源岩没有可比性，与寒武系肖尔布拉克相关性也不明显，与玉尔吐斯组烃源碳同位素最接近，反映玉尔吐斯组有一定的成因贡献。但也有不一致的地方，志留系原油中三芳甲藻甾烷不太发育而玉尔吐斯组烃源岩较为发育，预测存在其他烃源岩的共同贡献。新苏地 1 志留系原油与本地分析烃源岩可比性低，应来自更深层的烃源岩。

1. 年代指示生物标志物—三芳甲藻甾烷指纹对比

新苏地 1 井志留系油砂、沙南 1、2 井原油等油样中三芳甲藻甾烷不太发育（图 4-26），与阿瓦提凹陷分析的烃源岩样品可比性相对较差。阿瓦提烃源岩（特别是灰质类）甲藻甾烷相对较发育（什艾日克玉尔吐斯受次生改造），新苏地 1 萨尔干页岩（三芳甾烷已裂解、或异常）、四石厂萨尔干灰质泥岩均与志留系沥青砂不太有可比性。

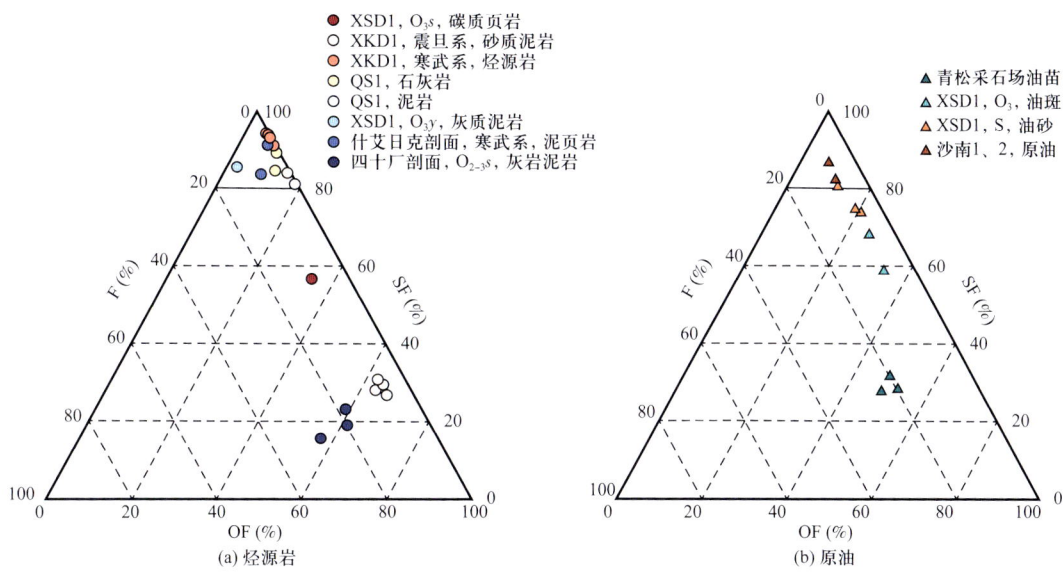

图 4-26　原油、烃源岩三芴系列对比

2. 三芴系列对比分析

新苏地1志留系沥青砂与沙南1、2井原油有较高的硫芴含量,与寒武系泥页岩较为接近,但原油中氧芴的含量高于寒武系泥页岩(图4-26),认为新苏地1志留系等原油并非全部来自本次分析的寒武系纯泥页岩(碳同位素指示有一定贡献),可来自两种岩性(含灰质岩与泥页岩)所供烃,或者主要来自寒武系含灰质的泥页岩。

3. 单体烃硫同位素对比

新苏地1井志留系沥青砂单体烃硫同位素值远高于新苏地1井萨尔干组页岩(与所有样品也几乎都不同),没有可比性;志留系沥青砂单体烃硫同位素与什艾日克玉尔吐斯组页岩分布较接近(图4-27a)。沙南1、2井原油单体烃硫同位素与英买力古潜山海相原油分布相近(图4-27b),指示有一定成因联系。

4. 族组分碳同位素对比

新苏地1志留系油砂、青松采石厂下奥陶统油苗全油及族组分碳同位素相近(图4-28a),低于阿瓦提奥陶系烃源岩(萨尔干页岩、灰质泥岩、印干组灰岩泥岩),差额相差大于4‰(图4-28b),已高于成熟度引起的碳同位素分馏效应差异不高于3‰的报道,认为两者没有成因联系。志留系原油与本次分的肖尔布拉克样品可比性较差,与玉尔吐斯组最有可比性(相差小于3‰,可能与成熟度效应有关),指示寒武系玉尔吐斯组烃源岩有成烃贡献。

5. 常规生物标志物对比

1) 规则甾烷相对丰度

新苏地1萨尔干与志留系油砂相关性不明显(图4-29)。

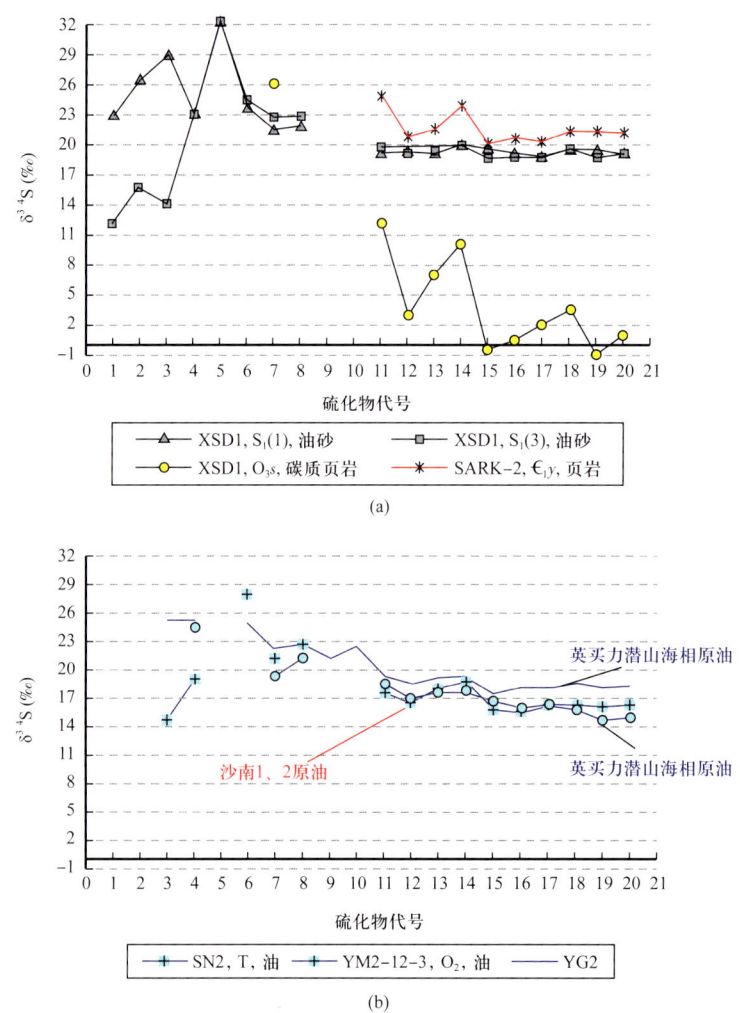

图 4-27 油—油（a）、油—岩（b）单体烃碳同位素对比

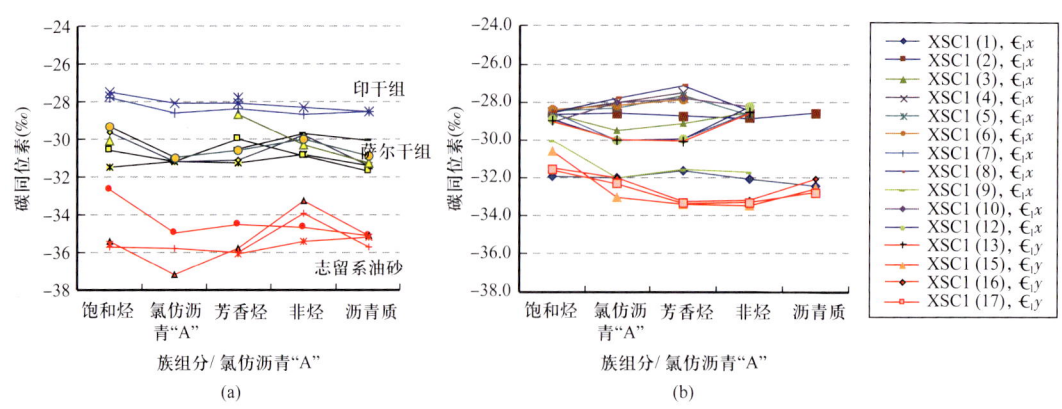

图 4-28 油—油、油—岩族组分碳同位素对比

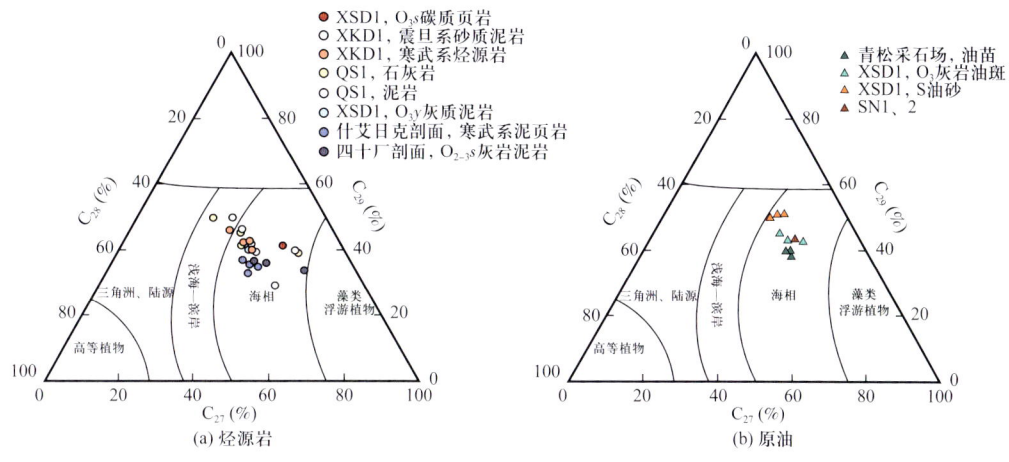

图 4-29　油—油、油—岩 C_{27}、C_{28}、C_{29} 规则甾烷相对丰度对比

2）伽马蜡烷相对丰度

新苏地 1 志留系与沙南 1、2 原油相似，伽马蜡烷不太发育，不同于阿瓦提奥陶系原油，指示成因不同。相关烃源岩似乎未钻遇，本次分析的烃源岩明显发育伽马蜡烷。

3）Pr/Ph

新苏地 1 志留系与沙南 1、2 原油 Pr/Ph 稍有差异（图 4-30），与新苏地 1 井萨尔干页岩性质不同，与四石厂萨尔干芳香硫含量不同，成因有异（图 4-30）。新苏地 1 井志留系油砂来自萨尔干的可能性相对较小。

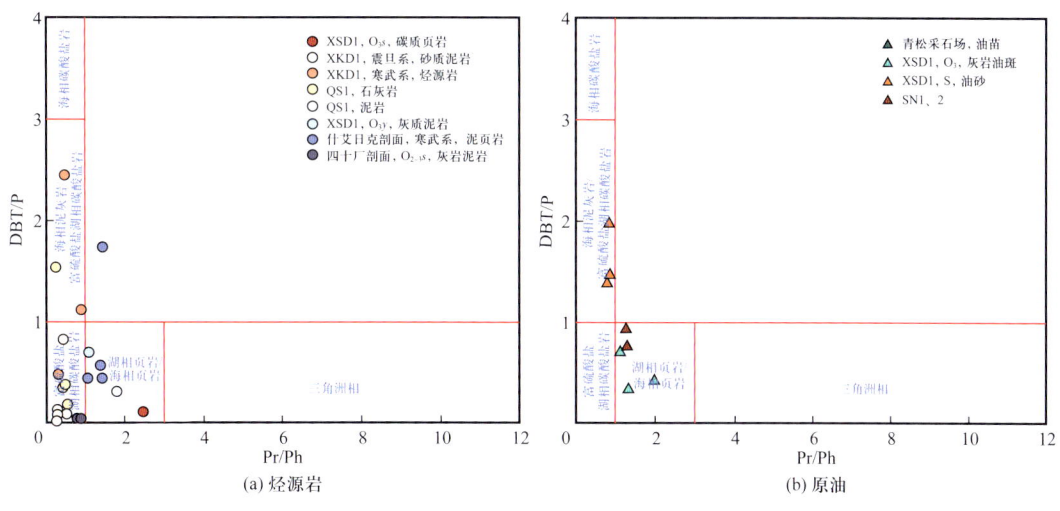

图 4-30　油—油、油—岩 Pr/Ph 与 DBT/P 关系图

（二）志留系原油与塔中志留系原油对比及其成因分析

新苏地 1 井志留系沥青砂的甾萜类生物标志物分布与塔中志留系部分原油有相似性，反映一定的成因联系；新苏地 1 井志留系沥青砂具有异常高芳香硫含量、相对正常单体烃

硫同位素分布，与塔中石炭系、下奥陶统、中深1C寒武系原油有一定相似之处，反映一定程度的成因联系；推测新苏地1井原油包含寒武系（和/或更深层）地层烃类，系深部成因。沙南1、2井原油与相邻的英买力潜山海相原油有一定相似性，指示某种程度的成因联系。

对比表明，新苏地1井志留系沥青砂与塔中志留系部分原油甾萜类化合物谱图特征相近，包括：（1）规则甾烷分布均呈反"L"形；（2）伽马蜡烷不太发育（图4-31）。然而，阿瓦提凹陷新苏地1志留系沥青砂也具有显著不同于塔中志留系原油的特征，前者具有较高的硫芴相对含量（图4-32c），硫芴/（芴+氧芴+芴）的比值>80%，高于塔中志留系原油（46%~77.8%）；新苏地1志留系沥青砂硫芴在芳香烃中的含量为30%~36%，而塔中志留系原油为5.6%~21.6%，反映油气成因有一定区别，既两者既有区别又有联系。

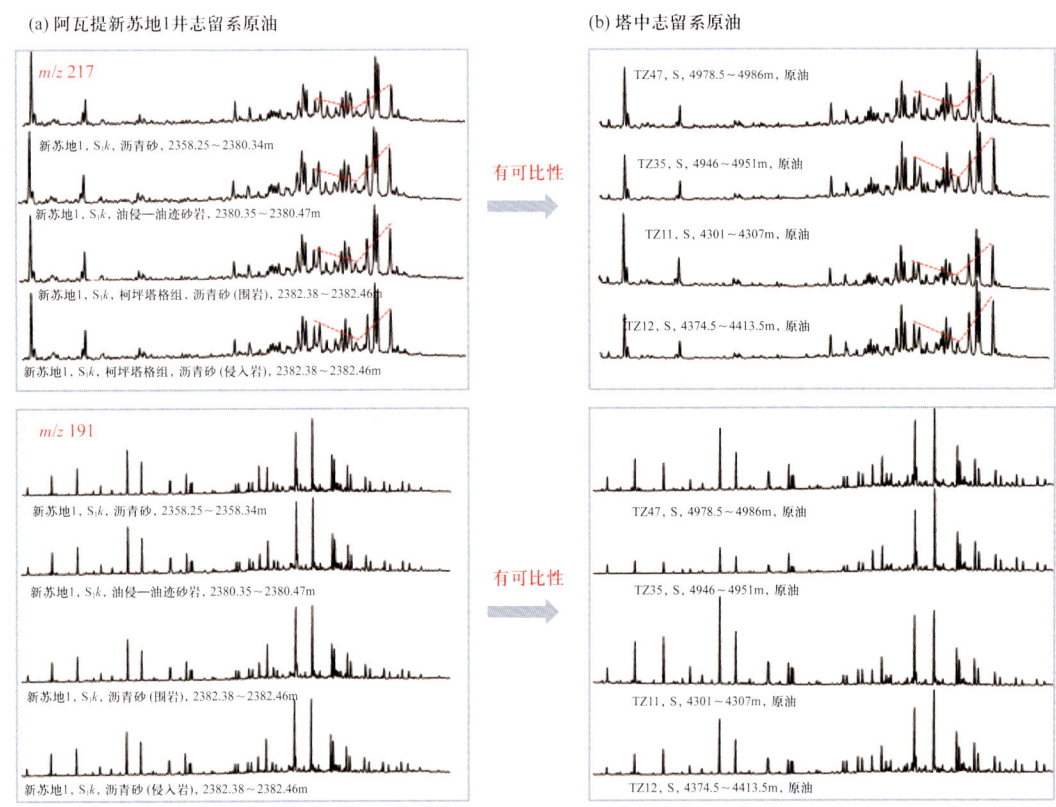

图4-31 新苏地1井志留系与塔中志留系原油甾类、萜类指纹的对比

以往调查表明，塔中志留系原油性质差异较显著，包含多源与多期充注原油，新苏地1志留系原油与塔中部分志留系原油甾萜类谱图相近，表明两者在地史中应接受了某一相同期次的相同/相近成因油气。鉴于原油成熟度相对不高，相关油源应为早期供烃的深层烃源岩。新苏地1井志留系沥青砂的异常高芳香硫含量与塔中石炭系及深层下奥陶统/中深1C寒武系成因油气相同/相近，后者被认为包含深层寒武系的油气，故预测新苏地

1井志留系油砂中的油气同样包含深层寒武系来源的油气，新苏地1井志留系规则甾烷相对分布呈反"L"形，某种程序上与星火1井等寒武系烃源岩有一定相似性，似乎也说明其为深层寒武系来源。值得提出的，依据单体硫同位素等，认为塔中高芳香硫原油地史中遭受了TSR作用。新苏地1志留系原油的单体烃硫同位素异构体变化不太明显（相对于塔中TSR改造原油的硫同位素），其高芳香硫原油的成因与烃源岩原生成因或TSR相关，有待进一步调查。

新苏地1井志留系油砂与本地本次调查烃源岩相似度较低，应来自深度烃源岩；沙南1、2与塔北英买力等原油有一定可比性，指示某种程度的成因联系（图4-32）。

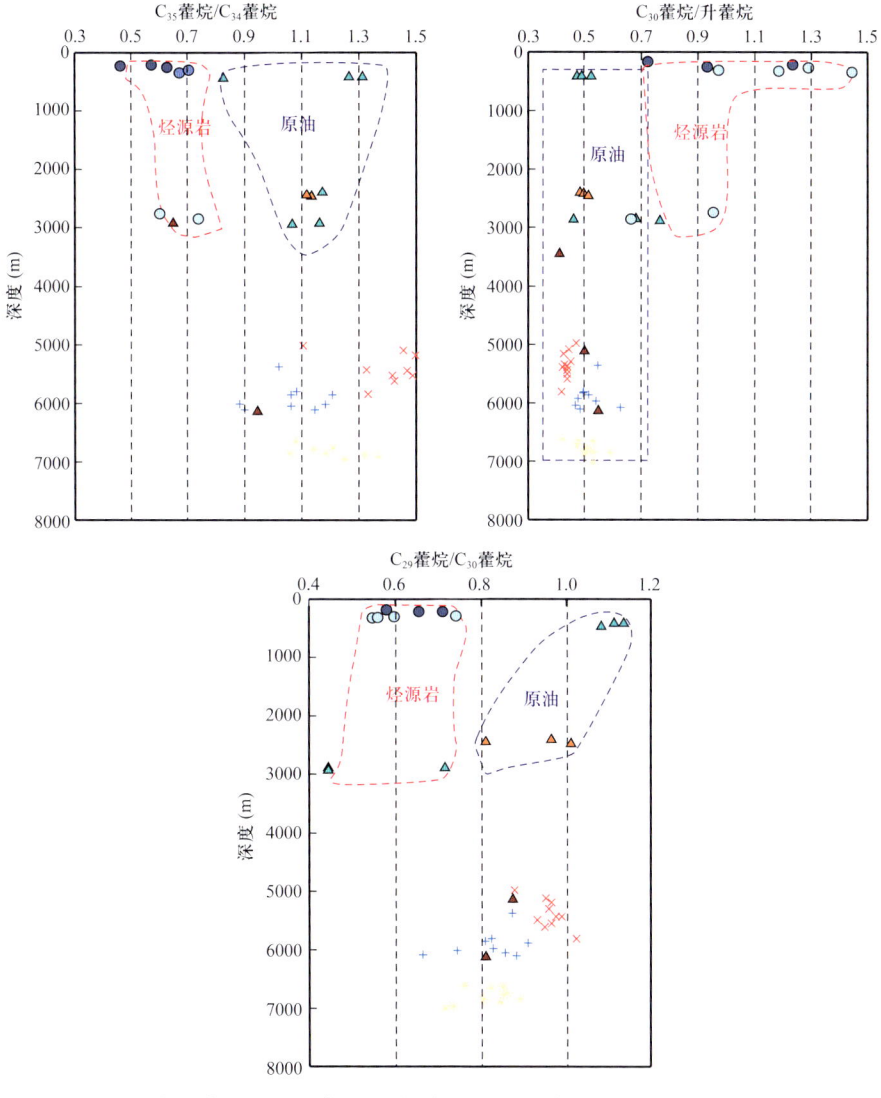

图4-32 新苏地1井志留系沥青砂等与本地烃源岩对比

(三)油气成藏期次

1. 流体包裹体分析

本次研究选取了新苏地 1 井(3 个储层样品)、新苏参 1(4 个志留系储层样品)、青松采石场石灰岩储层(1 个样品)共 8 块岩石进行了包裹体测温分析。样品的岩性主要为石灰岩和沥青砂,来自志留系、奥陶系。流体包裹体采用的检测方法和依据为 EJ/T 1105—1999《矿物流体包裹体温度的测定》,流体包裹体测温使用的仪器是 LINKAM THMS600 型冷热台。

1)包裹体岩相学特征

(1)青松采石场石灰岩储层。

沿石灰岩微裂缝及晶间孔隙中充填深褐色的稀油沥青,显示褐黄色、褐色荧光。该石灰岩缝洞中充填方解石矿物。该储层主要发育 1 期次的油气包裹体,均一温度为 95~110℃(图 4-33)。油气包裹体发育于石灰岩缝洞方解石矿物充填期间,发育丰度高(GOI 为 8%±,即约 8% 的石灰岩缝洞方解石充填物中发育该期油气包裹体),包裹体大多为环石灰岩缝洞方解石充填物生长环带成线状或成带分布(原生)。包裹体液烃呈淡黄色、黄色,显示绿色、黄绿色、黄色、褐黄色荧光;气烃呈灰色,无荧光显示。其中,液烃包裹体占 15%±,气液烃包裹体占 55%±,天然气及含烃盐水包裹体占 30%±。

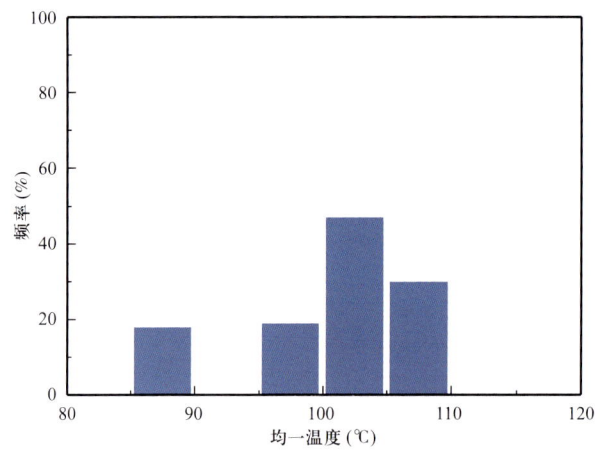

图 4-33 青松采石场石灰岩储层储层包裹体均一化温度分布频率

(2)新苏地 1 井砂岩储层(2380.35m)。

该砂岩粒间孔隙中充填深褐色、黑褐色固体沥青,荧光显示极其微弱。该砂岩中局部石英颗粒具典型的次生加大特征。该岩发育 2 期包裹体,以早期的 I 期次为主,均一温度为 95~110℃(图 4-34)。油气包裹体发育于砂岩石英颗粒成岩次生加大早中期,发育丰度极高(GOI 为 10%±),包裹体大多为沿切穿砂岩石英颗粒的微裂隙成线状或成带分布,或溶蚀成因,成群分布于长石颗粒中。包裹体液烃呈淡黄色、透明无色,显示黄色、黄绿色、蓝色荧光;气烃呈灰色,无荧光显示。其中,液烃包裹体占 65%±,气液烃包裹体占 10%±，天然气及含烃盐水包裹体占 25%±。

另见少量发育于石英颗粒次生加大期后的深灰色天然气包裹体。

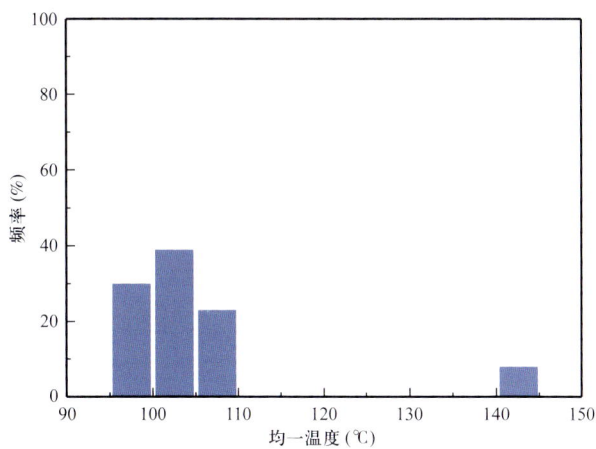

图 4-34 新苏地 1 井砂岩储层（2380.35m）包裹体均一化温度分布频率

（3）新苏地 1 井砂岩储层（2382.38m）。

该砂岩部分粒间孔隙中充填深褐色、黑褐色固体沥青，荧光显示极其微弱。该砂岩大部分石英颗粒具典型的次生加大特征，岩中的成岩矿物依次为次生加大石英矿物和粒间方解石胶结物。

该储层均一化温度显示有两期均一化温度，以早期的Ⅰ期油气包裹体为主，均一温度为 95~110℃（图 4-35）。油气包裹体发育于砂岩石英颗粒成岩次生加大早中期，发育丰度中等（GOI 为 3%±），包裹体大多为沿切穿砂岩石英颗粒的微裂隙成线状或成带分布，或溶蚀成因，成群分布于长石颗粒中。包裹体液烃呈透明无色、淡黄色，显示蓝色、黄绿色、绿色荧光；气烃呈灰色，无荧光显示。其中，液烃包裹体占 55%±，气液烃包裹体占 30%±，天然气及含烃盐水包裹体占 15%±。

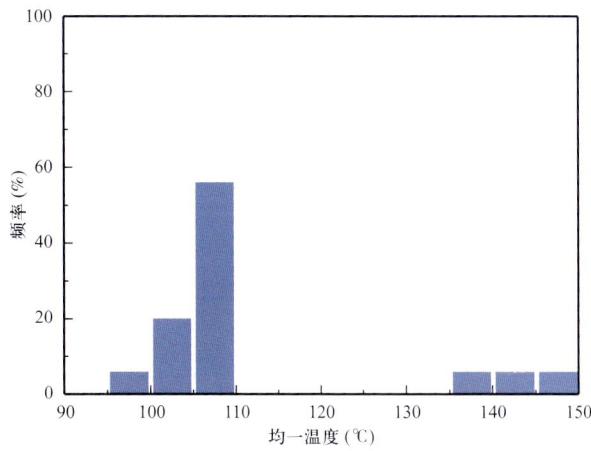

图 4-35 新苏地 1 井砂岩储层（2382.38m）包裹体均一化温度分布频率

另见少量发育于石英颗粒次生加大期后的深灰色天然气包裹体。

（4）新苏地1井砂岩储层（2877.61m）。

该石灰岩局部晶间孔隙中含深褐色稀油沥青，无荧光显示。该石灰岩缝洞中充填方解石矿物。该岩发育1期次的油气包裹体，均一温度为110℃左右（图4-36）。油气包裹体发育于石灰岩缝洞方解石矿物充填期后，发育丰度低（GOI为1%±，约1%的石灰岩缝洞方解石充填物中发育该期油气包裹体），包裹体大多为沿石灰岩缝洞方解石充填物的微裂隙成线状或成带分布。包裹体液烃呈淡黄色、透明无色，显示黄绿色、绿色、蓝色荧光；气烃呈灰色，无荧光显示。其中，液烃包裹体占45%±，气液烃包裹体占20%±，天然气及含烃盐水包裹体占35%±。

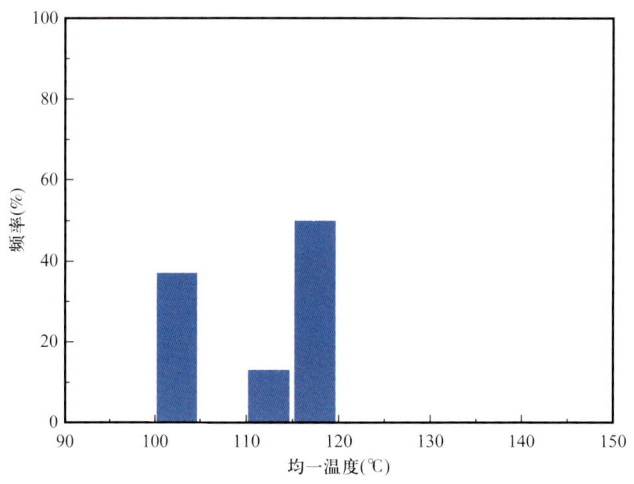

图4-36 新苏地1井砂岩储层（2877.61m）包裹体均一化温度分布频率

（5）新苏参1井砂岩储层（2248.76m，S，2-7）。

该砂岩局部粒间孔隙含深褐色固体沥青，无荧光显示。该砂岩中大部分石英颗粒具典型的次生加大特征，岩中的成岩矿物主要为次生加大石英矿物和粒间方解石胶结物。该岩发育1期次的油气包裹体（图4-37），油气包裹体发育于石英颗粒次生加大早中期，发育丰度极高（GOI为10%±），包裹体大多沿切及石英颗粒加大边的成岩早中期微裂隙成带分布，或环石英颗粒加大边内侧成带分布，或由于溶蚀成因、成群分布于长石颗粒中。包裹体液烃呈淡黄色，显示绿色、黄绿色荧光（图4-38）；气烃呈灰色，无荧光显示。其中，液烃包裹体占45%±，气液烃包裹体占30%±，呈深灰色的气体包裹体或呈淡褐色的含烃盐水包裹体占25%±。

（6）新苏参1井砂岩储层（2254.78m，S，10-16）。

该砂岩局部粒间孔隙含深褐色固体沥青，无荧光显示。该砂岩中大部分石英颗粒具典型的次生加大特征，岩中的成岩矿物主要为次生加大石英矿物和粒间方解石胶结物。该岩发育2期次的油气包裹体（图4-39）：

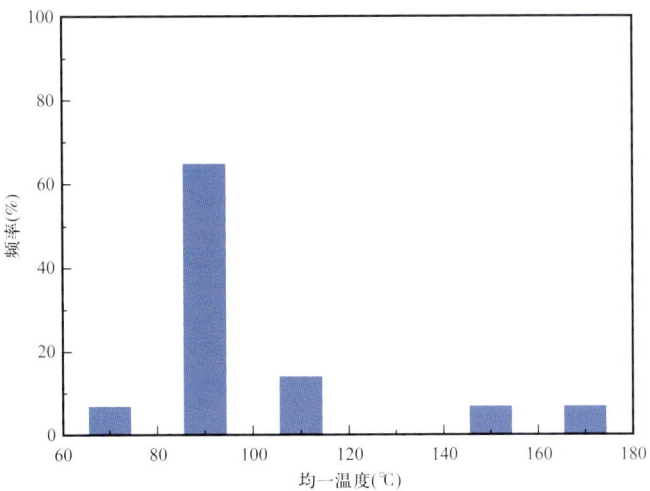

图 4-37 新苏地 1 井砂岩储层（2248.76m）包裹体均一化温度分布频率
两期包裹体，第 Ⅰ 期为 70~110℃，第 Ⅱ 期为 140~170℃

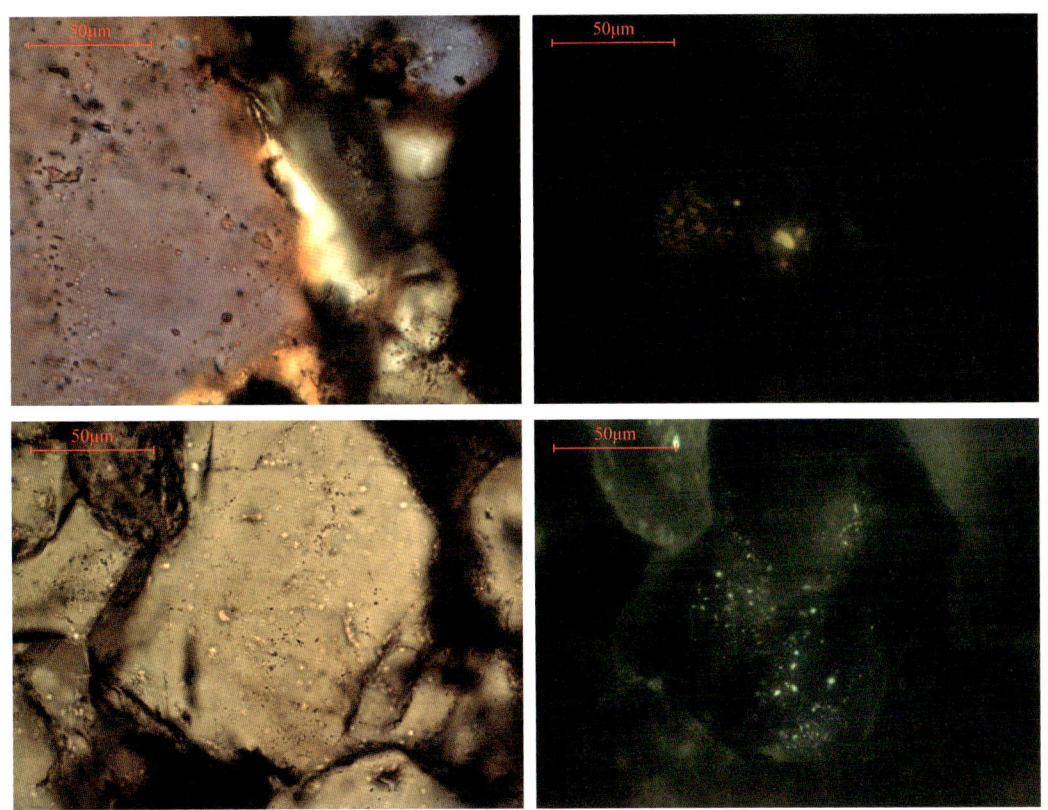

图 4-38 新苏地 1 井砂岩储层（2248.76m）包裹体显微镜照片
包裹体大多沿石英颗粒微裂隙分布，烃类包裹体显示出黄色、绿色两种荧光颜色

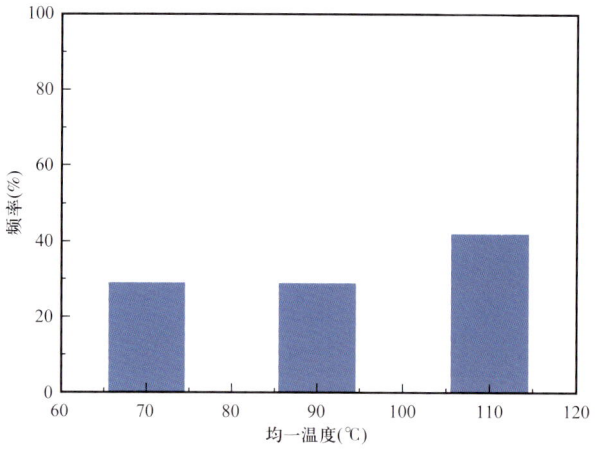

图 4-39 新苏地 1 井砂岩储层（2254.78m）包裹体均一化温度分布频率（Ⅰ期包裹体：70～120℃）

第Ⅰ期油气包裹体发育于石英颗粒次生加大早中期，发育丰度极高（GOI 为 12%±），包裹体大多沿切及石英颗粒的成岩早中期微裂隙成带分布。包裹体液烃呈淡黄色，显示黄色、黄绿色荧光（图 4-40）；气烃呈灰色，无荧光显示。其中，液烃包裹体占 35%±，气液烃包裹体占 55%±，呈深灰色的气体包裹体或呈淡褐色的含烃盐水包裹体占 10%±。

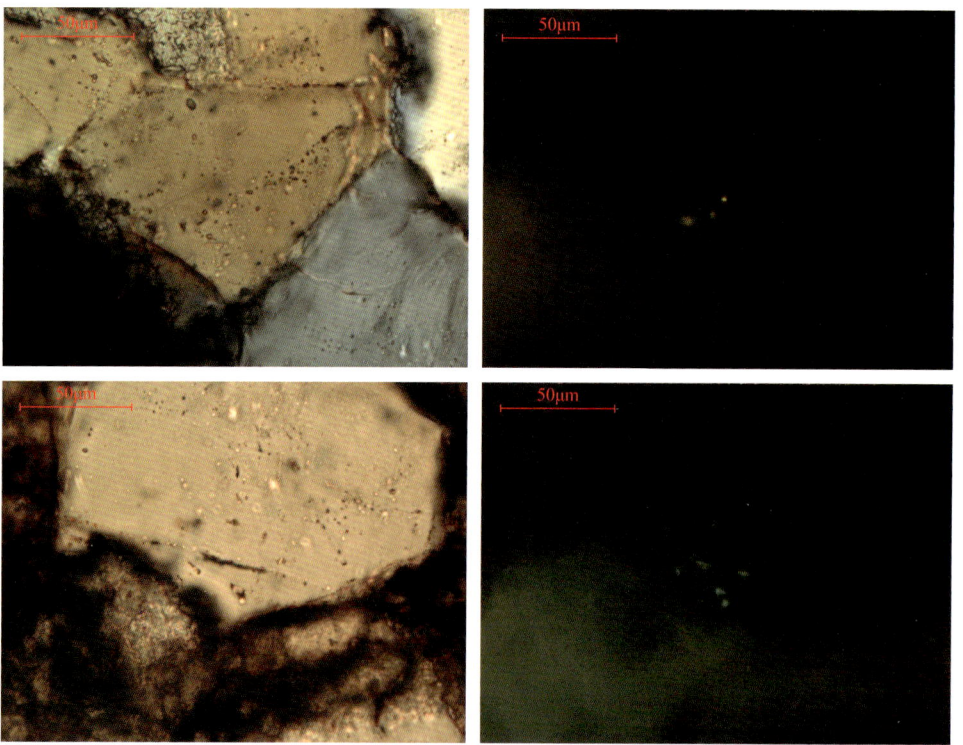

图 4-40 新苏地 1 井砂岩储层（2254.78m）包裹体显微镜照片
包裹体大多沿石英颗粒微裂隙分布，烃类包裹体显示出黄色、绿色两种荧光颜色

第Ⅱ期油气包裹体发育于石英颗粒次生加大期后，发育丰度低（GOI为1%±），包裹体大多沿切穿石英颗粒及其加大边的成岩期后微裂隙成线/带分布。包裹体液烃呈淡黄色，显示绿色荧光；气烃呈灰色，无荧光显示。其中，液烃包裹体占15%±，气液烃包裹体占45%±，呈深灰色的气体包裹体或呈淡褐色的含烃盐水包裹体占40%±。

（7）新苏参1井储层（2271.55m，S，27-54）。

该砂岩粒间孔隙中含褐色、深褐色稀油沥青，无荧光显示。该砂岩中大部分石英颗粒具典型的次生加大特征，岩中的成岩矿物主要为次生加大石英矿物。该岩发育1期次的油气包裹体（图4-41），油气包裹体发育于石英颗粒次生加大早中期，发育丰度高（GOI为5%±）。

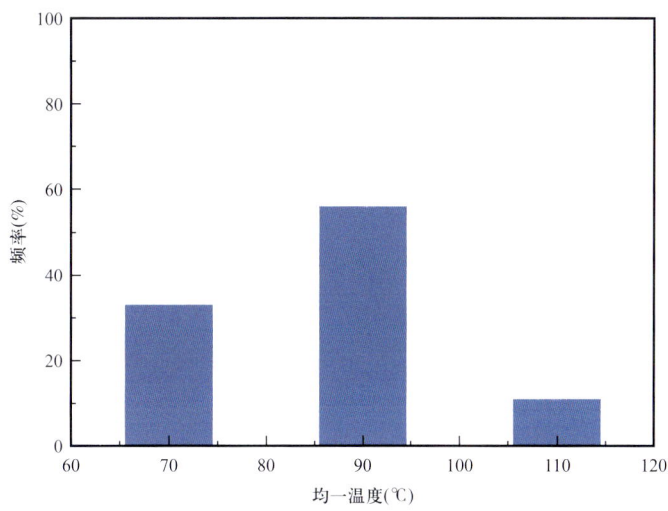

图4-41　新苏地1井砂岩储层（2271.55m）包裹体均一化温度分布频率（Ⅰ期包裹体：70～120℃）

包裹体大多沿切及石英颗粒加大边的成岩期微裂隙成带分布或环石英颗粒加大边内侧成带分布。包裹体液烃呈淡黄色，显示绿色、黄绿色荧光（图4-42）；气烃呈灰色，无荧光显示。其中，液烃包裹体占40%±，气液烃包裹体占35%±，呈深灰色的气体包裹体或呈淡褐色的含烃盐水包裹体占25%±。

（8）新苏参1井储层（2279.62m，S，24-54）。

该砂岩粒间孔隙中含褐色、深褐色稀油沥青，无荧光显示。该砂岩中大部分石英颗粒具典型的次生加大特征，岩中的成岩矿物主要为次生加大石英矿物。该岩发育1期次的油气包裹体（（图4-43），油气包裹体发育于石英颗粒次生加大早中期，发育丰度高（GOI为5%±），包裹体大多沿切及石英颗粒加大边的成岩期微裂隙成带分布或环石英颗粒加大边内侧成带分布（（图4-44）。包裹体液烃呈淡黄色，显示绿色、黄绿色荧光；气烃呈灰色，无荧光显示。其中，液烃包裹体占40%±，气液烃包裹体占35%±，呈深灰色的气体包裹体或呈淡褐色的含烃盐水包裹体占25%±。

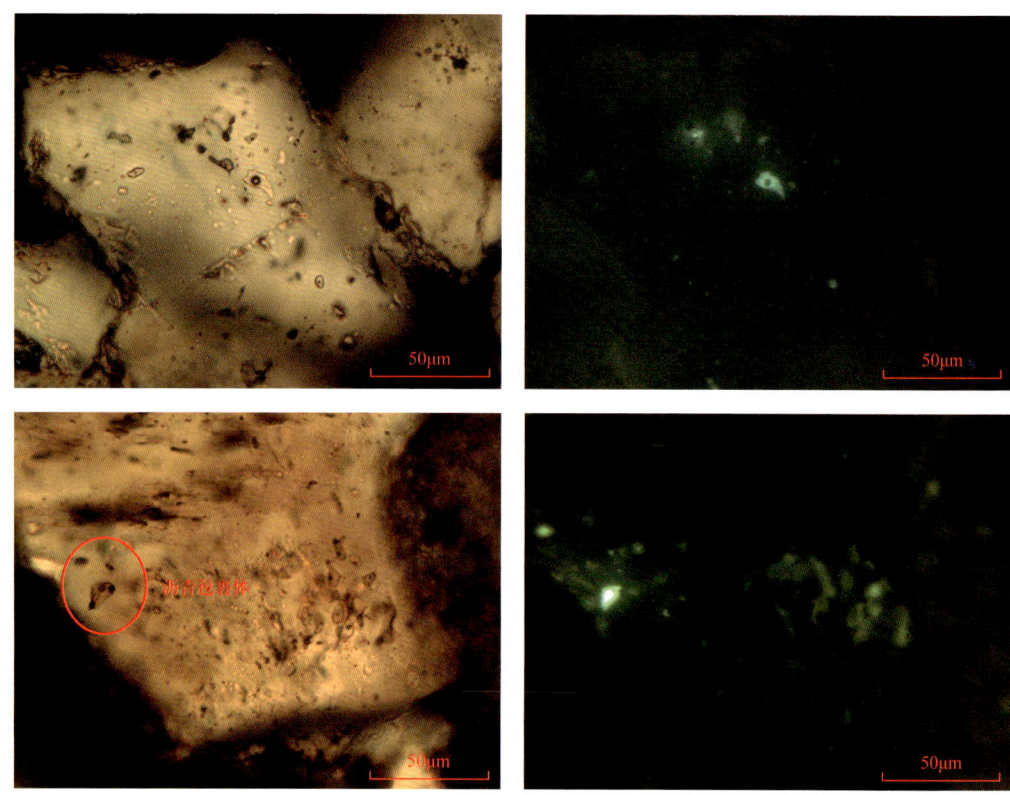

图 4-42　新苏地 1 井砂岩储层（2271.55m）包裹体显微镜照片
包裹体大多沿石英颗粒微裂隙分布，存在沥青包裹体

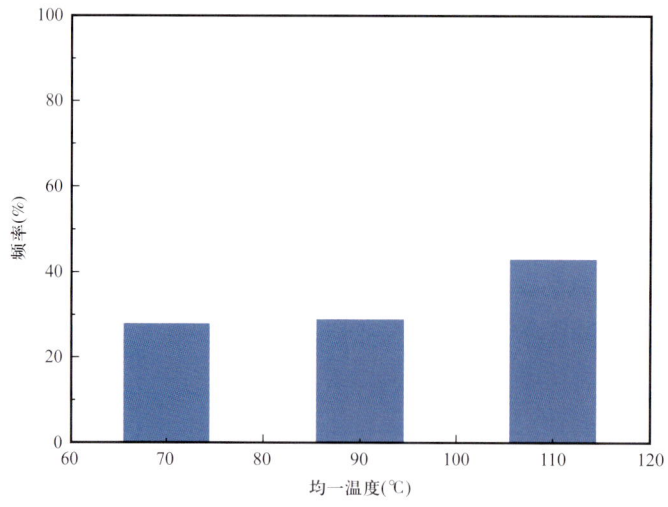

图 4-43　新苏地 1 井砂岩储层（2279.62m）包裹体均一化温度分布频率（Ⅰ期包裹体：70~120℃）

综合新苏 1 井四个深度的均一化温度，可见其有两期成藏，但主要为早期成藏（图 4-45）。该层储层均一化温度与盐度具有一定正相关性（图 4-46）。

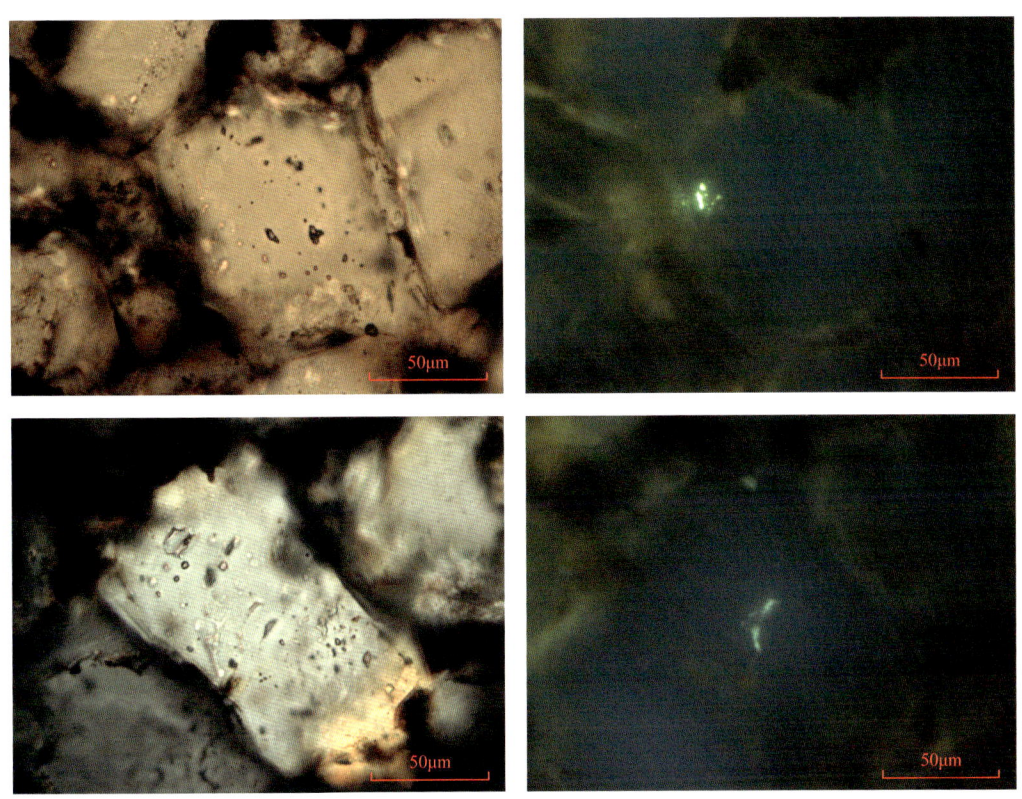

图 4-44 新苏地 1 井砂岩储层（2279.62m）包裹体显微镜照片

包裹体大多沿切及石英颗粒加大边的成岩期微裂隙成带分布或环石英颗粒加大边内侧成带分布。包裹体液烃呈淡黄色，显示绿色、黄绿色荧光

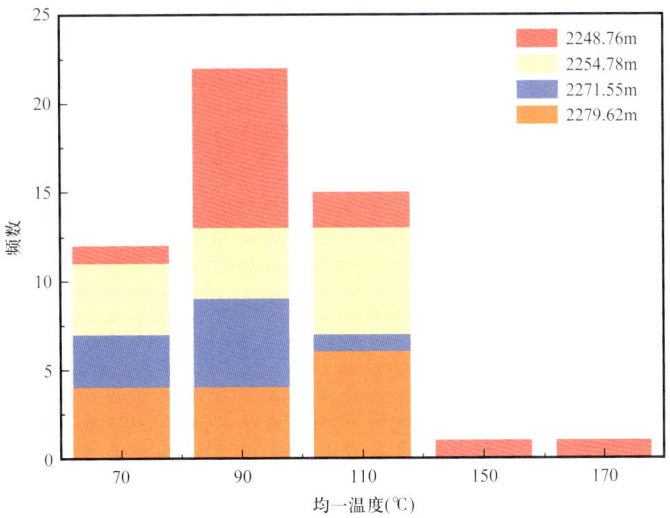

图 4-45 新苏参 1 井志留系储层包裹体均一温度综合分布特征（指示两期成藏，主要为早期）

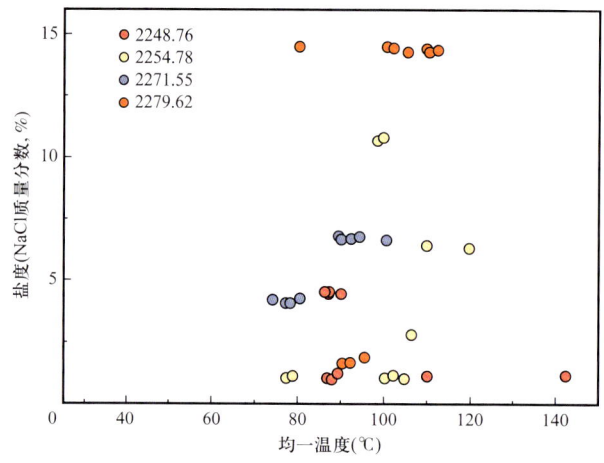

图 4-46 新苏参 1 井志留系储层包裹体均一温度与盐度相关性

2）成藏期判断

根据新苏地 1 井、新苏参 1 井的钻井资料，结合最新的地温数据与盆地剥蚀数据，可模拟单井的生烃、埋藏史。将测定的包裹体均一温度的主峰值（如 95～110℃）投影到埋藏史中，即可确定出该地区该期次油气的充注时间（图 4-47、图 4-48），认为研究区主要充注时间在晚志留期 410～430Ma 之间，此时油气成熟度还没有到达高成熟阶段，与包裹体荧光等级（黄绿色为主）相吻合。其次为 250Ma 的二叠纪—三叠纪。

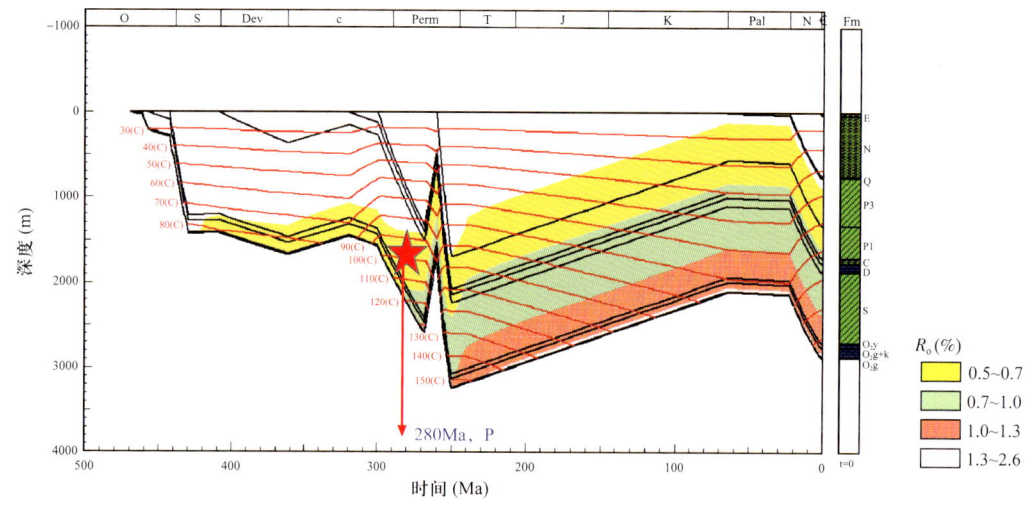

图 4-47 新苏地 1 埋藏史、热史与充注史

3）油气烃类组成与分布、成熟度反演成藏期次

前文新苏地 1 井志留系沥青砂的烃类分析表明，该沥青砂的总离子流图显示有明显的与生物降解与水洗密切相关的"UCM"鼓包，而链烷烃保存完整，多次至少存在两期充注。阿瓦提凹陷解析的原油成熟度也存在明显的差异，显示油气成藏期次的差异。

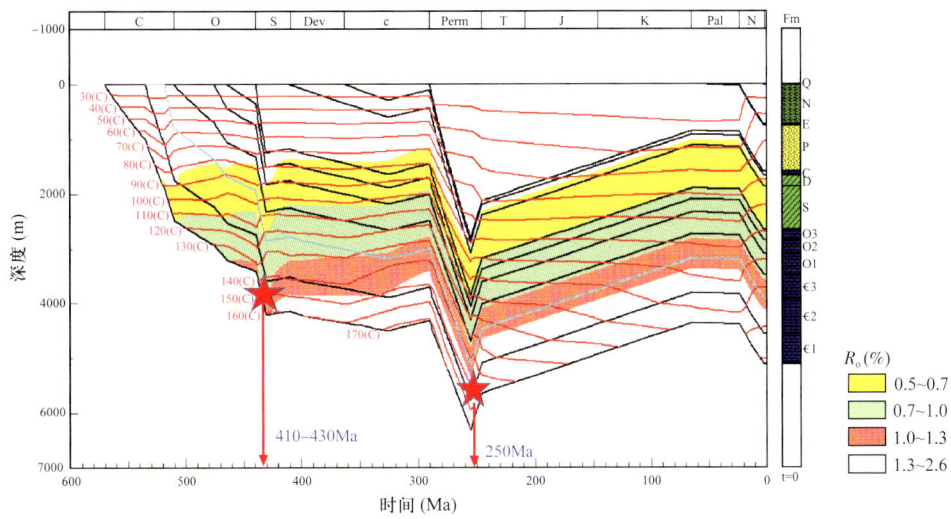

图 4-48 新苏参 1 井埋藏史、热史与充注史

4）烃源岩生排烃演化史反映多期成藏

塔里木盆地台盆区成藏期受烃源岩生排烃时间及排烃量的影响，四次大量生排烃期分别对应着四个成藏的关键时刻：加里东早期、加里东晚期、晚海西期和燕山—喜马拉雅期（图 4-49；Li et al., 2015）。由于奥陶系、志留系、石炭系各层系储层、盖层、圈闭形成时间不同，不同层系油气成藏时间和期次存在明显差异：奥陶系储盖组合主要形成于晚奥

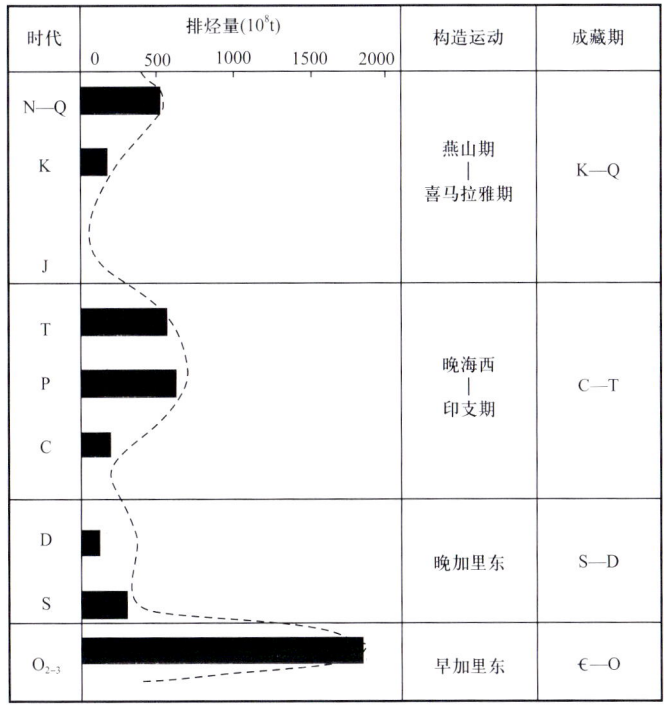

图 4-49 塔里木盆地海相烃源岩生排油气高峰期对应油气大量成藏期

陶世末期，可能存在三期成藏及多期油气调整；志留系储盖组合主要形成于志留纪末期，可能存在两期或三期成藏及多期油气调整；石炭系储盖组合主要形成于二叠纪初期，可能存在两期成藏并可能存在多期下伏油气的调整成藏。其中喜马拉雅期是形成现今油气藏最重要的时期，其次是晚海西印支期，加里东晚期和加里东早期形成的油气藏由于受构造调整破坏的影响，现在大部分都以沥青砂的形式存在。

综上所述，本节主要认识如下：

（1）依据包裹体温压测定，认为新苏地1井志留系—四石厂下奥陶统油苗有两期均一化温度（95～110℃、140～150℃），关键成藏期为早期。成藏时间分别为晚志留期410～430Ma、250Ma的二叠纪—三叠纪。

（2）依据新苏地1井志留系油砂的饱和烃总离子流图，存在早期降解的UCM鼓包峰和后期充注的完整链烷烃的共生组合现象，认为志留系沥青砂至少有两期，早期发生过油气的改造破坏，此后又充注过新鲜油气。

（3）依据阿瓦提凹陷分析原油的成熟度，认为至少有两期成藏。

（4）依据烃源岩生排烃史应为多期成藏，寒武系烃源岩在早奥陶（约500Ma）开始生烃、在中奥陶（约460Ma）开始大量生烃。以上生烃时间与志留系储层在410～430Ma的大量油气充注时间较为吻合。

三、柯坪冲断带

（一）气—源对比

两个天然气样品C_7轻烃组成均以正庚烷为主，属于腐泥型母质来源（图4-50）。$\delta^{13}C_1$—$\delta^{13}C_2$—$\delta^{13}C_3$有机不同成因烷烃气鉴别图也指示肖尔布拉克组天然气为油型气（吾

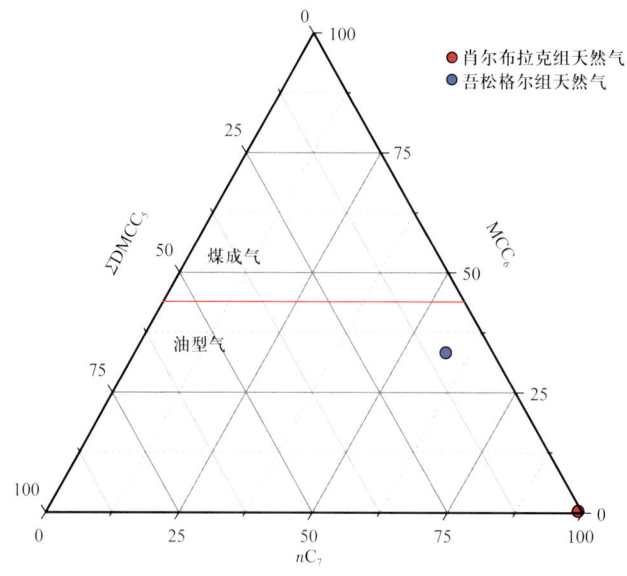

图4-50 C_7轻烃组成三角图

松格尔组天然气乙烷和丙烷碳同位素数据缺失,无法投点)。两个天然气样品均为油型裂解气,细分属于原油裂解气。

两个天然气样品 CO_2 含量较高,肖尔布拉克组天然气中 CO_2 含量约占40%,吾松格尔组天然气中 CO_2 含量约占84%,推测为无机成因(图4-51)。

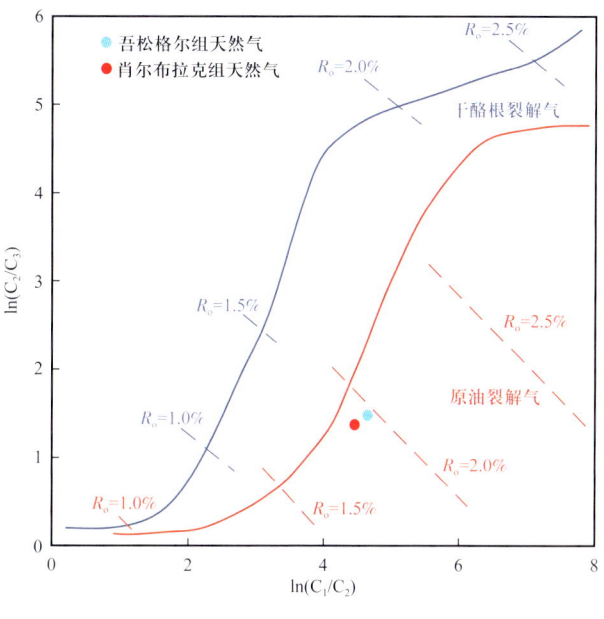

图4-51 天然气成因分析图

总体来看,肖尔布拉克组和吾松格尔组天然气轻烃分布特征相似,从图中看出天然气兼具中上奥陶统和寒武系烃源岩特征(图4-52)。

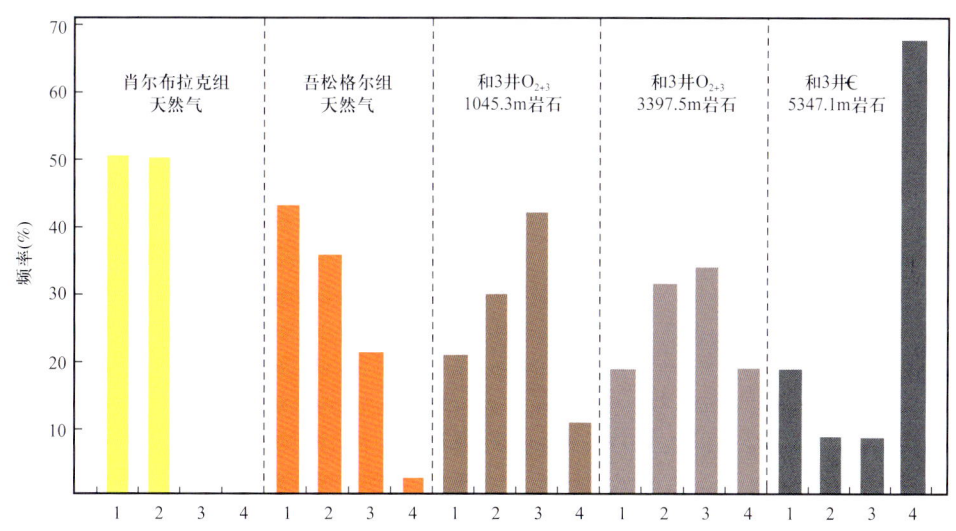

图4-52 研究区天然气轻烃与巴楚地区烃源岩轻烃对比图(烃源岩数据来源于李剑,1999)
1—(nC_6+nC_7)/Σ(C_6+C_7);2—(iC_6+iC_7)/Σ(C_6+C_7);3—(cC_6+cC_7)/Σ(C_6+C_7);4—(苯+甲苯)/Σ(C_6+C_7)

研究区天然气与源自寒武系—下奥陶统烃源岩的塔中、轮古东、古城天然气类似，而与源自中—上奥陶统烃源岩的哈拉哈塘天然气差别较大（图4-53）。推测研究区天然气主要来源于寒武系—下奥陶统。

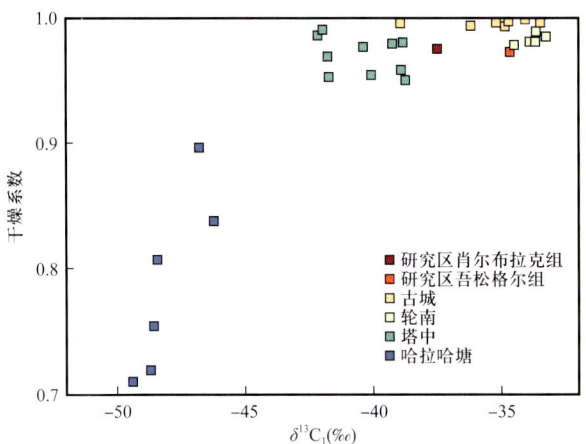

图4-53 塔里木盆地台盆区天然气对比图（据曹颖辉，2019）

寒武系气源过成熟干气的$\delta^{13}C_1$—$\delta^{13}C_4$值分布曲线以甲烷$\delta^{13}C_1$值显著偏重（多大于-42.5‰）、$\delta^{13}C_1$—$\delta^{13}C_4$值分布曲线的斜率偏缓为特征。研究区天然气$\delta^{13}C_1$-$\delta^{13}C_4$值分布曲线与寒武系气源过成熟干气一致（图4-54）。综上分析，推测研究区天然气主要来源

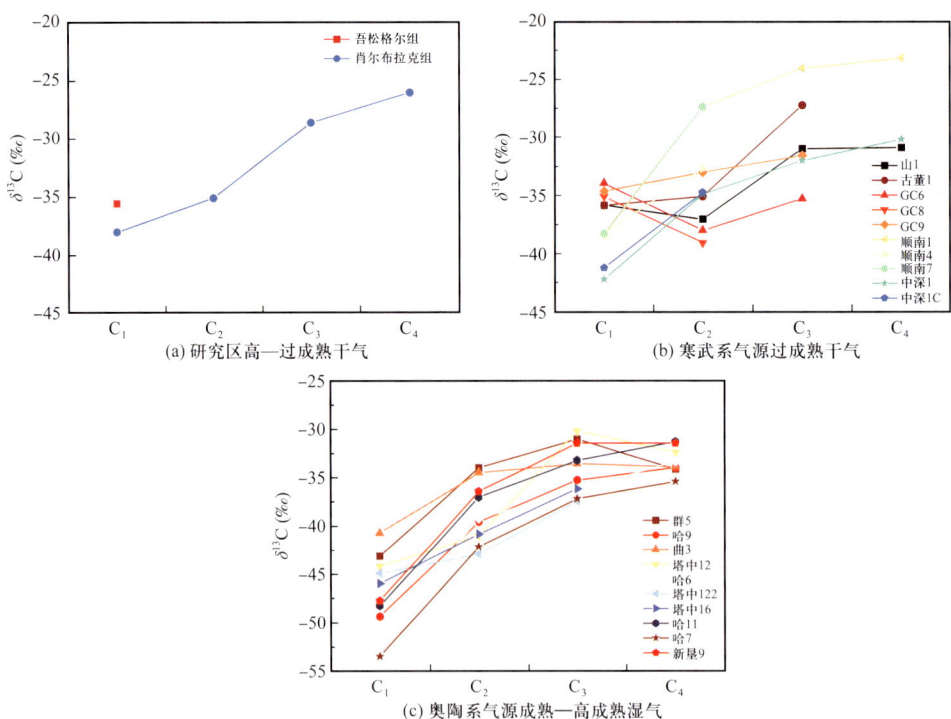

图4-54 塔里木盆地烃类气体稳定碳同位素值（$\delta^{13}C$）分布曲线对比（据李剑，1999；王铁冠等，2014；郭建军等，2007；曹颖辉等，2019）

于寒武系—下奥陶统，可能混有少量来自中—上奥陶统烃源岩的天然气。

（二）油气成藏期次

选取柯坪南1井岩屑样品，对其测得的烃包裹体分别进行期次研究。结合油气包裹体岩相学特征和流体包裹体显微测温数据分析表明（图4-55），柯坪南1井寒武系样品共发现两期油气包裹体，第Ⅰ期次成群分布于方解石内，第Ⅱ期成带状分布于微裂隙中第Ⅰ期。

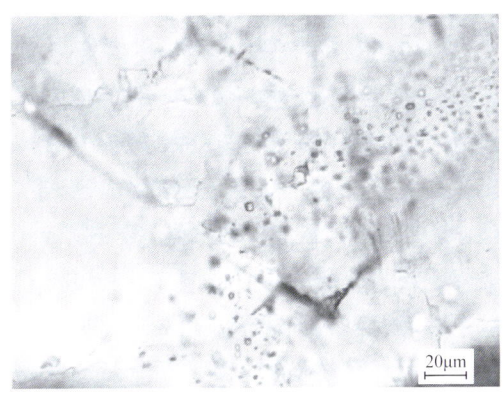 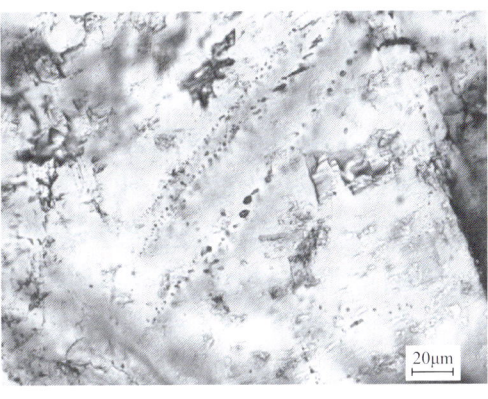

(a) 5089m，成群分布　　　　　　　(b) 5058m，沿裂隙成带状分布

图4-55　柯坪南1井流体包裹体镜下薄片观察

包裹体均一化温度分布区间主要为60~70℃、140~150℃、170~180℃（图4-56），结合柯坪南1井埋藏史和热史分析结果，判定主要成藏期为寒武纪晚期和二叠纪。170~180℃温度区间已超过地层深度所能达到的最大温度，可能受热液影响。寒武纪晚期的成藏期下古生界烃源岩均未规模排烃，推测柯坪地区有前寒武烃源岩的贡献。

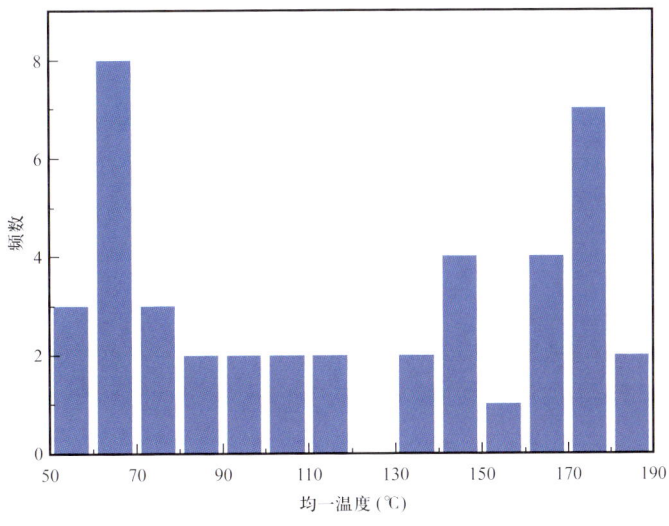

图4-56　柯坪南1井流体包裹体均一化温度分布直方图

第三节 油气成藏模式

截至目前,柯坪断隆已在温宿凸起、沙井子构造带和柯坪冲断带获得油气发现与突破,结合区域地质资料及最新勘探成果,本节分述三个重点地区三类典型的油气成藏模式。

一、古隆起差异沉降控储控藏

温宿凸起整体为夹持在乌什凹陷和阿瓦提凹陷中间的一个古隆起,为西高东低的鼻状隆起构造(图4-57)。构造演化主要经历了4个发展阶段,其中中新世吉迪克组沉积期凸起停止隆升并接受沉积,上新世库车组沉积期温宿凸起西部局部抬升向东遭受剥蚀。

钻井和野外露头资料证实,温宿凸起不发育烃源岩层系,但其北缘库车坳陷陆相油气系统和南缘阿瓦提凹陷海相油气系统均有证实烃源岩层。南部阿瓦提凹陷寒武系—奥陶系的海相烃源岩已有沙南1井、沙南2井、青松采石场和乌鲁桥油苗证实,野外肖尔布拉克、什艾日克等剖面也有观测,但寒武系—奥陶系烃源岩的主排烃期可能早于温宿凸起区新近系圈闭形成期。北部拜城凹陷侏罗系恰克马克组主力烃源岩生排烃时间为距今2~5Ma,在新近纪中期、后期分别达到生油、生气高峰,排油期与温宿凸起圈闭形成时间耦合性较好,因此能够沿着北部古木别孜等断裂在温宿凸起聚集成藏。

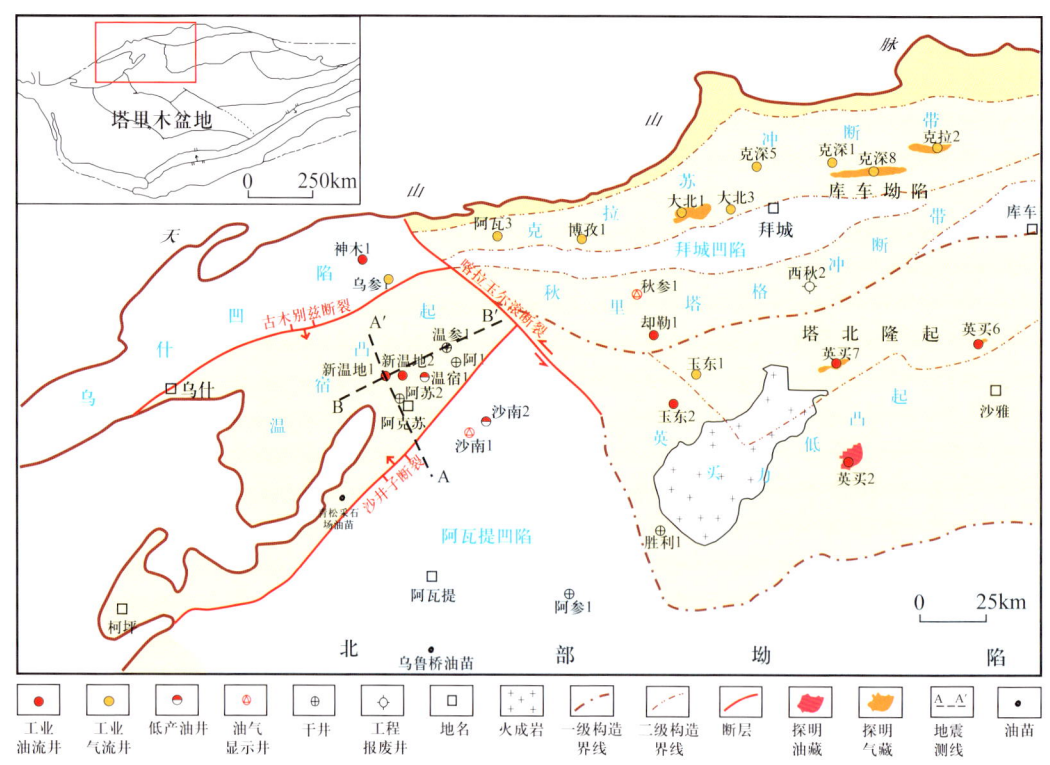

图4-57 温宿凸起构造位置图

拜城凹陷生成的油气，主要沿基岩风化壳和新近系三角洲相骨架砂岩作横向运移，沿成藏期活动的油源断层纵向调整，主要证据有三：（1）野外露头基岩风化壳断裂和节理广泛发育，且多见差异风化形成的孔洞，新温地 1 井钻遇 40m 厚的基岩裂缝发育带，见油斑、油迹显示 3.85m，测井解释储层 14.3m；（2）吉迪克组三角洲相砂体发育，物性好、规模大，是一套高效的油气输导层，新温地 1 井和新温地 2 井均在该套砂体中钻遇良好油气显示；（3）新温地 2 井钻后油源对比分析证实，其烃源岩为陆相，主要来自东北拜城凹陷。另外，成藏期温宿凸起快速隆升，在凸起周边和主体部位产生多条不同级次的断裂，为油气由凹陷向凸起运移和纵向调整提供了有利条件（图 4-58，图 4-59）。

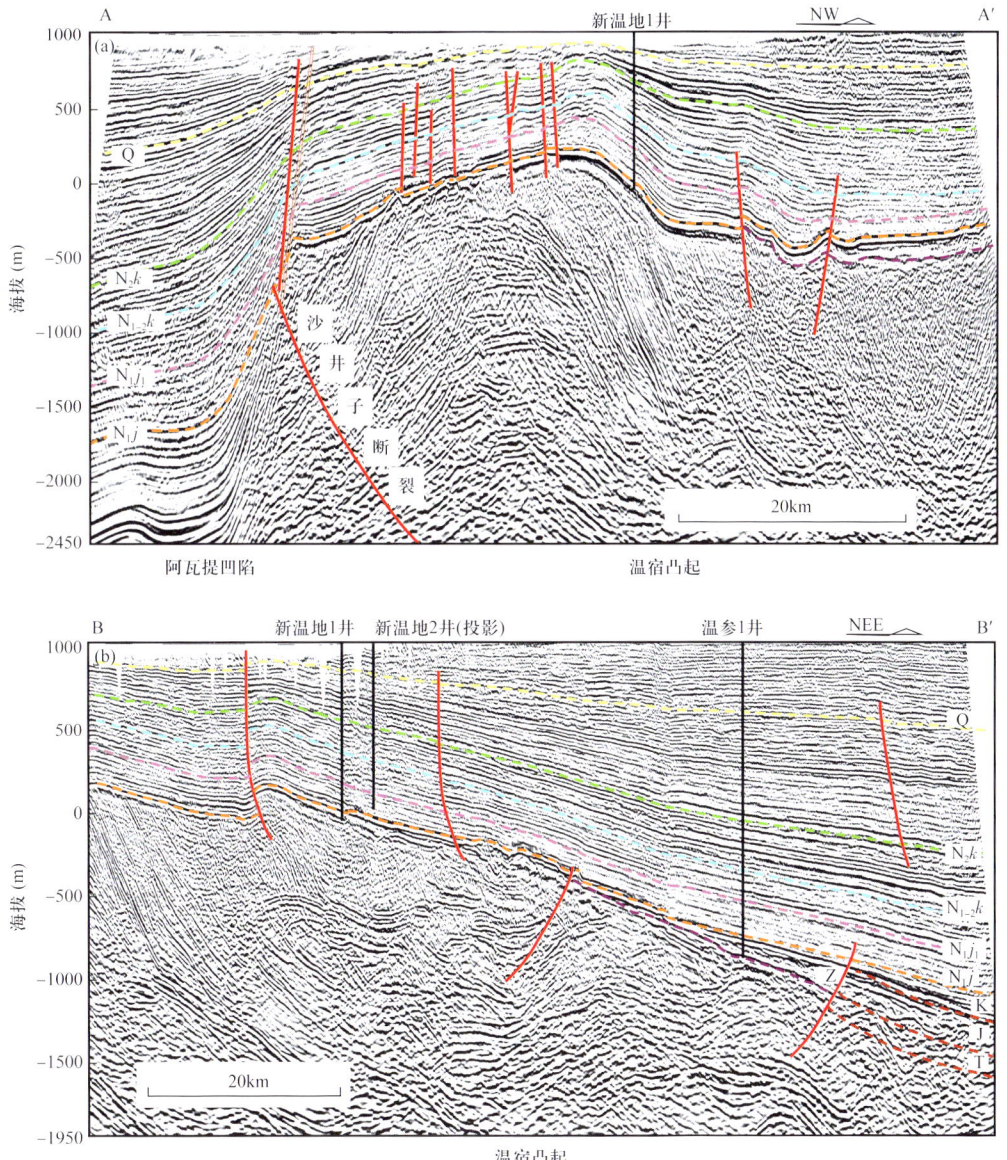

图 4-58 温宿凸起区典型地震剖面特征（剖面位置见图 4-57，$N_{1/1}$ 为吉迪克组上段）

库车坳陷在新近纪进入再生前陆盆地阶段，古近纪形成的湖泊开始向南部萎缩，湖水总体较浅，湖岸线随气候和构造活动而频繁变化。通过对温宿古木别兹背斜、阿瓦特、拜城西盐水沟等地区的新近系剖面进行野外地质调查，结合库车坳陷沉积特征研究，认为吉迪克组沉积期自北向南发育小型冲积扇、三角洲和滨浅湖滩坝相。其中，神木井区主体位于三角洲平原亚相，温参1井位于三角洲前缘亚相，新温地1井位于三角洲与滨浅湖滩坝过渡相，阿瓦提凹陷北部的沙南1井、沙南2井等井位于滨浅湖相。康村组沉积期湖盆面积有所扩大，水体变深，岩性以厚层泥岩夹薄层砂岩为主。库车组沉积期本区湖泊逐渐变浅消失，以河流、三角洲、冲积扇为主。

受构造沉积演化影响，温宿凸起区发育多套储盖组合，其中最有利的、已经被钻探证实富含油气的组合有3套。（1）吉迪克组三段厚层状泥岩与阿克苏群基岩风化壳储盖组合。依据新温地1井段实钻资料，基岩风化壳储集空间主要是裂缝（图4-59），推测其有效厚度约为距顶面40m附近，沿着不整合面附近大面积分布。吉迪克组下段的泥岩为盖层，厚度为80～100m。（2）吉迪克组中部砂泥岩互层形成的储盖组合。温宿凸起区吉迪克组二段广泛发育砂泥岩互层，其砂泥比较低（20%～30%），砂体分布面积大，累计厚度200～500m，单层砂岩厚度薄，为0.5～10m，为新温地1、新温地2井揭示最好的油气产层。（3）康村组厚层状泥岩与吉迪克组一段砂岩储盖组合。吉迪克组一段发育多套砂体，单层厚度较二段砂体更大，厚1～15m，其上覆康村组厚层状泥岩盖层厚20～40m。

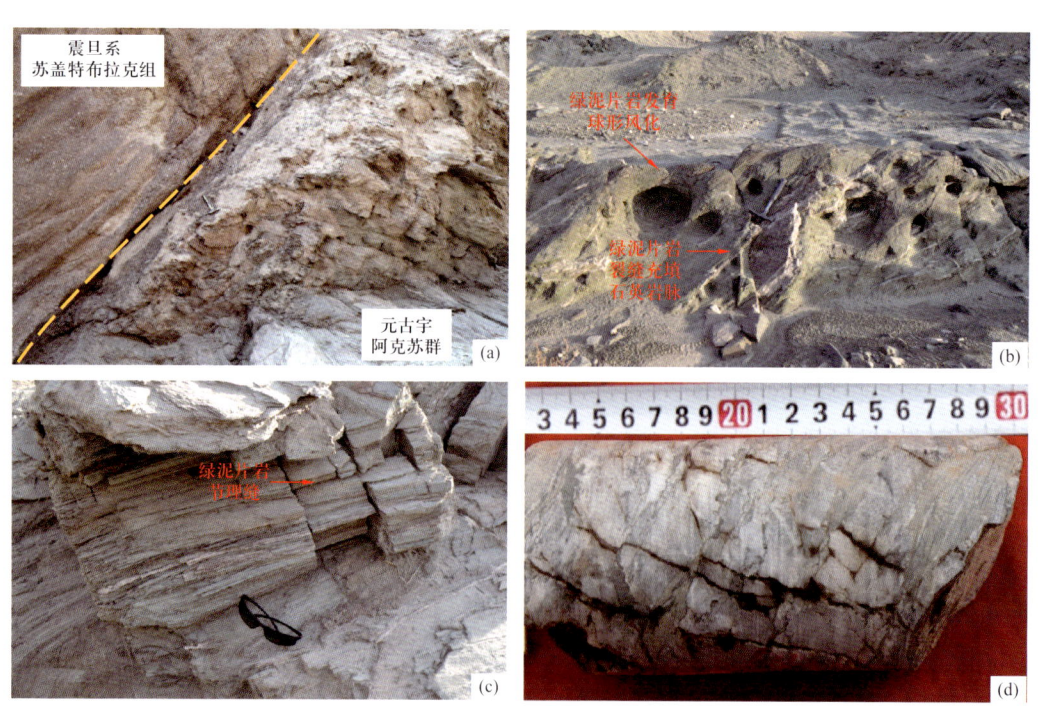

图4-59　温宿凸起区阿克苏群典型露头与岩心照片
（a）阿克苏群与震旦系角度不整合面；（b）阿克苏群风成球形风化；（c）阿克苏群石英片岩发育大量节理缝；（d）新温地1井，997.92m，灰绿色油斑绿泥片岩含油岩心照片

新温地1、新温地2井吉迪克组一段砂岩距离油气运移主体通道太远,多为含油水层或水层。

整体而言,中新统吉迪克组沉积期,温宿凸起具有差异沉降、低幅隆升的构造演化特征,控制形成了温宿地区低幅宽缓的古地貌,形成了三角洲与滨浅湖滩坝同生共存、互为消长的沉积体系,砂体分布范围广、叠合连片。受后期温宿凸起掀斜作用的影响,物源来自北部的三角洲砂体可形成向南上倾尖灭型岩性圈闭,而在凸起主体部位发育的滩坝砂体可形成透镜体状岩性圈闭。基岩风化壳受多期构造和长期风化作用,裂缝储层发育,上覆吉迪克组稳定分布的泥岩,可形成潜山型圈闭。

温宿凸起区吉迪克组滨湖—滩坝水下沉积环境和前三角洲沉积环境易于发育较厚的泥岩,从而有效封堵油气散逸。整个凸起区从西南往东北,泥岩埋深和厚度略有增加,保存条件整体更好。相较于贯穿吉迪克组的较大规模二三级断裂,断层不发育或仅限于吉迪克组的微小断裂造成油气散失的可能更小,保存条件更佳。

综上分析,温宿凸起大规模分布的新近系三角洲与滩坝砂体及基岩风化壳提供了油气横向运移的通道("两横"),与持续活动的断裂("一纵")共同构成了高效的油气输导体系(图4-60),沟通了北部拜城凹陷陆相烃源岩灶。拜城凹陷陆相烃源岩生成的油气自北东向南西运移,进入温宿凸起后沿新近系底部的基岩风化壳与新近系中高孔渗(孔隙度为22%~31%,渗透率为60~322mD)的砂层横向运移,沿垂向断裂向上调整运移至目标区形成油气藏,形成"两横一纵"的油气输导体系。而北部拜城凹陷侏罗系烃源岩厚度大(250~600m)、有机质品质好(以Ⅱ型干酪根为主,总有机碳含量平均值为1.69%,有机质成熟度主体为1.0%~2.0%;压力系数普遍大于1.5,最高达2.15),可大范围、远距离运移,且排烃期与温宿凸起圈闭形成时间耦合性较好,油气可以在温宿凸起广泛发育的圈闭里大规模聚集成藏。主要发育构造、构造—岩性、岩性和地层类油藏类型。

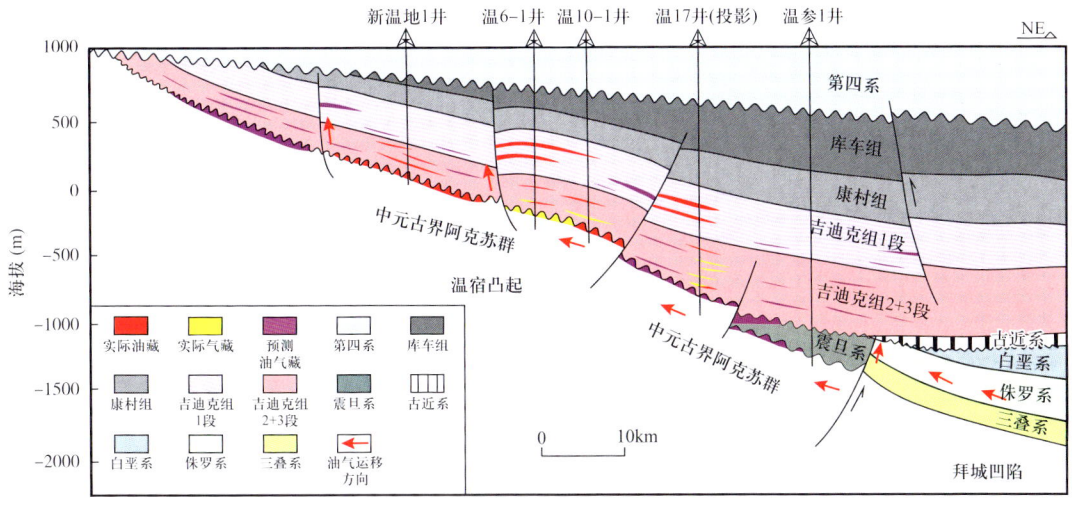

图4-60 温宿凸起油藏模式图

构造、构造—岩性和岩性类油藏主要分布在新近系吉迪克组中上部一、二砂组砂泥岩互层段，中高孔渗砂岩为储层，泥岩为盖层。来自北部拜城凹陷的陆相油气沿着基岩风化壳与新近系滩坝砂体横向运移，并沿着持续活动的纵向断裂进一步沟通至砂岩储层，形成构造—岩性类油藏。油藏具有空间上分布有序、平面上叠合连片的特点，为目前钻探井所揭示的主要油藏类型。

温宿凸起主体区潜山地层类油藏主要分布在震旦系碳酸盐岩和基岩风化壳中，其储层分别为震旦系碳酸盐岩和基岩裂缝，新近系吉迪克组底部厚层状泥岩为区域盖层。拜城凹陷的陆相油气沿着基岩风化壳和不整合面横向运移，至有利碳酸盐岩和基岩裂缝储层中聚集成藏。温宿凸起北斜坡的温参1井构造位置整体较低，在震旦系白云岩储层主要产水，有少量天然气，其上倾高部位可能有更好的油气聚集。新温地1井、温10-1井和温6井均揭示了基岩风化壳型潜山油气藏。

二、斜坡区断裂主控晚期成藏

沙井子构造带紧邻阿瓦提生烃凹陷，目前已知下古生界主要发育寒武系玉尔吐斯组、奥陶系萨尔干组和印干组3套海相烃源岩，多处露头可直接观测，新苏地1井钻揭了印干组和萨尔干组烃源岩，新苏参1井钻揭了印干组、萨尔干组和玉尔吐斯组烃源岩。露头与钻井揭示烃源岩厚度相当、岩性组合相同，但受风化影响，露头样品有机碳和氢指数测量结果偏低，可溶有机质性质信息不足。依据实验室测量和井震标定分析，玉尔吐斯组黑色泥岩 TOC 值为 1.33%～16.79%，镜质组反射率 R_o 值为 1.48%～2.0%，以Ⅰ—Ⅱ$_1$型干酪根为主，厚度约为 10～55m，从柯坪断隆东西部到北部坳陷均有分布，是塔里木盆地目前发现最好的一套烃源岩；萨尔干组黑色泥岩 TOC 值为 1.15%～9.10%，镜质组反射率 R_o 值为 0.75%～1.20%，以Ⅰ—Ⅱ$_1$型干酪根为主，厚度约 4～50m，在柯坪断隆中西部—阿瓦提凹陷较为发育，是盆地西北部重要烃源岩；印干组泥灰岩样品测试显示其生烃能力差，为非有效烃源岩。

沙井子断裂平面呈北东—南西向，长度达163km（图4-61），从奥陶纪持续活动到新近纪，控制阿瓦提凹陷—柯坪断隆的构造格局的形成和演化。沙井子构造带西北部高陡出露下古生界和部分上古生界，新苏地1井钻揭上奥陶统—第四系，新苏参1井钻揭寒武系—第四系，各层组岩电特征差异较为显著。基于目标处理的高品质地震资料开展井震标定，可识别沙井子构造带主要层位和断裂展布特征（图4-62）。前人明确了沙井子断裂带深部的基底卷入型楔状冲断构造、狭义的沙井子断裂和浅部的伸展构造，特别是二叠纪末—新近纪发育形成的狭义沙井子断裂为高角度的基底卷入型挤压走滑断裂，其规模大、活动时间长，有效连接了阿瓦提生烃凹陷和沙井子构造带，并为油气输导提供了良好通道（图4-62）。阿瓦提凹陷深部寒武系—奥陶系烃源岩生成的油气，主要沿成藏期的沙井子断裂及其派生断裂作纵向运移，沿不整合面和砂岩骨架进行横向调整。

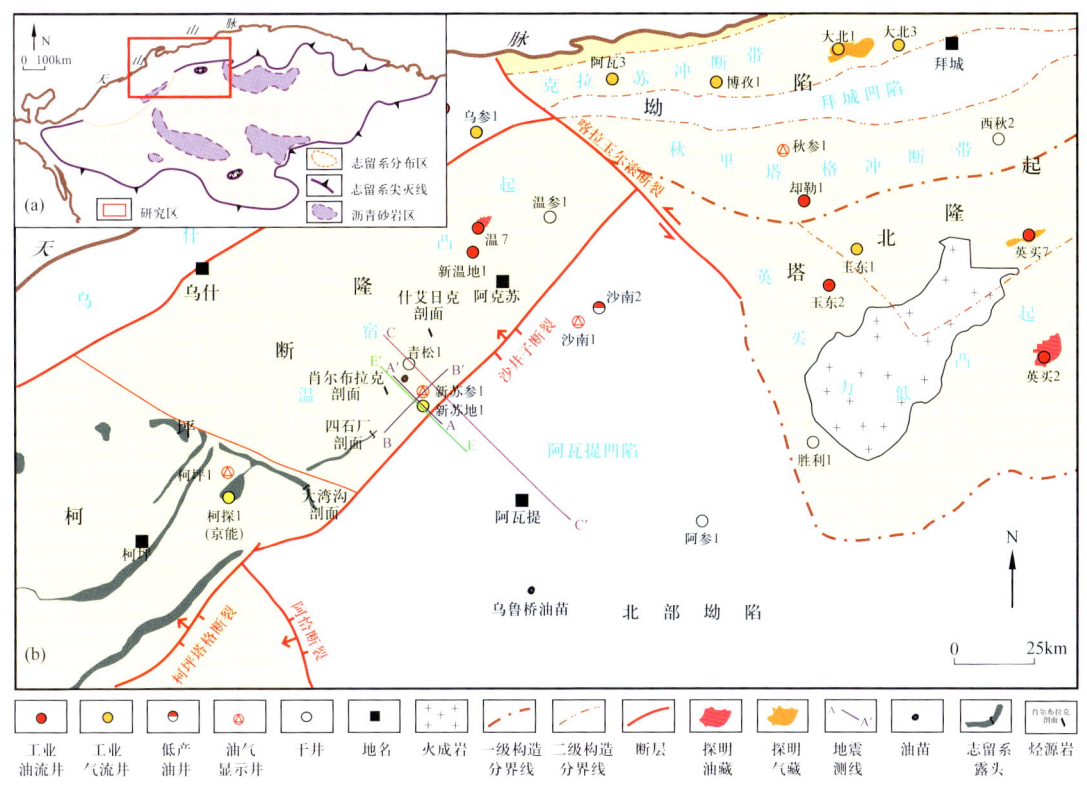

图 4-61 塔里木盆地西北部构造位置图

沙井子构造带斜坡区上志留系已经获得工业气流，新苏地 1 井和新苏参 1 井柯坪塔格组取心段砂岩岩石类型主要为中—细粒岩屑石英砂岩，岩心样品测试孔隙度 4.8%～8.4%，平均为 6%，渗透率 0.5～1.5mD，平均为 0.71mD，属于特低孔、低渗储层。孔隙类型主要为粒间溶孔，其次为粒间溶孔及少量微裂缝，孔径一般为 0.1～0.2mm，孔隙分布不均匀，多呈孤立分布，喉道不发育，整体连通性差。

奥陶纪末，中昆仑地块与塔里木地块碰撞形成古塔南隆起和古塔北隆起，控制了后期志留纪向西开口的海湾古地理环境，柯坪—阿瓦提地区发育潮控三角洲和潮坪复合沉积体系。新苏地 1 井、新苏参 1 井柯下段和柯上段岩心与就近露头可见波痕粉—细砂岩和水平层理粉—细砂岩双黏土层等沉积建造，为典型潮控三角洲沉积前缘远端沉积。由于距物源较远，水动力作用较弱，新苏地 1 井柯坪塔格组砂岩储层岩心孔隙度较塔中、塔北靠近物源的砂体孔隙度（7%～15%）小。另外，沙井子构造带现今岩心测得其最大古应力为 85.7MPa，较英买力地区大 35MPa，指示志留纪沉积后经历的强烈构造挤压可能进一步使得砂岩储层更加致密，并形成大量裂缝，露头与岩心可见。相比之下，三角洲前缘远端沉积是造成沙井子构造带志留系柯下段和柯上段砂岩储层物性相对较差的主要因素，推测在其西南靠近物源方向以及盆地中部潮下砂体发育区储层物性更好。沙井子构造带志留系自上而下主要发育 3 套储盖组合。

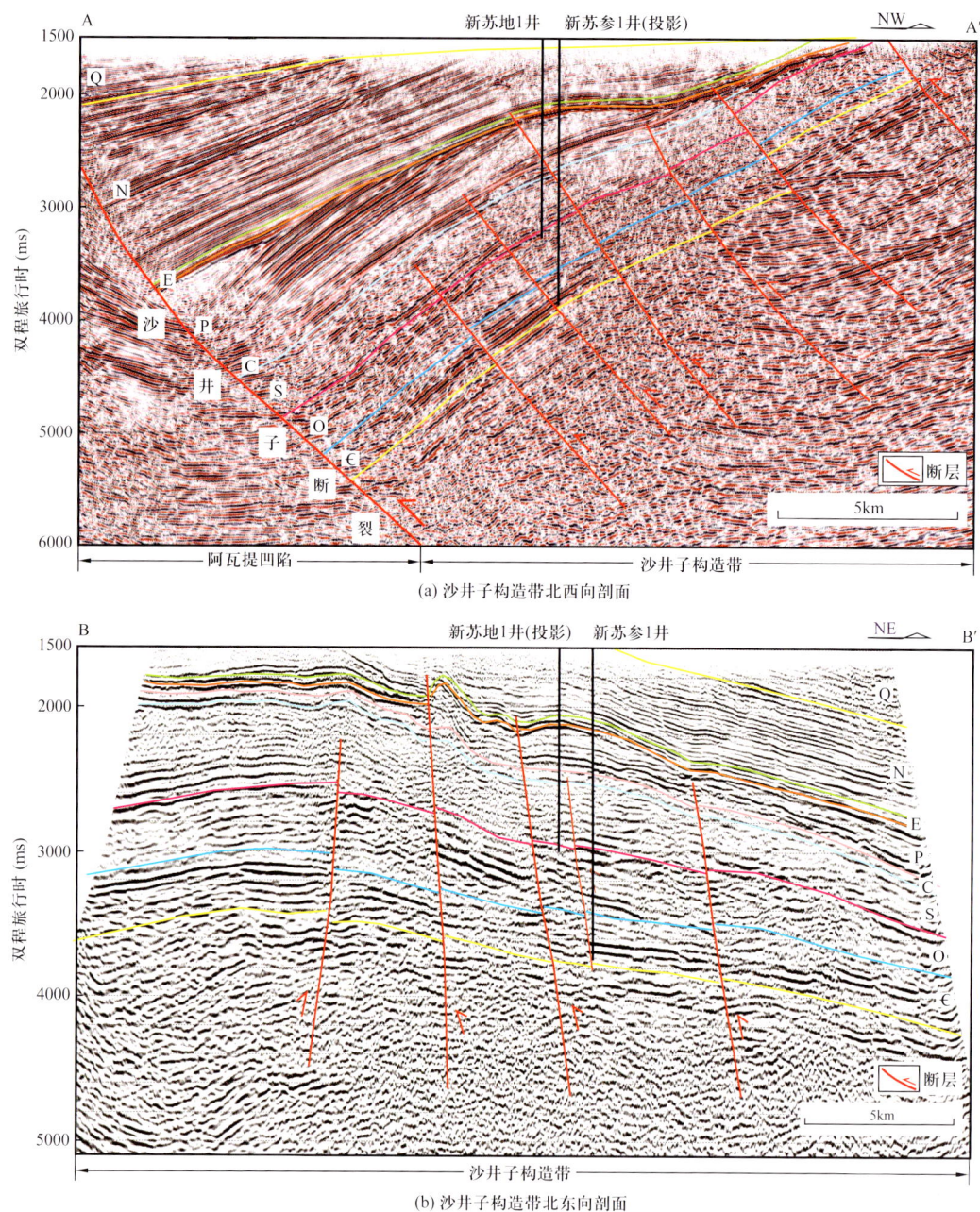

图 4-62 沙井子构造带典型地震剖面特征（剖面位置见图 4-61b 中 AA′和 BB′）

志留系储盖组合的形成主要受控于沉积演化影响。柯下段沉积时期，塔里木盆地中部为内浅海沉积，西部自南向北发育大型的潮控辫状河三角洲进积，一直进积到今柯坪断隆的温宿凸起前，形成储集层段。连井对比可见物源大致从西南向东北方向进积，砂体厚度逐渐减薄、粒度变细。柯中段沉积时期，盆地为广泛的内浅海泥岩沉积，是盖层段。柯上段沉积时期，沉积面貌与柯上段大致相当，发育潮控三角洲和潮下砂体，是重要储集层段。塔下段沉积时期，盆地整体沉降，为浅水海湾泥岩，是盖层段。塔上段沉积时期，盆地地形平缓，发育潮汐砂席、砂脊等潮汐砂体，可作为储集层段。依木干他乌组沉积时期盆地主要为浅水海湾泥岩，是盖层段。

沙井子断裂从奥陶纪末期开始活动，于晚加里东期—早海西期形成冲断楔，到二叠纪末—三叠纪初形成断裂带雏形和早期构造类圈闭，后期断层仍持续活动、圈闭不断调整，喜马拉雅期断裂停止活动并最终定型，为圈闭定型期。沙井子断裂及其伴生断裂不仅控制了圈闭形成，而且为阿瓦提凹陷深部烃源岩生成油气提供良好运移通道。整体来看，沙井子构造带志留系圈闭以断块、断鼻和背斜等构造类圈闭为主，发育有砂岩上倾尖灭型构造—岩性类圈闭，表现为受断裂控制、沿构造带有序分布、叠合连片的特征。

塔西北寒武系玉尔吐斯组烃源岩自奥陶纪开始生烃，于晚加里东期—早海西期到达生油高峰，于喜马拉雅期到达生气高峰，现今为高成熟—过成熟阶段；奥陶系萨尔干组烃源岩自早海西期开始生烃，自晚海西—早印支期进入初期生油高峰，现今为成熟—过成熟阶段。新苏地1井和塔中、塔北、顺9井流体包裹体分析指示志留系为多期成藏，主要包括晚加里东—早海西期、晚海西期和喜马拉雅期3个期次，分别对应志留系沥青、原油和天然气，与寒武系—奥陶系烃源岩生烃演化史匹配较好。油气成藏正演与反演综合分析认为，沙井子构造带圈闭形成与寒武系—奥陶系烃源岩排烃期时间耦合较好，圈闭在喜马拉雅期定型后，深部烃源岩生成的油气可沿断裂、砂体和不整合面等通道运移至志留系有利部位聚集成藏并赋存至今。

结合阿瓦提凹陷寒武—奥陶系烃源岩生烃和沙井子构造带圈闭演化史，基本可明确沙井子构造带志留系成藏演化过程。（1）初期成藏期：加里东晚期，塔西北志留系沉积结束，沙井子断裂开始活动并为油气提供运输通道，此时正值寒武系玉尔吐斯组烃源岩生油高峰期，柯上段和柯下段砂岩规模较大，物性较好，易于形成规模圈闭，并形成初期油藏，以正常油为主（图4-63a）。（2）初期油藏破坏期：早海西期，南天山洋向北俯冲，塔里木盆地整体抬升，志留—泥盆系普遍遭受剥蚀，初期油藏遭受破坏，柯上段形成沥青砂岩，深部部分有利构造部位可能残留初期油藏，但油藏密度变稠（图4-63b）。（3）二次成藏期：沙井子构造带不断抬升，阿瓦提凹陷不断接受沉积，沙井子断裂活动至晚海西—早印支期形成主体形态，并在沙井子构造带控制形成一系列构造和构造—岩性圈闭，此刻正值奥陶系萨尔干组初期生油高峰，可为沙井子构造带圈闭充注烃类，为各类样品测试分析确立的二次成藏期（图4-63c），但此刻圈闭尚未定型，沙井子断裂持续活动，油气主体仍遭受散失。（4）三次成藏期：沙井子断裂及其伴生断裂持续活动，至喜马拉雅期停止，并沿断裂控制形成一系列构造圈闭，此刻为寒武系玉尔吐斯组烃源岩生气高峰，可沿断裂系统、不整合面和砂体为有效圈闭输导大量天然气，并赋存形成现今油气藏分布，表现为以气为主的特征（图4-63）。

综上分析，建立了沙井子构造带志留系"构造主控、晚期成藏"的油气成藏模式（图4-64），明确其烃源主要为阿瓦提凹陷深部寒武系玉尔吐斯组和奥陶系萨尔干组泥岩，储层主要为柯坪塔格组和塔塔埃尔塔格组砂岩，盖层为依木干他乌组、塔下段和柯中段泥岩。沙井子断裂规模大，自加里东期开始活动，并形成一系列派生断裂，既控制了沙井子构造带志留系构造和构造—岩性类砂岩圈闭的形成与分布，又为沟通深部烃源、输导油气提供良好通道。油气多期充注，主要包括晚加里东期、晚海西期—早印支期和喜马拉雅期3期。志留系圈闭至喜马拉雅期才定型，主要接受寒武系玉尔吐斯组烃源岩气体充注，形成现今油气藏，以气为主，表现为沿构造带有序分布、叠合连片的特征。受沙井子断裂及其伴生断裂控制，沙井子构造带志留系油气藏以断块（新苏地1井和新苏参1井揭示）和断鼻型为主，油气主要沿断裂体系输导，受上覆泥岩盖层和断层侧向封堵，在高部位富集。在阿瓦提凹陷沙井子断裂下盘志留系可能发育背斜型油气藏（沙南2井钻揭三叠系原油），在沙井子构造带斜坡背景上发育有砂岩上倾尖灭型构造—岩性型油气藏，在沙井子断裂上盘远端志留系不整合面附近，可能发育地层型油气藏，但其油藏更易遭受降解变稠。

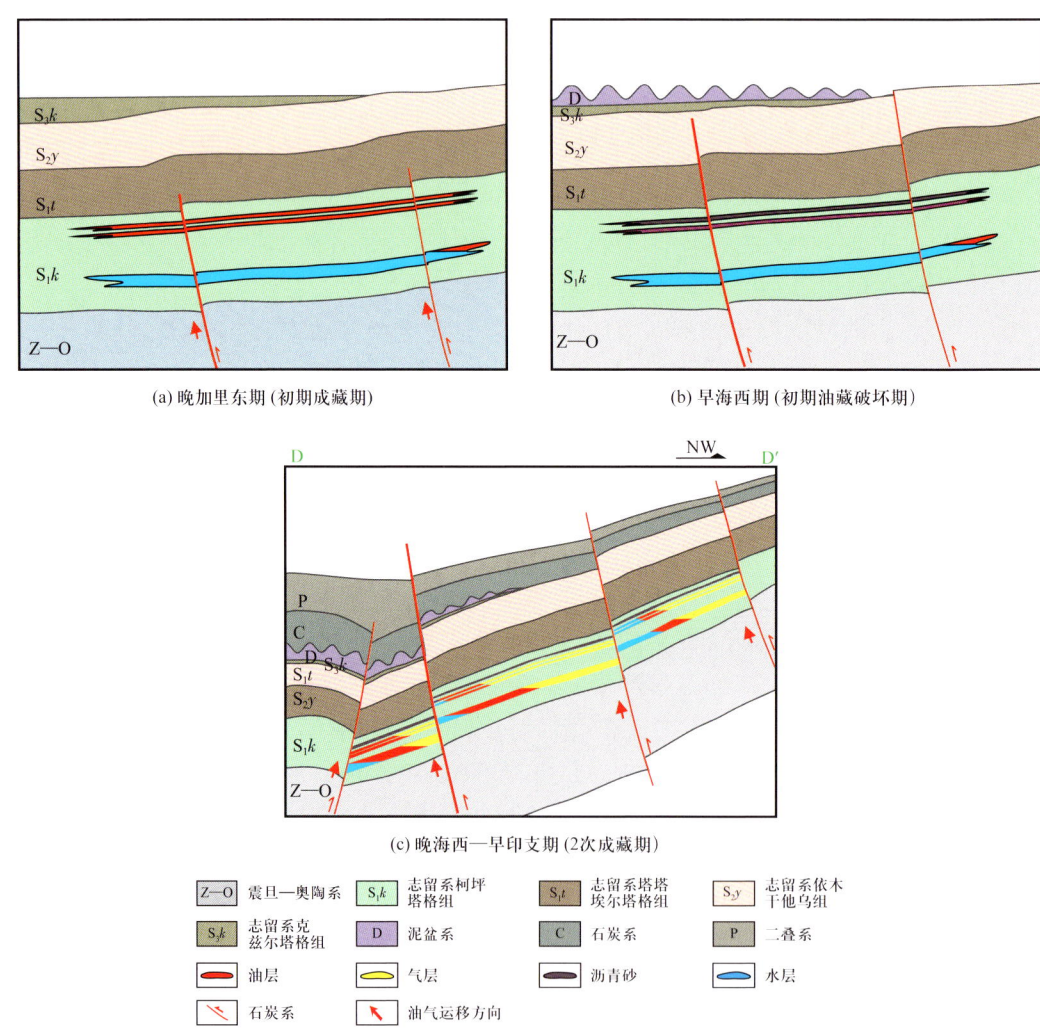

图 4-63　沙井子构造带志留系油气成藏演化模式图

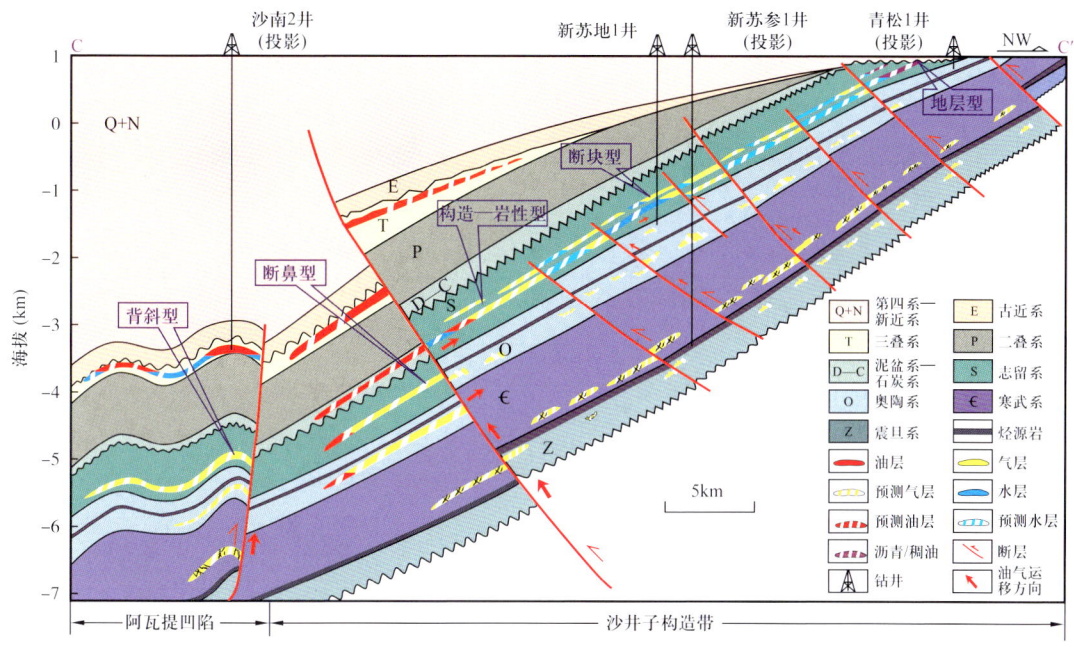

图 4-64 阿瓦提凹陷—沙井子构造带油藏模式图（剖面位置见图 4-61 中 CC'）

三、冲断带隐伏原生圈闭控富

柯坪冲断带整体是由北向南凸起的弧形构造，其主体以古生界与新生界构成的前展式薄皮冲断构造为主，同时发育基底卷入型逆冲推覆构造、断层传播褶皱、隐伏构造和走滑构造等多种构造样式（何文渊等，2002；贾承造等，2004；王国林等，2009；何登发等，2013；刘亚雷等，2022）。柯坪冲断带构造变形始于海西晚期中昆仑与塔里木之间的碰撞造山，在印支早期—燕山期经历了较为稳定的构造剥蚀，最终于喜马拉雅中晚期受陆内挤压逆冲形成现今冲断体系，其冲断锥形由南天山在早中—新世两次构造抬升（约 25~20Ma 和 11Ma）过程中向盆内传递能量形成（Chang et al.，2019；Chen et al.，2007；Sobel et al.，2006；杨勇等，2016），而后在新近纪末期遭受了皮羌—色力布亚等北西向断裂切割并逐步发展为东西分段的差异变形（杨庚等，2008；张耀，2019）。3Ma 以来，南天山断裂加速活动并向东南逆冲推覆，综合帕米尔向北突刺的影响最终形成柯坪冲断带弧形构造（Zhang et al.，2019）。由于中新世以来遭受强烈的构造改造，柯坪冲断带新生代地层厚度普遍不大，剖面上整体为由北西向南东沿中寒武统膏盐岩滑脱层逆冲推覆的叠瓦构造（图 4-65、图 4-66），平面上则可见 5~6 排近东西走向、高陡出露的下古生界逆冲岩席（张耀，2019；Allen et al.，1999；杨晓平等，2006；图 4-66），其构造特征和油气成藏规律与扎格罗斯、落基山、准噶尔盆地西北缘、库车坳陷等前陆盆地均有较大差异（Long et al.，2021；Ma et al.，2019）。

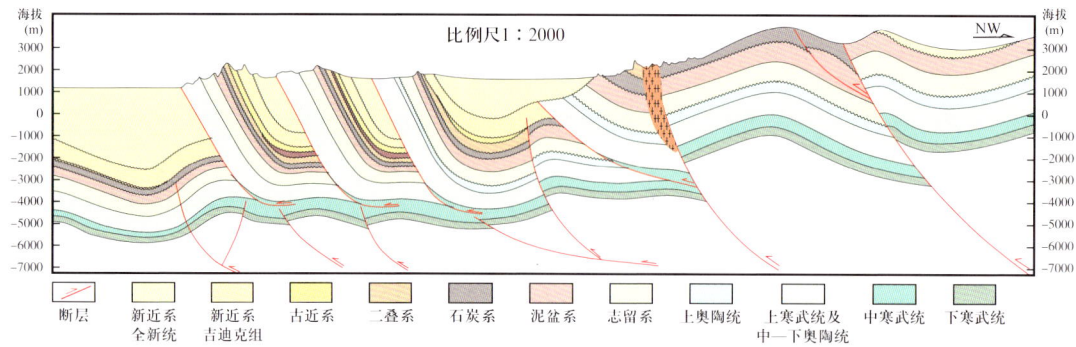

图 4-65　柯坪冲断带西段地质结构剖面

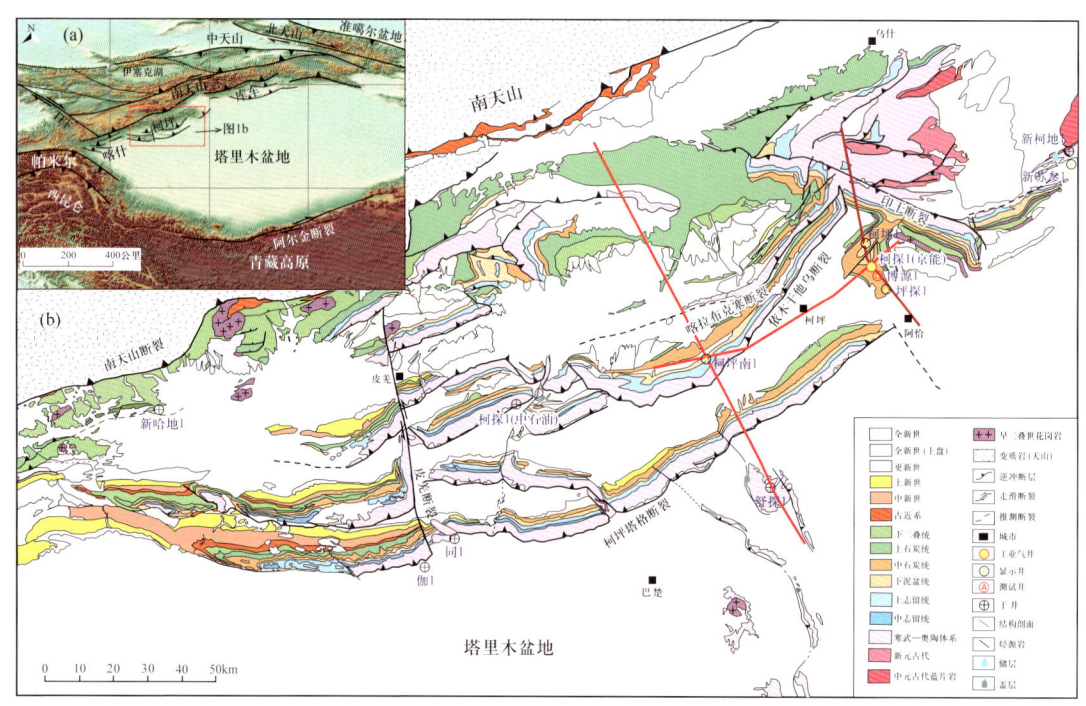

图 4-66　重点研究区和典型对比井、野外露头、二维剖面位置图

针对柯坪断隆及其周缘寒武系盐下油气成藏及分布规律不清的问题，搜集全部相关钻测资料和测试结果，基本确立地层划分方案，发现强烈冲断导致上盘塑性层段厚度剧烈加大，下寒武统厚度平均200～250m。通过精细标定建立骨干大剖面，理清区域构造演化特征，发现柯坪断隆主要经历了早期伸展（ϵ—O_{1-2}）、后期挤压（O_3—T_1）、隆升剥蚀（T_1—E）和褶皱冲断（喜马拉雅中期至今）的阶段，中段发育基底卷入型构造和盖层滑脱型构造。区域构造分析认为：（1）晚加里东—海西时昆仑—塔里木造山作用，产生北东—南西向挤压应力，形成早期北西—南东向构造；（2）印支—燕山期南天山造山作用的影响，形成南北向挤压应力，南北向作用叠加；（3）喜马拉雅期，印度—欧亚板块碰撞作用远程效应影响，北西—南东向挤压应力，北东—南西向叠加（图4-67）。综合分析认为柯

坪中西部盐下构造类圈闭主体应为北西—南东向，盐下保存完整的北西—南东向大型构造圈闭是目标优选首要对象（图4-67）。

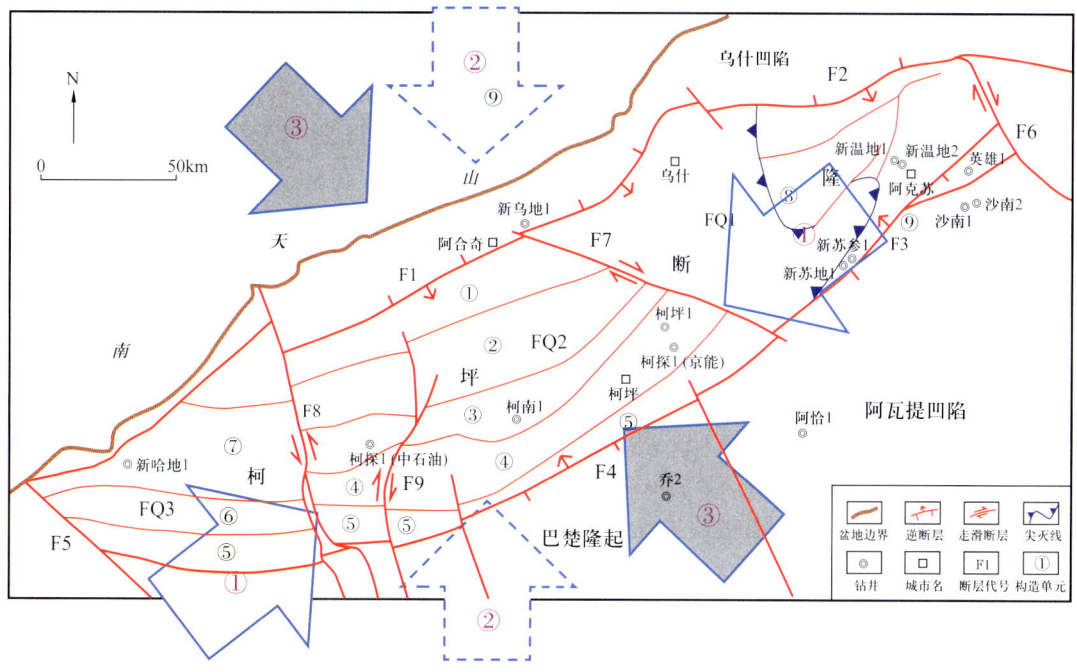

图4-67　柯坪地区主要构造应力方向图

断裂名：F1—阿合奇—乌恰断裂；F2—古木别孜断裂；F3—沙井子断裂；F4—柯坪塔格断裂；F5—盖孜断裂；F6—喀拉玉尔滚断裂；F7—印干断裂；F8—皮羌断裂；F9—萨尔干断裂。构造单元划分：①科克布克兰山构造带；②皮羌东构造带；③依木干他乌构造带；④塔塔埃尔塔格构造带；⑤柯坪塔格构造带；⑥奥兹格尔他乌构造带；⑦哈拉峻构造带；⑧温宿凸起；⑨沙井子构造带；FQ1—阿克苏区；FQ2—柯坪区；FQ3—西克尔区

基于现有资料与研究认识，我们假设（图4-68）：（1）柯坪冲断带寒武—奥陶系烃源岩在深部热液作用下，可能具备更长的生烃时间和更强的生烃潜力；（2）寒武系盐下在晚加里东—海西期形成构造类古油藏，在后续由于晚海西—印支期火山喷发等异常高温事件影响裂解成气，并随复杂构造活动持续调整，伴有高成熟—过成熟烃源岩生成天然气的不

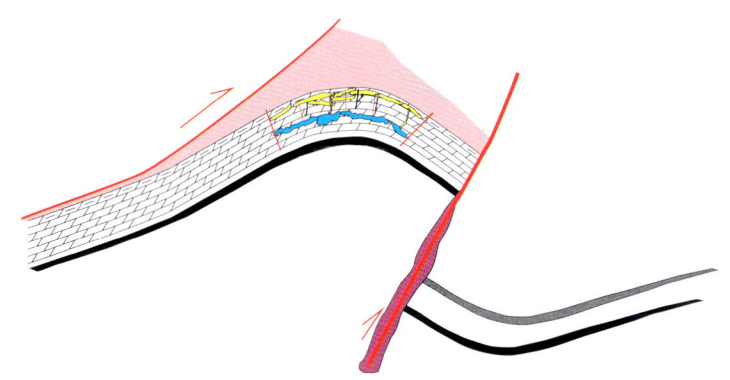

图4-68　柯坪冲断带储层改造及油气成藏假设模式图

-211-

断混入;(3)柯坪地区复杂构造活动,特别是中新世以来的强烈冲断严重改造了储层和盖层,也使得油气重新调整、晚期成藏,并将传统作为盖层的吾松格尔组泥质白云岩变成现今油气富集最重要的层段(图4-68)。鉴于此,柯坪冲断带寒武系盐下可能与塔里木盆地内的生烃、成储、成藏机制全不相同,是一类新型的盆山结合部寒武系盐下油气成藏与富集类型,盐下保存完整的北西—南东向大型构造圈闭是目标优选首要对象。

第四节 油气资源潜力

一、成因法

通过修编盆地下古生界烃源岩岩相古地理图,开展重点样品搜集测试,确立震旦系苏盖特布拉克组、寒武系玉尔吐斯组、肖尔布拉克组下段和奥陶系萨尔干组4套潜力烃源岩展布特征与品质参数,开展生烃模拟,预测预测柯坪断隆油气资源量达 $57.78 \times 10^8 t$(图4-69)。

二、体积法

(一)新近系与元古宇

基于油层精细对比和构造研究,平面上以独立的含油单元、纵向上以含油砂层组为计算单元,采用容积法计算吉迪克组和基岩风化壳一类圈闭的资源量。各层系一类圈闭均有实钻工业油气井钻探及试油参数资料用以计算过程,其余暂未有井揭示的圈闭不做资源量估算。

1. 圈闭资源量及预测石油地质储量计算公式

圈闭资源量及预测石油地质储量计算公式为

$$N=100AH\phi(1-S_{wi})\rho_o/B_{oi} \tag{4-2}$$

式中 N——圈闭资源量或预测地质储量(10^4t);

A——圈闭面积(km^2);

H——平均有效厚度(m);

ϕ——平均有效孔隙度(%);

S_{wi}——平均油层原始含水饱和度(%);

ρ_o——平均原油密度(t/m³);

B_{oi}——平均原始原油体积系数。

2. 圈闭资源量及预测地质储量计算参数确定

1)吉迪克组一段圈闭资源量计算参数确定

圈闭面积以吉迪克组顶面为准(图4-70)。J1-11圈闭平均油层厚度以温7井测井综合解释及试油结果确定,其中吉迪克组一段平均油层厚度为7.4m,平均有效孔隙度为25%,平均含油饱和度为72%,原油实测密度平均为0.9464g/cm³,原油体积系数为1。J1-12圈闭

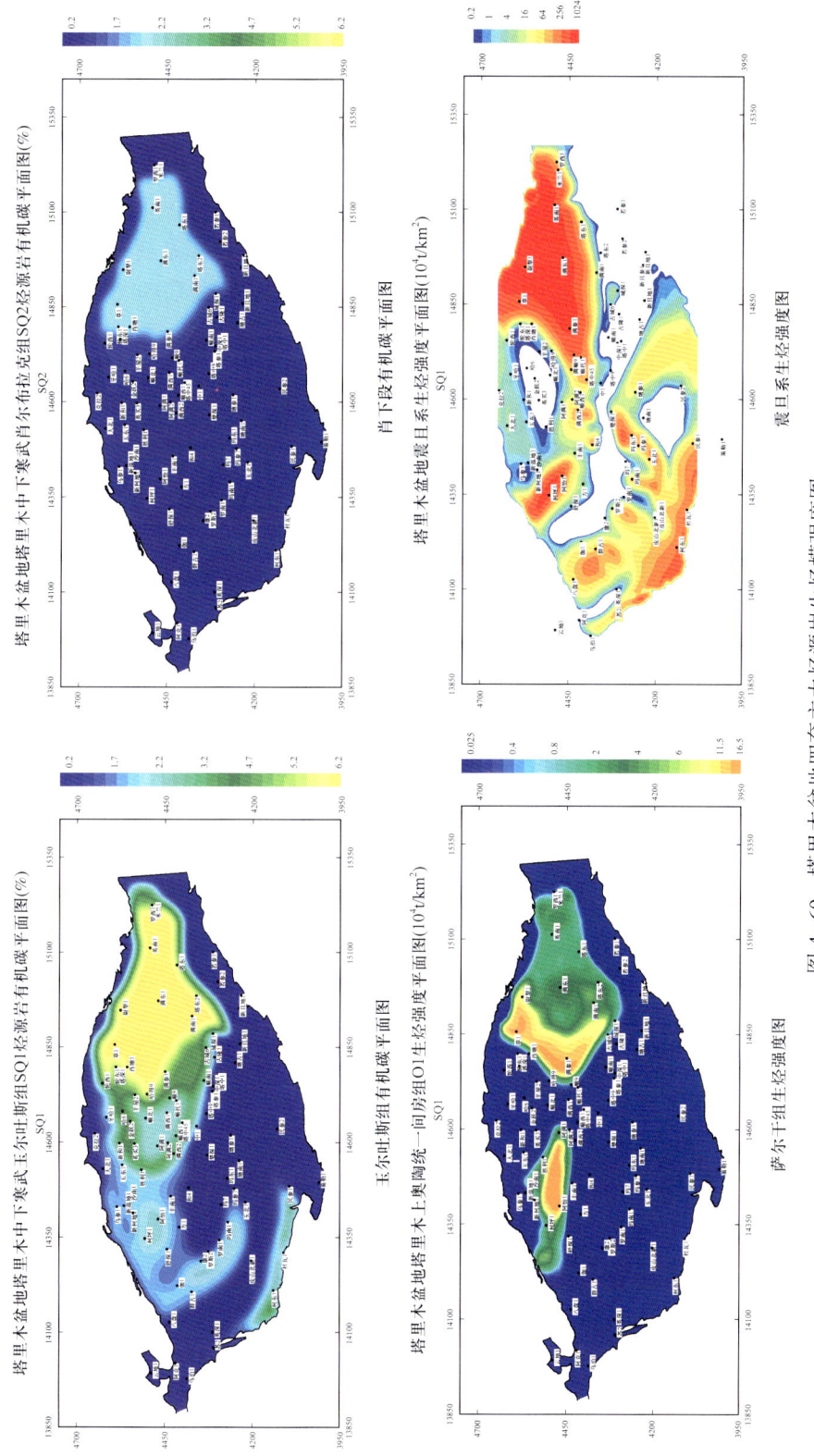

图4-69 塔里木盆地四套主力烃源岩生烃模强度图

平均油层厚度以温17井测井综合解释及试油结果确定，其中吉迪克组一段平均油层厚度为6m，平均有效孔隙度为25%，平均含油饱和度为60%，原油实测密度平均为0.9464g/cm³，原油体积系数为1。

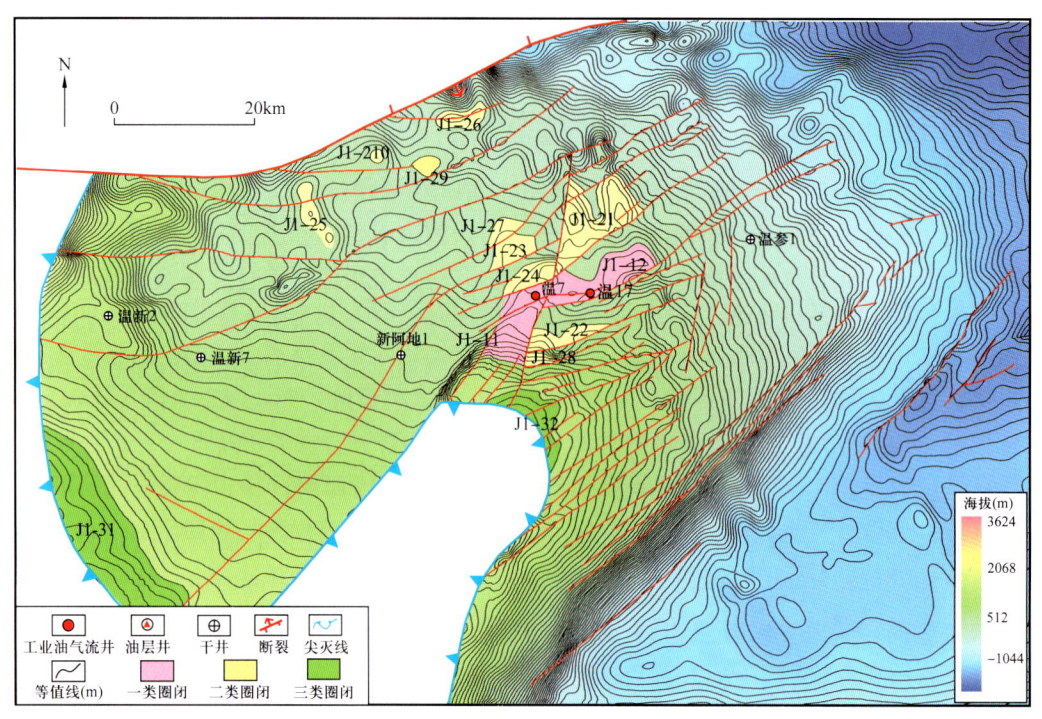

图4-70　温宿凸起区康村组圈闭分布图

2）吉迪克组二段圈闭资源量计算参数确定

圈闭面积以吉迪克组砂二段顶面为准（图4-71）。J2-11圈闭平均油层厚度以新温地1井、新温地2井测井综合解释及试油结果确定，其中吉迪克组二段平均油层厚度为4.9m，平均有效孔隙度为25%，平均含油饱和度为50%，原油实测密度平均为0.9038g/cm³，原油体积系数为1。J2-12圈闭平均油层厚度以温17井测井综合解释及试油结果确定，其中吉迪克组二段平均油层厚度为18m，平均有效孔隙度为24%，平均含油饱和度为70%，原油实测密度平均为0.9080g/cm³，原油体积系数为1。J2-13圈闭平均油层厚度以温7井测井综合解释及试油结果确定，其中吉迪克组二段平均油层厚度为10m，平均有效孔隙度为22%，平均含油饱和度为70%，原油实测密度平均为0.9080g/cm³，原油体积系数为1。J2-14圈闭平均油层厚度以古木1井测井综合解释及试油结果确定，其中吉迪克组二段平均油层厚度为11m，平均有效孔隙度为21%，平均含油饱和度为58%，原油实测密度平均为0.9228g/cm³，原油体积系数为1。

3）吉迪克组三段圈闭资源量计算参数确定

圈闭面积以吉迪克组砂三段顶面为准（图4-72）。J3-11圈闭平均油层厚度以新温地1井、新温地2井测井综合解释及试油结果确定，其中吉迪克组三段平均油层厚度为2.5m，平均有效孔隙度为17%，平均含油饱和度为50%，原油密度平均为0.9038g/cm³，原油体积系数为1。J3-12圈闭平均油层厚度以温6井和温7-1井测井综合解释及试油结果确定，其中吉迪克组三段平均油层厚度为4m，平均有效孔隙度为18%，平均含油饱和度为63%，原油实测密度为0.9228g/cm³，原油体积系数为1。J3-13圈闭平均油层厚度以古木1井测井综合解释及试油结果确定，其中吉迪克组三段平均油层厚度为21m，平均有效孔隙度为19%，平均含油饱和度为52%，原油实测密度为0.9228g/cm³，原油体积系数为1。

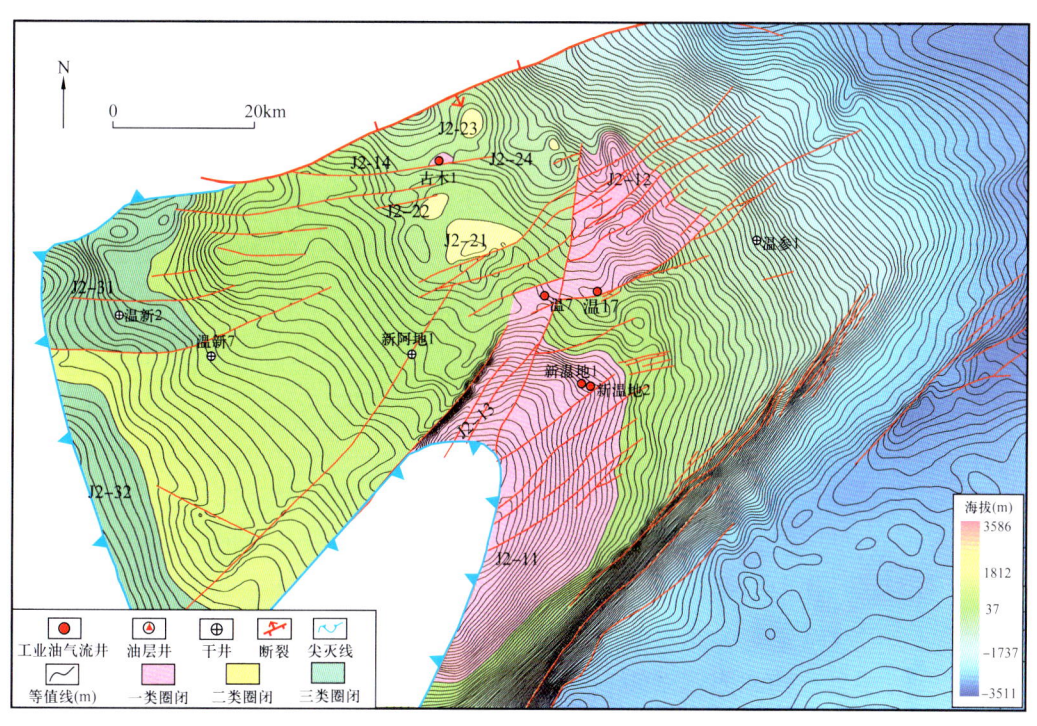

图4-71　温宿凸起区吉迪克组二段圈闭分布图

4）变质岩风化壳资源量计算参数确定

圈闭面积以基岩风化壳顶面为准（图4-73）。Pt-11号圈闭平均油层厚度以新温地1井测井综合解释及试油结果确定，基岩风化壳二类裂缝储层为14.3m，平均有效孔隙度为3%，平均含油饱和度为50%，原油实测密度为0.9038g/cm³，原油体积系数为1。Pt-12号圈闭平均油层厚度以温10-1井和温6井测井综合解释及试油结果确定，基岩风化壳二类裂缝储层为14m，平均有效孔隙度为4%，平均含油饱和度为50%，原油实测密度为0.9019g/cm³，原油体积系数为1。Pt-13号圈闭平均油层厚度以古木1井测井综合解释结果确定，基岩风化壳二类裂缝储层为20m，平均有效孔隙度为3%，平均含油饱和度为40%，原油实测密度为0.9228g/cm³，原油体积系数为1。

3. 圈闭资源量及预测石油地质储量计算结果

通过计算，温宿凸起一类圈闭资源量共计8.57×10^8t（吉迪克组资源量为8×10^8t，变质岩风化壳资源量为0.57×10^8t，见表4-15）。

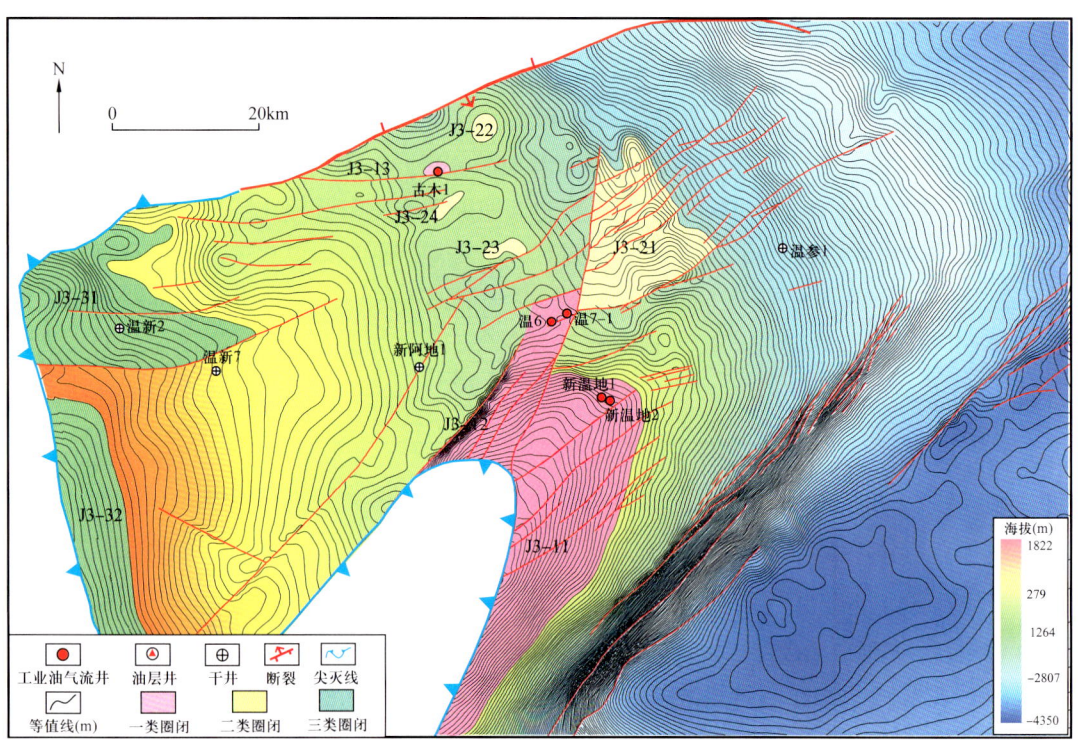

图 4-72　温宿凸起区吉迪克组砂三段圈闭分布图

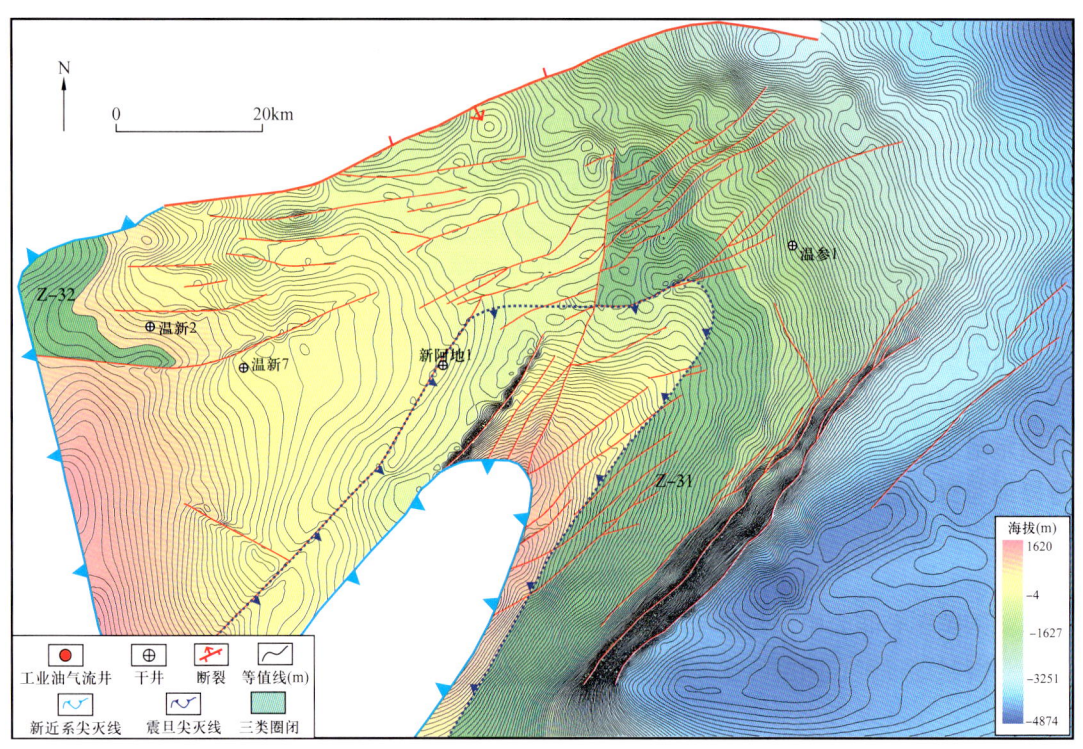

图 4-73　温宿凸起区震旦系圈闭分布图

表 4-15　温宿凸起一类圈闭资源量统计表

层位	圈闭名称	圈闭面积（km²）	平均有效厚度（m）	平均有效孔隙度（%）	平均含油饱和度（%）	原油密度（g/cm³）	原油体积系数	圈闭资源量（10⁸t）
吉迪克组	J1-11	28.4	7.4	25	72	0.9464	1	0.36
	J1-12	27.48	6	25	60	0.9464	1	0.23
	J2-11	301.8	4.9	25	50	0.9038	1	1.67
	J2-12	136.2	18	24	70	0.9080	1	3.74
	J2-13	78.6	10	22	70	0.9080	1	1.1
	J2-14	2.3	11	21	58	0.9228	1	0.03
	J3-11	256.3	2.5	17	50	0.9038	1	0.49
	J3-12	78.6	4	18	63	0.9228	1	0.33
	J3-13	2.6	21	19	52	0.9228	1	0.05
变质岩风化壳	Pt-11	305.5	14.3	3	35	0.9038	1	0.41
	Pt-12	75.9	14	4	38	0.9019	1	0.15
	Pt-13	5.3	20	3	40	0.9228	1	0.01
总计				8.57×10^8t				

（二）志留系

新苏地 1 井志留系取心见油浸 1.45m/1 层，油迹 6.49m/6 层，综合解释气层 6.9m/4 层，气水同层 11.8m/1 层。S1 层：3m/1 段压裂测试获天然气日产 $1.2605\times 10^4 m^3$，累产气 $3.7815\times 10^4 m^3$，日产水 $16.38m^3$，累产水 $55.57m^3$，为"气水同层"；S2 层：13m/2 段压裂测试获天然气日产 $1.6817\times 10^4 m^3$，累产 $29.1095\times 10^4 m^3$，累产油 $2.16m^3$，为"气层"。新苏参 1 井位于新苏地 1 井上倾方向（图 4-74），取心见油浸 5.41m/8 层、油斑 2.1m/2 层、油迹 6.83m/3 层，综合解释气层 59m/12 层，油气显示更好。依据新苏地 1 井和新苏参 1 井油藏对比，显示沙井子构造带志留系柯坪塔格组油气藏含油气高度为 300~400m。两口钻井揭示油气藏以产气为主。

基于油层精细对比和构造研究，平面上以独立的含油单元、纵向上以含油砂层组为计算单元，采用容积法计算柯坪塔格组上段含气性最好的砂体圈闭资源量。圈闭资源量及预测石油地质储量计算公式见式（4-2）。

依据新苏地 1 井和新苏参 1 井柯坪塔格组上段砂岩信息，统计含气砂体平均厚度为 16.5m，平均有效孔隙度为 6%，平均含水饱和度为 40%，平均原油密度为 0.88g/cm³，平均原油体积系数为 1，据此标准依照上式评价一类圈闭资源量。二类圈闭按照一类圈闭资源丰度的 60% 计算，三类圈闭按照一类圈闭资源丰度的 20% 计算。

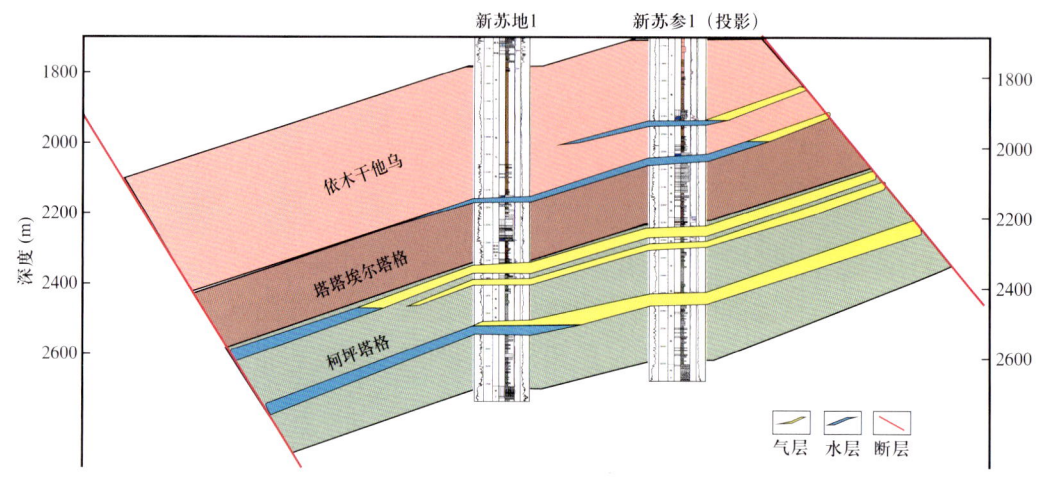

图 4-74　新苏地 1 井—新苏参 1 井油藏剖面

沙井子构造带以构造、构造岩性类圈闭为主，识别圈闭共计 42 个，总面积 668.9km²，圈闭资源量 $1.9821×10^8$t。其中，1 类圈闭 8 个，70.2km²，圈闭资源量 $3510×10^4$t；2 类圈闭 26 个，516.2km²，圈闭资源量 $1.5486×10^8$t；3 类圈闭 8 个，82.5km²，圈闭资源量 $825×10^4$t。

塔西北地区志留系柯坪塔格组识别构造类圈闭共计 74 个（表 4-16），主要分布在柯坪断隆、巴楚隆起和阿瓦提凹陷东北部，总面积 8249.2km²，圈闭资源量 $19.9408×10^8$t。其中，1 类圈闭 24 个，2261.7km²，资源量 $11.3085×10^8$t；2 类圈闭 34 个，1322.4km²，资源量 $3.9672×10^8$t；3 类圈闭 16 个，4665.1km²，资源量 $4.6651×10^8$t。按照 1t 原油折合 1018m³ 天然气的计算方式，塔西北志留系柯坪塔格组识别构造类圈闭资源量为 $2.03×10^{12}$m³，一类圈闭资源量为 $1.16×10^{12}$m³（表 4-16）。

表 4-16　塔里木盆地西北部志留系圈闭要素统计表

区带	名称	面积（km²）	幅度（m）	海拔（m）
阿瓦提凹陷	5	55.7	100	-4000
阿瓦提凹陷	6	16.7	100	-5200
阿瓦提凹陷	7	439.7	100	-4600
巴楚隆起	8	236.1	200	-1500
巴楚隆起	9	325.6	400	-700
巴楚隆起	10	169.6	100	-1300
巴楚隆起	11	37.6	50	-1950

续表

区带	名称	面积（km²）	幅度（m）	海拔（m）
巴楚隆起	12	15.6	100	−1700
巴楚隆起	13	202	1000	−500
巴楚隆起	14	407.8	800	800
巴楚隆起	15	128.6	200	500
巴楚隆起	16	312.6	600	900
巴楚隆起	17	176.2	400	700
巴楚隆起	18	88.1	200	−1700
柯坪断隆	19	72.9	200	−4800
柯坪断隆	20	74.5	400	−4200
柯坪断隆	21	29.6	400	−4000
柯坪断隆	22	26.5	200	−3800
柯坪断隆	23	10.4	100	−3800
柯坪断隆	24	50.6	1800	−3000
柯坪断隆	25	290	2000	−2200
柯坪断隆	26	147	800	−2600
柯坪断隆	27	48.2	200	−2800
柯坪断隆	28	45.9	400	−2600
柯坪断隆	29	275.3	800	−2400
柯坪断隆	30	304.5	800	−2400
柯坪断隆	31	363	1400	−2000
柯坪断隆	32	84.8	200	−2000
柯坪断隆	33	475.4	1400	2000
柯坪断隆	34	146.5	1400	400
柯坪断隆	35	1996.5	1200	2200
柯坪断隆	36	35.5	100	−300
柯坪断隆	37	173.1	1000	1200
柯坪断隆	38	40.7	100	−3800
柯坪断隆	39	27.4	100	600
柯坪断隆	40	250.1	1400	400

（三）寒武系盐下

资源量计算用含油饱和度法，含油饱和度法是体积法中常用的一种，具体计算公式如下：

$$Q_o = A_o \cdot H_o \cdot \phi \cdot S_o \cdot \rho / \beta$$

$$Q_g = 0.01 A_g \cdot H_g \cdot \phi \cdot S_g \cdot (T_{sc}/p_{sc}T) \cdot (p_i/Z_i) \quad (4-3)$$

式中　Q_o——石油资源量（10^8t）；

Q_g——天然气资源量（10^8m^3）；

A_o、A_g——含油、气面积（km^2）；

H_o、H_g——油、气层有效厚度（m）；

ϕ——油气层有效孔隙度；

S_w——油气层含油饱和度；

ρ——原油密度（g/cm^3）；

β——原油压缩系数；

T_{sc}——地面标准温度（K）；

p_{sc}——地面标准压力（MPa）；

T——气层温度（K）；

p_i——气层的原始地层压力（MPa）；

Z_i——原始气体偏差系数。

（1）含油气面积：寒武系盐下构造圈闭共 59 个 /4772.49km^2（表 4-17），含油气面积等于圈闭面积。

（2）预测油气层厚度：柯探 1 井肖尔布拉克组 1 类储层厚度 41.5m，舒探 1 井 78m，乔探 1 井 52.5m，京能柯探 1 井 80.5m，新苏参 1 井 73m，柯坪南 1 井 90m，平均有效厚度为 69.3m。

（3）孔隙度：柯探 1 井肖尔布拉克组 1 类储层孔隙度 5.27%，舒探 1 井 8.1%，乔探 1 井 4.1%，京能柯探 1 井 4.1%，新苏参 1 井 5.5%，柯坪南 1 井 4%。

（4）其他：含油饱和度为 56%；原油密度取 0.88g/cm^3；B_{oi} 原油体积系数取 1；地面标准温度取 28℃；气层原始地层压力 36.9MPa；地面标准压力为 0.1013MPa；气层温度根据地温梯度测算；原始气体偏差系数取 1.2。

柯坪断隆寒武系盐下圈闭主要分布在第 3~5 排推覆体，发育多个隐伏构造，潜力较大。基于上述取值和前文所述计算公式，计算出柯坪断隆寒武系盐下的圈闭资源量为 2.44×10^{12}m^3，折合 23.93×10^8t，主要分布在柯坪断隆第 3~5 推覆体，发育多个隐伏构造，潜力较大（表 4-17 和表 4-18）。

表 4-17 柯坪断隆寒武系盐下圈闭要素统计表

序号	高点埋深（m）	闭合高度（m）	圈闭面积（km²）
1	−7331.29	465.29	42.61
2	−2323.12	271.79	43.46
3	−1091.48	1308.27221	129.18
4	−2315.45	852.62	5.59
5	−2355.58	674.99	2.78
6	−2556.87	500.95	1.45
7	−2309.33	706.41	6.45
8	−2427.8	780.03	11.76
9	−3954.1	442.00	2.93
10	−4807.8	467.00	3.11
…	…	…	…
59	−1127.0	1073.43	21.26
合计			4772.49

表 4-18 柯坪断隆寒武系圈闭资源量

	A_g（km²）	H_g（m）	ϕ（%）	Z_t	S_g（%）	地层压力（MPa）	地层温度（K）	天然气地质储量（10^{12}m³）	油当量（10^8t）
圈闭资源量	4772.49	69.3	5	1.2	56	36.9	351	2.44	23.93

参 考 文 献

曹颖辉，王珊，张亚金，等，2019. 塔里木盆地古城地区下古生界碳酸盐岩油气地质条件与勘探潜力［J］. 石油勘探与开发，46：1099-1114.

陈槚俊，何登发，孙方源，等，2018. 温宿凸起构造几何学与运动学特征［J］. 新疆石油地质，39（3）：318-325.

陈丽华，等，1999. 生储盖层评价［M］. 北京：石油工业出版社.

陈强陆，储呈林，胡广，等，2017. 塔里木盆地柯坪地区寒武系玉尔吐斯组沉积环境分析［J］. 石油实验地质，39（3）：311-326.

邓浩博，田景春，张翔，等，2019. 塔里木盆地西北缘阿克苏地区震旦系沉积相特征及沉积模式［J］. 东北石油大学学报，43（3）：20-32.

方宗杰，朱怀诚，吴秀元，等，1996. 塔里木地块二叠系研究的新进展［M］. 北京：科学出版社.

高志勇，张水昌，李建军，等，2010. 塔里木盆地西部中上奥陶统萨尔干页岩与印干页岩的空间展布与沉积环境［J］. 古地理学报，12（5）：599-608.

耿良玉，蔡习尧，1996. 塔里木盆地奥陶纪几丁石带［M］. 北京：科学出版社.

郭建军，陈践发，朱雷，等，2007. 塔里木盆地塔中天然气的地球化学特征及其成因［J］. 石油实验地质，29（6）：577-582.

郭令智，施央申，卢华复，1992. 印藏碰撞的两种远距离效应［M］. 南京：南京大学出版社.

韩剑发，邬光辉，肖中尧，等，塔里木盆地寒武系烃源岩分布的重新认识及其意义［J］. 地质科学，2020，55（1）：17-29.

何登发，孙方原，何全有，等，2011. 温宿北—野云沟断裂的构造几何学与运动学特征及塔北隆起的成因机制［J］. 中国地质，38（4）：917-933.

何光玉，赵庆，李树新，等，2006. 塔里木库车盆地中生代原型分析［J］. 地质科学，41（1）：44-53.

何光玉，卢华复，王良书，等，2002. 库车盆地烃源岩特征及生烃史特征［J］. 煤炭学报，27（6）：570-575.

何文渊，李江海，钱祥麟，等，2002. 塔里木盆地柯坪断隆断裂构造分析［J］. 中国地质，29（1）：37-43.

贺电，李江海，李百寿，等，2009. 塔北喀拉玉尔滚断裂系构造特征及地质意义［J］. 北京大学学报（自然科学版），45（1）：89-95.

侯方浩，方少仙，沈昭国，等，2005. 白云岩体表生成岩裸露期古风化壳岩溶的规模［J］. 海相油气地质，10（1）：19-30.

侯读杰，冯子辉，2011. 油气地球化学［M］. 北京：石油工业出版社.

黄第藩，华阿新，王铁冠，等，1992. 煤成油地球化学新进展［M］. 北京：石油工业出版社.

黄思静，王春梅，黄培培，等，2008. 碳酸盐成岩作用的研究前沿和值得思考的问题［J］. 成都理工大学学报（自然科学版），35（1）：1-10.

纪红，黄光辉，成定树，等，2017. 塔里木盆地库车坳陷大宛齐—大北地区原油轻烃特征及地球化学意义［J］. 天然气地球科学，28（6）：965-974.

李丽丹，2007. 新疆乌什凹陷中生界沉积相及储层特征研究［D］. 西安：长安大学.

李天愚，杨威，武雪琼，等，2022. 塔里木盆地台盆区寒武系盖层评价及对油气盖层有利区的优选［J］. 中国地质，49（2）：369-382.

贾承造，何登发，雷振宇，等，2000. 前陆冲断带油气勘探［M］. 北京：石油工业出版社.

贾承造，姚慧君，高杰，等，1992. 塔里木盆地地层系统［M］. 北京：科学出版社.

贾承造，1997. 中国塔里木盆地构造特征与油气［M］. 北京：石油工业出版社.

贾承造，2004. 塔里木盆地板块构造与大陆动力学［M］. 北京：石油工业出版社.

金之钧，吕修祥，2000. 塔西南前陆盆地油气资源与勘探对策［J］. 石油与天然气地质，21（2）：110-117.

金之钧，王清晨，2007. 中国典型叠合盆地油气形成富集与分布预测［M］. 北京：科学出版社.

金之钧，2004. 塔里木盆地油气富集规律的认识与大型油气田勘探方向［C］. 塔里木盆地油气勘探研讨会报告集. 乌鲁木齐：新疆科技卫生出版社.

康玉柱，蒋炳南，郑显华，等，2001. 新疆塔里木盆地油气分布规律及勘探靶区评价研究［M］. 乌鲁木齐：新疆科技卫生出版社.

康玉柱，陆青，张文献，等，1996. 谨将此书献给第三十届国际地质大会：中国塔里木盆地石油地质文集［M］. 北京：地质出版社.

康玉柱，2005. 塔里木前陆盆地构造特征及油气分布［J］. 石油实验地质，27（1）：25-27.

李保华，邓世彪，陈永权，等，2015. 塔里木盆地柯坪地区下寒武统台缘相白云岩储层建模［J］. 天然气地球科学，26（7）：1233-1244.

李剑谢，罗霞，张英，等，1999. 塔里木盆地主要天然气藏的气源判识［J］. 天然气工业：55-60+59-10.

李罗照，李艺斌，肖传桃，等，1996. 塔里木盆地石炭—二叠纪生物地层［M］. 北京：地质出版社.

李明诚，李伟，蔡峰，等，1997. 油气成藏保存条件的综合研究［J］. 石油学报，2：44-51.

李鑫，钟大康，李勇，等，2013. 塔里木盆地库车坳陷新近系和第四系沉积特征及演化［J］. 古地理学报，15（2）：169-180.

李日俊，孙龙德，杨海军，等，2013. 塔里木盆地阿瓦提凹陷周缘的晚新生代张扭性断层带［J］. 地质科学，48（1）：109-123.

李日俊，杨海军，张光亚，等，2012. 重新划分塔里木盆地塔北隆起的次级构造单元［J］. 岩石学报，28（8）：2466-2478.

李日俊，杨海军，赵岩，等，2009. 南天山区域大地构造与演化［J］. 大地构造与成矿学，33（1）：94-104.

梁狄刚，陈建平，张宝民，等，2004. 塔里木盆地库车坳陷陆相油气的生成［M］. 北京：石油工业出版社.

林潼，王铜山，潘文庆，等，2021. 埋藏过程中膏岩封闭有效性演化特征：以塔里木盆地寒武系深层膏岩盖层为例［J］. 石油与天然气地质，42（6）：1354-1364.

刘丽红，高永进，王丹丹，等，2021. 塔里木盆地寒武系膏盐岩对盐下白云岩储层的影响［J］. 岩石矿物学杂志，40（1）：109-120.

刘丽红，韩淼，高永进，等，2023. 塔西北地区寒武系肖尔布拉克组储层发育主控因素及成岩演化过程——以柯坪南1井为例［J］. 天然气地球科学，1672-1926.

刘亚雷，2013. 塔里木盆地阿瓦提凹陷断裂构造特征及其与油气藏的关系［D］. 北京中国科学院大学博士论文.

卢双舫，张敏，2008. 油气地球化学［M］. 北京：石油工业出版社.

卢玉红，钱玲，张海祖，等，2008. 塔里木阿瓦提凹陷乌鲁桥油苗地化特征及来源［J］. 海相油气地质，13（2）：45-51.

吕修祥，李建交，赵风云，等，2007. 塔里木盆地西部环阿瓦提凹陷区油气勘探前景再认识［J］. 海相油气地质，12（3）：10-14.

马安来，何治亮，云露，等，2021. 塔里木盆地顺北地区奥陶系超深层天然气地球化学特征及成因［J］. 天然气地球科学，32：1047-1060.

苗继军，贾承造，戴金星，等，2005. 南天山前陆冲断带中段乌什—温宿地区构造分析与油气成藏［J］. 天然气地球科学，16（4）：428-432.

齐英敏，李日俊，王月然，等，2012. 塔里木盆地西北缘沙井子构造带断裂构造分析［J］. 地质科学，47（2）：265-277.

邱海峻等，2013. 塔里木盆地西北缘柯坪冲断带中段构造特征及勘探方向［C］. 中国地质学会2013年学术年会论文摘要汇编——S13 石油天然气、非常规能源勘探开发理论与技术分会场, 25-26.

孙龙德, 李日俊, 2004. 塔里木盆地轮南低凸起: 一个复式油气聚集区[J]. 地质科学, 39(2): 296-304.

田军, 2005. 塔里木盆地库车坳陷白垩系—第三系沉积相及储层分布预测研究[D]. 成都: 西南石油大学.

田雷, 崔海峰, 刘军, 等, 2018. 塔里木盆地早、中寒武世古地理与沉积演化[J]. 石油与天然气地质, 39(5): 1011-1021.

田作基, 宋建国, 罗志立, 等, 1999. 塔里木阿瓦提前陆盆地构造特征及油气远景[J]. 新疆石油地质, 20(3): 193-198.

田作基, 张光亚, 邹华耀, 等, 2001. 塔里木库车含油气系统油气成藏的主控因素及成藏模式[J]. 石油勘探与开发, 28(5): 12-16.

王飞宇, 杜治利, 李谦, 等, 2005. 塔里木盆地库车坳陷中生界油源岩有机成熟度和生烃历史[J]. 地球化学, 34: 136-146.

王飞宇, 张水昌, 张宝民, 等, 1999. 塔里木盆地库车坳陷中生界烃源岩有机质成熟度[J]. 新疆石油地质, 20(3): 221-224.

王国林, 李日俊, 孙建华, 等, 2009. 塔里木盆地西北缘柯坪冲断带构造变形特征[J]. 地质科学, 44(1): 50-62.

王铁冠, 宋到福, 李美俊, 等, 2014. 塔里木盆地顺南—古城地区奥陶系鹰山组天然气气源与深层天然气勘探前景[J]. 石油与天然气地质, 35: 753-762.

王招明, 李日俊, 周黎霞, 等, 1999. 塔里木盆地第十三区块勘探目标选择与评价[R]. 库尔勒: 中国石油集团塔里木油田分公司.

王振峰, 时志强, 张道军, 等, 2015. 西沙群岛西科1井中新统—上新统白云岩微观特征及成因[J]. 地球科学(中国地质大学学报), 40(4): 633-644.

温声明, 王贵重, 程明华, 等, 2006. 南天山山前冲断带的构造样式及成因探讨[J]. 新疆地质, 24(1): 24-29.

邬光辉, 郑多明, 2004. 塔里木北部地区北北西向构造变换带特征及对石油勘探的启示[J]. 地质科学, 39(4): 551-560.

邬光辉, 王招明, 刘玉魁, 等, 2004. 塔里木盆地库车坳陷盐构造运动学特征[J]. 地质论评, 50(5): 476-483.

吴根耀, 李日俊, 刘亚雷, 等, 2013. 塔里木西北部乌什—柯坪—巴楚地区古生代沉积—构造演化及成盆动力学背景[J]. 古地理学报, 15(2): 203-218.

席勤, 余和中, 顾乔元, 等, 2016. 塔里木盆地阿瓦提凹陷主力烃源岩探讨及油源对比[J]. 大庆石油地质与开发, 35(1): 12-18.

肖安成, 杨树锋, 王清华, 等, 2002. 塔里木盆地巴楚—柯坪地区南北向断裂系统的空间对应性研究[J]. 地质科学, 37(增刊): 64-72.

徐兆辉, 胡素云, 曾洪流, 等, 2023. 塔里木盆地肖尔布拉克组上段烃源岩分布预测及油气勘探意义[J/OL]. 地学前缘(2): 54.

杨庚, 郭华, 2003. 塔里木盆地西北缘柯坪逆冲构造带与巴楚隆起的叠加关系[J]. 铀矿地质, 19(1): 1-7.

杨海军, 陈永权, 田军, 等, 2020. 塔里木盆地轮探1井超深层油气勘探重大发现与意义[J]. 中国石油勘探, 25(2): 62-72.

杨海军, 李日俊, 师骏, 等, 2010. 南天山晚新生代褶皱冲断带[J]. 第四纪研究, 30(5): 1030-1043.

杨树春, 卢庆治, 宋传真, 等, 2005. 库车前陆盆地中生界烃源岩有机质成熟度演化及影响因素[J]. 石油与天然气地质, 26(6): 770-777.

杨宪彰, 车朝山, 杨世刚, 等, 2006. 大宛齐油田油气藏类型及其分布规律研究[J]. 中国西部油气地质,

2（1）：041-044.

杨有星，高永进，张君峰，等，2019. 新疆塔里木盆地温宿凸起石油地质条件新认识［J］. 中国地质调查，6（4）：11-16.

张昌民，尹太举，朱永进，等，2010. 浅水三角洲沉积模式［J］. 沉积学报，28（5）：933-944.

张臣，郑多明，李江海，2001. 柯坪断隆古生代的构造属性及其演化特征［J］. 石油与天然气地质，22（4）：314-318.

张春宇，管树巍，吴林，等，2021. 塔西北地区下寒武统碳酸盐岩地球化学特征及其古环境意义：以舒探1井为例［J］. 地质科技通报，40（5）：99-111.

张大伟等，2013. 全国油气资源战略选区调查与评价［M］. 北京：地质出版社.

张君峰，高永进，杨有星，等，2019. 塔里木盆地温宿凸起油气勘探突破及启示［J］. 石油勘探与开发，46（1）：14-24.

张师本，倪寓南，龚福华，等，2003. 塔里木盆地周缘地层考察指南［M］. 北京：石油工业出版社.

张水昌，高志勇，李建军，等，2012. 塔里木盆地寒武系—奥陶系海相烃源岩识别与分布预测［J］. 石油勘探与开发，39（3）：285-294.

张振红，吕修祥，杨明慧，等，2004. 塔里木盆地乌什四陷石油地质特征［J］. 西安石油大学学报（自然科学版），19（4）：29-31.

赵华，孟万斌，田景春，等，2011. 塔里木盆地库车坳陷古近系沉积相与沉积演化特征［J］. 四川地质学报，31（2）：137-141.

赵力彬，马玉杰，杨宪彰，等，2008. 库车前陆盆地乌什凹陷油气成藏特征［J］. 天然气工业，28（10）：21-24.

赵岩，2013. 塔北隆起断裂系统及构造演化［D］. 北京：中国科学院大学.

赵治信，1987. 新疆巴楚地区奥陶纪"萨尔干塔格群"和"丘里塔格群"的牙形石及时代讨论［J］. 新疆石油地质，8（2）：75-79.

赵治信，1990. 塔里木盆地海相石炭系—下二叠统划分对比［J］. 新疆石油地质，11（2）：122-131.

赵治信，1996. 塔里木盆地石炭纪—早二叠世生物群及地层划分［M］. 北京：科学出版社.

郑见超，李斌，袁倩，等，2022. 塔里木盆地巴楚—塔北地区深层寒武系油气成藏过程与勘探方向［J］. 石油与天然气地质，43（1）：79-91.

郑民，雷刚林，黄少英，等，2007. 南天山西段南缘断裂构造特征及对乌什凹陷发育的控制［J］. 地质科学，42（4）：639-655.

郑民，2008. 挤压型山前沉积盆地断裂构造控油气作用：以塔里木盆地乌什凹陷为例［D］. 兰州：中国科学院兰州地质研究所.

周志毅，2001. 塔里木盆地各纪地层［M］. 北京：科学出版社.

朱光有，陈斐然，陈志勇，等，2016. 塔里木盆地寒武系玉尔吐斯组优质烃源岩的发现及其基本特征［J］. 天然气地球科学，27（1）：8-21.

朱筱敏，潘荣，赵东娜，等，2013. 湖盆浅水三角洲形成发育与实例分析［J］. 中国石油大学（自然科学版），37（5）：7-14.

朱筱敏，2013. 沉积岩石学［M］. 北京：石油工业出版社.

Castagna P，Batzle M L，Tubman K M，et al.，1993. Offset-Dependent Reflectivity-Theory and Practice of AVO Analysis［J］. Petrophysics，3（1）：113-172.

Chapman M，Liu E，Li X Y，2006. The influence of fluid-sensitive dispersion and attenuation on AVO analysis［J］. Geophys. J. Int.，167（1）：89-105.

Chapman M，2003. Frequency dependent anisotropy due to meso-scale fractures in the presence of equant porosity [J]. Geophysical prospecting, 51 (1): 369-379.

Clark J P, Philp R P, 1989. Geochemical characterization of evaporate and carbonate depositional environments and correlation of associated crude oils in the Black Creek Bain, Alberta [J]. Canadian petroleum geologists Bulletin, 37 (4): 401-416.

Damsté J S, Kenig F, Koopmans M P, et al., 1995. Evidence for gammacerane as an indicator of water column stratification. Geochimica et Cosmochimica Acta [J], 59: 1895-1900.

DENISON R E, KOEPNICK R B, BURKE W H, et al., 1998. Construction of the Cambrian and Ordovician seawater 87Sr/86Sr curve [J]. Chemical Geology, 52 (3/4): 325-340.

Edmond J. Himalayan tectonic, weathering processes, and strontium isotope record in marine limestones [J]. Science, 1992, 258: 1594-1597.

Fisk H N, 1954. Sedimentary framework of the modern Mississippi Delta [J]. Journal of Sedimentary Petology, 24 (2): 76-99.

Hughes W B, Holba A G, Dzou L P, 1995. The ratios of dibenzothiophene to phenanthrene and pristane to phytane as indicators of depositional environment and lithology of petroleum source rocks. Geochimica et Cosmochimica Acta [J]. 59 (17): 3581-3598.

Li S M, Amrani A, Pang X Q, 2015. Origin and quantitative source assessment of deep oils in the Tazhong Uplift, Tarim Basin [J]. Organic geochemistry, 78 (6): 1-22.

Lin R Z, Wang P R, 1991. PAH in fossil fuels and their geochemical significance [J]. Journal of Southeast Asian Earth Sciences, 5 (1): 257-262.

Moldowan J M, Seifert W K, Gallegos E J, 1985. Relationship between petroleum composition and depositional environment of petroleum source rocks [J]. American association of petroleum geologists bulletin, 69 (8): 1255-1268.

Seifert W K, Moldowan J M, 1978. Applications of steranes, terpanes and monoaromatics to the maturation, migration and source of crude oils [J]. Geochimica et Cosmochimica Acta, 42 (1): 77-95.

Sinninghe D J, Kenig F, Koopmans M P, et al., 1995. Evidence for gammacerane as an indicator of water column stratification [J]. Geochimica and Cosmochimica Acta, 59 (9): 1895-1900.

Thompson K, 1987. Fractionated aromatic petroleum and the generation of gas-condensates [J]. Organic geochemistry, 11 (6): 573-590.

Volkman J K, 1986. A review of sterol markers for marine and terrigenous organic matter [J]. Organic geochemistry, 9 (2): 84-99.

Weyl P K, 1960. Porosity through dolomitization: conservation-of-mass requirements [J]. Journal of Sedimentary Petrology, 30 (1): 85-90.

Wilson A, Chapman M, Li X Y, 2009. Frequency-dependent AVO inversion [C]. 79th Annual International Meeting, SEG, Expanded Abstracts.

Wu X, Liu T, 2010. Spectral decomposition of seismic data with reassigned smoothed pseudo Wigner-Ville distribution [J]. Journal of Applied Geophysics, 68 (3): 386-393.

Zhang Y Y, Sun Z D, Fan C Y, et al., 2015b. A pre-stack three-term AVO inversion method based on integrated norm regularization [C]. 77th EAGE Expanded Abstract.

Zhang Y Y, Sun Z D, Han J F, et al., 2015a. Fluid mapping in deeply buried Ordovician paleokarst reservoirs in Tarim Basin, western China [J]. Geofluids, 16 (3): 421-433.

Zhao M, Lu S, Wang T, et al., 2002. Geochemical characteristics and formation process of natural gas in Kela 2 gas field. Chinese Science Bulletin [J], 47: 113-119.